高等农林院校智慧林业专业系列教材

智慧林业学

李世东　许　福　主编

中国林业出版社
China Forestry Publishing House

图书在版编目（CIP）数据

智慧林业学 / 李世东，许福主编. — 北京：中国林业出版社，2025.3. —（高等农林院校智慧林业专业系列教材）— ISBN 978-7-5219-2934-8

Ⅰ. S7-39

中国国家版本馆 CIP 数据核字第 2024C3Y603 号

策划、责任编辑：范立鹏
责任校对：苏　梅
封面设计：周周设计局

出版发行：中国林业出版社
　　　　　（100009，北京市西城区刘海胡同7号，电话83143626）
电子邮箱：jiaocaipublic@163.com
网址：https：//www.cfph.net
印刷：北京中科印刷有限公司
版次：2025年3月第1版
印次：2025年3月第1次
开本：787mm×1092mm　1/16
印张：21.25
字数：510千字
定价：68.00元

《智慧林业学》
编写指导委员会

主　　任：安黎哲

副 主 任：张志强

委　　员：（按姓氏拼音排序）

陈爱斌　陈志泊　符利勇　高大伟

胡军国　胡　永　黄华国　黄华宏

贾黎明　景维鹏　寇卫利　邝祝芳

刘金福　欧光龙　汪贵斌　王美丽

王　澍　王小平　张　江

《智慧林业学》
编写人员

主　　编：李世东　许　福

副 主 编：陈飞翔　张海燕　苏晓慧　付红萍

编写人员：(按姓氏拼音排序)

　　　　　陈飞翔　付红萍　李世东　牟　超
　　　　　聂笑盈　上官大堰　苏晓慧　王　晗
　　　　　王前鹏　许　福　杨　锋　杨　波
　　　　　张海燕

序 一

林业是生态建设的主体，是维护生态安全的根本之策，是创造社会财富的重要途径，是维护国家生态安全、保障人民幸福生活的关键行业。我国960万平方千米的国土上，几乎每一寸国土，都有林业的身影。人类社会已经步入了信息时代，信息技术成为推动经济社会创新发展的重要驱动力。以云计算、物联网、移动互联网、大数据、智慧技术等为代表的新一代信息技术全面应用，大幅提升了林业现代化建设的效率与效能。

随着"智慧地球"概念的提出，全球掀起了一股智慧化发展的新潮流，智慧城市、智慧交通、智慧医疗等项目在世界各地快速发展。智慧林业是智慧地球的重要组成部分，是未来林业创新发展的必由之路，是统领未来林业工作、拓展林业技术应用、提升林业管理水平、提高林业发展质量、促进林业可持续发展的重要支撑和保障。

智慧林业具有整合优化、开发利用、创新发展的新型资源观，具有感知化、物联化、智能化、生态化的新型生态观，还具有优化政务办公、强化生产服务、助力民生建设的新型价值观。智慧林业充分利用新一代信息技术，将其与林学、生态学、社会学等领域有机结合，形成林业立体感知、管理协同高效、生态价值凸显、服务内外一体的新型林业发展模式，进而实现林业行业的智慧感知、智慧管理和智慧服务。

1979年国家科学技术委员会决定引进一批新型计算机，当时称为微型机，并选派我去香港参加培训。培训结束后我领回了两台新微型机，这两台微型机后来成为北京林业大学计算中心(后并入新成立的信息学院)的"元老"。1980年，依托上述两台微型机，以及东北林学院(现东北林业大学)的一台微型机，举办了林业系统科技人员微机培训班，自此林业系统的信息化建设工作迈上了一个新台阶。四十余年来，林业信息化工作已经从当初的"星星之火"发展成了"燎原之势"。可以预见的是，信息化、智慧化在未来的林业高质量发展和现代化建设方面还将发挥更大作用。本教材旨在为读者提供一个全面深入的视角，帮助大家更好地理解智慧林业的概念、应用和发展趋势，激发读者从事智慧林业的热情，探索更多创新的可能性。

中国工程院院士
中国工程院原副院长　沈国舫

2024年12月30日

序 二

信息学科奠基于20世纪中期，21世纪在各个领域都获得了巨大的发展。随着现代科学技术的快速发展，各行各业都在走向信息化和智能化。在林业领域，充分利用云计算、物联网、大数据和人工智能等现代信息技术，赋能林业生产和管理，已经成为新的发展趋势。

我是北京林业大学59级学生，在60多年的科研工作中，见证了我国林业信息学科的发展过程。我深刻意识到，随着人类对环境保护和可持续发展的认识不断加深，传统的林业管理模式已难以满足现代社会的需求，将现代信息技术与林业管理相结合，发展智慧林业，实现对林业资源、生态环境等多方面信息的采集、处理、分析及应用，是实现林业现代化的必由之路。

2021年由联合国粮食及农业组织等部门召开的国际森林教育大会强调，"我们需要培训得当的森林管理人员、工人、政策制定者、科学家和教育者，亟须加强对各个层级的正式教育，打造未来的森林人才团队"。林业信息教育是森林教育的重要组成部分，它可以帮助我们加强人、自然与森林之间信息的沟通和交流，弥合三者之间越发扩大的断层。智慧林业旨在充分利用现代信息技术，实现林业生产和管理的智能化、精准化、高效化，提升林业的生态效益、经济效益和社会效益。目前智慧林业正在不断发展之中，已逐步形成了专门的研究学科——智慧林业学。当前从事相关研究的人员还非常匮乏，迫切需要培养大量的青年科技工作者。遗憾的是，国内外尚没有一本全面阐述智慧林业学的教科书，这也是本教材创作的重要初衷。

本教材是国内首部智慧林业学教科书，系统阐述了智慧林业概论、重点应用、建设内容和实施管理四方面内容。希望能为智慧林业领域的科研、教学、管理和生产人员提供有益的参考，推动智慧林业学科发展，为生态文明和美丽中国建设提供有力支撑。同时，我们也期待更多有志于智慧林业研究与实践的青年才俊加入这个领域，共同为我国林业的现代化建设贡献力量。

中国科学院院士 唐守正

唐守正

2024年12月30日

前言

2023年是"智慧林业"概念提出十周年，也是数字中国战略全面提速、林业改革发展全面深化的关键之年。国家林业和草原局顺应智慧化发展大势，积极研究和探索林业智慧化建设工作。《林草产业发展规划（2021—2025年）》强调了推动林草产业数字化发展、强化科技支撑。《"十四五"林业草原保护发展规划纲要》指出要以遥感、5G、云计算、大数据、人工智能等新一代信息技术为支撑，加强生态网络感知体系建设。

为支撑林业高质量发展，本教材总结《林业信息化知识读本》《智慧林业顶层设计》《智慧林业决策部署》《智慧林业最佳实践》《智慧林业标准规范》《智慧林业政策制度》《智慧林业评测考核》等专著内容，同时对智慧林业的最新成果进行全面总结和系统梳理，旨在提升林业行业质量效益，满足林业智慧化建设需求。目前林业领域缺乏比较完备的智慧林业学教材，为此，我们结合林业智慧建设和发展实际，组织编写了这本国内首部智慧林业学教材。

本教材包括概论、重点应用、建设内容、实施管理共4编22章。第1编为智慧林业概论，在深入分析智慧林业提出的背景意义和学科体系的基础上，提出了智慧林业的概念、建设内容和理论基础。第2编为智慧林业的重点应用，介绍了云计算、物联网、移动互联网、大数据、人工智能等新一代信息技术在中国林业建设中的应用。第3编为智慧林业的建设内容，阐述了基础平台、数据库、应用系统、门户网站、安全运维、标准建设等内容。第4编为实施管理，介绍了顶层设计、决策部署、项目实施、风险分析、绩效评估、规章制度、教育培训、科学研究等内容。

本教材由国家林业和草原局李世东教授级高级工程师、北京林业大学许福教授主编，很多内容来源于李世东主编的智慧林业系列专著。陈飞翔负责编写第1~3章和第1编统稿；张海燕负责编写第4章和第5章，牟超负责编写第6~8章，张海燕负责第2编统稿；杨锋负责编写第9章和第11章，苏晓慧负责编写第10章和第14章，杨波负责编写第12章和第13章，苏晓慧负责第3编统稿；付红萍负责编写第15章和第16章，聂笑盈负责编写第17章和第18章，王晗负责编写第19章和第20章，王前鹏负责编写第21章和第22章，付红萍负责第4编统稿。除了上述编写人员外，上官大堰也参与了编写，制作了本书图表内容，刘磊、马郅斌、董彦琪、子佳丽、王升、高旭杰、杨林哲、韩柏迅博士，曹康健、刘雨甜、许慧泷、赵超越、张巍然、魏孜恒、李慧琪、商跃龙、李欢、梁奥康、刘明智、粟云、胡春颖、张文博、李娆、孟凡宇、田润昊、王巧、张城等研究生参与了素材整理和文字校对等工作。此外，北京林业大学安黎哲教授、张志强教授、陈志泊教授、贾黎明教授、黄华国教授，西北农林科技大学王美丽教授，东北林业大学景维鹏教授，南京林业大学汪贵斌教授，浙江农林大学胡军国教授、黄华宏教授，福建农林大学刘金福教授，西南林业大学欧光龙教授、寇卫利教授，中南林业科技大学张江教授、陈爱斌教授、邝祝芳教授，中国林业科学研究院资源信息研究所符利勇研究员，国家林业和草原局林草调查规划院王澍高级工程师，北京市园林绿化局高大伟教授级高级工程师、王小平教授级高级工程师、胡永教授级高级工程师等也参与指导本教材的编写工作。在此，对参与编写人员表示衷心感谢！

本教材汇集了近年来全国智慧林业建设的丰富实践经验和先进实用技术，内容通俗易懂、信息量大、专业性强，侧重智慧林业基础知识、新技术运用和实践探索，还有具体实施管理，具有很强的指导性和实践性，既可作为智慧林业相关专业的本科生和研究生通识教材，也可以作为智慧林业领域研究学者和工作人员的参考书，希望对广大读者有所帮助和启发。

不妥之处，敬请批评指正。

编　者

2024年10月30日

目 录

序一 ……………………………………………………………… 沈国舫
序二 ……………………………………………………………… 唐守正
前言

第1编 概 论

第1章 绪 论 …………………………………………………… (2)
1.1 信息革命的产生与发展 ……………………………………… (2)
1.2 智慧林业的产生与发展 ……………………………………… (6)
1.3 智慧林业学学科体系 ………………………………………… (14)

第2章 智慧林业概论 …………………………………………… (20)
2.1 智慧林业的基本概念 ………………………………………… (20)
2.2 智慧林业的新型理念 ………………………………………… (21)
2.3 智慧林业建设概况 …………………………………………… (23)

第3章 智慧林业理论基础 ……………………………………… (30)
3.1 林业基础理论 ………………………………………………… (30)
3.2 数字林业理论 ………………………………………………… (41)
3.3 智慧林业理论 ………………………………………………… (47)

第2编 重点应用

第4章 林业云 …………………………………………………… (55)
4.1 云计算概论 …………………………………………………… (55)
4.2 林业云 ………………………………………………………… (61)
4.3 林业云建设典型案例 ………………………………………… (71)

第5章 林业物联网 ……………………………………………… (76)
5.1 物联网概论 …………………………………………………… (76)
5.2 林业物联网 …………………………………………………… (82)
5.3 林业物联网建设典型案例 …………………………………… (96)

第6章 林业移动互联网 ……………………………………………………………… (102)
6.1 移动互联网概论 …………………………………………………………… (102)
6.2 林业移动互联网 …………………………………………………………… (108)
6.3 林业移动互联网建设典型案例 …………………………………………… (129)

第7章 林业大数据 ………………………………………………………………… (132)
7.1 大数据概论 ………………………………………………………………… (132)
7.2 林业大数据 ………………………………………………………………… (141)
7.3 林业大数据建设典型案例 ………………………………………………… (151)

第8章 林业人工智能 ……………………………………………………………… (156)
8.1 人工智能概论 ……………………………………………………………… (156)
8.2 林业人工智能 ……………………………………………………………… (159)
8.3 林业人工智能建设典型案例 ……………………………………………… (164)

第3编 建设内容

第9章 基础平台建设 ……………………………………………………………… (170)
9.1 外网平台 …………………………………………………………………… (170)
9.2 内网平台 …………………………………………………………………… (171)
9.3 专网平台 …………………………………………………………………… (172)
9.4 智慧林业基础平台 ………………………………………………………… (173)

第10章 数据库建设 ………………………………………………………………… (179)
10.1 林业数据库建设概述 …………………………………………………… (179)
10.2 公共基础数据库 ………………………………………………………… (181)
10.3 林业基础数据库 ………………………………………………………… (184)
10.4 林业专题数据库 ………………………………………………………… (186)
10.5 林业综合数据库 ………………………………………………………… (186)
10.6 林业信息产品库 ………………………………………………………… (187)

第11章 应用系统建设 ……………………………………………………………… (189)
11.1 应用系统概述 …………………………………………………………… (189)
11.2 综合类应用系统 ………………………………………………………… (191)
11.3 业务类应用系统 ………………………………………………………… (193)
11.4 服务类应用系统 ………………………………………………………… (205)
11.5 应用系统建设典型案例 ………………………………………………… (206)

第12章 门户网站建设 ……………………………………………………………… (214)
12.1 政府网站概述 …………………………………………………………… (214)

12.2	政府网站主站建设	(222)
12.3	政府网站子站建设	(227)
12.4	政务新媒体建设	(227)
12.5	政府网站信息采编	(227)
12.6	政府网站管理	(231)

第13章 安全运维建设 (235)

13.1	安全管理	(235)
13.2	运维管理	(242)

第14章 标准建设 (248)

14.1	标准制定与编写	(248)
14.2	林业信息领域标准体系	(256)
14.3	标准化相关组织	(259)

第4编 实施管理

第15章 顶层设计 (266)

15.1	顶层设计方法	(266)
15.2	顶层设计目的意义和阶段划分	(267)
15.3	顶层设计案例分析	(269)

第16章 决策部署 (272)

16.1	决策部署方法	(272)
16.2	决策部署实践案例	(274)

第17章 项目实施 (277)

17.1	项目实施基本流程	(277)
17.2	项目实施保障措施	(282)
17.3	智慧林业项目实施典型案例	(283)

第18章 风险分析 (288)

18.1	风险种类	(288)
18.2	风险评估方法	(290)
18.3	风险应对策略	(291)
18.4	风险分析典型案例	(292)

第19章 绩效评估 (295)

19.1	绩效评估方法	(295)
19.2	绩效评估内容	(296)
19.3	绩效评估结果分析	(297)

19.4 绩效评估典型案例……………………………………………………(298)
第20章 规章制度……………………………………………………(302)
20.1 规章制度概述……………………………………………………(302)
20.2 规章制度制定……………………………………………………(305)
20.3 规章制度建设典型案例…………………………………………(306)
第21章 教育培训……………………………………………………(308)
21.1 教育培训目的意义………………………………………………(308)
21.2 教育培训类型……………………………………………………(309)
21.3 教育培训资源……………………………………………………(310)
第22章 科学研究……………………………………………………(316)
22.1 基础研究…………………………………………………………(316)
22.2 工程技术研究……………………………………………………(317)
22.3 前沿科学研究……………………………………………………(319)
22.4 科学研究方法……………………………………………………(321)

参考文献……………………………………………………………(324)

第1编

概 论

第 1 章

绪 论

【本章提要】 智慧林业是林业现代化的重要支撑，对维护国家生态安全、提升人民绿色福祉具有重大意义。本章从信息革命的产生与发展入手，介绍智慧林业的产生与发展过程。本章首先介绍人类历史上的三次重大技术革命，阐述了林业发展的技术背景；随后介绍了智慧林业提出的背景及发展历程，阐述了智慧林业对于林业发展、生态文明建设的重要意义；最后介绍了智慧林业学与其他相关学科的关系。通过学习本章内容，可以全面了解智慧林业的产生、发展历程及其与有关学科的关系。

1.1 信息革命的产生与发展

1.1.1 人类历史上的三次重大技术革命

人类社会的发展离不开技术进步，重大技术革命给人类文明发展带来阶段性的特征。技术革命不仅为人类提供了新的生产手段，带来了生产力的大发展和组织管理方式的变化，还促进了产业结构和经济结构的变化。这些变化将进一步推动人们价值观念、社会意识和社会结构的变化，从而大大推动人类文明的发展进程。人类社会发展历程，可以看到人类社会先后经历了农业革命、工业革命、信息革命三次重大的技术革命。

(1) 农业革命

大约在 1 万年以前，人类开始有意识地从事谷物栽培工作。他们开辟农田，种植可食用的植物，标志着人类史上一个崭新的文明时代的开始。阿·托夫勒(A. Toffler)称之为第一次浪潮。有了农耕，人类的食物在很大程度上得到了保障，逐步结束了漂泊不定的游猎生活，建立起一座座村庄。

农业革命是指人类开始栽培农作物与饲养家畜的崭新的劳动实践活动，以及由此引起的在生产生活方式乃至整个社会制度、思想文化发生的一次巨大革命。在长期的实践中，人们逐步观察和熟悉了某些植物的生长规律，慢慢懂得了如何栽培作物。世界各地的人民在采集经济的基础上积累经验，各自独立地发展了农业。农业革命的最主要成就在于从此产生了以土地资源开发为中心的种植业和畜牧业，使人类从游牧生活逐渐走向定居生活。

随着劳动工具的不断进步、更新和完善，社会生产力得到了较快发展，人们长期以来控制、支配自然的愿望部分成为现实。作为自然之子的人类已经拥有了利用、改造和征服自然的现实力量，人类社会进入了农业文明的发展时期。人们慢慢地从作物的种植及家畜的养殖中减少了对自然的依赖，并开始对自然进行有限的利用和改造，有了稳定的种植和养殖获得，人们的生活方式开始由动荡漂泊转为安定居住，人的认知主体性也逐渐增强。农业文明是人类对自然探索的发展结果，是人类发展的新历史形态。随着人类社会生产力的发展，尤其是畜力和金属工具的使用，人类从自然生态系统的食物链上解放出来。农业文明以个体自然经济为基础、个体人际交往及血缘关系为纽带，作为人类社会最初的生存方式，农业文明产生并存在于生产力极其低下的农业社会，以农耕牧渔的手工生产为其基本特征，其科技成果以青铜器、铁器、陶器、文字、造纸、印刷术等为代表。

农业革命使人类最终与动物界彻底分离，真正开始了文明历史的演进，正是农业革命的强大张力，为人类社会文明的不断发展奠定了坚实的基础。从原始社会开始，经奴隶社会到封建社会这一整个漫长的前资本主义时期，整个人类的文明史实际上也是一部围绕着农业而发展交替的社会文明史，从传统农业文明向近现代工业文明的演进更新，实际上也是以农业文明的发展变革为历史前提的。

（2）工业革命

人类的农业文明在相对稳定的状态下缓慢地发展了数千年，在经历了一系列艰难的内在变革和外部探险之后，一个新兴的工业文明在西方率先崛起，并且迅速地向全世界扩张。18世纪可以看作人类文明历史上的一个分水岭，从此以后，机器大工业开始取代手工工场，宣告工业文明时代的来临。

工业革命分为3个阶段：第一阶段是以瓦特发明的蒸汽机和詹姆斯·哈格里沃斯发明的纺织机为代表的蒸汽时代；第二阶段是以发电机为代表的电气时代；第三阶段是以新能源的发现和使用为标志的新能源时代。

工业文明造就了人类征服自然、改造自然的巨大社会生产力，把人类社会从农业时代推进到工业时代，促进了人类社会的进步与发展。蒸汽机的发明，让货轮和火车等交通工具迅速出现并为人类服务；电的发明，使电灯、电话等电器广泛应用到人类生活当中。工业文明立足于人类的创造力和自身生存需求，形成了以征服自然为基础的价值取向。正是在这种人定胜天的价值取向驱动之下，工业化以前所未有的速度为人类社会创造了大量的物质财富。

（3）信息革命

1946年电子计算机的发明拉开了现代信息技术革命的序幕。ENIAC是美国制造的世界上第一台计算机。它使用了18000只电子管，是一个庞然大物，足足占满了一个10 m宽、15 m长的大厅，重达30 t。它不仅体积大，而且能耗惊人。1978年出现的仅用几块大规模集成电路片组装的微型电脑F8，功能和ENIAC相当，体积却只有它的三十万分之一，重量不到0.5 kg，耗电量不足3 W，而可靠性却提高了1万倍。

随着计算机技术的普及，许多科研机构、学校及其他机构将它们所拥有的计算机连接成局域网，以实现资源共享。在20世纪80年代，人们开始尝试将不同的局域网连接起来,从而形成互联网络。1993年9月15日,美国克林顿政府为了重振美国经济,增强国际竞争力,正式推出国家信息基础设施(简称 NII)工程计划。NII 即信息高速公路,它是在高性能的计算机和通信基础上提出来的多媒体信息交互高速通信的广域网。互联网络是网络的网络,基于互联网络的信息高速公路是一项跨世纪的综合型总体工程,既包括信息通道"公路",又包括"公路"上跑的"车"(多媒体信息),还包括多种"车"的"车库"(多媒体服务器)和管理控制机构(管理、监控服务器)。信息高速公路的关键在于高速,其特点主要包括超高速计算机、网络宽带化、多媒体数字化等。现在,信息技术已经成为现代技术发展的主导技术,给世界经济和社会生活带来了翻天覆地的变化。

信息革命将人类带入了信息时代。信息时代是人类继农业时代、工业时代之后的一个崭新的文明阶段。在信息时代,信息是比物质和能源更为重要的资源,信息的产生、发布、使用、整合将成为经济活动的枢纽,并对全社会的政治生活、文化生活产生重要的影响。

1.1.2 信息革命的产生与发展

20世纪40年代以来,现代信息科学技术的产生与发展以及与此同时产生的新材料技术、新能源技术、生物技术、航天与空间技术、海洋开发技术等新兴技术形成了一批高技术群与高技术产业,极大地推动了世界范围的产业结构变革,从而引发了信息革命。

信息革命的出现是由多方面原因推动的。①人类快速发展的需求推动了信息革命的出现。数字计算机的发明,开创了人类文明史上一个由现代信息技术作为主角的新纪元。70多年来,现代信息技术飞速发展,数字计算机在人类社会生活中的角色不断演变和扩充,在人类社会生活的各个方面引发了一系列的技术变革。显然,信息技术是信息化的"根"。②信息技术的发展积淀导致信息革命的产生。信息技术的飞速发展和应用无处不在,使人类生产体系的组织结构和经济结构产生了一次新的飞跃,导致了信息革命。③信息生产力的发展引发了全球性的信息化进程。正像工业革命催生了工业生产力,在全球引发了一场工业化的历史革命一样,信息革命催生了信息生产力,在全球引发了一场信息化的历史革命。工业革命发生在英国,工业化将英国的工业革命推向世界;信息革命发生在美国,信息化将美国的信息革命推向全球。因此,信息技术的发展推动了信息革命的产生,带动了信息生产力和信息化的发展,带领人们步入了信息时代,从而出现了信息文明。

在工业革命到信息革命的发展过程中,从国际上来看,生态问题成为人类生存与发展的最大威胁,建设生态文明成为延续人类文明的必由之路。进入工业文明后,在社会生产力得到极大发展的同时,也带来了严重的生态危机。随着气候变暖、土地沙化、湿地面积缩减、水土流失、干旱缺水、物种灭绝等生态危机日益严重,国际社会对生态问题给予了前所未有的关注,生态问题成为全球政治议程的重大主题。总之,生态危机已成为人类文明延续的最大障碍,已成为众多国际组织、政治家、科学家关注的焦点,2007年,诺贝尔和平奖颁给了关注生态问题的组织和个人,在全球范围内掀起了一场可持续发展的绿色革命。

信息革命的出现,不仅为人类发展提供了一条新的道路,同时也为人类重新认识地球生态系统提供了可能。地球生态系统包括陆地生态系统和水域生态系统。陆地面积约占地球总面积的29.2%，海洋面积约占地球总面积的70.8%。陆地生物群落在整个生物圈中起着至关重要的作用。由于陆地的生态环境非常复杂，从炎热多雨的赤道到冰雪覆盖的极地，从湿润的沿海到干燥的内陆，形成了各种各样的生物群落，并由此构成了陆地生态系统。绿色植物是陆地生态系统中的生产者，植物群落的组成和结构，决定着生活在其中的消费者和分解者的种类与构成。根据植物群落的特征可以区分出以下几个层级的生态系统：森林生态系统、草原生态系统、湿地生态系统、荒漠生态系统等。自18世纪末人类进入工业化时代起，逐渐从大自然手中夺过了"船舵"，地球上所有的系统都由人定义、受人统治。但当人类雄心勃勃地"向大自然宣战"渴望"战胜自然，征服世界"的时候，却发现其实一开始我们就错了，人与自然间本是共生共赢的手足，而不是你死我活的仇敌。遗憾的是，至今还有不少人没有意识到这一点。近年来，能源告急、资源告急、生态告急，全球80亿人的需求几乎要把地球推向崩溃的边缘。在信息革命中产生的新思想、新技术为人类重新认识地球生态系统提供了新的可能性。例如，2009年，瑞典斯德哥尔摩环境研究所所长约翰·罗克斯特伦与来自环境、地球系统领域的28位国际专家组成了一个研究小组，根据对地球系统的科学认识，他们确定了9个对人类生存至关重要的"地球生命支持系统"，运用信息革命成果对目前人类的资源消耗水平和系统的"临界点"进行了量化评估。研究人员警告称，一旦9个临界点全部或者大部分被突破，人类生存环境将面临"不可逆转的变化"，此后的地球将不再像今天这样"和蔼可亲"。

信息革命的出现也为人类重新审视自己的行为提供了可能。随着工业化的不断深入，大规模的生态危机逐渐蔓延到全球。资本主义的深入发展必然会导致经济全球化，全世界所有国家都参与了新的国际分工，位于产业链末端的国家成为新的原材料、劳动力供给基地，加工制造环节由发达国家转移至发展中国家，渴望发展中国家在分享全球化带来的利益的同时，被迫接手资本主义掠夺式发展的恶果。今天，物种灭绝的速度已超过正常速度的1000倍，最近200年的人口增长的数量却超过之前1000年的总和。美国前副总统戈尔通过《难以忽视的真相》告诉我们，全球变暖危机已迫在眉睫。在《另一个难以忽视的真相》中，大卫·惠勒等人的研究则得出了更令人沮丧的结论：无论富裕国家怎么做，处于碳密集道路上的发展中国家都会面临环境灾难。尽管工业发展已经促使人类文明的科技水平在两个多世纪的时间里有了巨大的提高，但是自从人类社会进入工业时代之后，生态破坏变得普遍而严峻，为此人类付出了高昂的生态代价。另一方面，当代新技术的出现为科学研究在设施、手段和周期等方面提供了便利。例如，20世纪80年代末，超级计算机的运算速度已超过每秒1000亿次，研究周期大大缩短，各学科在短时间内迅速发展。生态学也在这一时期得到蓬勃发展，生态伦理学、系统生态学、应用生态学等由生态学衍生的交叉学科纷纷出现，为生态保护提供了理论和道德依据。"人与生物圈计划""国际地圈生物圈计划""生物多样性计划"等国际计划相继实施，给予生态改善行动实际上的支持。著名哲学家阿恩·纳斯还提出"深生态学"概念，试图从哲学、伦理、政治、社会的高度探讨，怎样的价值观念、生活方式、社会范型、经济活动、文化教育有益于人类从根本上应对生态环境危机，保证人、社会、自然环境的协调发展。生态学一步步突破认识局限，结合人们对环境污染日渐严重的恐惧与警觉心理，大量的理论、观点通过新的快速的信息通道在短时间内输送到人们面前，可以说这场自我审视是在信息革命的有力刺激下酝酿爆发的。

信息革命加深了人类对生态系统的了解，引起了人类对自身行为的重新审视，人类意识到发展的唯一选择就是建设生态文明。生态文明是人类文明的一种形式，它以尊重和维护生态环境为主旨，以可持续发展为根据，以未来人类的继续发展为着眼点。这种文明观强调人的自觉与自律，强调人与自然环境的相互依存、相互促进、共处共荣。这种文明观同以往的农业文明、工业文明的相同点是它们都主张在改造自然的过程中发展物质生产，不断提高人的物质生活水平。但它们之间也有明显的不同，即生态文明突出生态的重要性，强调尊重和保护环境，强调人类在改造自然的同时必须尊重和爱护自然，而不能随心所欲、盲目蛮干。

一般来说，生态文明是人类在改造自然、造福自身的过程中为实现人与自然之间的和谐相处所做出的努力的成果，它代表着人与自然相互关系的进步。它涵盖了人与人、人与社会、人与自然的关系，以及人与社会和谐、人与自然和谐的全部内容。生态文明主要指在工业文明之后，为了杜绝污染环境、破坏生态、浪费资源的"文明危机"而出现的文明，是拯救人类文明的唯一出路。生态文明建设是一场"绿色革命"，是人类文明史上最严峻的挑战和最伟大的进步。从自然属性上说，生态文明是一种人与自然和谐相处的现代低碳生产生活方式；从社会属性上说，生态文明具有社会的本质特征和发展方向；从当前建设和发展目标上说，生态文明以遵循自然规律为准则，以经济和社会可持续发展为首要任务，构造资源节约型、环境友好型社会。当前，生态文明是取代传统工业文明的一种最合理的文明形态。这种文明形态进步的象征是：它高度重视包括自然和人类社会在内的全面且立体的生态建设与生态发展；在人、社会、自然的关系上，摆脱了单纯的实用性和功利性的目的；顺应自然规律，以人与自然的和谐相处为基础，以寻求人与自然之间长期稳定的关系为目标，从而缓解工业文明中人与自然等多方面的矛盾和冲突。作为对工业文明的一种超越，生态文明代表了一种更高级的文明形态，代表了一种更美好的社会和谐理想。这种文明形态的建设与完善，必将有助于人类建设更高层次的物质文明、精神文明和政治文明。

信息革命的到来使世界正在向"智慧"的方向大步迈进。整个世界可以实现更透彻的感应和度量、更全面的互联互通、更深入的智能分析，从而帮助人类做出最科学的判断和决策。人类已经站在了一个新的发展门槛之上，由信息革命所带来的新技术和新方法使生态文明建设步入了新的阶段。

1.2 智慧林业的产生与发展

1.2.1 智慧林业产生背景

(1) 从全球来看，人类文明发展已经进入信息社会新阶段

大约5500年前，以"犁"的发明为标志，人类开始使用耕种工具，从而引发了农业革命，使人类由居无定所的游牧社会，开始跃升到定居发展种植业的农业社会，从而推动人类文明由原始文明向农业文明的发展。

1775年，以蒸汽机的发明为标志，人类社会拉开了工业革命的序幕，机械工具的广泛使用将人们从简单的体力劳动中解放出来，极大地释放了劳动力，从而推动人类社会由农业社会跃升到工业社会。

1946年，以第一台电子计算机问世为标志，拉开了信息革命的序幕，信息技术逐渐形成了新的最活跃的生产力，巨大的变革力量推动人类社会由工业社会发展到信息社会。我们必须顺应人类社会发展趋势，加快推进信息化进程，充分发挥新一代信息技术在社会发展中的重要作用。

纵观人类文明发展史，人类文明阶段的划分是以生产力的发展为标准的。从原始文明到农业文明，再到工业文明，从本质上来看，每一次文明的更迭，都是生产力飞跃产生的巨大动力支撑的结果，而每一次生产力的飞跃，无可例外的都是技术革命的结果。

(2) 从我国来看，我国已进入生态文明新时代

人类社会发展到今天，我们需要找出一条能够适应当今时代要求的，既不大规模消耗资源能源，也不破坏生态环境，又能促进经济社会大发展的新型道路。而信息革命产生的信息生产力，发展起来的信息技术正好可以满足这一需求。人们在深刻反思工业文明发展方式诸多弊端的基础上，做出了人与自然和谐发展的新选择，这个新选择被命名为生态文明之路。农业革命的核心要素是物质资源，工业革命的核心要素是能源资源，而信息革命的核心要素是信息资源。物质和能源资源的大规模消耗会造成生态环境的破坏，而信息资源的使用却基本上不会产生生态破坏，因为工业革命的物质资源特点是资源独享，而信息革命的信息资源特点是资源共享，信息资源可以无限次使用而不衰减，信息革命产生的巨大生产力远远超越了工业革命，特别是正逐步消灭工业革命造成的恶果，成为推动生态文明建设的关键和重要支撑。

信息革命引领生态环境文明发展。自20世纪以来，全球逐渐产生了森林锐减、土地荒漠化、水土流失、淡水危机、酸雨蔓延、海洋危机、气候变化、垃圾成灾、能源危机、物种危机等十大生态危机。总体上来看，十大生态危机的解决，都离不开信息技术的有效支撑。

信息革命引领生态物质文明发展。生态文明时代包括以下主要产业：一是信息通信产业、智慧生物产业、智慧新能源产业、智慧新材料产业等为代表的战略性新兴产业；二是智慧金融、智慧物流和智慧旅游等为代表的智慧服务业；三是智慧采矿业、智能制造等为代表的智慧工业；四是智慧林业、智慧环保、智慧农业为代表的智慧生态和农林产业。未来的产业不但会越来越"生态化"，还将越来越"智慧化"。

信息革命引领生态意识文明发展。当前，人类的生活方式、思维方式和价值观都正在发生着翻天覆地的变化，这些变化基本上都源于信息革命给人类社会带来的深刻变革，从而形成生态文明时代的新型文化。比如，智慧教育、智慧图书馆、智慧博物馆、智慧公园、数字传媒、数字出版、数字会展、数字艺术、数字电影和网络文化等。当前，信息文化正在取代工业文化，把人类社会文化推进到一个崭新阶段。

信息革命引领生态行为文明发展。生态文明时代产生了很多新型的社会生活方式：智慧服装、智慧饮食、智慧建筑、智慧社区、智慧交通、智慧终端、智慧医疗、智慧商务、智慧政务等，这些都离不开信息技术的引领和支撑。

信息革命引领生态制度文明发展。信息革命带来的海量信息冲破了信息封锁,从而使破坏生态环境的违法犯罪行为难以隐藏,最大程度地公开化、透明化,使不合理制度难以维持,推动了生态制度文明健康发展。

(3)从行业来看,林业产业已进入现代化建设新阶段

现代化是一个动态的概念,21世纪是信息化的世纪,21世纪现代化的核心标志是信息化,只有实现了信息化才能真正实现现代化。随着信息革命的发生发展,信息资源正逐渐成为社会发展的第一资源,信息技术正逐渐成为社会建设的第一技术,信息产业正逐渐成为社会成长的第一产业,信息文化正逐渐成为社会进步的第一文化,信息生产力正逐渐成为社会前进的第一生产力,信息工作者正逐渐成为社会繁荣的第一生产者。当今时代,没有信息化就没有现代化,没有林业信息化就没有林业现代化。

林业管理从"粗放"向"精细"升级。林业发展长期以来的基本特点就是粗放、落后,林业工作者给人们的印象都是肩挑背扛、脚步丈量。智慧林业通过新一代信息技术在林业各领域、各环节的应用,可以解决"资源分布在哪里""林子造在哪里""治沙治在哪里"等问题,实现对森林、草原、湿地、荒漠、生物多样性等资源的有效监管,由山头地块的监管发展到对每一棵树的管护,对树木整个生命周期的精细化、精准化管理。

林业生态从"消耗型"向"可持续"转变。长期以来,工业文明给人们带来了巨大的物质利益,同时也造成了资源过度消耗等问题。当前的全球信息革命为解决该问题提供了可能,新一代信息技术是绿色发展、循环发展、低碳发展的根本动力。信息技术与林业的融合创新,形成了新的最活跃的林业发展模式。云计算、物联网、移动互联网、大数据、人工智能等新一代信息技术为生态保护、修复及其科学决策提供了有效保障,为各类生态环境问题的最终解决提供了有效支撑,推动了林业生态的可持续发展。

林业产业从"低级"向"高端"转型。长期以来,传统林业产业经营方式原始、管理效率低下。智慧林业通过四通八达的现代信息网络体系,可以使人们能够及时了解企业和市场各种动态信息的变化,为林业产业发展提供精准又及时的服务。新一代信息技术推动了林业产业发展的观念创新、管理创新、制度创新、组织创新、技术创新,大大加速了物品、技术、设备、资本、人力等生产要素的流动,促进各种林业资源的合理配置和高效利用。通过运用人工智能等新一代信息技术,林业企业管理者能够有效优化生产流程、改进生产工艺、提高生产效率、提升产品质量、改革营销体系、提高员工素质,从而降低生产成本、提高生产收益,增强产业核心竞争力。

林业职能从"监管"向"服务"转变。通过智慧林业的发展,建立起来的政府网站,可以为政府和公众搭建沟通的桥梁,为林农搭建服务平台,为林业企业开设信息窗口,畅通政府与企业和公众的互动交流。通过信息技术的应用,林业部门可以更好地履行宏观调控、公共服务的职能,提高政府工作透明度,促进政务公开,促进部门业务协同通畅,优化政务流程,提高工作效率,降低行政成本,从而促进政府职能由监管型向公共服务型转变。

(4)从信息化的发展来看,人类经历过五次重大的信息革命,目前正在进入第六次信息革命的新阶段

第一次信息革命——语言的产生。第一次信息革命的特征是人性化。大约在公元前10

万年人类的原始语言产生，正式语言约于公元前4万年产生。语言的产生是人类发展史上第一次革命性进化，是从猿到人的根本标志，语言成为信息交换的第一载体。语言的产生，结束了仅以动作作为手段的表达交流方式，大大促进了人们思想和经验的传播，从而促进了人脑的发育。

第二次信息革命——文字的发明。第二次信息革命的特点是符号化。新石器时代中期以后，大约距今五六千年前，我国出现了象形文字。公元前2900年，古埃及人开始使用象形文字进行书写。公元前1600年的殷商时期，中国人发明了甲骨文。公元前220年，秦始皇统一了汉字，为现代汉字的发展奠定了基础。文字发明的伟大意义在于完成了人类文明从以天然物质为载体到以人工符号为载体的飞跃，使人类进入了有史文明时代，大大加速了人类文明的进步与变革。

第三次信息革命——造纸术和印刷术的发明。第三次信息革命的特点是载体化。我国汉朝的蔡伦在公元105年发明了一套较为完善的造纸术。毕昇于公元1041—1048年发明了活字印刷术。造纸术和印刷术的发明促使人类文化传播上升到了批量阶段，促进了人类信息大量生产、规模复制、加速交流，显著推动了人类文明的发展和进步。

第四次信息革命——电报、电话和电视的发明。第四次信息革命的特征是实时化。美国人摩尔斯和英国工程师库克、怀斯顿在1837年几乎同时发明了电报。苏格兰裔美国人贝尔于1876年发明了第一部实用电话。美籍俄国人兹沃雷金于1923年发明了光电摄像管和电视摄像机。电报、电话、电视逐步取代信件传递，成为主要的通信方式，由此带来信息传递手段的革命性变革，极大地加快了信息传递速度，实现了信息传递的"实时化"。

第五次信息革命——计算机和互联网的诞生。第五次信息革命的特征是数字化。1946年世界上第一台电子计算机在美国诞生，1969年美国人又发明了互联网，1971年第一个微处理芯片成功发明，标志着人类进入数字化新时代。电子计算机的发明使劳动工具从体力的延伸发展到脑力的延伸，互联网在社会生产、生活中的广泛应用，引发了生产工具、劳动对象、组织管理等一系列变革。这不但是一种科技进步，更是一种经济、政治、文化、社会现象，推动了人类生产力的又一次飞跃。

第六次信息革命——云计算、物联网、移动互联网、大数据、人工智能等新一代信息技术的成熟。第六次信息革命的特征是智慧化、融合化和协同化。自从进入21世纪以来，随着云计算、物联网、移动互联网、大数据、智慧技术等新一代信息技术的产生，人类社会进入了以"云、物、移、大、智"为核心的第六次信息革命，逐步走上"智慧化"的新阶段。

（5）从自身来看，林业信息化已进入2.0阶段

主要表现为形成了智慧林业新共识、搭建了网上政务新平台、注入林业建设新动力、提供林业改革新引擎、开辟惠林富民新途径、营造生态文明新氛围、引领智慧发展新态势、成为国家信息化新亮点等方面。

形成智慧林业新共识。以"云""物""移""大""智"等新一代信息技术为特征的智慧林业建设开局良好，成效显现。国家林业局(现国家林业和草原局)组织制定了《全国林业信息化建设纲要》《全国林业信息化建设技术指南》《中国智慧林业发展指导意见》等顶层设计规划，连续召开了多次全国林业信息化工作会议进行全面部署，全国上下已经形成了智慧林业建设新共识。

搭建网上政务新平台。依托林业专网和林业网站群，成功搭建集电子办公、信息发布、网上办事、互动交流等功能于一体的中国林业政务新平台，显著提升了林业政务效率。初步建成涵盖国家、省、市、县四级的办公网络，开启林业行业无纸化、移动化、云端化、规范化办公新时代。中国林业网成为基于大数据分析、拥有4000多个子站的新一代智慧政府门户网站，荣获"中国政府网站部委第二名""中国最具影响力政府网站"等多个荣誉称号。林业在线审批平台实现审批业务一体化管理，向企业和公众提供高效、规范、透明的服务。

注入林业建设新动力。林业资源监管、生态修复、应急管理、野生动植物保护等核心业务与新一代信息技术的深度融合，为林业建设提供了强大支撑。开发了资源监管系统，实现了对林业保护利用的有效监管、动态监管、立体监管。构建了"营造林管理"等信息系统，规范森林经营管理。

提供林业改革新引擎。信息技术在厘清资源产权、盘活林地资源、激活林区产业、促进林区和谐等方面发挥了至关重要的作用。建立了完整的林权地籍信息库和农户森林资源资产信息库，明确了林业产权及其动态价值。建设林业产权交易网站和林权交易系统，打造规范、透明的网上交易平台。

开辟惠林富民新途径。紧密结合林业生产实际，构建涵盖产前、产中、产后的全产业链多元信息服务体系，为林业行业开展"大众创业、万众创新"活动提供新空间，有效地促进了林农致富增收。林地测土配方系统可以让林农足不出户即可了解自家山头地块适合种什么、怎么种、有问题向谁求教、到哪儿能买到放心农资等问题，智慧果园、智慧苗圃等智慧生产让林农不懂技术也能成为行家里手，林业电子商务平台可以让林农不出山林也能把产品远销到海内外。

营造生态文明新氛围。借助中国林业网、中国林业新媒体等平台，组织开展一系列网络生态文化活动，营造生态文明新氛围。网络博物馆、网络博览会，为公众展示永不落幕的林业盛会。全国生态作品大赛、"美丽中国"大赛等活动，产生了一大批优秀生态文化作品。

引领智慧发展新态势。林业信息化组织机构逐渐健全、队伍素质不断提升、各项工作快速推进、制度保障规范有力、工作成效不断突显，整体走上快速健康发展的轨道，成为林业产业中一支朝气蓬勃的新生力量，引领智慧林业发展新态势。

成为国家信息化新亮点。林业信息化建设处于全国领先水平，获得了多项重大荣誉。"金林"工程被列入国家重大信息化工程，国家林业和草原局成为国家"互联网+"行动的主要负责部门之一，林业大数据被列入《国家大数据战略及行动纲要》，林业数据库成为国家自然基础数据库的重要组成部分。林业信息化不仅成为展示林业新形象的一张新名片，更成为国家展示信息化促进行业发展的一个新亮点。

可以预见的是，在不远的将来，林业信息化将与林业业务全面融合，每棵树木都将有一个身份证，采种、育苗、造林、抚育、采伐、运输、野生动植物保护、休闲旅游、木材销售及加工利用的每个环节都会置于科学监控之下，各项业务将实现网上办理，实现智慧林业目标。

1.2.2 智慧林业的正式提出

21世纪是信息化的世纪，信息化是21世纪现代化的核心标志。信息化的地位上升到了一个前所未有的战略高度,成为推进国家现代化建设的必然选择和关键环节。

以 2009 年初《全国林业信息化建设纲要》颁布实施和首届全国林业信息化工作会议召开为标志,中国林业信息化建设进入全面加快发展的新阶段。通过顶层设计、动员部署、组建机构、项目建设、建立制度等 5 个环节,始终坚持把林业信息化建设作为创新发展的重要平台、提升效益的重要抓手、服务基层的重要途径、展示形象的重要窗口,各级林业部门按照"加快林业信息化,带动林业现代化"的总要求,坚持"融合、创新、服务、提升"的发展理念。特别是"十二五"以来,林业信息化队伍建设不断加强,80%以上的省级林业部门设立了专门机构;资金投入持续增加,全国年均投入专项经费 5 亿多元;网站建设快速推进,形成了国家、省、市、县四级林业网站群;标准制度逐步完善,制定了 20 多项制度、50 多项标准;交流合作日益广泛,促进了资源共享、共同发展;管理方式不断创新,信息安全保障能力大幅提升;示范建设成效显著,建设了 13 个示范省、25 个示范市、50 个示范县,推出了一系列国内领先的示范成果。林业信息化有效支撑了林业生态建设,促进了林业产业的发展,拓宽了生态文化传播渠道,提升了林业行政服务水平。全国林业信息化建设呈现出全面提升的良好态势。实践证明,加快林业信息化建设,既是实现林业现代化的必由之路,又是关系到林业工作全局的战略选择。

为深入落实全国林业信息化发展总体思路,从 2009 年下半年开始,国家林业局经过两年多的集中攻关,制定了《中国林业信息化发展战略》,提出了我国林业信息化建设"数字林业、智慧林业、泛在林业"三步走的战略部署,首次正式提出了"智慧林业"的概念,这也预示着我国林业现代化的发展正式步入了快车道。

数字林业是智慧林业、泛在林业发展的基础。智慧林业包含数字林业,是实现泛在林业的关键环节。泛在林业是指在智慧林业基础上,实现各个系统之间的协同、融合、共存的下一代技术产业。三者关系和特征如图 1-1 所示。

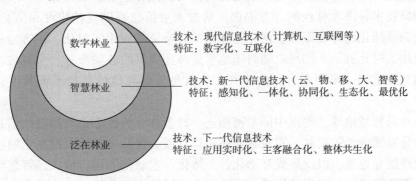

图 1-1 数字林业、智慧林业与泛在林业的关系

2013 年 8 月,经过反复研究讨论,国家林业局组织制定了《中国智慧林业发展指导意见》,并在吉林长春组织召开了第三届全国林业信息化工作会议,提出了"打造智慧林业,建设生态文明"的基本思路,这标志着"智慧林业"正式成为国家政策。

2016—2020 年,为了推动"智慧林业"深入发展,国家林业和草原局在《中国智慧林业发展指导意见》的基础上,又先后组织制订了《关于促进中国林业云发展的指导意见》《关于推进中国林业物联网发展的指导意见》《关于促进中国林业移动互联网发展的指导意见》

《关于加快中国林业大数据发展的指导意见》《关于推进全国林业电子商务发展的指导意见》《关于促进林业和草原人工智能发展的指导意见》等文件，从而形成了由林业云、林业物联网、林业移动互联网、林业大数据和林业电子商务等组成的配套完善的智慧林业顶层设计体系。至此，我国林业信息化的发展体系顶层规划已日趋完备，这也标志着我国林业的现代化发展迈上了一个新的台阶。

1.2.3　从数字林业到智慧林业

数字林业是指系统地获取、融合、分析和应用数字信息来支持林业发展的信息产业，是通过应用遥感技术、计算机技术、网络技术和可视化技术等对各种林业信息实现规范化采集与更新，实现数据充分共享的过程。数字林业的主要特征包括数字化、互联化、智能化，它的建成为林业建设提供了更广泛、更形象化的信息处理环境及支撑系统，为智慧林业的发展奠定了基础。数字林业阶段以林业各种信息的数字化采集、传输、存储、处理和应用为主要特征，重点是应用计算机、互联网、数字化等技术，实现林业的数字化、网络化、自动化管理。

2009年，随着"智慧地球"概念的提出，在全球掀起了智慧化发展的浪潮，智慧城市、智慧园区、智慧交通、智慧医疗、智慧能源等项目在各地快速创新发展。智慧林业是一种全新林业，是新一代信息技术支撑起来的现代化林业。智慧林业旨在协同推进林业资源监管、生态修复、产业提升、文化发展、应急管理等各个方面、各个环节快速高效运转，实现生态、经济、社会效益最大化。从数字林业到智慧林业的发展，本质上是从信息化到智慧化，从数据采集转变为数据挖掘，从数字技术应用转变为智能决策服务，使林业真正拥有了"智慧"。

泛在林业是林业智慧化发展的高端延伸与拓展，是林业发展的高级阶段。高度发达的计算机和网络技术将渗入林业的方方面面，通过大量信息基础设施建设和信息技术应用，让人们享受到便捷化的林业服务。泛在林业的核心特征是应用实时化、主客融合化、整体共生化。应用实时化就是人们可以随时随地享受林业提供的各项服务，主客融合化就是林业和人之间相互感知、完全融合，整体共生化就是林业与地球其他系统共生共存、相互支撑。

智慧林业与智慧地球、美丽中国紧密相连。智慧林业的核心是利用现代信息技术，建立一种智慧化发展的长效机制，实现林业高质量发展。智慧林业的关键在于制定统一的技术标准及管理服务规范，以此形成互动化、一体化、主动化的运行模式。智慧林业的目的是促进林业资源管理、生态系统构建、绿色产业发展等协同化推进，实现生态、经济、社会综合效益最大化。智慧林业的本质是以人为本的林业发展新模式，不断提高生态林业和民生林业发展水平，实现林业的智能、安全、生态、和谐。

1.2.4　智慧林业与数字林业的异同点

数字林业与智慧林业提出的背景不同。数字林业是20世纪末，在"数字化"理念的基础上提出的，智慧林业则是基于2012年智慧地球、智慧城市等智慧化概念的提出而出现的。

数字林业与智慧林业的目标不同。数字林业的主要目标是实现林业资源的信息化管理、自动化数据采集、网络化办公，实现林业系统内部及其他部门行业之间经济、管理和社会信息的互通共享。智慧林业的目标是实现林业信息实时感知、林业管理服务高效协同、林业经济繁荣发展，实现林业客体主体化、信息反馈全程化，最终形成智慧化的林业发展新模式。

数字林业与智慧林业的基本原则不同。数字林业的基本原则是统一规划，统一标准；统一管理，分级负责；强化服务，面向应用；整合资源，促进共享；注重实用，适度超前；试点先行，稳步推进。智慧林业的基本原则是整合资源，共享协同；融合创新，标准引领；统筹协调，管理提升；服务为本，推动转型；循序渐进，重点突破。

数字林业和智慧林业的主要任务不同。数字林业的主要任务是对森林、草原、湿地、荒漠、野生动植物等林业资源进行虚拟化监管；推进无纸化办公和初级网上审批，建立面向不同群体和区域的林业网络化对外服务窗口；构建不同层级的安全可靠的数据库和专用网络。智慧林业的主要任务是通过构建体系化的林业资源监测感知平台，实现对林业资源的实时感知和监控，实现对林业风险的智能预防和控制，助力相关决策的制定；构建智慧化的林业发展模式，打破层级界限，实现林业资源的高效共享和充分利用，真正实现全国林业"一张网、一张图"的一站式办事和服务。

数字林业和智慧林业的应用特点不同。数字林业的应用特点是数据来源的多元化，面向对象的多层次化，更新的快速化，系统的多功能性，管理系统的智能化，成果多产化，严格的层次性，规范的严格性和实用性等。而智慧林业的应用特点是日常监管智能化，信息反馈实时化，风险防控精准化，资源利用高效化，政务工作科学化。

数字林业和智慧林业的应用范围不同。数字林业的应用范围是林业办公、林业资源动态管理、生态环境一致性研究与动态监测、森林火情动态管理和控制、营造林规划、林区道路规划、森林病虫害控制和动态管理、林业工程动态管理和监测等。智慧林业的应用范围是林业资源综合感知监测、林产品质量监测服务、林农综合信息服务、林业重点工程监督管理、智慧林业产业体系、智慧林业体验、智慧林业门户网站、智慧林业林政管理、智慧林业决策等。

数字林业与智慧林业应用的主要技术不同。相比于数字林业，智慧林业所运用的信息化手段更加先进、融合的程度更加彻底、集成度更高。数字林业主要应用的技术包括计算机技术、互联网技术、"3S"技术、分布式计算技术等，智慧林业主要应用云计算、物联网、移动互联网、大数据和智能穿戴技术等更加先进的信息技术。

1.2.5 智慧林业的重要意义

林业建设事关经济社会的可持续发展，但我国生态资源稀缺、生态系统退化、生态产品短缺的现状并没有明显改观，迫切需要加快智慧林业建设，加大信息支撑、加强智慧引领，加快推进林业现代化建设。智慧林业是林业现代化建设的着力点和突破口，是建设生态文明的战略选择。

(1) 林业治理现代化首先是政务信息化

林业治理现代化是深化林业改革的总目标。林业治理现代化首先要实现林业政务的全面信息化,这是提升治理的现代化水平最有效的途径。目前林业政务信息化建设有了长足进步,电子政务全面推进,网络政府渐具雏形,但与林业治理现代化的要求尚有不小差距。为适应信息社会政府公共服务新要求,迫切需要综合运用新一代信息技术理念,从依法行政、政务公开、高效行政、智慧管理等方面入手,全面构建林业现代政务新格局。

(2) 深化林业改革急需精准信息服务

当前我国正全面推进国有林区和国有林场改革,进一步深化集体林权制度改革,增加林业发展内生动力。林业改革,就是要革新不适应新时期林业发展的体制机制,解放林业生产力,盘活林业资源资产,激发林业发展活力,实现创新增长。迫切需要推动新一代信息技术与林业改革发展需求相融合,为林业改革发展提供精准、科学、全方位的信息化服务,实现林业发展的一体化、协同化、生态化、最优化。

(3) 资源有效保护亟待构建智慧监管体系

当前,我国正经历着世界上规模最大的城镇化进程,由此带来的非法侵占林地、破坏湿地等现象十分严重,资源保护压力持续增加。但现阶段我国在生态资源的保护和监管上,还存在管理粗放、效率不高、整体协调性差等问题,迫切需要加快监测能力建设,提升信息化水平,建立集森林、草原、湿地、荒漠、生物多样性于一体的智慧监管体系,实现对林业资源的精准定位和精确保护。

(4) 生态高效修复必须建立协同管理系统

经过30多年的大规模造林绿化,我国林业生态修复取得了举世瞩目的建设成就,但总体上仍然处于缺林少绿、生态脆弱、生态质量较低的状态,自然生态系统依然十分脆弱。更为严峻的是,我国生态修复难度不断增大。必须将现代信息技术与生态修复工程深度融合、创新应用,实现从规划、作业设计、进度控制、检查验收和统计上报等各环节的一体化管理、精细化管理,切实提高生态修复效率和质量。

(5) 林业产业升级需要加强创新驱动

总体上看,我国生态产品供给和生态公共服务能力与人民群众期盼还有很大差距。生态资源还未有效转化为优质的生态产品和公共服务,生态服务价值未充分显化和量化,优质林产品供需矛盾突出,巨大的生产潜力没有得到充分发挥。迫切需要利用新一代信息技术推动林业产业转型升级、创新发展,实现林业提质增效,增加林业生态产品供给。

(6) 林区发展转型需要夯实信息基础设施

我国林区道路、通信等基础设施建设和公共事业长期滞后,信息闭塞,导致林业管理不便、林业产业落后、林产品流通困难、林区发展停滞不前等问题。亟须加大信息基础设施的建设力度,利用上下贯通、左右互联的信息网络高速公路和无处不在的信息应用技术,消除地理阻隔和信息鸿沟,拉近林区和现代社会的距离,激发林区活力,加快林区现代化步伐。

1.3 智慧林业学学科体系

智慧林业学是一门新型交叉学科,知识结构要求多学科融合,主要包括林学、人工智能、信息科学、林业工程等,实现森林环境动态感知、生态空间智能规划、森林灾害监测预警、林业资源智慧管理与决策等林业现代化建设。智慧林业学与相关学科的关系如图1-2所示。

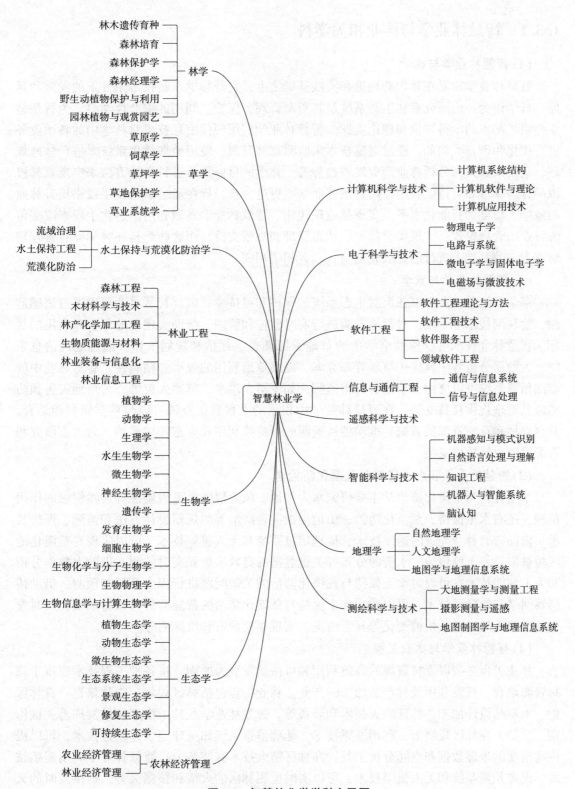

图 1-2 智慧林业学学科交叉图

1.3.1 智慧林业学与林业相关学科

(1) 智慧林业学与林学

智慧林业学建立在林学的理论和实践基础之上，它是林学在新技术条件下的发展和延伸。林学作为一门研究森林生态系统及其资源管理、保护、利用的综合性学科，为智慧林业提供了基本的学科知识和理论支撑。智慧林业学利用现代信息技术对林学中的各项业务进行优化和创新。例如，通过遥感技术来监测森林资源，使用地理信息系统来进行林地规划，运用大数据来分析林业产业发展趋势等。林学的目标是通过科学的方法来实现森林资源的合理管理和可持续利用，而智慧林业学则更进一步，旨在通过高科技手段来提升林业的效率、精度和智能化水平，实现林业现代化。智慧林业学强调利用信息化手段来改变传统林业的管理模式，实现实时监控、动态管理和决策支持，而这些都是在林学原有管理理念和方法的基础上进行的升级和创新，二者相辅相成。

(2) 智慧林业学与草学

草学和智慧林业学都强调对生态系统的保护和可持续管理。智慧林业可以通过遥感监测、物联网技术等手段，对草地资源进行实时监控和管理，帮助实现草地保护和利用的目标。智慧林业技术可以辅助草学中的草地资源调查、评估和规划工作，通过地理信息系统、大数据分析等工具优化草地管理方案，提高草地利用的效率和精确性。智慧林业中的监测预警系统可以应用于草地的灾害监测，如干旱、洪水、草原火灾等，为草地灾害预防和应急管理提供科技支持。在智慧林业学中积累的大量数据资源可以与草学研究相结合，共享森林和草地资源的数据，推动植被资源的可持续利用和生态环境保护，为生态研究和资源管理决策提供支持。

(3) 智慧林业学和水土保持与荒漠化防治学

水土保持与荒漠化防治学主要研究水力侵蚀、风力侵蚀、重力侵蚀等自然侵蚀的作用机理，还有水土保持、荒漠化防治、山地侵蚀灾害防治等的规划设计方法和监测、评价技术。借助智慧林业先进的遥感技术、地理信息系统和无人机等技术，可以实现对荒漠化地区植被覆盖、土壤侵蚀、水资源分布等关键数据的高效采集和实时监测；借助大数据分析和人工智能技术，可以对水土保持与荒漠化防治的关键问题进行深入分析和预测；借助传感器网络和物联网技术，可以建立水土保持与荒漠化防治的智能监测与预警系统，及时发现并反映土地退化、植被变化等异常情况，实现早期预警和快速响应。

(4) 智慧林业学与林业工程

林业工程是指以森林资源的高效利用和可持续发展为原则，将各种工程技术应用于森林资源培育、开发利用及林产品加工的产业。林业工程包括林区规划、森林培育、森林保护、木制品设计加工、林区防火技术和装备等。智慧林业学在其中很多领域发挥着关键作用。比如，在林区规划上，利用遥感技术、地理信息系统和全球定位系统等技术，可以提供高精度的地理数据和空间分析工具；在林区防火技术和装备上，智慧林业学利用遥感技术、火灾预警系统和无人机等技术，可以实时监测林区的火情和预测火势，提供及时的火灾预警和应急响应。

(5) 智慧林业学与生物学

生物学是探索生命现象和生命活动规律的科学，是自然科学中的一门基础学科，其研究对象是植物、动物和微生物的结构、功能、发生和发展规律。利用智慧林业学中的新一代信息技术，可以对林业生态环境和生物资源进行全面监测和评估，以支持生物学研究。例如，可以利用先进的遥感技术、地理信息系统和全球定位系统等技术手段，对森林生态环境进行全面监测和评估，包括对树种分布、森林结构、植被覆盖等生物因素的数据收集与分析，为生物多样性保护、生态环境修复提供科学依据；将人工智能与生物技术相结合，可以更好地开展森林生物资源的遗传改良、新品种选育、树木生长调控等方面的研究与应用。

(6) 智慧林业学与生态学

生态学研究森林生态系统内物种间的相互关系、能量流动、物质循环以及生态系统的稳定性与服务功能。利用智慧林业技术，可设计基于大数据和人工智能的生态学模型，预测和应对森林生态系统的变化，及时掌握森林健康状况，对林业有害生物进行监测预警，评估森林生产力及碳汇功能变化，采取有效的管理措施，提高管理效率。

(7) 智慧林业学与农林经济管理

农林经济管理主要研究经济学、管理学、农学、林学等方面的基本知识和技能，发展农林业经济，开展农林业企业经营管理、市场营销、流通贸易等研究。智慧林业中的大数据和人工智能等技术，可以帮助农林管理者解决统计分析、智能决策、智能经营等问题，提高农林业的经营管理效率，实现经济、社会和生态效益最大化。

1.3.2 智慧林业学与"智慧"学科

(1) 智慧林业学与计算机科学与技术

计算机科学与技术和智慧林业学共同推动着现代林业领域的创新和发展。计算机科学与技术为智慧林业提供了强大的工具和技术支持，例如，无人机技术、人工智能和大数据等。通过这些技术，可以实时监测森林生态系统的状况，进行精准的森林资源管理和病虫害监测。智慧林业还可以通过计算机技术实现林业生产的数字化、自动化和智能化，提高生产效率和资源利用率，实现新时代林业可持续管理和生态保护。

(2) 智慧林业学与电子科学与技术

电子科学与技术和智慧林业学之间存在密切的关系，电子科学与技术的应用，可以推动智慧林业的发展，提升林业管理效能。例如，电磁场与微波技术可以应用于无线通信和雷达监测；电路与系统可以应用于林业生产过程中的数据采集和控制系统；物理电子学可以应用于林业实验和生产过程中的光电转换和能量转换等方面；微电子学与固体电子学可以应用于林业信息化和智能化系统的芯片设计和制造。以上技术为智慧林业的发展及不断进步提供了先进的工具和方法。

(3) 智慧林业学与软件工程

智慧林业学是利用现代信息技术手段，实现对林业资源的智能化管理和服务的学科，而软件工程学科是软件方法学、软件开发体系架构、软件质量和可靠性、软件过程改进等多个领域的集合，是智慧林业中不可缺少的一部分。软件工程学科帮助实现林业资源的智能化管理和服务,为智慧林业相关系统软件的设计与开发提供理论和技术支撑。

(4)智慧林业学和信息与通信工程

信息与通信工程学科是以信息传输和交换研究为主体,以对信号与信息处理的研究为核心的综合性学科,是实现智慧林业的重要手段,主要通过林业数据的采集、传输、处理和应用,为林业管理和服务提供科学依据和决策支持。

(5)智慧林业学和遥感科学与技术

遥感科学与技术和智慧林业密切关联,遥感数据可为智慧林业提供实时、精准的森林资源信息,遥感技术可监测植被覆盖、病虫害、土地利用等情况,为森林资源管理和生态保护提供基础数据。智慧林业基于这些信息进行精细化决策,实现资源高效利用和可持续发展。

(6)智慧林业学和智能科学与技术

智能科学与技术是一个多领域交叉的学科,它集成了多个学科的研究成果,用以设计和创建智能系统。这些系统能够执行复杂的分析、决策和操作任务,通常用于提高效率、精度和自动化水平。智慧林业则是将智能科学与技术应用于林业管理和运营的实践。智能科学与技术为智慧林业提供了工具和技术基础,使林业管理更加高效、精确和可持续,同时也为林业产业的现代化和转型升级提供了强有力的支撑。

(7)智慧林业学与地理学

地理学在林业领域中扮演着至关重要的角色,空间分析和地理信息系统等工具,为智慧林业提供了关键空间技术支持。地理学为智慧林业提供了空间视角,通过对地理信息系统的应用帮助管理者了解森林分布、土地利用、地形地貌等空间信息,这些数据是制定林业管理策略、采取保护措施和规划可持续利用的关键。地理学为林业决策提供了空间分析的工具。利用地理信息系统技术,可以对森林覆盖、采伐活动、野生动植物迁徙等进行空间模拟和分析,从而更好地制定可持续的管理方案,并预测可能出现的环境影响。地理学也促进了不同地区之间的经验分享和合作。将不同地理位置的林业数据整合到一个平台上,各地区可以互相学习经验、分享最佳实践,并共同应对全球性的森林管理挑战,如气候变化对森林生态系统的影响等。地理学在智慧林业中通过空间分析、数据整合和决策支持,为实现可持续的森林管理提供了重要的技术和方法支持。

(8)智慧林业学和测绘科学与技术

在智慧林业的发展进程中,测绘科学与技术为其提供了关键的数据支持、空间信息分析和精确的监测手段,促进了森林资源管理的科学化、智能化和可持续化。测绘科学与技术在智慧林业中扮演了数据采集与制图的重要角色。先进的遥感技术和测绘设备,如卫星遥感、激光雷达扫描、无人机等,为森林资源的获取、更新和监测提供了高精度、大范围的数据支持,为林业地理信息系统的建立与完善奠定了坚实基础。测绘科学与技术为智慧林业的空间分析和精准决策提供了强大工具。利用测绘技术获取的数据,结合地理信息系统等空间分析工具,可以实现对森林覆盖、土地利用、资源分布等信息的精确测量和分析,为决策者提供科学依据,支持决策者制定合理的森林保护与利用策略。测绘科学与技术的创新应用也推动了智慧林业的发展。例如,基于全球定位系统和遥感技术的森林资源调查、森林健康监测与灾害预警系统,为森林资源管理带来了更高效、更准确的解决方案。测绘科学与技术的数据采集、空间分析和创新应用为森林资源的科学管理与可持续利用提供了重要支持。

复习思考题

1. 请简述信息革命产生与发展的过程。
2. 请简述智慧林业的产生背景与发展过程。
3. 从数字林业到智慧林业,再到泛在林业,这3个阶段有哪些标志性的特征?简述三者之间的区别与联系。
4. 请论述智慧林业对于我国林业现代化发展的重要意义。
5. 简述如何发挥相关学科的作用,解决智慧林业面临的各种挑战。

推荐阅读书目

1. 李世东,2015. 中国智慧林业:顶层设计与地方实践[M]. 北京:中国林业出版社.
2. 李世东,2017. 智慧林业概论[M]. 北京:中国林业出版社.
3. 马履一,彭祚登,2020. 林学概论[M]. 北京:中国林业出版社.
4. 吴保国,苏晓慧,2021. 现代林业信息技术与应用[M]. 北京:科学出版社.
5. Ram S K,Tyagi R D,2020. Artificial Intelligence and Computational Sustainability[M]. New York:John Wiley & Sons,Ltd.

第 2 章

智慧林业概论

【本章提要】 智慧林业是指充分利用云计算、物联网、移动互联网、大数据、智慧技术等新一代信息技术，形成林业立体感知、管理协同高效、生态价值凸显、服务内外一体的林业发展新模式。本章首先介绍了智慧林业的基本概念，从多个角度阐述了智慧林业的内涵；随后介绍了智慧林业的三大新型理念；最后阐述了智慧林业建设的思路、原则、目标、架构和重点任务。通过学习本章内容，能更深入地了解智慧林业的内涵与建设概况。

2.1 智慧林业的基本概念

2.1.1 智慧林业的定义

自从美国国防商业机器公司在 2008 年首次提出"智慧地球"这一概念后，"智慧"概念就得到了广泛认可并迅速发展，我国很多行业也积极推进这一概念。

"智慧林业"是林业信息化发展的第二个阶段，是在"数字林业"基础上，充分利用"云、物、移、大、智"等新一代信息技术，构建起来的立体感知、管理协同、服务高效的林业现代化建设新模式。

当前，建设生态文明是林业建设的总目标，林业高质量发展是林业建设的总要求。建设生态文明，迫切需要转变经济发展方式、优化调整产业结构。这些都要依靠信息科技的支撑，实现更透彻的感知、更全面的互联、更深入的智能、更高效的利用、更科学的决策，从根本上解决资源约束趋紧、环境污染严重、生态系统退化等问题，推动人与自然和谐共生。林业高质量发展迫切需要利用信息技术对各种资源要素和生产过程进行精细化、智能化控制，加强专业化、科学化管理，充分挖掘林地潜力，全面提升质量效益，为经济社会发展提供更多更好的生态产品、物质产品和文化产品。

智慧林业在林业自身发展需求和新一代信息技术突破的双重历史机遇下应运而生。2013 年 8 月《中国智慧林业发展指导意见》的发布和第三届全国林业信息化工作会议的召开，标志着全国林业信息化进入智慧林业建设的新阶段。智慧林业的到来必将带来林业生产力的又一次深刻变革。

2.1.2 智慧林业的特征

智慧林业包括基础性、应用性、本质性的特征体系，其中基础性特征包括数字化、感知化、互联化、智能化；应用性特征包括一体化、协同化；本质性特征包括生态化、最优化。即智慧林业是在数字化、感知化、互联化、智能化的基础之上，实现一体化、协同化、生态化和最优化。

①数字化。即信息资源数字化。智慧林业能够实现信息实时采集、快速传输、海量存储、智能分析及共建共享。

②感知化。即资源相互感知化。智慧林业利用传感设备和智能终端，使森林、草原、湿地、荒漠、野生动植物和自然保护地等资源相互感知，并随时获取所需数据和信息，改变"人为主体、林业资源为客体"的局面，实现林业客体主体化。

③互联化。即信息传输互联化。互联互通是智慧林业的基本要求。智慧林业可以建立纵向贯通、横向互联，遍布各个方面、各个环节的网络系统，实现信息的快捷传输、交互共享与安全便捷，为林业高质量发展提供高效网络通道。

④智能化。即系统管控智能化。智能化是信息社会的基本特征，也是智慧林业的基本要求。智慧林业利用"云、物、移、大、智"等新一代信息技术，实现快捷、精准的信息采集、计算、处理，并充分利用各种传感设备、智能终端等实现林业发展的智能化。

⑤一体化。即体系运转一体化。一体化是智慧林业建设发展最重要的体现。智慧林业可以将林业生态体系、林业产业体系、林业文化体系融为一体，实现系统的充分整合，使现代林业功能更强大、协调运转更顺畅便捷。

⑥协同化。即管理服务协同化。信息共享和业务协同是林业智慧化发展的重要特征。智慧林业通过信息资源共享和业务系统整合，使林业工作的各方面各环节，以及政府、企业、居民各主体之间，实现透明化、协同化运行，提高林业管理服务水平。

⑦生态化。即创新发展生态化。生态化是智慧林业的本质特征。智慧林业利用新一代信息技术及信息革命的先进理念，进一步丰富林业自然资源，完善林业生态系统，构建林业生态文明，推动林业建设更加节约、快速、高效和可持续发展。

⑧最优化。即综合效益最优化。通过智慧林业建设，可以真正地形成生态优先、产业绿色、文明显著的林业现代化体系，实现现代林业更低的投入和更高的效益，并确保综合效益的最优化。

2.2 智慧林业的新型理念

在推进"智慧林业"新形势下，需要树立三大新观念。

(1) 新型资源观

世界赖以存在和发展的基础包括物质资源、能量资源、信息资源。随着信息社会的发展和林业信息化工作的不断推进，林业信息资源日益成为林业发展的重要核心要素。智慧林业重视林业信息资源的价值，利用林业信息资源的无限性弥补林业物质资源的有限性的局限，并进行深度开发和合理配置，可以打破林业资源的刚性约束，改变资源路径依赖的传统资源观，实现林业资源的循环利用和生态持续。

智慧林业作为新的林业发展模式，资源体系发生了改变，林业信息资源已成为重要的战略性资源。在智慧林业的建设发展中，林业信息资源将发挥主动性、联动性的作用，统领整个林业资源体系，为智慧林业的健康发展、决策与创新等提供支撑，整合、带动、盘活整个林业资源体系的联动发展，形成整合优化、开发利用、创新发展的智慧林业新型资源观。

智慧林业倡导资源循环利用，关键在于"开源"和"节流"。一方面，利用信息技术，有重点、分层次地对林业有形和无形资源进行充分开发，在全国范围内对资源进行合理配置；注重林业信息人才培育，强化林业工作者信息素养，从根本上提升林业资源的开发利用能力；充分发挥信息资源优势，提升资源价值。另一方面，利用信息技术对生产技术和业务工具进行改进，减少在林业建设发展过程中的物质和能量消耗，通过资源减量化来实现循环发展；通过对全国林业有形和无形资源的整合与重构，来优化体制、机制，减少各种交易成本，提升林业发展的价值。

（2）新型生态观

生态文明是社会生产力不断发展与生产方式不断变化的结果，是一种人们追求更和谐社会发展的理念。生态文明在辩证看待人与自然关系的基础上，科学地揭示了生产力的真正内涵，强调人与自然和谐共生与可持续发展。随着人类生态文明意识的不断提高和科学技术的不断发展，生态文明必将不断向纵深发展，引领人类文明的不断创新和发展，成为人类社会文明的主导。生态文明需要以最小的资源、能源消耗产生最大的综合效益，信息革命应运而生、应时而生，信息革命是生态文明的"金钥匙"，为智慧林业建设提供了强大的动力。智慧林业以新一代信息技术和海量的信息资源为核心，以智能化为特征，产生的巨大生产力远超以往林业发展的几个阶段。智慧林业低碳、绿色、集约、高效的核心理念为生态文明建设提供了最佳支撑，我国林业已站在新的历史起点上，成为建设生态文明和美丽中国的先锋。

（3）新型价值观

价值泛指客体对于主体表现出的积极意义和有用性。价值观是指个人对周围的客观事物的意义、重要性的总评价和总看法。一方面表现为价值取向、价值追求，凝结为一定的价值目标；另一方面表现为价值尺度和准则，成为人们判断事物有无价值及价值大小的标准。林业在生态文明建设领域中承担着重要责任，是生态文明建设的主体和基础，占据着首要和独特地位，发挥着主导和核心作用，这是林业价值的集中体现。人们通常认为林业资源是承载价值的客体，而通过智慧林业建设，林业资源将具备一定的智能特征，能够实时向人们反馈动态信息，成为价值的创造主体。智慧林业具有感知化、智能化等特征，通过新一代信息技术与林业业务的有效结合，来促进林业发展提档升级，实现低碳、绿色、可持续发展，优化政务办公，强化生产服务，助力民生建设，深入挖掘林业管理服务价值，更好履行林业相关部门职能，促进林业经济更加繁荣。

2.3 智慧林业建设概况

2.3.1 智慧林业建设思路

智慧林业建设的总体思路是，深入贯彻我国关于推进林业发展和信息化建设的决策部署，以统一思想为前提，以提升林业现代化水平为目标，以应用需求为导向，以重点工程为抓手，以融合创新为动力，以新一代信息技术为支撑，努力实现互联网思维、立体化感知、大数据决策、协同化办公、智能型生产和云信息服务，全面推进智慧林业建设，支撑引领现代林业发展，为建设生态文明和美丽中国做出新贡献。

(1) 互联网思维

努力实现以创新思维谋思路，以融合思维促发展，以用户思维强服务，以协作思维聚力量，以快速思维提效率，以极致思维上水平，完善共建共享的参与机制和创新平台，敢于冲破阻碍，促进开放包容，拓展林业发展空间，拓宽林业投入渠道，让所有关心林业、爱护生态的人都能够参与到林业现代化建设中。

(2) 立体化感知

加快推进林业感知网络体系建设，包括下一代互联网、林区无线网络、林业物联网、林业"天网"系统、林业应急感知工程等建设，形成立体化、全天候的全国林业万物互联、智慧感知网络，实现林业资源信息、生态保护修复、林业产业发展、应急灾害等数据的自动化采集、网络化传输、标准化处理、可视化应用。结合"北斗"实时数据，依托电子政务内外网，实现各级林业部门对林业资源的智能识别、定位、跟踪、监控与管理。

(3) 大数据决策

建立一体化智慧决策平台，以大数据等新一代信息技术为支撑，实现各类林业数据的实时采集、深度挖掘、主体化分析和可视化展现，及时发现战略性、苗头性、潜在性的问题，智能化分析预判林业的各种可能情况和发展演变的可能趋势，为重大决策提供大数据科学依据，提高林业重大决策的科学性、预见性和针对性。

(4) 协同化办公

按照互联互通、共建共享的原则，打造林业各领域、各环节、各层级合作的政务协同管理系统，建立运转协调、公正透明、廉洁高效的林业管理体系，实现林业全过程信息化管理，推进智慧化办公，实现林业治理体系和治理能力现代化。

(5) 智能型生产

加速林业与新一代信息技术的深度融合，促进理念创新、技术进步、效率提升，推动林业生产创新发展、转型升级，加速物品、技术、设备、资本、人力等生产要素在产业领域的流动，实现林业资源的合理配置利用，激发林区发展活力，提升林产品质量，让大众创业、万众创新的观念在林业领域落地生根。

(6) 云信息服务

利用云计算等新一代信息技术，努力打造中国林业云服务平台，实现各类林业数据集中保存、及时更新、高效交换和协同共享，提供全媒体、全时空林业信息服务，实现林农群众、林业企业、林业管理部门和社会公众随时随地在云端共享权威、全面、个性化的信息服务。

林业信息化建设由数字林业阶段迈向智慧林业阶段，是林业系统转变发展方式、提升生产力水平的内在需要。数字林业阶段以林业各种信息的数字化采集、传输、存储、处理和应用为主要特征，重点是应用计算机、互联网、数字化等技术，实现林业数字化、网络化、自动化管理。智慧林业阶段在数字林业的基础上，全面应用"云、物、移、大、智"等新一代信息技术，通过感知化、物联化、智能化和协同化的方式，使林业实现智慧感知、智慧流程、智慧管理、智慧应用和智慧服务的目标。通过更深入的智慧化、更全面的互联互通、更有效的交换共享、更协作的关联应用，来实现林业自然资源更丰富、林业生态系统更安全、林业绿色产业更繁荣、林业生态文明更先进的目标。

2.3.2 智慧林业建设原则

建设智慧林业，要更加注重信息与林业各个环节、各种资源、各项业务的深度融合、集约共享和协同推进，在坚持统一规划、统一标准、统一制式、统一平台、统一管理这"五个统一"的基础上，准确把握以下5个原则：

(1) 整合资源，共享协同

以信息共享、互联互通为重点，突破地域、级别和业务壁垒，充分整合各类信息资源，推进信息化业务协同发展，提升全行业管理服务水平和信息资源利用水平。

(2) 融合创新，标准引领

集成关键核心技术，创新发展模式和机制。实施应用先行、国际同步的标准战略，抢占标准制高点。

(3) 统筹协调，管理提升

统一顶层设计，推进协同运行，强化各级林业信息部门在规划引领、统筹协调、应用示范等方面的主导作用，建立统筹管理体系。加强安全技术体系建设，提高林业信息安全水平。

(4) 服务为本，推动转型

面向各级林业部门和林农群众日益多元化的需求，提供随时、随地、随需、低成本的信息服务，以信息化推动林业发展方式和管理方式的转型升级。

(5) 循序渐进，重点突破

从组织管理、顶层设计、基础设施以及应用示范工程等多维度切入，循序渐进，讲求实效，找准突破口先行先试，实现重点突破。

2.3.3 智慧林业建设目标

力争到2030年，全国林业信息化率达80%，基本建成智慧林业体系，奠定林业现代化的基础；到2035年，努力使全国林业信息化率达90%，正式建成智慧林业体系，全面支撑林业现代化。

(1) 立体化感知体系全覆盖

全力推进下一代网络、林业物联网、林区无线网络、林业"天网"和应急感知系统的规划、布局、应用，努力构建全覆盖的林业立体感知体系。

（2）智能化管理体系协同高效

加大新一代信息技术在林业管理中的创新应用力度，加快林业资源信息整合，形成全覆盖、一体化、智能化的智慧林业管理体系。

（3）生态化价值体系不断深化

全力加强对林业资源信息、生态保护修复、林业产业发展的监管，积极推进林业文化体系建设，使生态理念深入人心，形成比较完善的生态价值体系。

（4）一体化服务体系更加完善

努力推动云计算、物联网、人工智能等新一代信息技术在林业公共服务方面的创新应用，形成更加协同高效的林业公共服务体系。

（5）规范化保障体系支撑有力

大力构建智慧林业标准体系和综合管理体系，形成完善、科学的标准制度，推进智慧林业有序建设，保障智慧林业的顺利建成。

2.3.4 智慧林业总体架构

智慧林业是基于云计算、物联网、移动互联网、大数据、人工智能等现代信息技术，涵盖智慧林业立体感知、智慧林业协同管理、智慧林业生态价值、智慧林业民生服务与智慧林业综合管理五大体系的新型林业发展模式。智慧林业总体架构主要包括"四横两纵"，四横即设施层、数据层、支撑层、应用层，两纵即标准规范体系、安全与综合管理体系，其相互联系、相互支撑，形成一个闭环的运营体系，如图2-1所示。

（1）设施层

设施层是智慧林业的基础，负责林业信息采集、简单处理及数据传输，为智慧林业的高效运营提供基础信息及高速通道，实现人与林、林与林之间的相互感知。设施层中的感知体系主要是利用"3S"及北斗导航技术、自动识别技术、多媒体视频技术、物联网、移动互联网等技术建立感应层，实现对林业的全面感知、深度感知。智慧林业的感知范围包括：林业资源，如森林、草原、湿地、荒漠、野生动植物；林业基础设施，如道路、桥梁、水网、电网等；林业服务实体，如林场厂房、住宅、林业站、林防站、林业检查站等；林业环境，如地表、地质、河流、山丘、天气、土壤等。

（2）数据层

数据层是智慧林业的信息仓库，为智慧林业的高效运营提供丰富的数据源，全面支撑智慧林业的各项应用。数据层主要是通过林业基础数据库建设工程的实施，规范林业信息分类、采集、存储、处理、交换和服务的标准，来建成林业三大基础数据库，即林业资源数据库、林业地理空间信息库、林业产业数据库，从而实现数据的共建共享、互联互通，为智慧林业建设打下坚实基础。林业资源数据库包括森林资源数据、草原资源数据、湿地资源数据、荒漠化土地资源数据、生物多样性数据信息；林业地理空间信息库包括地理背景数据、遥感影像背景数据和林业地理编码数据等；林业产业数据库包括林业宏观经济、林业产业、林业技术、林业基础设施、林业企业等信息。

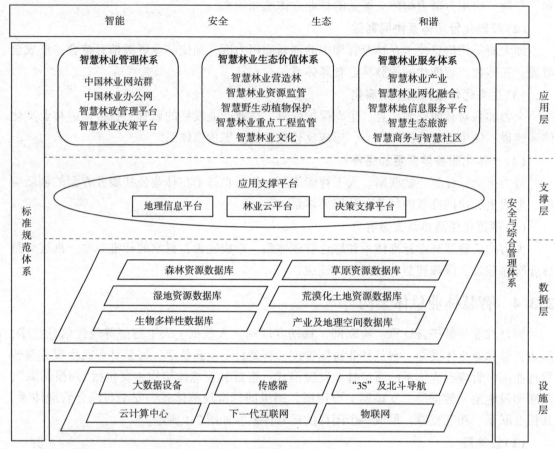

图 2-1 智慧林业总体构架

(3) 支撑层

支撑层是智慧林业科学、高效运营的关键,是智慧林业的中枢,主要包括地理信息平台、林业云平台、决策支撑平台等,为智慧林业应用系统提供科学、智能、协同、包容、开放的统一支撑平台,负责整个系统的信息加工、海量数据处理、业务流程规范、数表模型分析以及智能决策、预测分析等,为实现林业资源监测、应急指挥、智能诊断等提供平台化的支撑服务和智能化的决策服务。支撑层主要是通过林业云、决策支撑平台等重点建设工程的实施,使云计算、大数据挖掘、建模仿真、人工智能等新技术逐步融入应用层的各个应用系统之中,为智慧林业实现科学化、一体化、集约化、智能化的运营提供最有效的支撑。

(4) 应用层

应用层是智慧林业建设与运营的核心,主要负责信息集成共享、资源交换、业务协同等任务,为智慧林业的运营发展提供直接的服务,主要建设内容包括智慧林业管理体系、智慧林业生态价值体系、智慧林业服务体系等。智慧林业管理体系包括中国林业网站群、中国林业办公网、智慧林政管理平台和智慧林业决策平台等。智慧林业生态价值体系主要包括智慧林业营造林管理系统、智慧林业资源监管、野生动植物保护、智慧林业文化和林业重点工程监管等。智慧林业服务体系主要包括智慧林业产业、智慧林业两化融合(两化融合指信息化和工业化融合)、智慧生态旅游、智慧林地信息服务平台、智慧商务和智慧社区等。

(5) 标准规范体系

标准规范体系是智慧林业建设和运营的重要支撑保障,主要包括基础通用、数据信息、应用服务、基础设施与安全管理四大类标准。基础通用类标准是标准化体系的基础标准,是其他标准制定的基础,规定了林草信息领域总体性、框架性、通用性和基础性要求,主要包括术语、分类编码准则、信息服务及质量评价、数据共享交换等标准。数据信息类标准定义了各类林业草原信息编码,主要包括森林、湿地、草原、荒漠、自然保护地等信息编码标准。应用服务类标准规范了各类林业草原应用系统的建设和管理,主要包括生态网络感知系统信息采集及接入、林业草原资源图信息系统、自然保护地信息系统、生态大数据管理与服务等标准。智慧林业基础设施与安全管理类标准规范了林业草原信息化基础设施与安全管理,主要包括信息基础设施、物联网、网络安全、无线通信系统等标准。

(6) 安全与综合管理体系

安全与综合管理体系是智慧林业建设与运营的重要保障。智慧林业安全与综合管理体系内容包括:物理安全、网络安全、系统安全、应用安全、数据安全与制度保障六个部分。物理安全主要包括机房内相同类型资产的安全域划分;网络安全主要包括保护林业基础网络传输和网络边界安全;系统安全主要包括建设覆盖林业全网的分级管理、统一监管的病毒防治和终端管理系统、第三方安全接入系统、漏洞扫描和自动补丁分发系统;应用安全在内外网建立林业数字证书认证中心,与国家电子政务认证体系相互认证,确保数据的保密性、完整性;数据安全解决林业资源数据丢失、数据访问权限控制等问题;制度保障主要建立信息安全组织体系,确定组织机构及岗位职责,定期对管理及技术人员进行安全知识、安全管理技能等培训,建立健全信息安全的法规及管理制度,为智慧林业的运营发展提供科学、系统、安全的制度保障,有效控制各类风险的出现,以保障智慧林业能够安全、高效运营。

2.3.5 智慧林业建设重点

智慧林业建设紧跟林业改革发展全局,为林业各项建设提供强有力的信息化支撑保障和创新驱动引领,提高林业各项业务的质量和效能。

(1) 林业政务服务平台化,实现林业治理阳光高效

通过各级林业部门电子政务系统,实现林业事务在线服务,确保权力运用有序、有效、"留痕",促进政府与民众的沟通交流,提高政府应对各类事件和问题的智慧化水平。当前林业电子政务建设虽然取得了令人瞩目的成就,但仍然难以满足不断增长的社会需求,迫切需要加快新一代信息技术的应用进程,提升林业公共服务能力和行业管理水平。包括建设全国林业网上行政审批平台、中国林业网站群、林业智能办公、林业数据开放平台、林业智慧决策平台、林权交易综合服务平台、国有林场林区资源资产动态监管系统、重点林区综合管理服务平台等工程。

(2) 林业资源监管智慧化，实现生态保护无缝连接

我国目前正面临着资源约束趋紧、环境污染严重、生态系统退化等重大问题。传统的资源监管缺乏现代信息技术支撑，管理方式粗放、时效性差，迫切需要深化信息技术在林业资源监管中的应用程度，切实提高监管效率和质量。建设生态红线监测、智慧林业资源监管平台、林木种质资源保护应用、生态环境监测信息系统、古树名木保护系统、林业智慧警务等工程。提升国家公园等自然保护地智能监测能力，探索形成国家公园等自然保护地智能监测模式，服务自然保护地发展。

(3) 生态修复工程网络化，实现生态建设科学有序

虽然经过了多年的大规模造林绿化，但我国仍然是一个缺林少绿、生态脆弱的国家，生态质量仍旧处于较低水平。因此，迫切需要将现代信息技术全面融合并运用于生态修复工程，加快推进造林绿化精准化管理，实行对规划、计划、设计、进度、验收和统计等各环节的一体化管理，实现生态修复的科学化、持续化、产业化，全面提升生态修复质量。建设重大生态工程智能监管决策系统、智慧营造林管理系统、林木种苗公共服务平台、重点区域生态建设服务平台、国家储备林信息管理系统等工程。

(4) 灾害应急管理高效化，实现生态灾害安全可控

我国是森林火灾、病虫害、沙尘暴等生态灾害多发的国家，现阶段对于生态灾害的监管和治理方式还较为粗放，难以做到提前预防，迫切需要深化新一代信息技术在生态灾害监测、预警和防控中的集成应用，大力提高森林火灾、森林病虫害、沙尘暴等生态灾害的应急管理能力。建设森林火灾应急监管系统、林业有害生物防治监测系统、野生动物疫源疫病监测防控系统、沙尘暴监测防控系统、北斗林业示范应用等工程。

(5) 林业产业提升电子化，实现发展方式转型升级

当前，随着经济社会的快速发展和人们生活水平的快速提高，公众对优质生态产品的需求日益旺盛，对森林、湿地等自然美景的向往日趋强烈。以新一代信息技术应用为契机，推动林业产业转型升级，把优质特色林产品和优质森林旅游产品推向社会大众，拓宽林产品销售渠道，既实现林业增收，又惠及社会大众。建设林业电子商务平台、生态产业创新林农服务平台、生态产品综合服务平台、智慧生态旅游、森林碳汇监测物联网应用、林产品智能溯源系统、智慧林业产业培育等工程。

(6) 生态文化服务网络化，实现生态事业全民参与

培育生态文化是生态文明建设的重要支撑，急需应用新一代信息技术，加强生态文化宣传教育，凝聚民心、集中民智、汇集民力，构建生态文化展示交流平台，加强生态文化传播能力建设，增强全社会的生态文明意识，加快形成推进生态文明建设的良好社会风尚，为建设生态文明营造良好的文化氛围。建设林业网络文化场馆、林业全媒体、林业在线教育系统等工程。

(7) 林业科技创新信息化，实现林业发展创新驱动

科技对现代林业发展的支撑引领作用日趋显著，但总体来看，林业科技尚处于"总体跟进，局部领先"的发展阶段，还存在着科技进步贡献率不高、科技成果转化不够、科技知识和信息传播不广等问题。建设林业科技创新服务体系、科技成果推广体系、林业标准化体系、科技条件平台等工程，提供科技成果展示、先进实用技术推介、专家在线咨询、标准信息共享、平台数据共享、生态监测等科技服务。

(8) 林业基础能力现代化，实现林业要素融合慧治

加快林业现代化，迫切需要进一步夯实和提升信息化基础支撑能力。充分利用云计算、物联网、移动互联网、大数据等新一代信息技术，大力提高林业信息化水平，形成立体感知、互联互通、协同高效、安全可靠的林业发展新模式。建设林业云平台、林业物联网、林业移动互联网、林业大数据、林业"天网"系统、林业智能视频监控系统、林业信息灾备中心、林业信息化标准规范体系、林业信息化安全运维体系等工程。

复习思考题

1. 什么是智慧林业？其特征有哪些？
2. 请说明智慧林业新型理念的"新型"体现在哪里？
3. 请简述智慧林业的建设思路。
4. 请简述智慧林业的总体架构。
5. 智慧林业建设的重点任务是什么？

推荐阅读书目

1. 承继成，郭华东，薛勇，2007. 数字地球导论[M]. 2版. 北京：科学出版社.
2. 李世东，2017. 智慧林业概论[M]. 北京：中国林业出版社.
3. 杨学山，2018. 智能原理[M]. 北京：电子工业出版社.
4. 杨学山，2020. 智能工程[M]. 北京：电子工业出版社.
5. Maltamo M, Næsset E, Vauhkonen J, 2014. Forestry Applications of Airborne Laser Scanning: Concepts and Case Studies[M]. Berlin: Springer Science & Business Media.

第 3 章

智慧林业理论基础

【本章提要】 智慧林业学是新型交叉学科,知识结构要求多学科融合。本章详细介绍了与智慧林业学相关的学科。首先介绍的是林学、草学、水土保持与荒漠化防治学、林业工程、生物学、生态学、农林经济管理等林业相关学科;然后介绍的是数字林业所需的计算机科学与技术、电子科学与技术、软件工程、信息与通信工程、遥感科学与技术、智能科学与技术、地理学和测绘科学与技术;最后从云计算、物联网、移动互联网、大数据、智慧技术等 5 方面阐述了智慧林业的理论技术。通过学习本章内容,可以系统地掌握智慧林业相关交叉学科的基本知识。

3.1 林业基础理论

3.1.1 林学

林学主要包括林木遗传育种、森林培育、森林保护学、森林经理学、野生动植物保护与利用、园林植物与观赏园艺等领域。

(1) 林木遗传育种

林木遗传育种是一门利用基因工程、细胞工程、发酵工程和酶工程等生物技术,对林木进行遗传改良或对林木良种进行高效繁育的学科,通过系统研究林木功能基因组等基础理论,来揭示林木重要目标性状形成的分子生物学基础,从而培育林木优质新品种。利用基因工程、基因组技术与常规育种技术研究林木优异种质,研究林木树种的遗传结构及遗传多样性,构建多目标育种群体,创新林木新品种与高效繁育体系;研究并解析重要树种的全基因组信息,阐明林木基因家族起源、分化及功能意义;研究并解析关键基因的分子和生理生化机制,建立精准的分子调控模型,从而建立林木重要性状形成的分子基础。

(2) 森林培育

森林培育是在从林木种子、苗木、造林更新到林木成林、成熟的整个培育过程中,按既定培育目标和客观自然规律所进行的综合培育活动。森林培育是森林经营活动的主要组成部分,是其不可或缺的基础环节。森林培育的对象包括天然林和人工林,要充分利用天然林和人工林各自的优势，因地制宜，合理充分地发挥森林生态系统的功能，为人类生存和生活服务。当然这种利用应该以不损害森林生态系统本身为前提，是有限、有序且可持续的。森林培育的本质是通过采取各种手段和措施，包括林木遗传改良措施、林分结构调控措施及直接控制立地环境措施，来促进和调控森林的生长发育，从而达到森林定向培育的目标。森林的生长发育及调控要以树木生理学的基本原理为基础，以森林生态学尤其是产量生态学的理论为依靠，吸收森林计测学中有关森林生长分析的有关知识。

（3）森林保护学

森林保护学是林学的重要组成部分，主要研究森林病虫害以及有害生物防治理论与技术，以生态学和经济学原理及方法为基础。其研究方向包括植物天敌昆虫与生物防治、外来有害生物防控、森林病理研究、森林微生物保藏以及森林防火等。由于全球气候变化、人工造林面积增加以及国际交流日益频繁，森林灾害发生形势日趋严峻，全国林业有害生物物种达8000多种，全国森林火灾平均每年发生4000起以上。研究树木天敌害虫的综合利用方法，例如利用周氏啮小蜂来抵御美国白蛾的入侵，并研究害虫天敌的人工繁育技术，实现对昆虫的合理利用；研究林业害虫的信息化合物及其引诱剂应用技术；综合利用大数据、虚拟现实、人工智能等技术，研究森林火灾环境参数连续模拟方法和森林火灾灭火辅助决策技术，从而实现森林火灾预警监测和快速扑灭。

（4）森林经理学

森林经理即森林资源经营管理，是对森林资源进行区划、调查、分析、评价、决策、信息管理等系列工作的总称。森林经理的任务主要包括调查森林资源状况、森林资源分析和评价、经营决策计划以及森林资源经营管理。森林经营的目的是对森林进行合理经营和科学管理，使之能够最大限度地发挥经济效益、社会效益和生态效益，实现永续利用。主要研究方向包括森林可持续经营理论与技术、森林生长收获与模型模拟、森林资源监测与评价、林业遥感与信息技术等。

（5）野生动植物保护与利用

野生动植物保护与利用是指通过野生动植物资源调查、监测与评估，探究野生动植物致濒因素，解析人与自然关系，实现对野生动植物的有效保护、科学管理和可持续利用。主要研究方向包括野生动物保护与自然保护地管理、野生植物监测与保护、野生动植物繁育与利用等。以生物学和生态学理论为基础，进行野生动物多样性调查和监测，并构建评价体系；研究珍稀濒危动物濒危机制与保护技术，并对自然保护地规划、有效管理和保护成效进行系统评估；进行森林植被监测，开展野生植物多样性调查、评价和保护规划，研究珍稀植物濒危机制和保护繁育技术；研究森林和湿地植被调查、监测和恢复技术；基于野生动植物多样性调查的结果，研究与应用珍稀濒危野生动植物人工繁育和自然野化技术。

（6）园林植物与观赏园艺

园林植物与观赏园艺通过土地规划、花卉种质培育、园林植物设计等一系列方法来处理人类生活空间和自然的关系，综合利用多学科基础理论，设计人与自然景观之间具有美学和实用价值的平衡关系。主要研究方向包括花卉种质资源与遗传育种、花卉繁殖与栽培、园林植物应用与园林生态等。针对重要花卉等植物，开展种质资源收集、保存、鉴定、评价与利用研究，探究重点花卉主要性状的遗传规律，实现花卉远缘杂交育种、多倍体育种和工厂化育苗等。此外，还研究园林植物的栽培技术，包括土壤改良技术、病虫害防治技术及不同类型的园林空间下景观植物的搭配方法，以提升园林项目的生态性、可持续性和美学价值。

3.1.2 草学

草学主要包括草原学、饲草学、草坪学、草地保护学和草业系统学等学科。

(1) 草原学

草原是地球生态系统的一种，分为热带草原、温带草原等多种类型，是在地球上分布最广的植被类型。草原占我国陆地国土面积的40%，草原保护和植被恢复是国家生态文明建设的重要内容。草原学研究草原生态系统及其与人类活动之间的关系，包括草原生态学、草原资源管理、草原保护与恢复、草原地区社会经济发展、草原文化与历史等研究方向。草原生态学研究草原生态系统的结构和功能，包括植被、土壤、气候、水文等自然因素，以及这些因素如何通过相互作用来形成稳定的草原生态系统。草原资源管理探讨的是如何合理利用草原资源，包括牧草资源、水资源等，以实现草原的可持续发展。草原保护与恢复针对草原退化、荒漠化等问题，研究如何保护草原生态系统以及退化草原的恢复技术和策略。草原地区社会经济发展，分析草原地区的社会、经济状况，研究草原地区的经济发展模式，探讨如何平衡草原生态保护与经济发展的关系。草原文化与历史研究草原地区的历史变迁、民族文化和传统知识等，以及这些因素对草原保护和利用的影响，合理保护和利用草地资源，提高草业生产效率。

(2) 饲草学

饲草是指茎叶可作为食草动物饲料的草本植物。饲草再生力强，一年可收割多次，富含各种微量元素和维生素，是饲养家畜的首选，饲草品种的优劣直接影响畜牧业经济效益的高低。饲草学开展优质饲草调制加工技术、饲草转化规律、青贮过程中养分及微生物动态、干草及青贮添加剂等方向的研究，以及饲草在草食动物中的饲喂价值及消化降解机制的研究；建立草产品调制关键技术体系，降低干草和青贮调制过程中的营养损失；基于草畜一体化、种养循环的绿色草牧业发展要求，开展以牛羊等草食家畜为主的饲草及木本饲料生产加工、营养评价以及家畜饲喂评价研究，解决中国优质饲草短缺问题。

(3) 草坪学

草坪是指由人工建植或人工养护管理，起到绿化美化作用的草地，是一个国家或城市文明程度的标志之一，适用于美化环境、园林景观、净化空气、保持水土、提供户外活动和体育运动场所。草坪学主要研究草坪的生态、分类、栽培管理和病虫害防治等，主要包括：草坪草种类与选择，了解不同类型的草坪草(如禾本科草坪草、豆科草坪草等)的特征，根据气候、土壤和使用需求选择合适的草坪草品种；草坪建植与养护，包括草坪的播种、铺植、滚压、施肥、浇水、修剪和翻新等管理措施，保持草坪的健康和美观；土壤与水分管理，研究草坪生长的土壤条件，包括土壤类型、结构、pH值和养分含量等，以及合理的灌溉管理；病虫害防治，识别影响草坪生长的常见病虫害，并采取相应的预防和控制措施；草坪生态与环境效益，研究草坪在减小噪声、防尘、调节气候和保持水土等方面的作用和效益；草坪景观设计，结合园林景观设计原则，创造美观、实用和可持续维护的草坪空间。

(4) 草地保护学

草地保护学是一门专注于保护和管理草地生态系统的学科，包括对草地生态系统结构、功能以及与环境相互作用的研究，草地资源的合理利用和管理，草地保护与恢复策略，管理入侵物种以及促进草地自然生态过程等。该学科基于生态学、植物学、动物学、土壤学和水资源管理等多个学科的理论框架，研究草地有害生物，包括病、虫、害鼠和毒草等的种类、生物学特性、发生危害规律、监测预警和综合治理技术体系理论与方法，制定适合于各草地灾害区域的有害生物综合治理技术体系。

(5) 草业系统学

草业系统学是一门跨领域的学科，它涉及农业科学、生态学、动植物学、土壤学、水资源管理和经济学等多个学科。该领域研究的是草地生态系统内植物、动物和微生物的相互作用以及它们与环境之间的关系。草业系统学关注草地生态系统的结构、功能和稳定性，探讨草地植物和动物的分类、生理生态学和遗传学等方面的知识。理论层面上关注草地植物和动物在生态系统中的角色和适应性，涉及土壤学的基本原理，包括土壤形成、土壤质地、土壤水分管理等内容。同时，探讨与水资源管理相关的理念，如水循环、土壤保护和水资源可持续利用等。研究草地资源的经济价值、市场需求和成本效益，涉及农业产业链、农业政策等领域。关注草地资源的可持续管理原则，包括规划、监测、保护和有效利用草地资源的理论体系，有助于确保草业系统的生态平衡和可持续利用。强调可持续发展的理念，包括如何在草地资源管理中平衡经济、社会和环境需求，促进可持续发展。

3.1.3 水土保持与荒漠化防治学

水土保持与荒漠化防治学主要包括流域系统治理、水土保持工程和荒漠化防治等方向的研究。

(1) 流域系统治理

从生态系统整体性和流域系统性出发，立足于流域内的自然要素、经济要素、社会要素和文化要素，科学、有效地进行水资源开发、水环境保护、水灾害防治和水环境修复等综合性水资源管理。研究重要水环境过程，如水量平衡、流域产汇流、地表水污染迁移转化等原理，深入探讨关键过程的主要驱动机制，为解决相应环境问题提供科学有效的途径；研究流域水文、水质等多要素的系统监测、模拟及评价方法，形成并不断完善对于流域环境问题的基本研究方法，提升分析流域问题的能力和技术水平；研究面向农村、城市等流域的污染治理和生态修复技术体系，从流域水环境规划、水环境承载力以及水污染应急管理等角度开展流域综合治理工作。

(2) 水土保持工程

利用工程、生物和农业技术等综合措施，防治各类水土流失，保护、改良与合理利用山丘区和风沙区中以水土为主的自然资源，维护和提升土地生产力，充分发挥水土资源的经济和社会效益，建立良好的生态环境。研究对于水力侵蚀产生的水土流失的综合治理理论与技术体系，主要包括水蚀过程及其动力机制，生态水文过程与流域土壤侵蚀环境演变规律，流域水土保持综合治理与开发，林业生态工程建设等理论与技术体系，水土保持与防沙治沙的规划设计方法、监测以及评价技术等。

(3) 荒漠化防治

研究在风力侵蚀作用下的荒漠化形成的动力学机制，土地荒漠化监测、预警和灾害评估，生物治沙、化学治沙和工程治沙的关键技术与材料，不同类型荒漠化综合治理的可持续经营技术等。主要研究土地荒漠化形成机制、分布与危害，风蚀荒漠化防治的生态学和风沙物理学原理，风蚀荒漠化防治生物和工程技术措施，绿洲、草（牧）场、铁（公）路等典型区域沙害综合防治技术措施体系，盐渍荒漠化、冻融荒漠化和石漠化防治的基本原理和技术。

3.1.4　林业工程

林业工程主要包括森林工程、木材科学与技术、林产化学加工工程、生物质能源与材料、林业装备与信息化、林业信息工程等领域。

(1) 森林工程

以森林资源营建与保护、开发与利用为研究对象，以木材生产技术与管理为主干，以林区道路与桥涵、林业装备为主要支撑，运用系统工程等方法，将在林业生产过程中使用到的工程技术与生态环境建设及森林资源经营管理融为一体。以力学、机械工程学、信息技术及运筹学等学科为理论基础，主要开展森林采伐理论与技术、森林工程装备与自动化、林区交通与物流工程、森工产品检测与开发、森林作业与环境、森林可持续经营、森林区划、调查与收获调整等方面的研究。

(2) 木材科学与技术

为木质化的天然材料及其衍生制品的形成提供科学依据，采用先进的加工方法和技术，获得优质产品，实现集成生物、化学和物理的高附加值利用。以木材学、化学、物理学、工程力学、机械设计、电工电子学、计算机应用技术以及热工学等理论为基础，主要开展木材生物学与材料学特性、生态学属性与环境学、木制品低碳加工技术、功能性木材与复合材料、人造板、胶黏剂与涂料、结构材与木构造等方面的研究。

(3) 林产化学加工工程

以森林资源为研究对象，以化学加工为主要手段，集林产资源的化学组成和结构特性研究、化学与生物化学加工利用方法和技术开发、化学工艺过程与设备设计等为一体的综合性研究。以有机化学、木材化学、天然产物化学、化工原理、林产化学加工工艺学以及制浆造纸原理等理论为基础，开展树木提取物化学利用、林产资源生物化学加工、木材热解与活性炭制备、制浆造纸技术与工程及林产精细化学品加工等方面的研究，林业资源利用高效化、产品属性生态化等理论与技术研究。

(4) 生物质能源与材料

以森林资源为主的农林生物质资源高效、无公害及综合利用为目标，通过物理（机械）加工、化学和生物化学加工及热化学转化等途径，来制备固态能源、气体能源和液体能源，以及生物质材料与生物基化学品。以工程力学、机械设计、热工基础、生物质能源工程、有机化学、生物资源化学以及化工原理等理论为基础，开展农林生物质气化多联产技术、固体成型燃料及应用、农林生物质资源化利用、生物燃料乙醇和柴油制备方法与技术、生物功能材料、可降解生物质高分子材料制备与生物质化学品加工等研究。

（5）林业装备与信息化

以森林资源的高效利用和可持续发展为主线，以林业自动化为核心，以林业机械化和信息化为内涵，为现代林业建设提供基础支撑。以自动控制理论、机械加工技术，以及信息化、数字化技术为理论基础，主要开展林业机械加工设备生产与自动化、木材加工生产过程自动化、林业智能装备与信息控制、"3S"技术与林业服务物联网、高性能计算与多媒体支撑、云计算与大数据、移动互联网和现代信息系统等方面的研究，重点开展林业智能装备和信息化创新实践与成果落地等技术的研究。

（6）林业信息工程

由林学、生态学、林业工程、地理学、计算机科学与技术等学科相互交叉融合而形成的、研究林业信息化过程中科学和技术问题的新兴学科。以森林资源、生态环境、林业工程为研究对象，围绕林业产业活动中的信息感知识别、表达与处理、组织与管理、控制与应用等方面，开展林业信息化建设理论和技术研究，促进云计算、物联网、计算机网络、遥感技术、地理信息系统、大数据技术、人工智能等信息技术在林业领域的综合运用。

3.1.5 生物学

生物学主要包括植物学、动物学、生理学、水生生物学、微生物学、神经生物学、遗传学、发育生物学、细胞生物学、生物化学与分子生物学、生物物理学及生物信息学与计算生物学等方向。

（1）植物学

植物学主要研究整个植物界从群落到个体、从宏观到微观的各层次生命活动规律、演化进程及其与环境的相互作用，该学科与农业、畜牧业和环境保护等应用科学有密切联系。主要聚焦于植物的形态、分类、生长、发育、生理、生态、分布、遗传和进化等方面的研究，旨在开发、利用、改良和保护植物资源，满足人类对食物、纤维、药物和建筑材料等方面的需求。植物学包括植物分类学和系统学、植物形态学、植物生理学、植物遗传学、植物生态学、植物化学、植物资源学、分子植物学等多个分支，为人类全面理解和利用植物提供了科学基础。

（2）动物学

动物学主要研究真核单细胞原生动物和多细胞后生动物，运用宏观和微观的生物学方法，从多个层面来探讨动物的形态结构与分类、系统发生与演化、生理机能、生殖发育与遗传、行为、生态、多样性、地理分布以及与环境之间的相互作用等基础理论问题，同时关注与动物生命现象相关的综合性学科应用问题。动物学涵盖了广泛的理论研究内容，与农业、畜牧业、渔业、医学和工业等多个领域密切相关。研究方向主要包括动物形态学、动物生理学、动物分类学、动物生态学、动物地理学和动物遗传学等多个分支。

（3）生理学

生理学是以研究生物机体内各种生命现象与机体各组成部分的功能及实现其功能的内

在机制为主要内容的学科。生命体的主要功能活动包括新陈代谢,它能够对身体内外环境的持续变化做出灵活而适应性的反应。主要任务是揭示机体及其各组成部分生命现象和活动规律,以及这些功能的产生机制。研究内、外环境变化对这些功能的影响以及机体进行的相应调节。现代生理学更多地围绕分子和遗传机制对生理功能的影响展开研究。根据研究对象的不同,生理学主要包括微生物生理学、植物生理学、动物生理学和人体生理学等多个分支,以全面理解生命活动中的各种生理功能的意义。

(4) 水生生物学

水生生物学是一门致力于研究水域环境中的生命现象、生命过程以及与环境因子之间的相互关系,揭示水生生物的各种活动规律,并考察其在控制和利用方面的应用性学科。关注水域中生物的种类、组成、演替过程以及它们与环境之间的综合关系。现代水生生物学综合运用宏观和微观的方法,从分子、细胞、个体、种群、群落、生态系统到流域等多个层次,研究生态系统的结构、功能、演化规律以及资源保护和利用策略。涵盖了水生生物的形态学、分类学、遗传学、生理学、经济生物学等多个方面,研究范围涵盖淡水、咸水和海水等不同水域。

(5) 微生物学

微生物学是一门在分子、细胞或群体水平上研究各类微小生物(细菌、放线菌、真菌、病毒、立克次氏体、支原体、衣原体、螺旋体原生动物以及单细胞藻类)的形态结构、生长繁殖、生理代谢、遗传变异、生态分布和分类进化等生命活动的基本规律,并将其应用于工业发酵、医学卫生和生物工程等领域的学科。微生物学的发展推动了细胞生物学、遗传学、农学和环境科学等学科的进步,在工业、农业、医疗卫生、环境保护和食品生产等方面发挥着越来越关键的作用。同时,微生物学也是高等农林院校生物类专业发展及实现农林业现代化的重要基石之一。

(6) 神经生物学

神经生物学专注于研究在神经系统内的细胞和分子水平变化过程,以及这些过程在中枢控制系统中的整合作用。其目标是深入了解脑功能和人类行为心理活动的生物基础。神经系统是生物体内最复杂的系统,而神经系统相关疾病的发生在人类生活水平提高和老龄化的趋势下日益突出。揭示神经系统的规律既是自然科学的一项重大挑战,同时也有助于诊断和治疗多种神经系统疾病。近年来,神经生物学在综合交叉方面取得了显著进展,研究方向不断拓展,涉及生理学、生化学、解剖学、药理学、神经精神疾病等多个传统领域,同时也涉及语言、经济、社会等多个领域,并与数学、化学、计算机技术等其他学科有着密切联系。

(7) 遗传学

遗传学是一门通过研究基因的结构、功能、变异、传递以及基因表达的规律和调控,探索遗传现象的本质和规律的学科,是生命科学中最为重要的支柱之一。遗传学不仅关注亲子关系在个体家族层面的传递,还延伸到包括多个家族的群体层面,形成群体遗传学的研究领域。在分子、生物个体和群体水平上,遗传学研究基因在控制其结构与功能的分子机制,探讨个体全套基因构成与互动关系,以及物种在演化过程中形成的生物多样性的遗传基础。遗传学是医学、农学和环境保护等许多应用学科的基石。

(8) 发育生物学

发育生物学是由胚胎学发展而来的一门学科，是当今生命科学中重要的基础分支。其核心目标是追踪多细胞生物个体的发育形态构建，揭示发育过程的机制。发育生物学的发展根植于细胞学、遗传学、分子生物学及生物信息学等多个学科对生命现象的交叉和综合探索。作为生命科学的策源地和交汇点，发育生物学是当今多个相关学科发展的驱动力，也是在生物学领域中最具挑战性的学科之一。同时，作为具有广泛应用前景的学科，发育生物学不仅与基础生命科学、医学和农业科学的发展密切相关，还为深入了解生命起源和演化等基础生命过程提供了重要启示。

(9) 细胞生物学

细胞生物学采用现代物理学、化学和分子生物学的方法与概念，以细胞为研究对象，从整体水平、亚显微水平和分子水平3个层次，以动态的视角，研究细胞和细胞器的结构与功能、细胞的生命周期以及细胞增殖、分化、代谢、运动、衰老、死亡等各种生命活动规律，其核心问题是遗传与发育的问题。细胞生物学是现代生命科学的前沿分支，主要关注细胞生命活动的基本规律，从不同结构层次深入研究细胞。在生命结构层次上，细胞生物学位于分子生物学与发育生物学之间，与它们相互连接，相互渗透。作为生命活动的基本结构单位，深入研究细胞有助于揭示生命的奥秘，改良生物性状，并加深对疾病治疗方法的理解。细胞生物学是生物学、农学、医学以及其他与生物相关的学科的基础课程。

(10) 生物化学与分子生物学

生物化学与分子生物学既是生命科学的基础，又是生命科学的前沿。生物化学研究生物有机体的分子组成和生命过程中的化学变化，以及机体信息传递分子途径，而分子生物学则在分子水平上研究生命现象的物质基础和生命过程的基本活动规律。具体而言，分子生物学关注各种生物有机体的基因组结构、基因表达调控元件、基因表达调控规律，以及DNA与蛋白质的相互作用和环境因子对基因表达与基因组结构的影响。生物化学与分子生物学是在自然科学中发展迅速且富有活力的前沿领域，强调基础理论研究，同时注重技术发展和应用研究，为生物技术与医药产业提供理论指导。研究方向涵盖了生物化学与生物工程药物、分子免疫学、分子遗传与行为学、遗传多样性与分子进化等领域。

(11) 生物物理学

生物物理学是生物学与物理学相结合的交叉学科，是生命科学和物理学的重要分支，致力于应用物理学的基本理论、方法和技术来研究生命物质的物理性质、生命活动的物理和物理化学规律，以及物理因素对生物体的影响。其目标在于揭示生物在特定的空间和时间尺度内关于物质、能量和信息的运动规律。生物物理学的研究范围涵盖了从分子层面到生物个体再到生态系统的各个层次。在后基因组时代，生物学已经从宏观定性描述阶段进入到在单个细胞甚至单分子尺度揭示生命过程的物质运输、能量转换、信息传递、基因组稳定性以及生命演化规律的定量研究阶段。近年来，研究方向主要集中在单分子生物物理学、基因组生物物理学、细胞及膜生物物理学、神经生物物理学、结构生物物理学等领域。

(12) 生物信息学与计算生物学

随着基因组测序、转录组学、蛋白组学、代谢组学等海量生物信息的不断涌现，生物信息学和计算生物学正在发展为一门融合生命科学、信息科学和计算机科学的新兴交叉学科。这一领域的主要研究对象是生物数据，主要研究手段是计算机技术，通过构建多种类型的数据库，开发新一代计算机软件，来对大量原始生物数据进行存储、管理、注释、加工、比较和分析，从而提炼出具有明确意义的生物信息。基于庞大的信息和知识积累，生物信息学和计算生物学致力于解答在生命科学中产生的重大问题，如生命起源、生物进化等，以及揭示细胞、器官和个体在时空层面上发生、发育、病变和衰亡的基本规律。近年来，该领域的研究方向主要包括统计遗传学、生物信息学、进化与系统发育学和系统生物学等领域。

3.1.6 生态学

生态学主要包括植物生态学、动物生态学、微生物生态学、生态系统生态学、景观生态学、修复生态学和可持续生态学等学科。

(1) 植物生态学

植物生态学主要研究植物与植物之间、植物与环境之间的相互关系。依据其对象的组织水平又分为个体生态、种群生态、群体生态和生态系统 4 部分。研究内容主要包括植物个体对不同环境的适应性及环境对植物个体的影响；植物种群和群落在不同环境中的形成及发展过程；植物在生态系统的能量流动、物质循环中的作用。从整体论出发，以植物和植物群体为对象，提供一条让人类认识自然的途径和方法，强调生物与环境之间的系统整合、互动依存、协同发展，注重剖析自然生产力的维持条件和发挥生态功能的过程，为人类合理利用自然资源、科学保护生态环境、维护生态安全提供知识储备和理论指导。以群落和种群为基础与核心，关注植物在生态系统中的地位、植物生存和发展的条件和过程。

(2) 动物生态学

动物生态学主要研究个体、种群及群落层面动物与环境因子的相互关系，分析动物在不同栖息环境下的生理、行为、遗传等方面的特点，阐明动物适应环境的生理、行为、遗传等机制，揭示种群动态调节的规律，并探讨有害动物种群爆发机制及防控对策；分析全球变化及人类活动影响下的动物分布变化及种群动态变化趋势，阐明物种的濒危过程和机制。动物生态学的研究可以分为两个主要领域：地方生态学和区域生态学。地方生态学关注的是具体地区内的动物数量和分布，而区域生态学则关注整个地区内不同物种之间的关系。地方生态学是动物生态学的核心，对某一特定区域的动物进行调查。此外，它还包括对该区域内的气候、土壤、植被、人类活动、其他物种分布以及其他影响因子进行调查。一般来说，地方生态学可以用来了解一个特定地区内动物数量、分布和行为的情况。区域生态学研究的是一个地区内不同物种之间的相互作用，涉及分析一个地区内的多种因素，如气候、土壤、植被、人类活动、其他物种分布以及其他影响因子，以了解不同物种之间是如何相互作用的。此外，还涉及对动物之间竞争、合作、协作、共享资源以及适应环境变化的研究。其目标是理解野生动物在自然界中的行为和分布以及它们如何受到人类活动的影响。最重要的是，该学科可以帮助制定出能够保护野生动物和保护人类所处的自然界的有效方案。

(3) 微生物生态学

微生物生态学是基于微生物群体的科学,研究微生物群体之间及微生物群体与环境之间的关系。研究对象更强调把微生物作为一个群体,这些存在物质交换、能量流动和信息交流的群体组成了微生物基本研究单元,如微生物种群、群落和一系列有机集合体等。这些研究单元共同生活在一个连续的环境中并互相影响,对它们的研究在于寻求这些集合体构建的方法和途径,不同物种间功能的交互影响及群落构建随时空变化的情况。目标是了解微生物的生态分布及极端环境下微生物生命活动的规律,开发新的微生物资源,同时也为研究生物的进化提供理论基础;了解微生物间及微生物与其他生物间的相互关系,利用不同菌种的混合培养来生产各种有用的微生物发酵产品,为工业生产过程中降低成本、缩短发酵周期或提高产量等方面开辟新的途径;了解微生物在自然界物质转化过程中的作用,为净化和保护环境提出理论依据并提供各种技术措施。

(4) 生态系统生态学

生态系统生态学是研究生态系统结构与组成、功能、演替和稳定性的学科,对于认识生态系统的特性、控制生态系统的发展和维持生态系统的稳定具有重要意义。研究对象主要是自然生态系统,包括陆地生态系统、水生生态系统和空气生态系统等。生态系统结构与组成的研究方法是对生态系统的结构和各组成部分的特征进行系统描述和分析,了解各组成部分之间的相互关系和相互作用。生态系功能包括能量流、物质循环、生态位、控制因素和地貌特征等方面。生态系统演替是生态系统发展的过程,了解不同的演替过程,分析生态系统结构和生物群落的变化等。生态系稳定性是指生态系各个组成因素处于稳定状态的程度。

(5) 景观生态学

景观生态学以整个景观为研究对象,强调空间异质性的维持与发展,生态系统之间的相互作用,大区域生物种群的保护与管理,环境资源的经营管理,以及人类对景观及其组成部分的影响。景观生态学的研究内容是在一个相当大的区域内,由许多不同生态系统所组成的整体(即景观)的空间结构、相互作用、协调功能及动态变化的一门生态学新分支,是处于地理学与生态学之间的一门中间学科,是对人类生态系统进行整体论研究的新兴学科。景观生态学给生态学带来新的思想和新的研究方法,已成为当今生态学的前沿学科之一,它不仅研究景观生态系统自身发生、发展和演化的规律特征,而且探求合理利用、保护和管理景观的途径与措施,探究景观生态系统背后的物质与能量循环过程及其对环境的影响,还研究人类活动与景观生态之间的相互作用关系。景观生态学的应用十分广泛,包括生境破碎化对生物多样性的影响、自然资源管理与保护、城市与区域规划、自然保护区设计等领域。

(6) 修复生态学

修复生态学是偏向应用的生态学分支,研究内容主要涵盖污染生态学和恢复生态学。污染生态学是研究环境污染物在生物个体、种群和群落及生态系统中迁移、转化、危害过程及其效应的科学,主要研究内容包括:污染物生态效应、污染物生态毒理、污染物生态毒性效应评价、污染物生态风险评价、污染物生态监测和污染物环境生态恢复。恢复生态学是研究生态系统退化原因、退化生态系统恢复与重建技术和方法及其生态学过程和机理的科学，主要研究内容包括：生态系统结构、功能及生态系统内在生态学过程与相互作用机制；生态系统稳定性、多样性、抗逆性、生产力、恢复力与可持续性；在不同干扰条件下的生态系统受损过程及其响应机制；生态系统退化机制及其恢复与重建。其目标不仅仅是植被的恢复或者生物多样性的修复，而且要从自然生态系统和社会经济系统两大方面综合考虑，为民众提供更多、更完善的生态服务。通过多种方法和手段来恢复、改善或重建受到破坏的生态系统；通过深入研究和应用生物学、生态学和工程学等知识来更好地理解和管理自然界中的生态系统，促进其恢复和保护，实现人与自然的和谐发展。

(7) 可持续生态学

可持续生态学是一门研究人类与自然环境相互关系的学科，关注如何实现人类社会的可持续发展，即在满足当前时代需求的基础上，不损害后代能够满足自身需求的能力。可持续生态学的研究范畴非常广泛，涉及生物学、地理学、经济学和社会学等多个学科领域，致力于研究如何保护和恢复生物多样性，通过建立自然保护区、推行生态修复和恢复计划、减少非法砍伐和狩猎行为、保护珍稀濒危物种的栖息地等方式来维护生物多样性；研究如何合理管理和保护生态系统，通过建立生态保护区、制定生态保护政策和法律法规、推行生态修复措施等方式来维护生态系统的功能和完整性；研究如何实现自然资源的可持续利用，包括水资源、土地资源、森林资源和矿产资源等；通过制定合理的资源管理政策、推行节约型和循环型经济模式和发展可再生能源等方式来实现资源的可持续利用；研究如何适应气候变化，减缓其对生态系统的影响；通过推行低碳经济、发展清洁能源和建立气候适应机制等方式来应对气候变化。终极目标是实现人类的可持续发展，这是因为人类的生存和发展依赖于地球上的生态系统和生物多样性。

3.1.7 农林经济管理

农林经济管理一级学科下设农业经济管理、林业经济管理等二级学科。

(1) 农业经济管理

农业经济管理是将经济学、管理学的最新理论引入农业领域，研究如何促进国家农业经济的发展，如何从市场运作的角度，对农业、渔业生产进行宏观调控与管理的综合性跨学科领域，专注于整合经济学和管理学的理论与实践，以应对当今农业和农村经济所面临的复杂挑战。农业经济管理关注有效地管理农业资源，提高生产效益，适应市场波动，并推动农村可持续发展。在农业资源最优配置方面，致力于运用经济学原理，制定出能够提高农业生产效率的资源管理策略，包括对有限的土地、水源、资金和劳动力的科学合理分配，以确保农业活动在资源利用方面的可持续性；通过对市场的供需关系、价格趋势和市场机制进行深入分析，制订战略性的市场计划，以更好地应对市场的不确定性和波动性。在促进农村地区可持续发展方面，将可持续发展原则融入农业经济政策和项目，以提高农村地区的整体生活水平，包括推动农村社区参与式发展、优化农村基础设施、推动农业多元化以及采取措施保护生态环境等。

(2) 林业经济管理

林业经济管理是一门涵盖经济学、管理学、社会学和生态学的交叉学科，应用这些学科理论和技术对林业资源的开发、利用、保护和林业产业的生产、经营活动进行规划、组织、决策、协调和控制的过程。目标是确保林业资源的可持续利用，同时实现林业产业的经济效益、社会效益和生态效益的最大化。主要研究内容包括：林业经济理论与政策，从经济学的视角来进行分析、研究林业领域的经济现象、经济规律并在此基础上提出相应的经济政策；林业系统工程，将林业视为一个复杂系统，应用系统理论、协同理论、突变理论等理论分析、研究林业系统的系统特征、系统结构、系统运作规律与系统管理决策等内容；林业项目管理，分析并研究实现林业项目经济目标的经济运作规律与管理决策；林业区域可持续发展，分析并研究实现林业可持续发展目标的林业经济运行规律与管理决策。随着全球气候变化和环境问题的日益突出，林业经济管理的重要性也愈发凸显，它对于推动绿色发展、建设生态文明具有重要意义。

3.2　数字林业理论

3.2.1　计算机科学与技术

计算机科学与技术学科主要包括计算机系统结构、计算机软件与理论、计算机应用技术等方向。

（1）计算机系统结构

计算机系统结构重点研究计算机系统设计和实现技术，包括计算机系统各组成部分的功能、结构以及相互协作方式，计算机系统的物理实现方法，计算机系统软件与硬件功能的匹配与交接，计算机系统软硬件协同优化技术，片上系统与系统级芯片的设计技术及方法，高效能计算系统、计算机网络结构体系、并行和分布式计算等基本原理、关键技术与开发应用。在硬件层面深入理解由各种部件和设备组成的计算机系统以及计算机硬件和软件之间的交互，满足应用对计算机系统性能、功耗、可靠性和价格等方面的要求，为系统性能的提升和应用程序的优化提供支持。

（2）计算机软件与理论

计算机软件与理论重点研究计算系统的基本理论、程序理论与方法及基础软件。其中计算系统的基本理论主要研究求解问题的可计算性和计算的复杂性，深入研究算法、数据结构、编程语言理论和计算理论等基本理论，研究可求解问题的建模、表示及其在物理计算系统的映射。计算系统的程序理论与方法主要研究如何构造程序、形成计算系统并完成计算任务，关注软件工程原理、软件设计模式、软件测试和维护等软件工程实践。计算系统的基础软件主要研究计算系统资源（硬件、软件和数据）的高效管理方法和机制，研究方便用户使用计算系统资源的模式和机制，在理论与实践之间建立一座坚实的桥梁，推动计算机科学领域的创新和发展。

（3）计算机应用技术

计算机应用技术重点研究计算机在各领域信息系统中的广泛应用和发展，以及所涉及的基本原理、共性技术和方法。包括计算机对数值、文字、声音、图形、图像和视频等信息在测量、获取、表示、转换、处理、表现和管理等环节中所采用的原理和方法；计算机软件和硬件的实际应用,如软件开发、信息系统设计、数据库管理、网络技术、人机交互、移动应用开发等;计算机在各领域中的应用方法,形成交叉学科或领域的新方法与新技术,以满足不同行业的实际需求。将计算机科学技术应用于实际工程和项目中,利用计算机存储、处理和管理信息的能力来提高应用领域的相关运行效率和品质,解决实际问题,促进社会进步与发展。

3.2.2 电子科学与技术

电子科学与技术主要包括物理电子学、电路与系统、微电子学与固体电子学、电磁场与微波技术等领域。

(1) 物理电子学

物理电子学是电子学、近代物理学、光电子学、量子电子学、超导电子学及相关技术的交叉学科,主要在电子工程和信息科学技术领域内进行基础和应用研究。包括粒子物理、等离子体物理、光物理等物理前沿科学对电子工程和信息科学的概念和方法的影响,以及由此催生的电子学的新领域和新的生长点。物理电子学同时也致力于处理在现代大型科学实验和新兴物理学科发展中出现的极端条件,如强辐射、低信噪比、高通道密度等情况下的小时间尺度信号的采集和信息处理的基础研究和应用基础研究。

(2) 电路与系统

电路与系统学科是一门内容丰富、发展迅速、应用广泛的学科,它是现代信息工程的基础,包括通信工程、控制工程、计算机科学以及一切电子科学技术与理论的基础。该学科重点研究以电路为基础的感知并作用于物理世界的各类电子系统的科学和技术。它的主要研究内容包括电路基础理论,电路分析与网络综合方法,可重构可编程电路设计理论与方法,非线性动力学与混沌理论,电子线路分析、设计、制造与测试技术,信号完整性分析,各种物理、化学、生物医学信号传感与控制技术,医学电子与信号处理技术,语音和图像信号感知与处理技术,智能感知与学习技术,电子和信息对抗技术,集成电路与系统 CAD 及设计自动化技术,智能信息与数字信号处理的软硬件及其嵌入式系统设计技术,功率电子学,各种电子仪器、装置、设备和系统的分析、设计、制造与应用技术等。

(3) 微电子学与固体电子学

微电子学与固体电子学是现代信息技术的内核与支柱。研究对象包括具有全新物理思想和创新性器件结构的高效半导体激光器、高效高亮度发光管、新型中远红外探测器、微波功率半导体器件与微波集成电路。主要研究信息光电子学和光通信、超高速微电子学和高速通信技术、功率半导体器件与功率集成电路、半导体器件可靠性与现代集成模块与系统集成技术。

(4) 电磁场与微波技术

电磁场与微波技术重点关注天线与微波技术的理论与应用,主要研究电磁场与电磁波及其与物质相互作用的科学和技术,包括电磁波(包括光波)的产生、传播、传输,与媒质的相互作用以及检测理论和方法。研究内容还包括电磁辐射与散射、人工电磁媒质、隐身材料和技术,微波、毫米波及光波的有源和无源器件、天线,微波电路与系统的理论、分析、仿真、设计、工艺及应用,还有环境电磁学与电磁兼容技术、计算电磁学、微波技术与应用、信号与图像的获取、处理与分析技术、生物与医疗电磁技术等。

3.2.3 软件工程

软件学科主要包括软件工程理论与方法、软件工程技术、软件服务工程、领域软件工程等领域。

(1) 软件工程理论与方法

主要涉及软件系统形式化方法与安全理论及其在云计算、大数据与移动互联网等领域的应用等方面的内容，包括软件建模与软件演化理论、可信计算与软件系统安全等。主要研究软件工程的基础理论以及软件工程的方法技术，重要理论与技术基础主要包括软件工程学、软件工程形式化方法、软件自动生成与演化、软件建模分析与验证、软件语言设计和软件行为学等。

(2) 软件工程技术

主要涉及大型复杂软件的开发、运行与维护的原则、方法、技术及相应的支撑工具、平台与环境等方面内容，主要研究软件需求工程、软件体系结构、软件分析与测试、软件工程管理等全流程软件功能技术的开发流程，以及软件工程支撑工具、平台与环境等内容。其重要理论和技术基础主要包括软件工程方法论、软件需求工程、软件体系结构、软件项目管理、分布计算与分布式系统等。

(3) 软件服务工程

主要涉及软件服务工程的原理、方法和技术，构建支持软件服务系统的基础软件服务工程等方面内容。主要研究软件服务系统的体系结构、软件服务业务过程、软件服务工程方法、软件服务运行支撑和软件服务质量保障等内容，旨在将软件系统、技术和工具有效地应用于服务过程中，以提高服务的效率和质量。重要理论和技术基础主要包括软件服务工程方法论、软件需求工程、软件体系结构、软件项目管理、软件质量保证等。

(4) 领域软件工程

主要涉及软件工程在具体领域中的应用，并在此基础之上形成面向全领域的软件工程理论、方法与技术，旨在研究如何将软件工程原理和技术应用于特定领域之中，以解决在该领域中存在的特定问题。主要研究内容包括领域分析、领域设计、领域实现和应用工程等，重要理论和技术基础包括领域分析、领域工程、软件需求工程、软件设计、软件测试等。

3.2.4 信息与通信工程

信息与通信工程主要包括通信与信息系统、信号与信息处理等方向。

(1) 通信与信息系统

主要涉及数字图像处理与模式识别、通信系统数字信号处理、信息工程与计算机控制以及电子与通信系统设计自动化等方面的内容，是旨在研究包括电信、广播、电视、雷达、声呐、导航、遥控与遥测、遥感等领域以及军事和国民经济各部门的各种信息系统，并设计信息与通信设备及系统的应用科学。其重要理论和技术基础包括：信息理论、通信理论、传输理论与技术、现代交换理论与技术、通信系统、信息系统、通信网理论与技术以及多媒体通信理论与技术等。

（2）信号与信息处理

该学科为通信、计算机应用，以及各类信息处理技术提供基础理论、基本方法、实用算法和实现方案，旨在研究以信号与信息的处理为主体，包含信息获取、变换、存储、传输、交换及应用等环节中的信号与信息处理。其重要理论和技术基础主要包括信号的表示、变换、分析和合成方法，编解码理论和技术，图像处理与计算机视觉，语音处理，计算机听觉，数字媒体信息处理、多维数字信号处理、检测与估值，导航定位，遥感技术，雷达与声呐，信息的传输、加密、隐蔽及恢复等。

3.2.5 遥感科学与技术

遥感科学与技术是由空间科学、地球科学、计算机科学、信息科学、测绘科学以及其他学科交叉融合而发展起来的一门新兴学科。主要以数学和物理学为基础，探究电磁波与物质相互作用的规律，研究从目标到传感器之间的非接触感知机理，探测地球空间目标几何形态、物理属性、环境参数及其变化。这一学科在 21 世纪的空间信息产业中崭露头角，成为发展最为迅速和前景最为广泛的学科之一。其重要性不仅体现在应用领域，还在于能够推动科学研究、技术创新和人类对地球的全面认知。在科学研究方面，遥感科学与技术提供了独特的视角，促进了对地球自然系统、气候变化、生态系统等科学问题的深入研究。通过分析遥感数据，能够发现地球表面变化的规律、趋势，并探索自然界的复杂性。在技术创新方面，遥感科学与技术推动了传感器技术、图像处理、大数据分析等领域的创新和发展，为其他领域的科技创新提供了有力支持。通过遥感科学与技术，可以实现对全球范围内地表的高效监测，为国家安全、资源管理、环境保护等战略需求提供关键支撑。这种非接触式的观测手段不仅提高了数据的时空分辨率，还为更好地理解、保护和可持续利用地球资源提供了可能。作为人类经济建设和社会可持续发展的关键支撑手段和战略需求，遥感技术在生物多样性保护、防灾减灾、能源与矿产资源管理、粮食安全与绿色农业、公共健康、基础设施管理、城市发展、水资源管理、国家安全等重大领域起着不可替代的作用。

3.2.6 智能科学与技术

智能科学与技术主要包括脑认知、机器感知与模式识别、自然语言处理与理解、知识工程、机器人与智能系统等领域。

（1）脑认知

脑认知主要研究认知活动的机理，即人脑如何从微观、介观以及宏观等不同尺度上实现记忆、计算、交互、学习和推理等认知活动。它试图解释人类以及其他动物的认知过程与大脑活动之间的关系，以及如何模拟这些认知活动，实现类脑认知。脑认知的研究内容通常包括但不限于以下几个方面：感知，即研究大脑如何处理外界刺激；注意力，即探讨大脑如何选择性地集中资源处理某些信息以及注意力如何在不同任务和环境中被分配和调控；记忆，即分析记忆形成、存储和提取的神经机制；语言，研究大脑如何处理语言信息；执行，即关注大脑在规划、决策、问题解决和抑制控制等复杂认知活动中的作用;情绪和社会认知,即探究大脑如何参与情绪体验、情绪调节以及理解和预测他人行为(即心智理论);意识,即研究意识的本质,以及大脑如何产生主观的感知体验。

(2)机器感知与模式识别

机器感知与模式识别是人工智能领域中的两个重要分支,主要关注如何使计算机系统能够模仿人类或其他生物处理和理解外部世界的信息。机器感知致力于使机器能够通过硬件设备(如摄像头、麦克风、传感器等)接收信息,并通过软件算法处理这些信息,以便机器能够"感知"或者理解其环境。机器感知的目标是模仿人类的感知能力,包括视觉感知、听觉感知和触觉感知等。例如,计算机视觉就是机器感知的一个子领域,它能够使计算机从图像或视频中"看到"并理解内容。模式识别是指计算机通过算法识别数据中的规律和模式的过程,其应用非常广泛,包括语音识别、图像识别、手写文字识别以及生物特征识别等方面的应用。

(3)自然语言处理与理解

自然语言处理是人工智能和计算语言学领域的一个分支,它涉及计算机对人类语言的理解和生成。自然语言理解是其子领域,侧重于结合上下文理解语言的含义,这通常需要更深层次的语义分析和推理能力,目标是让计算机能够理解语言中的隐含信息,处理复杂的人类语言,如歧义、隐喻、俚语和其他语境相关的含义。自然语言处理与理解包括语音和文字的计算机输入,大型词库、语料和文本的智能检索,机器语音的生成、合成和识别以及在不同语言之间的机器翻译和同传等。

(4)知识工程

知识工程涉及创建、填充、管理和使用知识库的过程。知识工程的目标是将人类专家的知识转化为可以被计算机系统理解和处理的形式,以便这些系统执行复杂的任务。在知识工程中,知识被组织成了一种结构化的形式,使计算机能够模拟人类专家的决策过程,包括知识获取、知识表示、知识推理、知识维护和知识验证等步骤。知识工程包括机器定理证明、专家系统、机器博弈、数据挖掘和知识发现、不确定性推理、领域知识库、数字图书馆、维基百科和知识图谱等大型工程。典型应用是专家系统,这是一种模拟人类专家决策能力的计算机程序系统,通常包括一个知识库和一个推理引擎,它们通过共同工作来解决复杂问题。

(5)机器人与智能系统

机器人通常是指那些可以执行任务的物理实体,它们可以是自主的也可以是由人类遥控的。机器人学涵盖了机器人设计、制造、操作和应用的所有方面,包括机械工程、电子工程和计算机科学等多个学科。机器人可以进行环境感知、决策规划、运动控制和任务执行等活动,这些能力使它们能够在制造业、医疗、服务业以及探索危险环境(如深海或太空)等领域发挥作用。智能系统是指那些能够模仿、拓展或增强人类的认知功能的系统。这些系统可能是软件形式的,如智能助手、推荐系统及智能搜索引擎等;也可能是结合硬件和软件两种形式,如自动驾驶汽车与智能家居设备等。智能系统通过使用人工智能技术,如机器学习、深度学习以及自然语言处理等,来分析数据、做出预测、学习用户的偏好,并为智能决策提供支持。

3.2.7 地理学

地理学主要包括自然地理学、人文地理学、地图学与地理信息系统等。

(1) 自然地理学

自然地理学主要研究地球表层整体及其组成要素的结构特征、功能关系、物质迁移、能量转换、动态演变、空间联系以及地域分异规律。自然地理学的研究内容随着学科的发展越来越广泛，主要研究各自然地理成分的特征、结构、成因、动态和发展规律。现代自然地理学重视探讨人类与自然环境的相互关系和全球变化对自然环境的影响，以及人类活动与环境资源之间相互协调和可持续发展等问题。在现代地理信息技术的支持下，应用自然地理学最新理论与方法，研究各自然地理成分之间的相互关系，彼此之间的物质和能量的循环与转化的动态过程；研究自然地理环境的地域分异规律；研究各个区域的部门自然地理和综合自然地理特征，并进行自然条件和自然资源的评价，为区域开发提供科学依据；研究受人类干扰、控制的人为环境的变化特点、发展趋势、存在的问题，寻求合理利用的途径和整治措施，为人与自然和谐相处提供科学依据。

(2) 人文地理学

人文地理学研究人类各种社会经济活动的空间结构和变化以及人与地理环境的关系。主要研究内容包括人类对自然环境的适应、自然环境对人类活动的影响及其地域分异。由于社会经济和科学技术的迅速发展，人文地理学在理论、方法以及研究内容等方面发生了巨大变化。在研究方法上既采用地理学中传统的方法，如实地调查、运用地图等，又采用现代方法，如航空相片、卫星相片、地理模型等，而且引进了大量的社会科学方法，如抽样调查、定量技术、心理学和行为学等研究方法。在现代人文地理方法与理论的支持下，现代人文地理学重点探讨人文现象空间特征与人类活动赖以生存的地理环境之间的关系，揭示自然环境和人类社会活动二者之间的作用及变化规律，探讨如何通过适应环境和改造环境来协调人地关系。

(3) 地图学与地理信息系统

地图学研究以地图形式表达地理信息；地理信息系统运用计算机技术管理地理数据、综合分析地理信息和模拟地理过程。地图学与地理信息系统利用空间认知理论、计算机技术、通信技术以及空间技术等研究地理空间认知规律、地理信息获取、地理信息表达以及综合分析和模拟地理现象及地理过程。主要研究内容包括地理信息的时空结构和机理，地理信息的获取、建模、加工、处理、表达和应用等。实现地理学宏观研究与微观研究结合、静态描述与动态过程描述并重，定性研究与定量研究匹配，为资源与环境管理科学化提供决策支持。

3.2.8 测绘科学与技术

测绘科学与技术学科主要包括大地测量学与测量工程、摄影测量与遥感、地图制图学与地理信息系统等方向。

(1) 大地测量学与测量工程

大地测量学与测量工程是研究地球及其邻近星体的形状和外部重力场及其随时间变化

规律的科学，是应用卫星、航空和地面测量传感器对空间点位置进行精密测定、对城市和工程建设以及资源环境的规划设计进行施工放样测量并进行变形监测的技术，主要内容包括：卫星大地测量、几何大地测量、物理大地测量、天文测量、精密工程与工业测量等技术。主要任务包括研究地球与其他空间实体的形状、大小与重力场，为地区灾害、资源环境等地学研究提供数据和技术保障；研究航天、航空测量理论与技术，为空间科学和国防建设提供精确的点位坐标、距离、方位角和地球重力场数据；研究空间基准测定、维持与更新技术，为地理国情监测和大型工程测量提供测绘基准数据；研究精密工程与工业测量技术，为工程建设进行精密定位、施工放样与变形监测。

(2) 摄影测量与遥感

摄影测量与遥感是利用航天、航空和地面传感器对地球表面环境及其他目标过程获取成像或非成像的信息，并进行记录、量测、解译、表达与应用的科学与技术，主要内容包括：成像机理与模型、数字图像处理技术、数字摄影测量技术、解析摄影测量与区域网平差、遥感信息处理与解译、遥感应用、空间信息管理与服务等。主要任务包括通过摄影测量方法来获得数字线划地图、数字正射影像和数字高程模型等地理空间信息，并制作相应的地图产品；获取空间目标位置、形状、大小、属性、运动及属性变化信息；通过对遥感信息的解译与反演来得到地球表面及环境的物理属性与参数变化，为国土、农林、水利和环保等部门提供资源、生态、环境、灾害等信息服务。

(3) 地图制图学与地理信息系统

地图制图学与地理信息系统是在地图学基础上发展起来的，属于地理学下的二级学科，是设计与制作地图、开发与建立地理信息系统的理论、方法和技术。该学科研究如何用地图的形式科学地、抽象概括地反映自然和人类社会各种现象的空间分布、相互联系、空间关系及其动态变化，并对空间地理环境信息进行获取、智能抽象、储存、管理、分析、处理和可视化，建立相应的地理信息系统，以数字、图形和图像方式传输空间地理环境信息，为各种应用和地学分析提供地理环境信息平台，提供精确数字地图数据和空间地理环境信息及相关技术支持。主要内容包括：地图设计，地图投影，地图编绘，地图制图与复制的一体化，多源地理数据的采集、输入与更新，海量地理数据库的管理和高效检索，空间分析建模，空间数据挖掘与知识发现，空间信息可视化与虚拟现实，空间数据不确定性与质量控制等。主要任务包括利用数字地图技术设计和制作各类纸质地图和电子地图；各类地理空间信息处理、生产与更新，生产各种地理信息产品，建立地图数据库、建设空间基础设施；构建各种地理信息系统，进行地理信息发布，满足各行业对地理信息的应用需求。

3.3 智慧林业理论

3.3.1 云计算

2006年，谷歌首席执行官埃里克·施密特在搜索引擎大会上首次提出了"云计算"的概念。云计算是由分布式计算、并行处理、网格计算发展而来的一种新兴的共享基础架构的方法，可以将巨大的系统池连接在一起，以提供各种IT服务。云计算既指IT基础设施的交付和使用模式,通过网络以按需、易扩展的方式来获得所需的资源;也指服务的交付和使用模式,通过网络以按需、易扩展的方式来获得所需的服务。

目前,对于云计算的认识还在不断地发展深化,仍没有普遍一致的定义。中国网格计算、云计算专家刘鹏给出如下定义:"云计算将计算任务分布在大量计算机构成的资源池上,使各种应用系统能够根据需要获取计算力、存储空间和各种软件服务。"

狭义的云计算指的是厂商通过分布式计算和虚拟化技术来搭建数据中心或超级计算机,以免费或按需租用的方式向技术开发者或者企业客户提供数据存储、分析以及科学计算等服务,比如亚马逊数据仓库出租业务。广义的云计算指厂商通过建立网络服务器集群,向不同类型客户提供在线软件服务、硬件租借、数据存储、计算分析等不同类型的服务。

通俗的理解是,云计算的"云"就是存在于互联网上服务器集群上的资源,它包括硬件资源(服务器、存储器、CPU 等)和软件资源(如应用软件、集成开发环境等),本地计算机只需要通过互联网发送需求信息,远端就会有成千上万的计算机提供需要的资源,并将结果返回到本地计算机。这样,无须本地计算机进行繁杂处理,所有的处理都会由云计算的计算机群完成。

3.3.2 物联网

国际通用的物联网定义是:通过射频识别、红外感应器、全球定位系统、激光扫描器等信息传感设备,按约定协议,把任何物品与互联网相连接,进行信息交换和通信,以实现对物品的智能化识别、定位、跟踪、监控和管理的一种网络模式。

2010 年,我国政府工作报告所附注释中对物联网有如下说明:物联网是指通过信息传感设备,按照约定协议,把任何物品与互联网相连接,进行信息交换和通信,以实现对物品的智能化识别、定位、跟踪监控和管理的一种网络。

现在被普遍认可的概念是:"物联网是一个基于互联网、传统电信网络等信息承载体,让所有能够被独立寻址的普通物理对象实现互联互通的网络。"换句话说,在物联网世界,每一个物体均可寻址,每一个物体均可通信,每一个物体均可控制。由于物联网所倡导的万物互联的规模要远大于现阶段的人与人通信业务,因此物联网的预期市场前景也要远大于之前计算机、互联网和移动通信等的规模。

通俗地说,物联网就是"物物相连的互联网",通过智能感知、识别技术与普适计算、泛在网络的融合应用,来构建一个覆盖世界上所有人与物的网络信息系统,从而实现物理世界与信息世界的无缝连接。

物联网和互联网之间是什么关系呢?实际上,物联网的概念来自与互联网的类比。从宏观概念讲,未来的物联网能使人置身于无所不在的网络之中,在不知不觉中,可以随时随地与周围的人或物进行信息交换。这时,物联网也就等同于现在的网络,或者说未来的互联网。物联网、现在网络、未来的互联网,名称虽然不同,但表达的都是同一个愿景,那就是人类可以随时、随地使用任何网络、联系任何人或物,实现信息交换的自由。从狭义的角度看,只要是物品之间通过传感网络连接而成的网络,不论是否接入互联网,都应算是物联网的范畴。从广义角度看,物联网不仅局限于物与物之间的信息传递,还将和现有的电信网络进行无缝的融合,最终形成人与物无所不在的信息交换,形成泛在网络。

3.3.3 移动互联网

移动互联网是指利用移动通信技术和互联网技术来实现各种移动终端设备之间的信息交流和资源共享的网络。它是互联网的分支，可以通过无线通信技术连接移动设备，使人们能够随时随地获取信息、进行交流和各种在线活动。移动互联网是互联网的技术、平台、商业模式和应用与移动通信技术结合并实践的活动的总称，也是个人计算机互联网发展的必然产物。用户可以使用手机或其他无线终端设备，通过速率较高的移动网络，在移动状态下(如在地铁、公交车等)随时、随地访问互联网以获取信息并使用商务、娱乐等各种网络服务。

移动互联网是移动通信和互联网融合的产物，继承了移动通信随时、随地、随身的特征和互联网开放、分享、互动的优势，是一个全国性的、以宽带网络协议为技术核心的，可同时提供话音、传真、数据、图像和多媒体等高品质电信服务的新一代开放的电信基础网络，由运营商提供无线接入，为互联网企业提供各种成熟的应用。近年来，通信技术实现了从3G到4G再到5G的跨越式发展。全球覆盖的网络信号，使身处大洋和沙漠中的用户，仍可随时随地保持与世界的联系。

移动互联网是在传统互联网基础上发展起来的，因此二者具有很多共性，但由于移动通信技术和移动终端发展不同，它又具备许多传统互联网没有的新特性。以下是移动互联网具有的一些特性：便携性，用户可以随时随地通过移动终端设备(如智能手机、平板电脑等)接入互联网，不受时间和地点的限制；交互性，用户可以通过移动终端设备与应用程序、服务以及其他用户之间进行信息交流；实时性，移动互联网提供即时通信、实时更新的信息，用户可以迅速获取最新的新闻、社交动态等；隐私性，移动互联网注重对用户的个人信息和数据隐私的保护，在设计和运营移动应用和服务时采取了一系列的隐私保护措施；娱乐性，移动互联网支持多种媒体形式，包括文字、图像、音频和视频，能够丰富用户的交互体验，推动了社交媒体的兴起，用户可以方便地分享信息、与朋友互动、扩大社交圈等。

移动互联网正在深刻地改变着信息时代的社会生活，为人们的生活、工作、娱乐带来了巨大的便利。从微信、支付宝到各种创新的应用，移动互联网正成为人们日常生活中不可或缺的一部分。这种技术的融合不仅带来了便捷，也推动了全球数字化的进程，对社会产生了深远的影响。

3.3.4 大数据

目前，大数据的重要性已得到了大家的一致认同，但是关于大数据的定义却众说纷纭。科技企业、研究学者、数据分析师和技术顾问们，由于各自的关注点不同，对于大数据的定义也不尽相同。目前相对被认可的定义有以下几个：

①维基百科定义。"大数据"是一个体量特别大、数据类别特别多的数据集，并且这样的数据集无法用传统数据库工具对其内容进行抓取、管理和处理。大数据有"5V"特点：数据体量(volume)大、数据类别(variety)多、数据处理速度(velocity)快、数据价值密度(value)低、数据真实性(veracity)高。

②《互联网周刊》定义。"大数据"的概念远不止大量的数据和处理大量数据的技术，或者所谓的"5V"之类的简单概念，而是涵盖了人们在大规模数据的基础上可以做的事情，而这些事情在小规模数据的基础上是无法实现的。换句话说，大数据让我们以一种前所未有的方式，通过对海量数据进行分析，来获得有巨大价值的产品和服务或深刻的洞见，最终形成变革之力。

③麦肯锡定义。大数据是指超出了传统数据处理软件在获取、存储、管理和分析的数据集合。

④国际数据公司(IDC)定义。"大数据"一般会涉及2种或2种以上的数据形式。它要收集超过100TB的数据，并且是高速、实时的数据流；或者是从小数据开始，但数据每年会增长60%以上。这个定义给出了量化标准，但只强调数据量大、种类多、增长快等数据本身的特征。

无论是哪种定义都可以看出，大数据并不是一种新的产品，不是一种新的技术，而是一种全新的思维模式。一般意义上，大数据是指无法在有限时间内用传统IT技术和软硬件工具对其进行感知、获取、管理、处理和服务的数据集合。

3.3.5 智慧技术

(1) 人工智能(artificial intelligence, AI)

它最初是由美国达特茅斯学院在1956年发起的学术会议中提出。它是由计算机科学、控制论、神经生理学和语言学等多种学科相互渗透而发展起来的，用于模拟、延伸和扩展人的智能理论、方法、技术及应用系统的一门新技术科学。人工智能自问世以来，已取得了长足的进展，由于应用的广泛性及巨大的研究开发潜力，吸引了越来越多的科技工作者投入其中。

人工智能被称为20世纪70年代以来世界三大尖端技术之一(空间技术、能源技术、人工智能)，同时也被认为是21世纪三大尖端技术之一(基因工程、纳米科学、人工智能)。人工智能在很多领域都获得了广泛应用，并取得了丰硕成果，为人类生产力的提高和生活水平的改善做出了巨大贡献，已成为国际公认的当代高技术的核心部分之一。

人工智能的发展方向，是力求使智能系统会分析、自适应，并自主做出决策。目前的人工智能主要包括两个重点发展方向：深入研究人类解决、分析、思考问题的技巧、策略等，建立切实可行的人工智能体系结构；研究适合智能控制系统的信号处理器、传感器和智能开发工具软件，使人工智能得到广泛应用。

人工智能是一项跨学科应用研究，需要多学科提供基础支持，它将随着神经网络、大数据等研究的发展而不断发展。如今，人工智能相关领域的研究成果已被广泛应用于国民生活、工业生产、国防建设等各个领域。在信息网络和知识经济时代，人工智能技术正受到越来越广泛的重视，将迈入一个快速发展的时代，其功能、应用都将得到空前的发展，更大程度地改变我们的生活，改变我们的世界。

(2) 虚拟现实(virtual reality, VR)

VR是指借助计算机系统以及传感器技术生成一个三维环境，创造出一种崭新的人机交互状态，通过调动用户的所有感官(视觉、听觉、触觉、嗅觉等)，给用户带来更加真实的、身临其境的体验。VR 在 20 世纪 60 年代被首次提出，其核心是创造的内容虚拟逼真，让人参与其中，产生沉浸感，达到一种进入其他时空的感觉。随着计算机技术，特别是计算机图形学和人机交互技术的发展，人们在模拟现实世界研究的道路上达到了新高度。3I（immersion、interaction、imagination），即沉浸感、交互性和构想性，是 VR 的基本特征。

VR 的目标是以计算机技术为核心，结合相关科学技术，生成与一定范围的真实世界在视、听、触感等方面高度近似的数字化环境，用户借助必要的装备与数字化环境中的对象进行交互作用，相互影响，从而产生亲临相应真实环境的感受和体验。例如，人们可以在虚拟战场环境中进行军事训练，可以在虚拟人体上进行手术训练和手术规划，可以乘坐虚拟光速航天器在虚拟太空漫游等。

(3) **增强现实**（augmented reality，AR）

AR 是在虚拟现实 VR 的基础上发展起来的新技术，也被称为混合现实。AR 是通过计算机系统提供的信息增加用户对现实世界感知的技术，将虚拟的信息应用到真实世界，并将计算机生成的虚拟物体、场景或系统提示信息叠加到真实场景中，从而实现对现实增强的目标。

它是一种全新的人机交互技术，利用摄像头、传感器、实时计算和匹配技术，将真实的环境和虚拟的物体实时地叠加到同一个画面或空间而同时存在。用户可以通过虚拟现实系统感受到在客观物理世界中所经历的"身临其境"的逼真性，还能突破空间、时间以及其他客观限制，获得在真实世界中无法亲身经历的体验。

AR 在 1990 年提出，是一种将真实世界信息和虚拟世界信息"无缝"集成的新技术，是把原本在现实世界的一定时间空间范围内很难体验到的实体信息（视觉信息、声音、味道、触觉等），通过电脑等科学技术，模拟仿真后再叠加，将虚拟的信息应用到真实世界，被人类感官所感知，从而达到超越现实的感官体验。

从字面上讲，AR 是通过电脑技术将虚拟的信息应用到真实的世界，一般是通过投射装置，真实的与虚拟的环境物体实时叠加到同一个画面或者空间。这里的主体是人，技术核心在于结合现实与虚拟，达到互动。AR 更像是许多应用的实时交互终端，基于现实世界来叠加虚拟物体或者电子信息，从而对现实达到"增强"的效果。AR 技术通常是以透过式头盔显示系统和注册（AR 系统中用户观察点和计算机生成的虚拟物体的定位）系统相结合的形式来实现的。与 AR 技术最大的不同是，VR 技术是通过佩戴硬件来使体验者完全沉浸在虚拟构造的世界中的，因而多配合一些智能硬件来实现，而 AR 则是将一些虚拟的元素添加到现实环境中，以增强虚拟元素的真实感。AR 系统一般具备 3 个特点：真实世界和虚拟世界的信息集成；实时交互性；在三维尺度空间中增添定位虚拟物体。

(4) **机器人**（robot）

它是一种能够半自主或全自主工作的智能机器，能够通过编程和自动控制来执行诸如作业或移动等任务。它既可以接受人类指挥，又可以运行预先编排的程序，也可以根据人工智能技术制定的原则行动。机器人具有感知、决策、执行等基本功能，可以辅助甚至替代人类完成危险、繁重、复杂的工作，提高工作效率与质量，服务人类生活，扩大或拓展人的活动及能力范围。

历史上最早的机器人见于隋炀帝命工匠按照柳抃形象所制造的木偶机器人，这个机器人设有机关，有坐、起、拜、伏等能力。2023年，美国亚利桑那州立大学（ASU）科学家研制出了世界上第一个能像人类一样出汗、颤抖和呼吸的户外行走机器人模型。随着人们对机器人技术智能化本质认识的加深，机器人技术开始源源不断地向人类活动的各个领域渗透。结合这些领域的应用特点，人们发展了各式各样的具有感知、决策、行动和交互能力的特种机器人和各种智能机器人。

在工业自动化领域，机器人在工厂中可以执行重复、危险或繁重的任务，如装配、焊接、喷涂等，从而提高生产效率、减少人力成本，并提高产品质量和一致性。在仓储物流领域，机器人在仓库中可以执行货物的搬运、分拣和包装等任务，从而提高物流效率，减少错误和损坏，并实现24小时不间断的操作。在医疗卫生领域，机器人在医疗领域可以用于手术、康复、护理和药物管理等任务，从而提高手术精确度、缩减手术时间，并为患者提供更好的护理和监测。在农业领域，机器人可以用于农田的播种、除草、收割和灌溉等任务，从而提高农业生产效率，减少对化学农药和水资源的依赖，并提高农作物的质量和产量。在家庭和娱乐方面，机器人可以用于家庭清洁、照顾宠物、娱乐和陪伴等任务，从而减轻家庭成员的负担，为家庭成员提供便利和娱乐，并提高生活质量。机器人还可以用于教育和研究领域，如编程教育、科学实验和人机交互研究等领域，从而提供实践和互动的学习环境，促进对创造力和创新能力的培养。

(5) 无人机（unmanned aerial vehicle，UAV）

即无人驾驶飞机，它是利用无线遥控设备和自备的程序控制装置操纵的不载人飞机，或者由车载计算机完全地或间歇地、自主地操作。无人机的核心技术包括飞控、导航、通信、电源、传感器和自主控制等，未来的发展方向是多技术结合和智能化。

无人机按应用领域，可分为军用与民用两类。军用方面，无人机分为侦察机和靶机。民用方面，无人机在行业中进行应用，是真正的刚需，其在航拍、农业、植保、快递运输、灾难救援、观察野生动物、监控传染病、测绘、新闻报道、电力巡检、救灾和影视拍摄等领域的应用，大大地拓展了无人机本身的用途，发达国家也在积极扩展行业应用与发展无人机技术。

无人机技术主要具有以下优点：相较于载人飞机，无人机成本相对更低，因为无人机技术可以减少人力资源和使用的设备和机器，使这项技术更加经济实惠；提高效率和生产力，由于无人机不需要人为干扰，因此它们的速度和灵活性更高，从而大大提高了生产力和效率；节省时间，由于无人机不需要人为操作，因此可以在一定范围内进行连续作业，从而在相同的时间内完成更多的工作；到达困难或危险区域的能力，由于无人机可以飞入人难以到达的地点，因此无人机技术可以帮助人类完成一些风险较高甚至无法完成的任务，如救援、探险和勘测等；降低危及人类生命的风险，由于无人机技术可以代替人类去完成一些危险的工作，因此可以避免给人类带来生命危险。

复习思考题

1. 智慧林业的林业基础理论有哪些？

2. 请简述智慧林业的数字林业理论基础。
3. 请论述云计算、物联网、移动互联网、大数据、人工智能对智慧林业的支撑作用。

推荐阅读书目

1. 姜付仁，2019. 地理学导论[M]. 14 版. 北京：电子工业出版社.
2. 杨持，2023. 生态学[M]. 4 版. 北京：高等教育出版社.
3. 余明，艾廷华，2021. 地理信息系统导论[M]. 3 版. 北京：清华大学出版社.
4. 赵进东，2023. 陈阅增普通生物学[M]. 5 版. 北京：高等教育出版社.
5. 周延刚，2022. 遥感原理与应用[M]. 2 版. 北京：科学出版社.
6. Melanie M，2020. Artificial Intelligence：A Guide for Thinking Humans[M]. New. York：Penguin Random House.

第2编

重点应用

第 4 章

林业云

【本章提要】云计算是一种新兴的共享基础架构的方法,可以将巨大的系统池连接在一起以提供各种 IT 服务。在本章中,我们将从云计算的基础知识入手,了解云计算在林业中的发展、应用和重点任务。首先介绍云计算的起源、特征、关键技术以及国内外的发展现状和趋势;然后阐明林业云的发展思路和重点任务;最后通过典型案例展示林业云建设成效。通过学习本章内容,能更深刻地理解林业云的建设及发展。

4.1 云计算概论

4.1.1 云计算的起源和类型

(1) 产生背景

21 世纪初,随着 Web 2.0 的迅速发展,互联网迎来了新的发展高峰。网站或者业务系统的业务量快速增长,需要为用户储存和处理大量的数据。另外,随着移动终端的智能化和移动宽带网络的普及,越来越多的移动设备进入了互联网,这意味着与移动终端相关的 IT 系统要承受更多的负载。由于资源有限,电力成本、空间成本、各种设施的维护成本快速上升,直接导致了数据中心的成本上升,面临着怎样有效地利用资源以及如何利用更少的资源解决更多的问题等需求。

随着高速网络连接的衍生,芯片和磁盘驱动器产品在功能增强的同时,价格也变得日益低廉。拥有成百上千台计算机的数据中心也具备了快速为大量用户处理复杂问题的能力。技术上,分布式计算的日益成熟和应用,特别是网格计算的发展,通过 Internet 把分散在各处的硬件、软件、信息资源连接成一个巨大的整体,从而使人们能够利用地理上分散于各处的资源,完成大规模的、复杂的计算和数据处理任务。数据存储的快速增长产生了高性能存储技术。服务器整合需求的不断升温推动了虚拟化技术的进步,还有 Web2.0 的实现、SaaS(Software as a Service)观念的方兴未艾、多核技术的普及等,所有这些技术都为产生更强大的计算能力和服务提供了可能。计算能力和资源利用效率的迫切需求、资源的集中化和技术的进步,推动了云计算的产生和发展。

(2) 服务类型

云计算服务形态包括从技术、平台供应商到软件服务提供商，从成熟的应用程序到存储服务再到垃圾邮件过滤等，不一而足。根据不同服务的特性可以将云计算分为以下几种类型：

①云计算基础架构。提供底层的技术平台以及核心的云服务，是最为全面的云计算服务体系。将支撑起整个互联网的虚拟中心，使其能够将内存、I/O 设备、存储和计算能力集中起来成为一个虚拟的资源池，为整个网络提供服务。

②云计算平台服务。也称平台即服务（PaaS，Platform as a Service）。将开发环境作为服务来提供，开发者使用供应商的基础架构来开发自己的程序，然后通过网络来从供应商的服务器上传给用户。

③云计算软件服务。也称为软件即服务 SaaS，通过浏览器来把程序传给用户。对用户来讲，省去了在服务器和软件授权上的开支；对供应商来讲，只需维持一个程序就够了，减少了维护成本。

④云计算 API（application programming interface）。供应商提供 API 让开发者能够开发更多基于互联网的应用，帮助开发商拓展功能和服务，而不是只提供成熟的应用软件。服务范围从提供分散的商业服务到 Google Maps 等的全套 API 服务。这与软件即服务有着密切的关系。

⑤云计算互动平台。为用户和提供商之间的互动提供了一个平台。例如，RightScale 利用 Amazon EC2 网络计算服务和 S3 网络存储服务的 API 提供了一个操作面板和 AWS（Amazon's Web Services）前端托管服务。

4.1.2 云计算的特征和意义

(1) 主要特征

云计算平台与传统的单机和网络应用模式相比，具有如下特点：

①虚拟化技术。这是云计算最大的特点，包括资源虚拟化和应用虚拟化。每一个应用部署的环境都和物理平台没有关系。通过虚拟平台来进行管理，达到对应用进行扩展、迁移、备份的目的，操作均通过虚拟化层次完成。

②动态可扩展。通过动态扩展虚拟化的层次达到对应用进行扩展的目的，可以实时地将服务器加入现有的服务器机群中，增加"云"的计算能力。

③按需部署。用户运行不同的应用需要不同的资源和计算能力。云计算平台可以按照用户的需求部署资源和计算能力。

④高灵活性。大部分软件和硬件都支持虚拟化，各种 IT 资源，如软件、硬件、操作系统、存储网络等所有要素通过虚拟化，放在云计算虚拟资源池中进行统一管理。同时，能够兼容不同硬件厂商的产品，兼容低配置机器和外设从而获得高性能计算服务。

⑤高可靠性。虚拟化技术使用户的应用和计算分布在不同的物理服务器上，即使单点服务器崩溃，仍然可以通过动态扩展功能来部署新的服务器作为资源和计算能力添加进来，保证应用和计算的正常运转。

⑥高性价比。采用虚拟资源池的方式管理所有资源，对物理资源的要求较低。可以使

用廉价的 PC 组成云，而计算性能可超过大型主机。

（2）重要意义

云计算在海量数据处理与存储，以及服务模式和运营模式创新等方面具有重要作用，其不仅能够提高运转效率和管理能力，而且能不断创新 IT 服务模式。云服务的核心理念就是无边界的信息资源共享，电脑硬盘上可能是一片空白，但只要连上互联网，就将能够访问整个信息世界。云计算是整个 IT 领域的一次重整，是新一代信息技术集约化发展的必然趋势。它通过资源聚合和虚拟化、应用服务和专业化、按需供给和灵便使用的服务模式，提供高效能、低成本、低功耗的计算与数据服务，支撑各类信息化应用。

4.1.3 云计算关键技术

云计算涉及的关键技术主要包括以下方面：

（1）虚拟机技术

虚拟机，即服务器虚拟化，是云计算底层架构的重要基石。在服务器虚拟化中，虚拟化软件需要具备对硬件的抽象，对资源的分配、调度和管理，对虚拟机与宿主操作系统及多个虚拟机间的隔离等功能。

（2）数据存储技术

云计算系统需要同时满足大量用户的需求，并行地为大量用户提供服务。因此，云计算的数据存储技术必须具有分布式、高吞吐率和高传输率的特点。

（3）分布式编程与计算技术

为了让用户能更轻松地享受云计算带来的服务，能利用该编程模型去编写简单的程序来实现特定的目的，云计算上的编程模型必须十分简单，必须保证后台复杂的并行执行和任务调度向用户和编程人员透明。当前各 IT 厂商提出的云计划的编程工具大多基于 Map-Reduce 的编程模型。

（4）虚拟资源的管理与调度技术

云计算区别于单机虚拟化技术的重要特征是通过整合物理资源形成资源池，并通过资源管理层（管理中间件）实现对资源池中虚拟资源的调度。云计算的资源管理需要负责资源管理、任务管理、用户管理和安全管理等工作，实现节点故障屏蔽、资源状况监视、用户任务调度、用户身份管理等多重功能。

（5）安全技术

云计算模式带来一系列的安全问题，包括对用户隐私的保护、对用户数据的备份、对云计算基础设施的防护等，这些问题都需要更强的技术手段乃至法律手段去解决。

（6）云计算系统体系架构技术

云计算系统架构模型可分为三层：访问层、应用接口层和基础管理层。访问层包括个人空间服务、运营空间租赁，可以实现数据备份、数据归档、集中存储、远程共享，以及视频监控、IPTV 等系统的集中存储以及网站大容量在线存储等。应用接口层可将云计算能力封装成一套标准的接口服务，包括网络接入、用户认证、权限管理、公用 API 接口、应用软件、Web Service 等。基础管理层负责对云计算的资源进行管理，采用合适的算法调度资源，提供高效的服务，包括集群系统、分布式文件系统、并行计算等。

(7) 云计算系统技术

从云计算系统的架构模型可以看出，开发一个云计算系统，必须掌握以下几点技术：高可靠的系统集群技术、并行计算技术、分布式文件系统、稳定舒适的终端等。支撑云计算系统运行的是集群系统，由多台同构或异构的计算机连接起来协同完成特定的任务就构成了集群系统。在这样的工作环境下就构成了计算的分布性，待解决的问题划分出的模块是相互关联的，若是其中一块算错了，那么必定会影响到其他模块，于是数据计算的准确性就要依赖集群系统了。随着云计算的兴起，越来越多的人会考虑云计算系统中处理数据的准确性和稳定性的问题。

(8) 并行计算技术

并行计算是指同时使用多种计算资源来解决计算问题的过程，是提高计算机系统计算速度和处理能力的一种有效手段。它的基本思想是用多个处理器来协同求解同一问题，把即将被求解的问题分解成若干个部分，各部分均由一个独立的处理机来并行计算。并行计算系统既可以是专门设计的、含有多个处理器的超级计算机，也可以是以某种方式互连的由若干台独立计算机构成的集群。通过并行计算集群来完成数据的处理，再将处理的结果返回给用户。

(9) 分布式文件系统

分布式文件系统的设计应满足透明性、并发控制、可伸缩性、容错性以及安全需求等。客户端对于文件的读写不应该影响其他客户端对同一个文件的读写。分布式文件系统需要做出复杂的交互，要尽量保证文件服务在客户端或者服务端出现问题的时候能正常使用。分布式文件系统能提供备份恢复机制，以保证分布式处理的可靠性。

(10) 软件即服务 SaaS

SaaS 是随着互联网技术的发展和应用软件的成熟而兴起的一种创新的软件应用模式。SaaS 是一种通过 Internet 提供软件的模式，用户不用再购买软件，而改为向服务提供商租用基于互联网的软件来管理企业经营活动，服务提供商会全权管理和维护软件。自 2003 年首次推出 SaaS 概念以来，SaaS 取得了很大的发展，已成为当前的研究热点，包含表现层、接口层和应用实现层 3 层含义。表现层说明 SaaS 是一种业务模式，用户可以通过租用的方式远程使用软件，解决了投资和维护问题；接口层说明 SaaS 是统一的接口方式，可以方便用户和其他应用在远程通过标准接口调用软件模块，实现业务组合；应用实现层说明 SaaS 是一种软件能力，软件设计必须强调配置能力和资源共享，要使得一套软件能够方便地服务于多个用户。

(11) 平台即服务 PaaS(Platform as a Service)

PaaS 是云计算技术与业务提供平台相结合的产物，它不但可以为更高可用性、更具扩展性的应用提供基础平台，还可以提高硬件资源的利用率，降低业务运营成本，被认为是解放"草根"开发者业务创新能力的行之有效的解决方案。PaaS 平台为应用开发提供了一系列非功能属性的支持。平台提供了应用程序的开发和运行环境，开发者不再需要租用和维护软硬件设备，同时免去了烦琐复杂的应用部署过程；平台提供了应用程序的运行维护能力，开发者通过平台可以监测应用的运行状态和访问统计信息，全面掌握用户对应的使用情况;平台提供了高可用性和高可扩展性的应用,开发者无须关注底层硬件的规模和处理能力,平台会根据应用负载自动调整服务规模。而且 PaaS 平台提供了丰富的网络能力,开发者可以便捷地在其应用中调用这些能力。PaaS 平台将重点关注和解决如下问题:为各种应用提供运行环境,不仅支持常用编程语言和脚本语言,还可以提供兼容性更强的、更为通用的运行环境,即将虚拟机也作为一种运行环境提供给应用方;提供开放式的能力组件机制,平台本身不但可以向应用提供能力,而且允许第三方基于此平台来提供能力。

(12)基础设施即服务 IaaS(Infrastructure as a Service)

IaaS 为用户提供计算机基础设施服务,包括处理器(CPU)、内存、存储、网络和其他基本的计算资源,用户能够部署和运行包括操作系统和应用程序的任意软件。用户不管理或控制任何云计算基础设施,但能控制操作系统的选择、存储空间、部署的应用,也有可能获得有限的网络组件的控制。IaaS 最大的优势在于按使用量计费,允许用户动态申请或释放节点。运行 IaaS 的服务器规模可以达到几十万台之多,可以认为能够申请的资源几乎是无限的。由于所有基础设施都是共享的,因此具有更高的资源使用效率。

4.1.4 云计算发展现状

(1)国际云计算发展现状

20 世纪 90 年代以来,云计算经过 30 多年的发展,越来越受到重视。各国政府、公共管理部门、企业正逐步将传统的 IT 方式转变为云服务的方式,云服务正进入产业成熟期。

美国大力推行云计算计划。2010 年年底,美国联邦政府率先提出了"云优先"政策,重组政府 IT 架构。2011 年,美国政府出台《联邦云计算发展战略》,将云计算发展整体纳入国家发展规划中,旨在解决联邦政府电子政务基础设施使用率低、资源需求分散、系统重复建设严重、工程建设难以管理以及建设周期过长等问题,以提高政府公信力。2018 年,美国政府制定了"云敏捷"政策,使各机构可以采用能够简化转型并拥抱具有现代化能力的云解决方案,提升上云速度。

欧盟通过的《欧盟云行为准则》强调了云计算市场的信任度和透明度,加快云服务在欧盟的普及。2023 年 12 月,欧盟委员会发布"欧洲共同利益重要计划——下一代云基础设施和服务",这是一项耗资 12 亿欧元的国家援助计划,支持欧洲先进云计算和边缘计算技术的研究、开发和首次工业部署。

日本政府于 2021 年 9 月份成立数字厅,导入政府云服务,计划于 2025 年以前构建所有中央机关和地方自治团体能共享行政数据的云服务,2026 年 3 月前实现全国各市町村的基础设施与云服务互联互通,并积极推进云服务建设,希望构建本土私有云服务,防范信息泄露和病毒攻击,确保数据安全共享。

(2)我国云计算发展现状

云计算作为新一代信息技术,被视为中国信息技术实现创新突破、跨越式发展的战略机遇。2010 年 10 月,国务院发布了《关于加快培育和发展战略性新兴产业的决定》,将云计算列为战略性新兴产业之一。工信部、国家发展和改革委确定北京、上海、深圳、杭州和无锡等 5 个城市为云计算发展试点城市,全国各地云计算规划、建设工作全面启动。各地相继出台了云计算产业发展规划和行动计划，鼓励建设示范试点工程，积极推进本地数据中心、灾备中心等云计算基础设施建设。

2012年5月，工业和信息化部先后发布了《通信业"十二五"发展规划》《互联网行业"十二五"发展规划》和《软件和信息技术服务业"十二五"发展规划》，将云计算定位为构建国家级信息基础设施、实现融合创新、促进节能减排的关键技术和重点发展方向。提出推动云计算服务商业化发展，构建公共云计算服务平台，并专门建立云计算应用示范工程。强调以加快中国云计算服务产业化为主线，坚持以服务创新拉动技术创新，以示范应用带动能力提升，推动云计算服务模式发展。2012年7月9日，国务院发布《"十二五"国家战略性新兴产业发展规划》，将云计算等新一代信息技术产业作为战略性产业之一，并将云计算工程作为中国"十二五"发展的20项重点工程之一。

2013年3月，工业和信息化部发布《基于云计算的电子政务公共平台顶层设计指南》，并确立了首批基于云计算的电子政务公共平台建设和应用试点示范单位，加快推动电子政务云的发展。从云服务市场来看，我国云服务市场发展速度正逐步加快。2013年，我国公共云服务市场规模约47.6亿元，增速达到36%，远高于全球平均水平。

2013年8月，国家林业局印发《中国智慧林业发展指导意见》，确定了智慧林业的内涵意义、发展思路、主要任务、重点工程和推进策略。在"智慧林业管理协同体系"中提出建设"林业云创新工程"，采用先进的云计算技术，建设国家、省两级架构的云中心，形成全面统一的林业云。

2015年1月，国务院发布了《关于促进云计算创新发展培育信息产业新业态的意见》，提出云计算发展的主要任务，包括：大力发展公共云计算服务，实施云计算工程，增强云计算服务能力；加强云计算相关基础研究、应用研究、技术研发、市场培育和产业政策的紧密衔接与统筹协调，提升云计算自主创新能力；充分发挥云计算对数据资源的集聚作用，实现数据资源的融合共享，推动大数据挖掘、分析、应用和服务，加强大数据开发与利用能力；研究并完善云计算和大数据环境下个人和企业信息保护、网络信息安全相关法规与制度，制定信息收集、存储、转移、删除、跨境流动等管理规则，提升安全保障能力。

2018年8月，工信部印发了《推动企业上云实施指南（2018—2020年）》，旨在稳妥有序地推进企业上云，推动企业利用云计算来加快数字化、网络化、智能化转型，促进互联网、大数据、人工智能与实体经济深度融合，促使云计算在企业中的应用广泛普及。

2022年12月，国务院发布了《扩大内需战略规划纲要（2022—2035年）》，提出推动人工智能、云计算等广泛、深度应用，促进"云、网、端"资源要素相互融合、智能配置。

4.1.5 云计算发展趋势

（1）从全球看，云计算已成为国际竞争的战略制高点

云计算是信息技术应用模式和服务模式创新的集中体现，是信息技术产业发展的重要方向，能够推动经济社会的创新发展，成为世界各国积极布局、争相抢占的新一代信息技术战略制高点。云计算日益成为信息时代经济社会发展的关键基础设施，不仅能够促进服务、软件、硬件的深度融合和系统性创新，也促进了信息技术产业发展模式的巨大变革，而且已经成为构建国家新优势的战略焦点。主要发达国家和发达经济体高度重视云计算发展带来的全球信息优势重构机遇，纷纷将云计算置于战略布局的优先领域，在政策、标准、政府应用等方面制定了长期发展战略。一些国际知名信息企业也把云计算作为引领下一轮信息技术创新的重要产业机遇，纷纷投入巨资来开展技术研发和标准研究，争占云计算领域的主导地位。2022年全球云计算市场规模为4910亿美元，增速19%，预计在大模型、算力等需求刺激下，市场仍将保持稳定增长，到2026年全球云计算市场将有望突破万亿美元。

（2）从国内看，云计算产业发展势头迅猛且仍具有巨大潜力

我国拥有世界上最多的网络用户和完备的网络基础设施，使我国具备世界上最大、突发请求最多的应用场景（微信红包、双十一购物等）。我国在移动网络、行业数字化、电子游戏、网络贸易等方面有着最快的创新能力。2022年我国云计算市场规模达4550亿元，较2021年增长40.91%。相比较全球19%的增速，我国云计算市场仍处于快速发展期，预计在2025年我国云计算整体市场规模将超万亿元。

（3）从行业看，国内云厂商之间形成了"一超多强"的格局

在云计算应用大发展的背景下，硬件、软件、集成、运营、内容服务等领域的主要厂商纷纷借势转型发展，基于已有的产品及技术优势，推出云计算服务及解决方案，积极构建云计算产业链，以基础设施服务商、平台服务商、应用软件服务商、云终端设备提供商、云内容提供商、云系统集成商为主要角色的云计算生态系统正在加速形成。服务最好、起步最早的阿里云始于2009年，而大部分其他厂商的云服务则开始于近几年。IDC发布的《中国公有云服务市场（2023上半年）跟踪》报告显示：2023年上半年，阿里云、华为云、天翼云、腾讯云、AWS位居中国公有云IaaS市场前五，共占72.4%的市场份额。

4.2 林业云

4.2.1 林业云建设需求

（1）集约建设降低成本需求

目前，林业行业信息化建设一般采用自购自用的方式，重复购置大量通用设备、通用操作系统等基础设施及支撑软件，造成资源利用率不高的问题。云计算架构平台采用云计算、虚拟化等技术统一规划建设，从基础设施资源、支撑软件资源、林业信息资源和应用软件资源等四方面集约建设，将大大降低建设成本及运行维护成本。云计算对IT资源的弹性管理，还可以提升资源的使用效率，降低数据中心用电量。多数服务器在运作时只占用一至二成的系统资源，采用云计算平台可集中资源，适时向上扩充或向下收缩，可以节省可观的能源及营运成本。

（2）高可靠高弹性应用的需求

随着林业信息化的快速发展，对信息系统安全可靠运行的要求日益提高，对各类IT资源的需求不断增加，亟须建立安全可靠、动态易扩展的信息化基础平台，以满足林业信息化建设需求。云平台能为林业信息安全提供统一的安全保障与支撑服务，解决过去系统分散、各自为政的高安全风险。通过建立基于云计算的同城和异地灾备中心，能全面提升林业信息

安全保障水平，缩短灾难恢复时间。同时，云计算平台能提供IT资源按需供给和动态管理的弹性服务，可以恰到好处地对物理资源和虚拟资源进行合理调配和自适应规划，在避免资源闲置、提升利用效率的同时，最大限度地满足林业信息化对IT资源弹性应用的需求。

(3) 林业数据快速增长的需求

林业信息资源数据庞大，涵盖了全要素的数字化地形图、数字遥感影像以及高程模型等基础地理信息，森林资源、草原资源、湿地资源、荒漠资源和野生动植物资源等林业资源数据，以及各类业务管理数据。随着信息化建设的不断深入，各类数据快速增加，传统的数据加工、存储、分析方法已远远不能满足数据快速增长的管理和应用需求。基于云计算的大数据处理技术则可很好地解决林业大数据快速增长的问题。

(4) 加强数据共享利用的需求

林业信息资源形式多样、数量庞大，来源渠道多而杂，获取方式不明确，入口不统一，原始数据多，衍生信息少，信息共享难度大，信息共享水平低。云计算是新兴的共享基础架构方法，它的出现无疑给林业信息的共享利用带来了契机。各类林业信息资源通过林业云平台，实现不同数据格式、不同服务器、不同类型数据的无缝集成和管理，可以大大提高数据共享利用的效率与范围，从而提升林业信息化服务能力，为决策部门掌握全面的信息、科学分析决策提供有力支撑。

4.2.2 林业云建设基本原则

(1) 统一规划，统一管理

国家林业和草原局统一规划、统一领导中国林业云建设工作，科学规划、合理布局，统一标准，为资源整合、弹性计算、弹性资源服务和协同工作打下基础。

(2) 需求主导，面向服务

紧密结合林业改革发展，以林业业务需求为主导，以服务保障为重点，引入或自主研发适用面广、技术先进的业务服务，推动信息技术与林业各项工作深度融合，为林业现代化建设提供支撑和引领。

(3) 整合资源，促进共享

以资源共享为核心，打破资源分散、封闭和垄断状况。充分利用和整合林业系统已有的信息资源，加速基础性林业专题数据的标准化、服务化改造，杜绝重复建设，促进信息互联互通，有效调控增量资源，优化信息资源配置，实现信息共享，提高信息资源效益。

(4) 注重实用，适度超前

注重将实用性、安全性、稳定性、可操作性和先进性相结合，采用成熟、可靠的云计算产品支撑整个中国林业云建设，确保中国林业云安全、可靠、高效运行。同时，充分考虑长远发展需求，基础设施建设要适度超前，为今后的工作拓展空间。

(5) 试点示范，稳步推进

中国林业云建设是一项涉及面广、科技含量高、时间跨度长的系统性工程，宜试点先行，稳步推进。首先建设国家林业和草原局云计算中心，然后在信息化基础条件好的省份开展试点示范建设，再面向全国推广，以减少风险，提高效率。

4.2.3 林业云发展目标

到 2030 年，中国林业云业务应用全面普及，成为我国林业信息化重要形态和林业现代化建设的重要支撑。全面充分掌握云计算等关键技术，健全和完善中国林业云信息安全监管体系和法规体系，显著提升大数据挖掘和分析能力，推动全国林业信息化水平大幅提高。

4.2.4 林业云建设基本思路

按照智慧林业建设的总体部署，以中国林业云建设为重点，以信息资源开发利用和核心业务信息化为中心，以资源整合和信息共享为突破口，以完善机制为保障，尽快形成布局科学、高效便捷、先进实用、稳定安全的中国林业云。促进中国林业云创新发展，培育林业信息产业新业态，促使信息资源得到高效利用，为推进林业现代化、建设生态文明和美丽中国做出新贡献。

4.2.5 林业云基本架构

(1) 中国林业云组成架构

中国林业云由"一云、两中心"组成，如图 4-1 所示。"一云"指中国林业云，"两中心"指国家级云中心及各省级云中心。国家级云中心是中国林业云的主体，各省级云中心是国家级云中心在各省级的分布式子中心，除承担国家级业务应用部署、部省两级部署任务外，还要为本省应用部署提供服务。国家级中心和省级中心可以互为灾备中心，也可以各自建立独立的灾备中心，对数据实现双重保护，最大限度地避免或减少因灾难事件和重大事故而造成的损失。

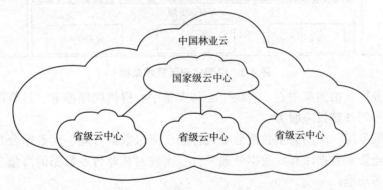

图 4-1 中国林业云组成架构

(2) 中国林业云建设模式

国家级云中心组建采用对国家林业和草原局中心机房实施云服务改造的方式。各省级云中心组建采用综合利用地方政务云资源、公共服务云资源等方式。中国林业云的建设遵守统一标准体系，各省根据自身条件分步分类建设。林业信息化建设较好的省可以建立本省的林业云服务中心，同国家级云服务中心紧密相连；发展较落后的省可以依托于国家级云虚拟平台，实现省级云服务平台的建设。国家级和省级云中心技术架构相同，主要通过互联网来和林业专网连接，从而实现资源共享、数据共享、服务共享。逐步建立起覆盖全国，连接国家、省、市、县四级且上下贯通的中国林业云网络系统。

（3）中国林业云网络架构

中国林业云根据服务对象和接入网络的性质，分别在互联网和林业专网上提供服务。基于林业专网，部署全国林业业务相关应用与数据库共享服务，提供统一的数字认证体系等公共服务，减少重复性投资。基于互联网来部署面向社会公众的业务应用与信息公开服务，提供中国林业网子站群等公共服务。

（4）中国林业云技术架构

中国林业云平台采用"四横两纵"的技术架构，如图4-2所示。"四横"分别为基础服务层、大数据服务层、业务服务层、交付服务层；"两纵"分别为安全与运维体系、标准与制度体系。

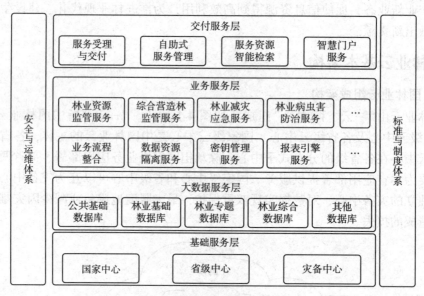

图4-2 中国林业云技术架构

①基础服务层。由国家中心、省级中心和灾备中心提供网络服务、计算服务、存储服务、虚拟化服务等基础设施服务。

②大数据服务层。采用海量数据分布式存储、海量数据管理、大数据分布式处理等技术建设中国林业资源数据库和大数据处理平台，实现对林业行业数据的海量分析、数据挖掘、数据对比等功能。

③业务服务层。提供分布式、模块化公共服务组件和林业业务应用服务，供各级林业主管部门、林业企业、公众使用。

④交付服务层。提供服务受理交付、自助式服务管理、服务资源智能检索以及智慧门户等服务。

⑤安全与运维体系。按照等级保护的相关要求，建立中国林业云的安全体系及运维体系，国家级中心与省级分中心的运维体系按照标准统一、独立运维的模式建设。

⑥标准与制度体系。建设中国林业云标准规范，包含中国林业云建设、运维、安全、

数据、服务等各类业务标准的规范化建设。

(5) 中国林业云服务对象框架

中国林业云服务对象在宏观上分为管理对象与社会公众对象两大类，如图4-3所示。

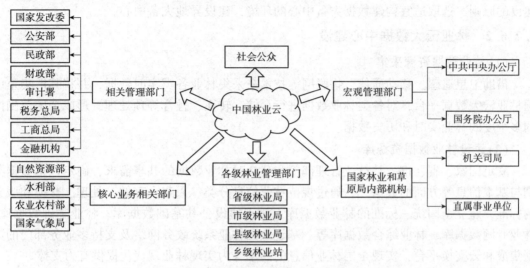

图4-3 中国林业云服务对象框架

以国家林业和草原局为例，管理对象包括局内和局外两部分，在国家林业和草原局内部，除机关外，主要包括京内外直属单位等；在局外主要包括党中央、国务院等领导机构；发展改革委、公安、民政、财政、审计、税务、工商、金融等部门或机构；与林业资源信息密切相关的其他管理部门，如自然资源、水利、农业农村等部门。

4.2.6 林业云重点建设任务

4.2.6.1 林业云中心建设

(1) 国家级云中心

中国林业云国家级中心位于国家林业和草原局，是中国林业云平台的核心节点，也是全国林业对外提供云服务的主窗口。外网承载公有云服务，提供面向社会公众的林业公共应用支撑服务；林业专网承载专有云服务，提供面向国家林业和草原局及省级林业主管部门的林业政务应用支撑服务。中国林业云国家中心承载全国各级林业系统的各类数据的存储和管理，为林业数据的采集、存储、处理、管理等提供计算资源、网络资源、存储资源等云计算基础提供支撑服务。

(2) 省级分中心

中国林业云省级分中心建设遵循中国林业云统一规划、统一标准的原则进行，采用与中国林业云国家级中心同样的架构设计，主要承载本地区林业业务服务和林业数据服务。国家级中心和省级分中心之间通过网络连接来实现应用服务和分布式数据的统一分发、调用。建设模式可以根据本身信息化发展的实际情况，因地制宜，灵活采用升级改造、新建或租用等形式。

(3) 灾备中心

中国林业云灾备中心包括同城灾备和异地灾备两个部门。按照国家级中心和省级分中心的建设模型，同城灾备实现相距数十公里以内的核心数据的备份和恢复。按照全国统一建设的原则，选取适宜构建数据灾备中心的环境，建设异地灾备中心。

4.2.6.2 林业云大数据中心建设

(1) 林业数据资源采集

借助卫星遥感、移动通信、物联网等技术来采集林业各类实时数据，并将其汇集至中国林业云大数据平台，对各类林业数据进行存储、转换、融合等预处理，形成全国范围内的多维度的林业实时和历史数据。

(2) 建设林业数据资源库

立足国家、省、市、县林业管理部门和公众对林业数据的共享需求，确定包括数据类别与基本信息等方面的数据元，通过规范林业信息分类、采集、存储、处理、交换和服务的标准，建立全国统一标准的林业数据库，重点建设公共基础数据库、林业基础数据库、林业专题数据库、林业综合数据库等。基于全国林业系统政务网络及支持多业务部门的数据集成和云交换平台，实现全国林业信息的共享，为实现林业现代化提供有力支撑。

(3) 大数据分析处理服务

利用大规模并行处理数据库、分布式文件系统、分布式数据库、云计算平台、互联网和可扩展的存储系统等先进技术建立中国林业云大数据分析处理服务体系，对林业海量数据进行高效存储、管理和分布式运算，实现林业行业数据的采集、统计分析和数据挖掘，满足林业信息共享、业务协同与林业云高效运营的要求。从大数据生产与使用流程来看，大数据处理平台主要包含数据采集与预处理子系统、数据存储子系统、数据统计分析子系统、数据挖掘系统和数据展示分享平台等建设任务。

(4) 数据服务

数据服务建设是指将林业资源、业务管理等各类林业数据转为服务资源，为全国各级林业部门、其他政府部门和公众提供多元、异构、多尺度的数据服务。主要包括以下几个方面的应用：

①为林业部门管理人员提供林业资源状况的查询、浏览和可视化服务。对不同类型的林业资源数据进行数据抽取、查询、统计等，以"图、文、表一体化""主题应用"、统计报表及专题地图、三维虚拟现实等表现形式，直观、准确、动态地展示于林业资源全行业、全生命周期各个环节的信息，实现对林业资源状况的一览无余。

②为林业各业务管理过程提供数据服务。为各类林业业务行政审批、业务管理系统提供数据支撑，为全面全程监管林业资源开发利用提供数据支撑，以林业资源多源数据为基础，为审批决策提供综合分析工具，包括统计分析、对比核查等。同时，审批过程和结果数据"沉淀"到多源数据库中，实现对相关数据的实时更新。

③为相关行业和社会提供信息服务。提供林权、林产品、林业知识、服务指南等数据的综合查询功能，实现数据产品、主题应用数据的下载、加工、分发和产品定制等多元化信息服务，满足相关行业和社会对林业资源信息的需求。

4.2.6.3 林业云公共服务平台建设

中国林业云公共服务平台将中国林业云国家级中心和各省级中心的基础设施、支撑平台转换成服务,两级中心分级提供业务运行服务和业务支撑服务,国家级中心主要为国家林业和草原局提供服务,各省级分中心为本省林业局和下级林业主管部门提供服务。

(1) 基础设施服务

将国家级中心和各省级中心的处理、存储、网络和计算资源,包括操作系统和应用程序转换成服务,对外提供。用户不管理或控制任何云计算基础设施,但能控制操作系统、存储空间、部署的应用,也有可能获得对有限制的网络组件(如防火墙、负载均衡器等)的控制。

(2) 支撑平台服务

林业支撑平台服务的总体建设目标是通过提供统一的技术开发、构建和应用支撑环境,来实现各类林业资源服务的管理、汇聚、承载和共享,为林业资源信息化提供平台支撑,是林业资源信息化一体化解决方案的一部分。支撑平台服务将现有的各种业务能力进行整合,通过基础设施提供的API调用硬件资源来提供业务调度中心服务。实时监控平台的各种资源,并将这些资源通过API开放给应用用户。平台服务将为中国林业云国家级中心和省级分中心提供虚拟化环境实施、安全设施、运维设施等业务运行环境服务,为全国林业系统提供大数据分析、办公、研发、生产环境服务。

(3) 安全监控服务

在安全保障方面,通过对国家标准、政策法规的研究与知识的积累,以及对林业行业特点和业务流程特点的研究,推动新技术的研究与运用,中国林业云能够提供的安全服务包括安全咨询、等级测评、安全审计、运维管理、安全培训等几个重点方向,共同构建有针对性的、个性化的、模块化的、可供任意选择的、周全的安全服务体系。

4.2.6.4 林业云应用服务平台建设

中国林业云应用服务平台,将业务应用、数据等内容转换成服务,由国家级中心和分中心统一对外提供,服务的对象包括各级林业主管部门、涉林企业和公众。应用服务是一种通过网络来提供软件的模式,将应用软件统一部署在自己的服务器上,用户可根据实际需求,通过网络来租用所需的应用软件服务或数据服务。在这种模式下,用户不再像传统模式那样大量投资于硬件、软件和人员等方面,而只需要租赁服务即可。

(1) 林业资源监管类服务

主要包括:森林资源监管服务、草原资源监管服务、湿地资源监管服务、荒漠化和沙化土地监管服务、生物多样性监管服务等。综合利用遥感(RS)、全球定位系统(GPS)、地理信息系统(GIS),以及大数据、物联网、人工智能等新一代信息技术,从而实现对各类林业资源的有效监管。

①森林资源监管服务。应用地理信息系统和数据库技术建立森林资源监管信息平台。实现森林资源监测、森林资源利用管理、林地林权管理、生态公益林管理、森林资源监管辅助决策支持等应用服务的建设。

②草原资源监管服务。以提高草原资源监管、管理、保护和利用水平为目的,构建草原资源数据库,建立基于"3S"等技术的草原资源监管系统,及时全面地掌握草原资源现状

和动态变化情况，为草原保护和可持续利用提供决策依据。

③湿地资源监管服务。以提高湿地资源监测、管理、保护和利用水平为宗旨，在湿地资源数据库的建设基础上，建立基于"3S"等技术的湿地资源监管应用平台，确保能够全面及时地掌握湿地资源现状及湿地变迁等动态变化信息，为湿地保护和可持续利用提供技术支撑和决策支持，实现对湿地资源的有力监管和保护。

④荒漠化和沙化土地监管服务。基于"3S"等技术和地面调查，全面掌握荒漠化、沙化土地现状及动态变化情况，建立荒漠化和沙化土地监测数据库和管理信息库，旨在提高荒漠化和沙化土地监测、防治和管理水平，为防沙治沙、改善沙区生态环境、履行《联合国防治荒漠化公约》提供科学的决策依据。

⑤生物多样性监管服务。以提高野生动植物资源、自然保护地、国家公园等监测、管理、保护和利用为目的，构建生物多样性数据库，建立基于"3S"等技术的生物多样性监管系统，及时掌握生物多样性现状及动态变化情况，为加强野生动植物保护与管理、履行国际公约或协定、合理开发利用野生动植物资源提供决策依据。

（2）林业灾害监控与应急管理类服务

主要包括以下几类：

①森林防火监控和应急指挥服务。在计算机网络技术和地理空间技术的支持下，及时、准确地掌握森林火情，实现森林防火动态管理。对林火监测、林火预测预报、扑火指挥和火灾损失评估等各环节实行全过程管理，全面提高森林防火管理现代化水平，为降低火灾损失提供技术支撑。该服务综合应用遥感、地理信息系统、卫星导航系统、网络与决策支持系统等技术，在各级公共基础数据库、林业基础数据库和防火数据库的支持下，提供森林火险预警预报、森林火灾监测、扑火指挥和损失评估等服务。

②林业有害生物防治管理服务。主要用于林业有害生物管理，包括林业有害生物调查、监测预报与预警、预防与除治、灾害监测与评估、检疫及追溯信息、数据管理等。通过建设林业有害生物防治、检疫管理与信息发布系统及国家林业有害生物信息处理中心系统，来实现林业有害生物管理部门的数据共享，实现跨区域的检疫管理和有关信息发布，从而为林业有害生物防治提供决策支持。

③野生动物疫源疫病监测管理服务。野生动物疫源疫病监测的主要工作包括：在监测野生动物种群过程中发现动物行为异常或不正常死亡时，记录信息、科学取样、检验检测、报告结果、应急处理、发布疫情。对野生动物疫源疫病进行严密监测，及时准确掌握野生动物疫源疫病发生及流行动态。主要用于国家和地方多级野生动物疫源疫病监测管理和应急管理，包括野生动物疫源疫病监测、监测信息网络管理和野生动物疫情预警等。

④森林资源突发破坏性事件预警服务。森林资源突发破坏性事件预警系统，是以森林安全监控集成系统和相关环境保护系统收集的数据为基础，利用多种方法、模型和技术，综合分析和判断森林资源灾害的状态和发展趋势，为早期报警提出解决方案的人机一体化系统。

（3）综合应用类服务

主要包括综合办公服务、公文传输服务、行政审批服务、视频会议等。通常要求各级管理部门进行专业定制，并与其他林业应用服务相衔接。

(4) 公用类应用服务

主要包括林业计划、财务、科技、教育、人事、党务、国际交流等服务。

4.2.6.5　林业云受理交付服务平台建设

受理交付服务平台是中国林业云提供的各项服务的管理、展现、业务受理和交付中心，它按需向用户提供基础设施、支撑平台和应用软件服务。用户可通过该平台来快速申请IT资源，构建面向内部的专有基础云平台，业务应用系统建设单位可使用该平台在短时间内搭建云计算服务平台，并对外提供服务。其核心价值在于可实现对中国林业云的有效管控，提升基础设施云的应用管理和服务水平，实现计算资源的动态优化、动态分配和自助式服务。

中国林业云的服务对象主要有两大类：一类是直接使用应用服务的管理人员和社会公众；另一类是业务系统建设单位。对第一类对象来说，林业云主要提供服务大厅、门户网站、网上办事大厅、移动终端、政务微博和政务微信等服务渠道，并保证各类服务渠道、服务方式和服务内容能够有效衔接。对于后一类对象来说，中国林业云主要提供在线自助式的服务资源(包括机房资源、主机/虚拟机资源、存储备份资源、网络资源、开发环境、运行环境、运维资源、安全保障资源等)检索、申请、配置、变更、使用等服务，简化建设单位在获取这些服务资源时的手续，实现随需服务、按需服务。

4.2.6.6　林业云标准体系建设

中国林业云标准体系包含总体管理、基础设施、数据处理、支撑平台、应用系统和受理交付等6类标准体系，用于指导中国林业云建设和管理。

①总体管理标准体系。贯穿于整个中国林业云建设工作之中，对基础设施、数据处理、支撑平台、应用系统、受理交付等各方面的技术和运营进行规范管理。

②基础设施标准体系。用于规范计算设备、存储设备、终端设备的生产和使用管理。主要包括整机功能、性能、设备互联和管理等方面的标准。

③数据处理标准体系。对存储在不同系统、结构化程度不同的数据提供统一的存储和管理接口。

④支撑平台标准体系。规定支撑平台的建设标准。

⑤应用系统标准体系。对各类业务系统的建设以及信息共享、业务协同等工作进行规范。

⑥受理交付标准体系。规定云服务交付的框架，包含交付内容、交付过程、交付质量等，并实现持续改进。

4.2.6.7　林业云安全体系建设

林业云安全体系保障各应用系统的信息安全，为中国林业云自身和接入中国林业云的应用系统提供服务。其中，为前者提供全面的安全保障服务，为后者提供基础的安全保障服务。与业务密切相关的认证、授权等安全措施由业务主管部门负责。中国林业云安全体系主要包括物理安全、网络安全、数据安全、应用安全、终端接入安全、安全管理制度六个方面。

(1) 物理安全

物理安全是整个云计算系统安全的前提，主要包括物理设备的安全、网络环境的安全等，以保护云计算系统免受各种自然及人为的破坏。如果其所处的环境及其本身的物理特性存在安全问题，必将导致整个云计算系统出现安全问题。

(2) 网络安全

网络安全主要体现在网络拓扑安全、安全域的划分及边界防护、网络资源的访问控制、入侵检测的手段等方面，采取的主要安全技术和措施包括划分安全域、实施安全边界防护、加强身份认证等。

(3) 数据安全

通过设置虚拟环境下的逻辑边界安全访问控制策略，来实现虚拟机、虚拟机组间的数据访问控制；在存储资源重新分配之前对数据进行完整擦除，实现多个虚拟机在使用同一存储资源时的信息安全；通过支持文件级完整和增量备份、映像级恢复和单个文件恢复等方式，来保障数据的有效备份与迅速恢复。

(4) 应用安全

保障运行在云计算系统上的各类应用系统的安全性。Web 安全是其中的重点，主要包括 Web 应用本身的安全和内容安全两个方面。可采取网页过滤、反间谍软件、邮件过滤、网页防篡改、Web 应用防火墙等防护措施，加强安全配置，注重 Web 应用系统全生命周期的安全管理。

(5) 终端接入安全

云终端是用户接入 IaaS 云的主要入口，也是云平台第一个安全威胁的入口，主要通过安全认证等方式来保障终端接入安全。

(6) 安全管理制度

安全管理是整个安全体系建设中最为重要的一环，尤其是对于一个比较庞大和复杂的云计算系统来说更是如此。因此有必要认真分析云安全管理中可能存在的安全风险，并采取相应的安全措施。主要涉及安全管理机构和人员的设置、安全管理制度的建立以及人员安全管理技能等方面。

4.2.6.8 林业云运维体系建设

为保证中国林业云平稳、可靠地运行，要建立国家、省两级运维管理体系和国家、省、市、县四级运维服务体系，采取集中监控、上下联动、分级负责、规范服务的方式，实现运维过程、运维技术、运维资源和运维人员等方面的统一管理。运维管理体系架构如图 4-4 所示。

(1) 四级运行保障服务体系

建立国家、省两级运维体系，对中国林业云提供的服务进行全面管理，包括服务管理、服务变更管理、服务周期管理和服务报告管理等，运维服务覆盖国家、省、市、县四级。采用标准化、生产线式规范运维服务，全面提升服务水准和服务能力，实现主动式运维服务。

(2) 统一运维保障服务平台

建立国家、省两级统一运维系统，充分依托中国林业云的资源，节省投资，实现统一监控、资源共享、分级负责、上下联动。统一建设运维监控平台，采取集中分布式部署。分别部署安全管理平台、运维监控核心平台，监控国家、省、市、县、乡镇传输网以及国

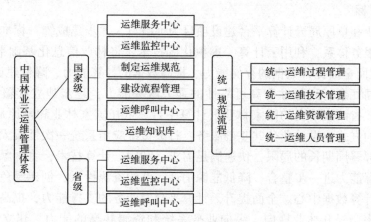

图 4-4 中国林业云运维管理体系架构

家级公共性、共享性基础资源和应用。在建立全国统一的运维服务管理规范、安全管理规范和知识库，国家、省、市、县四级运维队伍统一执行。运维呼叫中心和流程管理系统按照分级分域方式进行国家级和省级集中部署。

(3) 统一运行保障服务

根据 ISO20000 IT 服务管理和 ISO27001 信息安全管理体系，结合中国信息技术服务标准（ITSS）规范要求，遵循质量管理原理和过程改进方法，从运维服务的人员管理、资源管理、技术管理和过程管理四个角度去构建全国林业运维服务"四个统一"的运维服务管理模型。

(4) 规范运维服务流程

按照国际信息技术基础架构库（ITIL）运维服务理念，建立统一的运维服务管理规范和安全管理规范，明确国家、省两级安全运维管理流程和服务处置方式，形成国家、省两级分级别、分权限的上报流程和管理规范。

4.3 林业云建设典型案例

4.3.1 中国林业云国家级中心建设

(1) 项目简介

2013 年前，国家林业局机房面积共 200 平方米，机柜 40 个，服务器 160 台，存储 165 T。随着业务需求的成倍增长，仅网站建设和资源数据存储就需要 400 T 的存储空间，但 90%的机柜已经满载，无法再新增服务器，因此，必须通过云计算平台建设来解决业务承载问题。2013 年，国家林业局对内外网机房进行了云计算模式升级改造，内外网可以分别创建约 200 台虚拟机，足以支撑国家林业局在 2016 年前的服务器需求。云计算改造后，业务与承载分离，各业务司局只关心业务系统的建设，只需提出部署环境需求，承载环境由国家林业局信息化管理办公室统一承建。一般情况下信息化建设项目的投资比例为基础硬件、中间件占整个投资的 55%，应用系统及其他占 45%，按照这个规则计算，对各业务司局而言，基础硬件和中间件部分的投资均可以节省下来，截至 2020 年，累计节约资金约 6000 万元。

(2) 建设目标

以国家林业和草原局云计算平台建设项目为突破口,逐步建成统一标准的国家林业和草原局云计算服务体系,利用云计算、虚拟化等技术,将林业信息化基础平台提升为"云计算平台",从而全面提升数据的存储能力、提高数据的计算能力、降低建设和运维成本。依托该平台的高冗余、高弹性和高可靠性的强大服务能力,逐步建立起覆盖全国林业系统,连接国家、省两级平台的国家林业云计算平台。依托国家林业和草原局云计算平台,以软件即服务的方式建设林业公共基础服务,打破传统应用系统一次性投入成本过大、定制开发复杂、部署周期长的局限,快速满足需求。利用云计算技术,将国家林业和草原局计算资源、计算能力进一步整合,降低能源消耗,节约资源投入,创建绿色生态的国家林业和草原局云计算数据中心。全面提升云计算平台对业务的支撑能力,提高林业信息化基础设施的利用率,提升林业横向、纵向业务系统和资源共享的能力,建立"低碳、环保、协作、共享"的全国林业信息化云计算服务体系。

(3) 建设规模

在国家林业和草原局建设国家林业和草原局云计算平台,并依据统一的技术架构,在13个林业信息化示范省(自治区、直辖市)建设数据服务平台。

(4) 建设内容

在充分利用已有的各类基础设施的基础上,利用云计算、虚拟化等技术,构建高冗余、高弹性和高可靠性的国家林业云计算平台,包括基础服务层、大数据服务层、业务服务层、交付服务层建设,以及安全与运维体系、标准与制度体系建设。依托云计算平台,建设林业公共管理基础服务体系,包括国家直属单位办公系统建设、林业网站群建设等,为整个林业系统提供支持和服务。在示范省(自治区、直辖市)建设数据服务平台,并与国家级平台对接,保障信息共享和业务集成,提升国家林业和草原局云计算平台的服务能力。

(5) 建设成效

主要包括以下6方面:

①提高信息共享,实现科学决策。国家林业和草原局云计算平台,不仅为国家林业和草原局提供了高弹性、高并发性的云计算平台,而且通过对信息资源的整合和共享,增加了决策的准确性和科学性。实现了国家林业和草原局林业公共基础服务数据的整合以及两级林业资源数据服务的共享,将最新的林业资源数据实时展现,并灵活地进行统计分析查询,大大节约了汇总上报的时间,极大地提高了工作效率,大幅度降低了建设成本。

②提高资源利用率,节约建设投资。依据统一的技术标准,将各级基础性、公共性、全局性的项目进行统一建设,形成了统一的林业信息化基础平台,为林业系统提供了从网络到应用、从安全到管理的综合支撑服务,节约了投资、避免了重复建设,加强了对信息资源的整合利用以及林业部门之间的信息资源互联共享和整合利用。

③提升服务能力,提高办公效率。为国家林业和草原局提供了高效率的运行平台,为林业决策提供了更好的数据分析环境。同时,整合了政务信息和服务资源,推进了政务公开,改善了政府服务,优化了发展环境,显著提升了林业信息化服务水平,在线办事服务成效显现,网上互动服务日益增加。各地各单位利用网络发布信息的意识和主动性大幅提高,信息内容不断丰富,信息数量快速增长,信息质量明显提高。

④提高基础资源使用的便捷性。云计算平台的建设，就像在基本建设项目中完成了盖房子、通水电、保安全等工作，各部门在构建各自业务应用时，如同在办公室用水用电一样，便捷地共享信息化基础设施，进一步加强了信息资源整合共享和统一管理。

⑤提高基础资源的可用性和健壮性。通过机房、网络、灾备、运维等基础资源的共享，使林业信息化基础设施具备更高的稳定性和更强的容灾能力。通过运维、安全保障等基础资源的统一建设，有效消除了安全保障中的"短板效应"，增强了整个林业信息化环境的安全性。

⑥提升信息资源共享应用和业务协同能力。云计算平台的建设显著降低了林业信息资源共享应用和业务协同的技术门槛，依托平台建成的林业资源数据和林业资源共享数据集中存储在数据中心，保证了数据的权威性和统一性，为国家林业和草原局各部门提供了全面的查询、统计、分析等数据服务，有利于更好地服务于政府决策和部门管理。

4.3.2 中国林业云湖南分中心建设

(1) 项目简介

自 2002 年开始，湖南省林业局逐步建成了较为完善的湖南林业电子政务网。全省 14 个市(州)、122 个县(市、区)、2065 个林业基层单位都与湖南林业数据中心实现互联互通，为林业应用系统的开发建设奠定了基础。依托湖南林业电子政务网统一平台，整合开发了 47 个林业业务应用系统，以往这些系统都部署在各自独立的物理服务器上，存在着资源利用率不高、运维成本大、安全保障能力弱等问题。按照"数据大集中，网络全覆盖"和"五个统一"的原则，湖南省林业局于 2013 年建成了全省林业云计算平台，总面积达 600 多平方米，基本解决了以往存在的问题，大幅提高了建设效率和服务水平。

(2) 建设思路

云平台建设是一项复杂的系统工程，湖南林业电子政务云建设遵循长期规划、分步实施的原则。第一期工程首先实现 IaaS 业务模式，后续工程根据实际应用需求逐步支持 PaaS 和 SaaS。第一期工程主要是将基础设施资源(计算、存储、网络带宽等)进行虚拟化和池化管理，实现了资源的动态分配、再分配和回收。资源池主要分为计算资源池、存储资源池和网络资源池，同时也包括软件和数据等内容资源池。在提供服务方面主要以提供计算资源、存储资源为主。

(3) 建设原则

遵循标准化、高可用、高易用、虚拟化、开放接口和绿色节能等原则。

①标准化。为保证电子政务云建设的前瞻性，设备的选型要充分考虑对云计算相关标准(如 EVB/802.1Qbg，TRILL 等)的扩展和支持能力，保证良好的运行，以适应未来的技术发展。

②高可用。为保证核心业务的长期稳定运行，要求具有良好扩展性，可以进行升级改造，可不断扩展服务器集群、软件功能模块。

③高易用。简化系统结构，降低维护量。吸附突发数据，缓解端口拥堵压力，确保业务的流畅性等。

④虚拟化。开展服务器、存储器等的虚拟化资源池建设，服务器、存储器、网络及安

全设备支持虚拟化功能。

⑤开放接口。系统提供开放的 API 接口，云计算运营管理平台通过 API 接口、命令行脚本实现对设备的配置与策略下发，保证服务器、存储、网络等资源能够接受云计算运营平台合理地调度与管理。

⑥绿色节能。采取低能耗的绿色网络设备，采用多种方式来降低系统功耗。

（4）总体结构

湖南林业电子政务云整体架构分为三层、两个体系，包括基础设施服务层(IaaS)、平台服务层(PaaS)、应用软件服务层(SaaS)、信息安全体系和运营管理体系，其中，信息安全体系和运营管理体系由信息安全管理平台和运营管理平台构成，如图4-5所示。

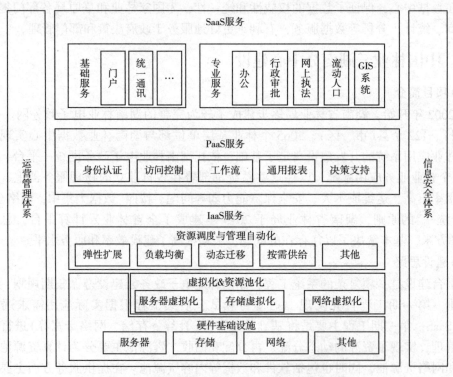

图4-5　湖南林业电子政务云平台总体结构图

（5）建设成效

通过林业电子政务云平台建设，整合了湖南林业部门原有信息资源，提高了计算资源配置效率，节省了信息化投资，对绿色湖南建设具有长远的现实意义。主要体现在以下4点：

①提供良好支撑。采用云计算技术，结合创新建设模式，搭建了标准统一、功能完善、系统稳定、安全可靠、纵横互通、集中统一的湖南林业电子政务云平台，为各部门信息资源共享、数据交换和系统办公提供了良好的支撑。

②提升服务水平。方便将新增应用快速部署到云平台上，大大缩短了新IT系统的上线时间，大幅节省了设备费，解决了"信息孤岛"问题，实现了信息共享，提高了信息安全水平，提升了湖南林业部门的监控能力和响应速度，提高了湖南林业部门的工作效率和公共服务水平。

③提高建设效率。降低了信息化建设成本，提升了工作效率，有效降低了能耗，满足了资源节约型社会和环境友好型社会的建设要求。同时，满足了在云平台上搭建各种林业应用系统的需要，包括以三层架构为主的应用系统，以及大访问量、大数据量和大计算量的应用系统。

④提高资源利用率。将林业电子政务网络、各种硬件设备、林业业务管理系统、数据中心和信息安全保障体系等纳入统一的政务云平台管理，提高了资源利用率，有效地解决了机房服务器单点故障等问题。

复习思考题

1. 简述云计算平台的主要特征和关键技术。
2. 简述中国林业云的发展思路。
3. 请简述林业云的基本架构，并详细说明"四横两纵"技术架构的内容。
4. 林业云的重点任务包括哪几个方面？

推荐阅读书目

1. 陈国良，明仲，2021. 云计算工程[M]. 北京：人民邮电出版社.
2. 吕云翔，柏燕峥，2023. 云计算导论[M]. 北京：清华大学出版社.
3. 孙永林，曾德生，2019. 云计算技术与应用[M]. 北京：电子工业出版社.
4. De D, Mukherjee A, Buyya R, 2022. Green Mobile Cloud Computing[M]. Berlin：Springer.
5. Jamsa K, 2022. Cloud Computing[M]. 2nd ed. Burlington：Jones & Bartlett Learning.

第 5 章

林业物联网

【本章提要】物联网是一个让所有能够被独立寻址的普通物理对象实现互联互通的网络。本章主要介绍物联网的基本情况及其在林业中的发展与应用。首先介绍物联网的起源和特征、技术架构、发展现状与趋势，阐述物联网的关键技术；随后介绍林业物联网的发展思路、重点领域和重点任务；最后结合典型案例，介绍林业物联网的典型应用。通过学习本章内容，能更深刻地理解林业物联网的构建思路和建设方法。

5.1 物联网概论

5.1.1 物联网的起源和特征

（1）起源

1995 年，比尔·盖茨在《未来之路》一书中最早提出了"物物互联"的构想。1999 年，美国麻省理工学院自动识别中心提出"万物皆可通过网络互联"的观点，率先阐明了建立在物品编码、无线射频技术和互联网基础上的物联网理念。物联网的基本思路虽然成型于 20 世纪末，但直到 2010 年前后才真正引起人们的广泛关注。2005 年，国际电信联盟（ITU）发布了《ITU 互联网报告 2005：物联网》，正式提出了物联网的概念，指出物联网时代即将来临，世界上所有的物体，小到纸巾，大到房屋，都可以通过互联网来主动进行信息交换。从 2009 年开始，美国、欧盟和中国都将物联网列为振兴战略之一，这一年也被称为"物联网元年"。

（2）主要特征

物联网是互联网的应用拓展，以互联网为基础设施，是传感网、互联网、自动化技术和计算技术的集成及深度应用。物联网最主要的特征是突破了以前只能人与人或人与机器互联的模式，这也是它与传统信息网络最大的区别。物与物之间通过网络彼此交换信息、协同运作、相互操控。这可以称作"异构设备互联化"，即不同种类、不同型号的设备利用无线通信模块和标准通信协议，形成自组织网络，实现信息的共享和融合，从而在各行各业中创造出自动化程度更高、功能更强大、环境适应性更好的应用系统。目前物联网已广泛应用于交通、安保、家居、消防、监测、医疗、栽培、食品等多个领域，被称为继计算机、互联网之后的世界信息产业发展的第三次浪潮,正在引发新一轮生活方式的变革,将是推动世界高速发展的下一个重要生产力。

5.1.2 物联网的技术架构

(1) 基本架构

物联网在逻辑上可以分为感知层、网络层和应用层。比传统的信息系统构架多了一个感知层,如图 5-1 所示。

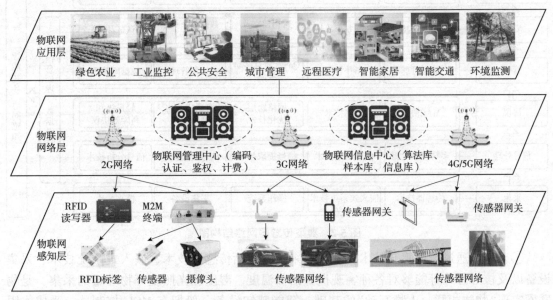

图 5-1 物联网典型体系架构

(来源:https://blog.csdn.net/pc9319/article/details/83895241)

①感知层。是由遍布在我们周围的各类传感器、条形码、摄像头等组成的传感器网络。它的作用是实现对物体的感知、识别、检测及数据采集,以及反应和控制等。感知层改变了传统信息系统内部运算能力强但对外部感知能力弱的状况,是物联网的基础,也是物联网与传统信息系统最大的区别。

②网络层。由各种有线及无线节点、固定与移动网组成的通信网络与互联网的融合体,主要作用是把感知层的数据接入网络以供上层使用。此外还提供网络管理功能,将大规模数据高效可靠地组织起来,为上层提供智能的支撑平台,包括能储存大量数据的数据中心、以搜索引擎为代表的网络信息查询技术和信息保护与隐私安全系统等。

③应用层。将物联网技术与各行各业应用相结合,通过物联网的"物物互联"来实现无所不在的智能化应用,如智能物流、智能电网、智能交通、环境监测等。

(2) 关键技术

物联网是多种信息技术的集成,涉及的关键技术门类庞杂,且各项技术发展不均衡。比如射频标签、条形码与二维码等技术已经非常成熟,而传感器网络等相关技术尚有很大发展空间。典型的传感器网络结构如图 5-2 所示,主要包括数据采集、信号处理、协议、管理、安全、网络接入、设计验证以及支撑应用等方面。

图 5-2 典型传感器网络结构图

①采集。通过智能感知技术实现数据采集，包括传感器技术、嵌入式系统技术、采集设备以及核心芯片等能够对各种客观世界诸如温度、湿度、光照度等物理量的采集，是物联网实现"物物相联，人物互动"的基础。智能感知设备一般拥有 MCU 控制器，受成本限制，一般采用嵌入式系统。

②信号处理。信号处理技术包括信号抗干扰、信号分离以及信号滤波等技术。主要功能是对采集设备获得的各种原始数据进行处理。首先获得各种物理量的量测值，即原始信号。之后通过信号提取技术来筛选出有用信号，并提高信号的信噪比。接着通过信号变换技术来进行信号特征提取。最后利用信号分析技术，如特征对比、分类技术等，将各种特征信号对应到某一类的物理事件。

③协议。优化的高效协议是物联网的重要组成部分。物联网采用的无线通信方式是多级的，需要对协议进行优化以保证其低功耗和高能效。因此，自适应的优化通信协议设计很重要，需要考虑数据融合、分簇和路由选择等问题的优化，并尽可能地减少数据通信量和重复传送。物联网的协议栈中，以 MAC 协议、组网技术、网络跨层优化技术、自适应优化通信协议、轻量级和高能效协议为重点。

④管理。由于感知网络的节点众多，需要采取有效的节点管理。主要包括能量管理、拓扑管理、QoS 管理及移动控制、远程管理、数据库管理等方面。其中，能量管理使终端感知网络寿命最大化，拓扑管理确保覆盖性及连通性，QoS 管理及移动控制保证网络服务质量，远程管理实现异地管理，数据库管理存储配置参数等信息。

⑤安全。安全技术包括以确保使用者身份安全为核心的认证技术，确保安全传输的密

钥建立及分发机制以及确保数据自身安全的数据加密、数据安全协议等数据安全技术。物联网中的传感节点通常需要部署在无人值守、不可控制的环境中，除了受到一般无线网络所面临的信息泄露、信息篡改、重放攻击、拒绝服务等多种威胁外，还面临传感节点容易被攻击者获取，攻击者通过物理手段来获取节点信息，从而侵入网络、控制网络的威胁。因此，在物联网安全领域，数据安全技术、数据安全协议、密钥建立及分发机制、数据加密算法设计以及认证技术是关键部分。

⑥网络接入。物联网以终端感知网络为触角，以运行在大型服务器上的程序为大脑，实现对客观世界的有效感知及有力控制，其网络接入通过网关完成。连接终端感知网络与服务器的桥梁是各类网络接入技术，包括GSM、TD-SCDMA、4G、5G等蜂窝网络，WLAN、WPAN等专用无线网络，Internet等宽带网络，低轨、中轨、高轨卫星互联网络，异构网络等。

⑦设计验证。在物联网系统的设计验证中，包括设计、仿真、试验床验证、半实物验证与检验检测等关键内容，不仅可以对物联网的硬件设备、软件、协议等进行分析验证，还可以进行实际系统部署前的检验。

⑧支撑应用。支撑应用提供各类物联网应用程序，比如高性能计算、数据挖掘、专家系统、人机交互、数据服务等。

5.1.3 物联网发展现状与趋势

(1) 国际物联网发展现状

近年来，以美国、欧盟、日本为主的发达经济体正在大力开展对物联网技术的研发与应用，以谋求在未来国际竞争中占据有利地位。美国重视物联网前瞻布局，对物联网的重视程度达到新高度。2020年12月《物联网网络安全改进法》被正式签署为法律，说明了美国政府对物联网安全的重视程度。美国政府于2021年提出了《美国就业计划》，物联网成为驱动未来产业发展的关键技术之一，并持续得到国家战略层面的大力支持。欧盟瞄准边缘计算，推进物联网朝"智能、通用、可信、开放"的方向发展。2014—2020年，欧盟将物联网视为实现"数字单一市场战略"的关键技术，"由外及内"打造开环物联网。2020年欧盟发布《欧洲数据战略》，明确提出在2021—2027年资助建设欧洲数据空间和互联云基础设施，紧抓边缘计算、5G和物联网带来的新机遇。2021年欧盟发布《2030数字指南针：欧洲数字十年之路》，计划到2030年部署1万个(2020年为0个)能够实现气候中和且高度安全的边缘节点，75%(2020年为26%)的欧洲企业采用云计算服务。日本积极推进IT立国战略，推出了I-Japan计划，将物联网列为国家重点战略。日本采取政策引导方式来推动物联网发展，通过市场需求来调节物联网产业市场供需，给予资金等方面的扶持措施，吸收民间资金，鼓励企业研发，并将产品推广应用。IDC分析报告显示，2021年日本物联网市场的用户支出金额约为58948亿日元(约474亿美元)，从2021年到2026年将以9.1%的复合年增长率增长，预计2026年将达91181亿日元(约733亿美元)。

目前，全球物联网核心技术持续发展，标准体系加速构建，产业体系处于建立和不断完善过程中，全球物联网行业处于高速发展阶段。根据全球移动通信系统协会(GSMA)统计数据显示，2020年全球物联网设备数量126亿个，同比增长17.6%，预计到2025年活跃的物联网设备数量将增加到 246 亿个,"万物互联"成为全球网络未来发展的重要方向。全球物联网市场规模快速增长,2020 年全球物联网市场规模为 7490 亿美元,预计到 2026 年全球物联网市场规模将会接近 1.55 万亿美元。物联网在各行业的应用不断深化,催生了一批新技术,有助于改造升级传统产业。

(2) 国内物联网发展现状

2009 年 8 月,"感知中国"的提出极大地促进了我国对物联网的研究和应用。无锡市率先建立了"感知中国"研究中心,中国科学院、运营商、多所大学在无锡建立了物联网研究院。物联网被正式列为国家五大新兴战略产业之一,受到了全社会的极大关注。

2011 年,国家发展改革委、财政部启动了首批国家物联网应用示范工程。2013 年,发布了《关于印发 10 个物联网发展专项行动计划的通知》,重点依托交通、公共安全、农业、林业、环保、家居、医疗、工业生产、电力、物流等 10 个领域,统筹推进物联网关键技术研发及产业化、标准体系、公共服务平台、示范应用等建设。目前的示范工作进展顺利,取得了一批技术成果并积累了较丰富的经验。2013 年,国务院印发了《关于推进物联网有序健康发展的指导意见》;2015 年,国务院印发了《关于积极推进"互联网+"行动的指导意见》,为全面深化物联网应用进行了顶层设计。

2021 年 3 月,新华社全文播发了《中华人民共和国国民经济和社会发展第十四个五年规划和 2035 年远景目标纲要》,将物联网划定为数字经济重点产业之一,将物联网感知设施、通信系统等纳入公共基础设施建设,统一规划建设,推进市政公用设施、建筑等物联网应用和智能化改造;推动物联网全面发展,打造支持固移融合、宽窄结合的物联接入能力。2021 年 10 月,工信部发布《物联网基础安全标准体系建设指南(2021 版)》,要求到 2025 年形成较为完善的物联网基础安全标准体系,提高跨行业物联网应用安全水平,保障消费者安全使用。

目前,物联网已较为成熟地运用于安防监控、智能交通、智能电网、智能物流等领域,在环境监测、市政设施监控、楼宇节能、食品药品溯源等方面也得到了广泛应用。近几年来,在各地政府的大力推广扶持下,物联网产业逐步壮大。据智研咨询报道,截至 2020 年年底,中国物联网市场规模达到 16600 亿元,较 2019 年增加 1600 亿元,同比增长 10.67%。根据 IDC 预测,中国企业级物联网市场规模将在 2026 年达到 2940 亿美元,复合增长率达 13.2%,继续保持全球物联网市场体量最大。

(3) 国际林业物联网发展现状

林业是物联网的重要应用领域,以传感器网络、RFID、红外感应、视频监控等为代表的物联网技术已经在全球林业科研、生产、管理及服务中得到了较多应用。

"3S"技术在林业资源管理中得到了广泛应用。随着卫星遥感、激光雷达、卫星定位、地理信息系统等技术的日趋成熟,其在林业资源调查、监测、作业设计、森林防火、灾情评估、应急管理等方面的应用日益广泛,并已成为支撑林业发展的主要信息技术之一。

传感器网络和卫星遥感技术广泛应用于大陆尺度的生态观测。2011 年,美国启动大陆尺度国家生态观测站网络计划,研究从区域到大陆尺度的重要生态问题。该计划基于传感器网络和卫星遥感技术,部署了一个由约 15000 个传感器和若干个空间卫星节点组成的"天地一体"观测网络,为科学家在今后至少 30 年里大范围收集生态环境数据创造条件,供土地利用和碳汇监测等工作使用。

RFID 和 M2M 技术应用于动物养殖和木材追踪。欧盟于 2009 年 6 月首次系统地提出了物联网发展和管理设想，并提出了 14 项行动推动物联网加速发展。欧盟的物联网应用大多围绕 RFID 和 M2M 展开，如可用于个体识别的动物电子身份证，木材跟踪监管的电子标签等。此外，还把卫星通信和定位技术应用于跟踪多种野生动物的活动轨迹。

泛在网络应用于林业生产的多个方面。日本通过综合使用 RFID、红外感应、无线局域网等技术，构建了自成体系的物联网/泛在网络，在电子导游、作物监测与保护、产品追溯等多个方面开展了实际应用。景区电子导游系统可实现多国语言语音讲解；鸟兽害对策支持系统可辅助农民驱赶野生动物，防止农作物遭到野生动物破坏或啃食；产品追溯系统可实现对农林产品流通管理和个体识别等。

(4) 我国林业物联网发展现状

进入 21 世纪后，随着信息技术在林业中的快速发展和日益普及，我国林业开始越来越多地应用物联网技术，林业物联网呈现快速发展的势头。国家高度重视林业物联网建设，早在 2012 年，国家林业局就被列为国家首批 6 家物联网示范单位，分别在吉林长白山和江西井冈山开展智慧森林监控和智慧森林旅游物联网建设试点工程。国家林业局在《全国林业信息化建设纲要》《国家林业局关于进一步加快林业信息化发展的指导意见》《中国智慧林业发展指导意见》《关于推进中国林业物联网发展的指导意见》《中国林业物联网行动计划》等顶层设计中都对林业物联网建设作出了部署。

①遥感、定位等卫星技术得到广泛应用。"3S"技术已广泛应用于林业资源调查监测、生态工程勘察设计、营造林作业核查、林火监测预警、森林病虫害防治等业务领域。部分地区和部门已经配备了海事卫星电话、北斗导航终端等通信及导航定位设备，提高了林业应急响应能力。中国林业科学研究院、陕西省动物研究所（西北濒危动物研究所）等单位与美国、日本、法国等国家合作，将低轨卫星跟踪定位技术应用于白鹤、藏羚羊、大熊猫、华南虎等珍稀濒危动物的生态学研究工作之中。

②视频监控技术应用日益普及。北京、辽宁、湖南等多个省份已建立了覆盖全域的林火视频监控系统，成为森林防火的"千里眼""顺风耳"。江西将全省所有的木材检查站全部接入林业专网，再通过"全球眼"平台和二维码读取设备，对木材执法检查情况进行远程监控。中国科学院计算机技术研究所在青海湖鸟岛构建了基于视频监控的自组织网络，实现了对岛上鸟类的远程和不间断观测研究。此外，林产品仓储管理、野生动物监测、旅游景区管理等业务中也大量运用了视频监控技术，取得了良好的效果。

③电子标签等标识技术应用于多个领域。北京市和辽宁省将二维码标签、电子标签应用于树木权属识别和古树名木管理。国家林业和草原局利用二维码、温湿度传感器、IPv6 等技术，在北京园博园建设了首片"中国信息林"。江西省将二维码标签附加粘贴到木材运输证上，提高了证书的防伪性。吉林省采用电子标签、二维码、电子货票等技术，加强对木材生产、贮存、运输、销售全流程的监管，减少了木材损失，降低了管理成本，提高了经济效益。深圳市各大公园陆续推出"植物二维码"解说系统，为公众提供了便利。此外，基于 DNA 条形码鉴定中药材、基于电子标签建立圈养野生动物谱系档案等工作，也取得了一定成效。

(5) 林业物联网发展趋势

物联网具有感知识别、传输互联和计算处理等功能,是对新一代信息技术的高度集成和综合运用。预计未来 10 年我国将进入物联网应用的高速发展期。同时,林业信息化正在全面加快发展,为林业物联网发展提供重大战略机遇。展望未来,林业物联网发展将呈现以下几个特点:

①应用范围由点到面,体系化、规模化应用迅速增加。林业是物联网应用的重点领域之一,具有巨大的发展空间和良好的市场前景。随着林业信息化基础条件的不断改善和物联网技术的日益成熟,林业物联网应用必将从部分区域向全国拓展、从相对单一的业务领域向全领域、全过程延伸。围绕林业资源监管、工程管理、应急响应、生态监测、产业发展和综合服务等林业主体业务的物联网应用将逐步形成纵向到底、横向到边的体系化、规模化发展格局。

②应用技术从单一走向集成,综合效益大幅提高。集成应用信息技术是林业信息化的现实需求,也是林业业务发展的必然要求。随着宽带中国、卫星通信、北斗导航、物联网关键技术研发及产业化等重大信息化工程的推进,制约林业物联网发展的技术瓶颈将逐步被突破,从而为林业物联网技术的集成应用提供可能。各种感知技术的综合应用将极大丰富信息来源,各种传输网络的有机衔接将使信息的快捷传递成为可能,而云计算、大数据、移动互联等技术的集成应用将显著提高数据存储和处理能力,提升信息交互、共享利用和科学决策水平,最终实现生态、经济、社会效益的最大化。

③投资渠道从单一走向多元,发展活力不断被激发。随着林业社会化程度的不断提高以及社会各界对林业认识的不断深化,除了政府财政会不断加大林业投资,社会各界对林业的投资也会不断增加,这将为包括物联网、云计算、大数据等应用在内的林业信息化发展提供更有力的资金支持。同时,林业物联网发展也能为林业产业、信息与通信技术产业和服务业等相关产业带来巨大的经济收益,吸引越来越多的有识之士和企事业单位投身于对林业物联网的建设与应用的事业之中。

5.2 林业物联网

5.2.1 林业物联网建设需求

林业作为一项重要的基础产业和公益事业,其位置偏远、地广人稀、基础设施落后、环境条件恶劣、劳动风险性高等特点,决定了物联网在其中有很大的应用潜力,主要需求包括以下几个方面:

(1) 林业资源监管

利用卫星遥感、导航定位、视频监控、电子标签、条码、电子围栏、红外感应等技术,提高对林业资源调查、监测的效率和精度,提升对林业资源的监测防控水平,加强对进出口木材、珍稀濒危野生动植物及其产品的有效监管,依法打击各类违法违规行为,有效保护林业资源。

(2) 林业灾害监控及应急响应

利用无线传感、视频监控、导航定位、移动通信等技术,有效提高森林防火、森林有害生物防治、沙尘暴监测预警、野生动物疫源疫病监测防控、外来物种入侵监测防控等方面的信息采集、传输和分析决策能力,降低灾害损失。

(3) 生态监测

利用温湿度、光照强度等各类传感器,进行森林碳汇监测以及气象、空气质量等生态因子监测。利用传感、遥感、移动 GIS、视频监控、智能分析等技术,加强对林业重点生态工程及其生态效益的监测,以及对森林、湿地等生态系统生态服务功能的监测与价值评估。与传统的林业信息化手段相比,物联网技术手段将显著提高生态监测的实时性、全面性、准确性和可靠性。

(4) 林业产业发展

温湿度、光照强度等传感设备在林木种苗培育中大有可为。电子标签、条码、激光扫描等技术在植物新品种保护、林产品原产地保护、林产品溯源、林木花卉良种监管、林产品质量监管、森林认证、林业知识产权保护、野生动植物及其产品贸易、生态旅游安全监管与服务等领域都有着广阔的应用空间。物联网技术手段的综合运用,将显著改善当前林业产业经营管理方式粗放问题,提高产业发展的科技含量和产品的科技附加值,促进市场诚信体系建设,助力林业产业发展。

(5) 林业有毒有害废弃物监管

利用电子标签、无线传感、卫星定位、基站定位等技术,对在林业生产、科研过程中产生的有毒有害废弃物实施识别、定位、跟踪和有效监管,降低其给公众和环境带来的不良影响。

(6) 其他林业业务应用

利用传感、视频监控等技术,对机房环境、网络设备等开展实时监测与预警,提高机房及网络管理水平。利用电子标签、卫星定位、基站定位、红外感应等技术,准确识别和实时跟踪野生动物活动情况,提高野生动物研究、保护和管理水平。

5.2.2 林业物联网建设基本原则

(1) 统筹规划,需求驱动

紧密结合林业主体业务,以需求为导向,统筹规划林业物联网发展,分步实施物联网项目建设。加强林业物联网顶层设计,注重建设和应用实效,力避相互攀比、贪大求新、盲目跟进。坚持示范先行,不断积累成功经验,总结成熟模式,然后以点带面,逐步实现林业物联网的宽地域、多领域、跨层级、规模化应用。

(2) 融合创新,协同共享

根据林业、林区、林农发展实际,不断强化物联网技术与林业业务的深度融合,加快提升新一代信息技术集成创新和引进、消化、吸收、再创新能力。加强低成本、低功耗、高精度、高可靠、智能化传感设备的研发及集成应用,逐步突破林业物联网发展的技术瓶颈。深化林业物联网应用创新、制度创新、管理创新,支持跨区域、跨部门、跨层级的业务协同和信息资源共享,力避自成体系、重复投资、重复建设的行为。

(3) 政府主导,群策群力

坚持林业主管部门在林业物联网发展中的主导地位,充分发挥其在政策引导、业务指导、工作协调、项目监督、成果应用等方面的重要作用。对生态公益型建设项目，要以财政投入为主；对产业发展型建设项目，要充分发挥市场机制，鼓励社会力量广泛参与其中。要创新投融资机制、成果共享机制、商业运营模式和服务驱动模式，群策群力推动林业物联网建设有序健康发展。

（4）提高效益，确保安全

面向林业业务对象，以用户和受益人为中心，以提高生态、经济和社会效益为出发点和落脚点，科学规划林业物联网建设任务，精心安排林业物联网重点工程。坚持安全第一、自主可控的原则，加强信息安全基础设施建设，强化落实信息安全保密措施，确保重要信息系统安全稳定可靠，着力提升林业物联网信息安全保障能力。

5.2.3 林业物联网发展目标

到2030年，物联网技术与林业主体业务实现高度融合，林业业务智能化水平显著提升，业务开展的实时性、高效性、稳定性和可靠性显著增强。林业信息基础设施条件显著改善，信息采集和传输能力显著增强。新一代信息技术应用水平显著提高，有力支撑林业资源监管、营造林管理、林业灾害监测预警与应急防控、林业生态监测与功能效益评估、林业资源开发利用、林业社会化服务等各类业务。实现跨区域、集成化、规模化的物联网应用，大力推动林业业务智能化的持续快速发展，相关应用形成的产业规模达2000亿元。林业物联网产业技术创新联盟、技术研发中心、产品中试基地建设完成，构建起完善的林业物联网科技创新、标准规范、安全管理体系，大幅提升林业现代化水平。

5.2.4 林业物联网建设基本思路

围绕林业改革发展的主要任务，以促进林业发展方式转变、提升林业质量效益为宗旨，以物联网应用为重点，以提升林业现代化水平为目标，坚持统筹规划、协同共享、政府主导、保障安全的原则，加快推进林业物联网建设与应用，为建设生态文明和美丽中国做出积极贡献。

5.2.5 林业物联网总体架构

典型林业物联网总体架构包括3个层次、2个体系，如图5-3所示。3个层次为感知层、网络层、应用层，2个体系为标准规范体系、安全与综合管理体系。

（1）感知层

解决信息采集、组网和短距离传输问题，主要由各种传感器及传感器网关等构成。不同业务领域通常采用不同的感知方式。该层的核心技术包括RFID、条码、传感器、多媒体、微机电系统（MEMS）、导航定位、卫星遥感、航空遥感、航空摄影、激光雷达、现场总线、红外感应、WiFi、Zigbee等，主要功能是实现对林业主体、客体及林业环境的实时感知、识别、监测以及反应与控制。

（2）网络层

也称为传输层，是进行信息交换、传递的数据通路，主要解决感知层所获得的数据的

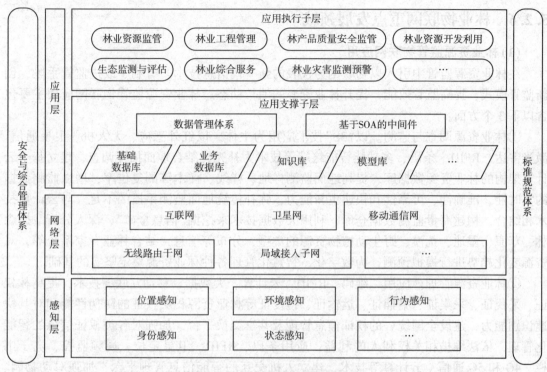

图 5-3 林业物联网总体架构

长距离传输问题。网络层由接入网和传输网构成,按照应用对象又可划分为公用网络和专用网络两类,前者包括公用的互联网、卫星网、移动通信网等,后者包括有线的林业专网以及局部的自组织通信网络等。构建大宽带、全覆盖的林业通信网络,对林业物联网发展具有十分重要的现实意义。

(3) 应用层

也称为处理层,解决的是信息处理和人机界面的问题,包括应用支撑子层和应用执行子层两个子层次。应用支撑子层由基础数据库、业务数据库、知识库、模型库等数据库以及数据管理体系等构成,涉及的技术包括数据库技术、云计算技术、大数据技术、基于SOA的中间件技术以及支撑跨行业、跨业务、跨系统的信息共享交换技术等。应用执行子层由林业资源监管、林业工程管理、林业灾害监测预警、生态监测与评估、林产品追溯以及林业综合服务等各类应用系统构成,其功能是满足林业生产、管理、决策、服务的实际需求。

(4) 标准规范体系

主要由物联网国家标准、行业标准以及各类技术和管理规范构成,为林业物联网系统规划、设计、建设、应用、管理和运维等提供科学指导,确保系统互联互通和稳定高效运行。

(5) 安全与综合管理体系

主要由信息安全制度、管理制度、运维制度以及管理机构等构成,实现对林业物联网基础设施和应用系统的有效监管与安全保障。

5.2.6 林业物联网重点发展领域

(1) 林业资源监管物联网应用

在林业资源监管中引入以物联网为代表的新一代信息技术，有利于改进监管手段，创新监管模式，提高监管效能，提升林业资源的消长动态。林业资源监管物联网应用主要包含以下 3 个方面：

①林业资源调查与监测。以"3S"技术应用为主体，以红外感应、无人机、卫星通信、激光雷达、RFID、条码、多功能智能终端等技术为补充，结合地面抽样调查，建立基于云计算架构的林业资源数据库，提高地面监测样地、样线、样木等的复位率，增强监测数据的实时性、准确性、可靠性和快速更新能力，弥补传统地面监测手段的不足。与云计算技术相结合，构建海量监测数据仓库，利用大数据技术来挖掘"信息金矿"，深入分析掌握森林、草原、湿地、荒漠、野生动植物资源的类型、分布等信息，结合林业专家系统等，对资源变化趋势进行模拟预测，为数字化、智慧化管理各种林业资源奠定坚实的基础。

②林业资源管理。应用二维码、RFID、云计算、大数据、移动互联等技术，提高林权证、采伐证、采集证、猎捕证、运输证、检疫证等林业资源相关权证的防伪性能和对其快速识别能力，建设全国统一的权证信息管理及共享交换平台，加强对各类权证信息的智能化管理，依法维护相关权利人的利益；应用条码、RFID、卫星定位、视频监控、电子围栏、4G 和 5G 通信、云计算等技术，建立人机交互的智能信息管理平台，加强对动物园、野生动物园人工驯养繁殖的野生动物以及城区道路、公园、植物园、森林公园、林木良种基地、花木苗圃等处的行道树、珍贵树种、古树名木、珍稀花卉品种的个体识别、谱系管理、种群管理及安全监控；应用条码、RFID、激光扫描、红外感应、卫星定位、视频监控、电子围栏、压力感应、无线通信等技术，对接基于云计算架构和分布式部署的智能信息管理平台，加强林木采伐、贮存、检疫、运输、销售的全流程管理，完善野生动植物及其产品的采集、运输、检疫和进出口监管技术体系，为加强林业资源管理、促进合理开发利用提供科学依据；基于云计算技术，研建全国统一的林业综合执法平台，引导业务标准库、知识库和案例库建设，分析各类林业违法违规案件的发生特点及趋势，加强执法监管，依法保护林业资源。

③珍稀濒危野生动物野化放归。根据不同动物的生活习性和形态结构，研制具有身份识别、卫星定位、体征传感、信息传输等功能的专用设备，结合卫星通信、移动通信、"3S"、电子围栏、视频监控、移动互联等技术，对接智能信息管理平台，构建全天候立体化传感监控网络，加强对动物行为及其体征的分析，提高实时监控与应急响应能力，促进珍稀濒危野生动物野化放归和野外种群复壮。

(2) 营造林管理物联网应用

营造林管理主要涉及种质、种苗资源的保护、保存、培育以及造林、森林抚育等方面的业务管理。在营造林管理业务中应用物联网技术，有利于林木良种的选、引、育、保、推，提高营造林的质量和效益。营造林管理物联网应用主要包含以下 3 个方面：

①种质资源保护与保存。应用条码、RFID、红外感应、传感器、卫星定位、视频监控、电子围栏、无线通信、移动互联等技术，构建原地和异地保护母树林传感网，对接智

能信息管理平台，加强对林木采种基地的种质资源，特别是珍贵、稀有、濒危母树的保护；构建林木种质资源设施保存库立体传感监控网络，加强对设施保存环境的实时监测与调控，有效保存林木种质资源。

②林木种苗培育及调配。应用传感器、视频监控、移动互联和自动控制等技术，对接智能信息管理平台，加强对规模化林木种苗培育基地温度、湿度、光照强度、土壤肥力等的实时监测，结合自动喷灌、自动卷帘等设施的操作，提高种苗培育的信息化、机械化、自动化水平，实现智能化管理。应用条码、RFID、移动互联等技术，结合各类电子票据，加强对林木种苗特别是珍贵苗木的调配和管理。

③营造林管理与服务。应用大气环境、土壤环境、水环境等相关传感器，强化对造林地环境与林分生长状态的智能监测与分析，结合 GIS 系统和云计算技术，实现对适地适树、测土配方、抚育管理等的决策支持，以及对林场、林农、林企等提供相关服务。应用"3S"技术、航空摄影、多功能智能终端等技术，加强对营造林、退耕还林等工程项目的核查和绩效评估，提高核查与评估的效率和质量。

(3)林业灾害监测预警与应急防控物联网应用

林业灾害主要包括森林火灾、林业有害生物、沙尘暴、陆生野生动物疫源疫病四大类，其他的还有低温雨雪冰冻灾害、风灾、雹灾、地震、滑坡、泥石流等灾害类型。加强物联网等新一代信息技术在林业灾害监测、预警预报和应急防控中的应用，是一项现实而紧迫的任务。林业灾害监测预警与应急防控物联网应用主要包含以下 4 个方面：

①森林火灾监测预警与应急防控。应用由对地观测、通信广播、导航定位等卫星系统和地面系统构成的空间基础设施，以及航空护林飞机、无人机、飞艇等航空设备，构建森林火灾监测预警与应急防控的天网系统；应用地面林火视频监控、红外感应、电子围栏、气象监测、地表可燃物温湿度监测等感知设施以及各种有线、无线通信设施，构建地网系统；应用车载智能终端、手持智能终端以及多功能野外单兵装备等，构建人网系统；应用条码、RFID 等技术，构建林网系统；对接基于"3S"、云计算、大数据、移动互联等技术应用的智能信息平台，提高对森林火灾的监测、预警预报以及指挥调度、灾后评估等应急响应能力。

②林业有害生物监测预警与防控。综合应用"3S"、视频监控、传感器等技术，加强宏观、中观尺度森林和大气环境监测，结合地面巡查数据，对接专家远程诊断系统、森林病虫害预测预报系统、外来物种信息管理系统，加强数据挖掘、共享和业务协同，提高对森林病虫害及外来物种危害的监测、预警预报与综合防控的能力。应用二维码、RFID 等技术，标识通过检疫的物品，建立林业有害生物检疫责任追究制度。

③沙尘暴监测和预报预警。在新疆、甘肃、内蒙古等重点风沙源区和固沙治沙地区部署地面气象传感和土壤温湿度传感监测网络，结合气象卫星和遥感卫星监测以及基于云计算架构的信息管理平台，提升沙尘暴灾情监测和预报预警能力，有效降低灾情损失。

④陆生野生动物疫源疫病监测预警。研制集卫星定位、信息发送、生命体征传感等功能于一体的动物专用设备，建立基于卫星追踪、传感器感知、GIS 应用和地面巡查相结合的陆生野生动物疫源疫病监测系统，加强对迁徙鸟兽活动路线及生命体征的监测分析，有效提高陆生野生动物疫源疫病监测和预警能力。

(4) 林业生态监测与评估物联网应用

林业生态监测主要指对森林、草原、湿地、荒漠四大陆地生态系统的有关指标进行连续观测，进而评估生态系统的健康状况、生态服务功能和价值，并为天然林资源保护、草原保护与恢复、湿地保护与恢复、荒漠化和沙化防治、碳汇造林等林业生态工程建设与管理提供科学依据。通过引入物联网相关技术，将有助于加快完善林业生态监测研究网络，有效提高监测数据采集的实时性、多样性和可靠性，促进信息资源共享交换，充分发挥监测数据应有的作用。林业生态监测与评估物联网应用主要包含以下两个方面：

①陆地生态系统监测与评估。综合应用各种数字化智能传感、激光雷达、激光扫描、"3S"、移动互联、微波和新一代移动通信技术等，建设或改造森林、草原、湿地、荒漠生态系统定位研究站，构建完备的陆地生态系统定位监测网络，克服生态系统时空异质性和尺度复杂性等困难，对各类气象因子、土壤理化因子、二氧化碳浓度、空气质量因子、植物矿物质成分及地表径流流量、流速和水质等生态关键指标进行大范围、长期、持续、同步的监测，并基于云计算技术来建立海量监测数据仓库和智能信息管理平台。利用大数据技术来分析生态系统动态变化及其原因，对生态系统健康状况、生态服务功能和价值、重大生态工程和生态系统管理成效等进行科学评估，对区域生态安全及潜在生态风险进行科学评价和预测，为国家生态建设决策提供支撑。

②森林碳汇监测与评估。物联网技术可以解决大范围布设测量、异步与同步共融、连续观测统计、人类难及区域、少人工或无人工等碳汇计量和监测中影响数据科学、精确等方面的问题。利用各种智能传感终端和通信手段，构建多维碳排放与碳汇监测传感网络，在水平和垂直空间对温度、湿度、风向、风速、光照强度、二氧化碳浓度等多种环境因子进行全面、实时的监测，结合林木蓄积量、生长量、生物量等碳储量监测数据，建立多站点联合、多系统组合、多尺度拟合、多目标融合的碳汇监测与技术评估体系，为碳交易、检验节能减排效果、评估碳汇能力等提供准确而全面的数据支撑。

(5) 林业资源合理开发利用物联网应用

林业是一项重要的公益事业，也是一项重要的基础产业。物联网技术在森林旅游、林下经济、花木培育、林产工业发展等方面都有广泛的用途。林业资源合理开发利用物联网应用主要包含以下3个方面：

①森林旅游安全监管与服务。应用对地观测、通信广播、导航定位等卫星系统和地面系统构成的空间基础设施以及航空护林飞机、无人机、飞艇等航空设备，构建森林旅游安全监管与服务的天网系统；应用地面旅游视频监控、旅游视频观景、林火视频监控、气象监测、红外感应、电子围栏、地表可燃物温湿度监测等感知设施，以及各种有线、无线通信设施，构建地网系统；发挥移动互联技术的优势，应用车载智能终端、手持智能终端、游客便携式智能终端等，构建人网系统；应用条码、RFID、地面无线定位等技术，构建林网系统；基于三维仿真、虚拟现实、云计算等技术，构建智慧旅游信息平台，大力发展人与物随时、随地、随需的交互型业务，提高旅游综合服务、旅游资源监管、旅游综合执法以及旅游应急响应能力。

②林下经济和花木培育。应用传感器、视频监控、移动互联和自动控制等技术，对接智能信息管理平台，加强对规模化花木培育基地温度、湿度、光照强度、土壤肥力等的实

时监测，结合自动喷灌、自动卷帘等操作，提高花木培育的信息化、机械化和自动化水平，以更好地满足市场需求。基于温度、湿度、光照、土壤肥力等传感器和视频监控、红外感应、电子围栏等设施，搭建林下传感网络，为发展林下特色种植业与养殖业提供科学技术支撑，并提高防火、防盗等安全监管能力。

③林业资源开发利用相关权证管理。应用二维码、RFID、移动互联、云计算等技术，构建全国统一的信息管理及共享交换平台，加强对花木种苗生产许可证、野生动物驯养繁殖许可证、野生动物经营利用许可证、野生动植物及其产品进出口许可证等林业资源经营开发利用环节相关权证的信息化、网络化、智能化管理，提高权证的防伪性能和对其快速识别的能力，方便政府部门和公民、法人、其他组织查询、共享各类信息，依法维护生产者、经营者和消费者的合法权益。

(6) 林产品质量安全监管物联网应用

应用物联网等新一代信息技术，建立林产品信息集中发布平台和预测预警系统，加强林产品质量检测、监测和监督管理。林产品质量安全监管物联网应用主要包含以下两个方面：

①林产品认证和溯源。采用条码、RFID、红外感应、激光扫描、定位跟踪、移动互联等技术，对经过绿色无公害认证、原产地认证、来源合法认证等的林产品进行标识，构建基于云计算、大数据等技术的信息管理和服务平台，实现林产品物流与信息流的有机统一，完善林产品认证、森林认证和林产品溯源体系，建立健全责任追溯制度，为发展林业电子商务、提高林业监管与服务效能、履行有关国际公约等提供有力支撑。

②林产品质量安全检测认证。对关乎群众生命健康、使用常规手段难以发现瑕疵的林产品，建立专用标识认证制度。采用条码、RFID、红外感应、激光扫描、定位跟踪、移动互联等技术，对质量检测合格的林产品粘贴专用标识，开发信息管理和查询平台，加强对流通和销售环节的管理以及消费指导，建立健全质量安全责任追究制度，依法保护生产者、经营者、消费者的合法权益。

(7) 科技创新体系建设

主要包括以下3个方面：

①林业物联网产业技术创新联盟建设。围绕林业物联网产业技术创新链，引导国内相关企业、高等院校、科研机构以及其他组织机构，按照市场经济规则，成立林业物联网产业技术创新联盟，形成以企业为主体、产学研用紧密结合、联合开发、优势互补、利益共享、风险共担的技术创新合作机制，不断提升林业物联网产业技术创新能力和新产品开发能力，有效推动林业物联网建设与应用。

②林业物联网技术研发中心建设。选择国内有较强研发实力和较好物联网技术基础的企业、科研机构或高等院校，支持其建立"林业物联网技术研发中心"，以林业重点领域的物联网应用示范为依托，着力突破制约林业物联网发展的关键核心技术，开发满足林业业务需求的技术产品，为林业物联网规模化、体系化发展提供有力支撑。

③林业物联网产品中试基地建设。在我国东北、华北、华南、西南等地区选择具有代表性气候和林业环境的区域，建立林业物联网产品中试基地，促使相关产品提高稳定性和可靠性，减少技术集成应用风险。在基地中建设实物、半实物仿真平台，依托地区气候、

林业环境等条件,通过仿真的方式来提供物理拓扑、大型设备、业务数据流量的模拟;通过组件接入技术来提供端到端的物联网测试环境,包括传感器/执行器、传感器网络、接入网关、核心网、应用网关、应用系统等部分。

(8)标准规范体系建设

结合物联网关键技术及设备研发和工程建设,研究制订林业物联网传感设备系列标准、林业物联网移动终端系列标准、林业物联网组网设备系列标准、林业物联网数据规范系列标准、林业物联网服务支撑系列标准、林业物联网信息安全系列标准、林业物联网工程建设系列标准等,形成以国家标准和行业标准为主体、地方标准和企业标准为补充的林业物联网标准规范体系。

(9)安全管理体系建设

针对林业物联网工程建设与应用中的安全性和可靠性要求,进一步加强安全管理体系建设。依托国家级第三方测试认证机构,建立林业物联网综合检测认证中心,开展对林业物联网产品及软件系统的质量、安全、可靠性、标准一致性等方面的检测认证工作。着力制修订一批林业物联网信息安全制度和运维管理制度,切实执行国家和行业现有的安全管理制度和标准规范,促进信息安全建设和工程建设同步规划、同步设计、同步施工、同步应用,促进林业物联网安全、健康、有序地发展。

5.2.7 林业物联网重点建设任务

(1)森林资源综合监测物联网应用工程

建设目标和建设内容如下:

①建设目标。通过应用示范,完善森林资源综合监测技术体系,改善监测的技术装备水平和安全保障能力,强化监测工作责任追溯,提高监测工作效率与质量,促进监测数据的深度挖掘和信息共享,为森林资源管理等生态林业和民生林业建设决策提供有力支撑。

②建设内容。按照森林分布特点,在东北、西南、西北等重点林区选择技术条件好的地区作为示范点,实现森林资源一类清查样地的新型定位和树木识别系统应用。研制林木专用标签,标签要适用于不同林业野外工作环境和树种,具备防盗取、防水、防虫、防脱落等功能,在北方地区使用的标签要耐低温,在南方地区使用的标签要耐湿热。研制适用于林区的林木专用标签读写手持设备,使其具备集成定位、信息传输等功能,便于对相应的标签进行识别和信息采集。为森林资源清查人员配备基于高精度定位、无线传输的多功能智能手持终端,在清查样地的样木上安装可自动识别的专用标识,提高监测样地和样木的复位率。采取统一建设、分布式部署和按权限使用的方式,由国家和各省林业主管部门牵头建设和完善林业基础地理信息共享平台、国产高分辨率卫星林业应用平台和森林资源监测数据仓库,森林资源监测数据录入、审查更新及挖掘等工作主要由相关监测单位负责。

(2)森林生态系统定位监测物联网应用工程

建设目标和建设内容如下:

①建设目标。通过应用示范来完善森林生态系统定位监测研究技术体系,克服森林生态系统的时空异质性和尺度复杂性等挑战,对森林生态关键指标进行大范围、长期、持

续、同步的数字化监测、网络化共享、规范化集成,进而引领带动全国森林、草原、湿地、荒漠生态系统定位研究站改进监测手段,提高监测水平,支撑生态林业和民生林业走科学发展之路。

②建设内容。基于国家林业和草原局陆地生态系统定位研究站网,按照森林、草原、湿地、荒漠四大生态系统类型及地理分布特征、多尺度生境监测的要求,建设智能化的森林小气候观测设施、森林水文及水化学监测设施、森林生物定位监测设施、土壤定位监测设施等基础设施,对各类气象因子、土壤理化因子、二氧化碳浓度、空气质量因子、植物矿物质成分以及地表径流流量、流速和水质等进行连续监测。建立数据采集网络和信息平台,实现对主要观测设施的远程监控、对监测信息的快捷传递与高效处理,支撑科研、管理等工作。

(3) 森林碳汇监测物联网应用工程

建设目标和建设内容如下:

①建设目标。通过应用示范来解决大范围布设测量、异步与同步共融、连续观测统计、人类难及区域、少人工或无人工等碳汇计量和监测中影响数据科学性、可靠性等方面的问题,完善全国林业碳汇计量监测技术体系,促进森林碳汇监测工作的持续稳步发展,为应对气候变化、履行国际公约提供技术支撑。

②建设内容。在全国林业碳汇计量监测地区(如国有林场、自然保护区等),利用各种智能传感终端和通信手段,构建多维碳排放与碳汇监测传感网络,融合林木蓄积量、生长量、生物量等碳储量监测数据。在水平和垂直空间对温度、湿度、风向、风速、光照强度、二氧化碳浓度等多种环境因子进行全面、实时监测。开展野外连续森林土壤碳储量监测。通过比对修正,将传感器网络观测数据与已有的地上生物量、地下生物量、枯落物、枯死木和土壤有机质5个碳库数据整合,开展森林碳汇监测与评估、造林碳汇评估等。开发森林碳汇监测信息管理共享服务平台,在国家林业和草原局和省级林业主管部门分布式部署,并向社会和科研教育机构共享成果。

(4) 国际重要湿地监测物联网应用工程

建设目标和建设内容如下:

①建设目标。通过应用示范来完善国际重要湿地监测技术体系,引领带动各地提高湿地生态系统监测水平,为湿地保护与恢复提供科学依据,为履行国际湿地公约提供科技支撑。

②建设内容。选择具有区域代表性的国际重要湿地,开展湿地监测物联网应用示范。建设气象观测、水文监测、水质监测、视频监控、空气质量监测等无线传感网络,实现水质、气象等湿地相关信息的自动获取,相应的数据通过网络发送到管理部门指定的接收平台,并对数据进行实时显示、异常预警、趋势分析等,并通过互联网和移动互联网等网络实现信息入库、发布共享以及数据多级管理。建立国际重要湿地监测信息管理系统,开展对于湿地状态指标(如水文、水质、土壤等)和影响湿地状态的指标(如渔业生产、旅游、交通运输等)的实时监测与信息处理。在国家林业和草原局、省级林业主管部门和示范区建立分布式的监测数据仓库和智能信息管理平台,加强对监测数据的挖掘利用,辅助国际重要湿地保护管理决策,为我国有效履行国际湿地公约提供有力支撑。

（5）森林火灾监测预警与应急防控物联网应用工程

建设目标和建设内容如下：

①建设目标。通过应用示范来完善森林火灾监测预警与应急防控技术体系，提高森林火灾综合防控能力和指挥调度能力，有效保护森林和野生动植物资源，维护人民群众的生命财产安全。

②建设内容。在东北、西南等重点林区开展应用示范。基于高分遥感数据、航拍数据和基础地理信息数据，建立基础地理及空间信息共享平台。在林区建设和完善大气环境监测系统、林火视频监控系统、地表可燃物温湿度监测系统、主要出入路口电子围栏及红外感应系统等，形成有效的传感监测网络。通过传感器和视频智能联动、数据网络传输、智能分析与处理，来实现重点林区全天候、不间断地进行林火监测、异常报警。利用全天候、省时、省力的微波视频监控技术来监测林火，替代传统的人工瞭望方式，并与广播系统有效对接，实现集成森林火灾动态监测与风险评估、森林火灾安全扑救、多手段航空消防的一体化防控系统。为防火车辆、执法车辆安装车载智能终端，为护林防火人员配备手持多功能智能终端，为专业扑火队员配备多功能野外单兵装备。利用北斗导航系统、卫星通信技术和移动 GIS 技术等，在野外扑火中准确定位队员所在位置，及时传回火场视频图像，对现场扑火进行科学指挥，提高扑火效率。研建智能信息平台并与国家林业和草原局联网，加强对感知数据的管理和挖掘，提高森林火灾监测、预警预报以及指挥调度、灾后评估等应急响应能力。

（6）林业有害生物监测预警与防控物联网应用工程

建设目标和建设内容如下：

①建设目标。通过物联网关键技术研究和集成应用示范，完善林业有害生物监测预警与防控技术体系建设，提高林业有害生物监测预警能力和应急综合防控能力，实现及时监测、准确预报、主动预警的目标，为林业生物灾害有效预防和科学防控提供支撑平台，达到保护造林绿化成果和人民财产安全的目的。

②建设内容。基于由国家级林业有害生物中心测报点和林业有害生物防治示范站构成的全国林业有害生物监测预警与防控体系，应用气象监测、遥感监测、黑光灯监测、信息素监测、视频监控、声音监测、智能传感器、模糊识别、移动互联等自动信息采集和智能传输技术，建设林业有害生物监测传感信息采集平台；利用航天遥感数据、航拍监测数据和基础地理信息数据，建立林业生物灾害基础地理及空间信息平台；通过集成专家远程诊断系统、森林病虫害预测预报系统、外来物种信息管理系统，来加强数据挖掘、共享和业务协同，进而形成林业有害生物监测、预警预报与防控的综合系统平台。在国家级林业有害生物中心测报点和林业有害生物防治示范站建立信息自动采集点，形成自动监测网络；为林业有害生物监测调查人员配备手持多功能数据采集终端，及时传输监测调查信息；为灾害应急防控队伍配备智能装备，利用定位导航、移动通信等技术，提供现场声像信息，为应急防控指挥提供科学依据。

（7）陆生野生动物疫源疫病监测预警物联网应用工程

建设目标和建设内容如下：

①建设目标。通过应用示范来突破野生动物卫星定位、生命体征传感等关键核心技

术，建立基于卫星追踪、传感器感知、GIS 应用和地面巡查相结合的陆生野生动物疫源疫病监测系统，改变目前落后被动的监测技术手段，加强对迁徙动物活动路线及生命体征的监测分析，有效提高对于疫源疫病的监测预警能力。

②建设内容。选择在我国东部候鸟迁徙路线上的主要栖息地和迁徙停歇地，开展物联网应用示范。在东北候鸟繁殖地，为迁徙雁鸭类和猛禽安装集北斗卫星定位、信息发送、生命体征传感等功能于一体的专用设备，监测猛禽、水禽的位置及其生命体征，为候鸟疫源疫病有效防控提供有力的技术支撑。建设完善猛禽、水禽疫源疫病监测信息系统。在国家级和省级监测管理单位部署猛禽、水禽迁徙监测信息平台，基于在监测站、监测点部署和安装的卫星追踪装置与系统，通过网络化数据分析、整理和发布，掌握迁徙猛禽、水禽的飞行、停歇等活动情况。在国家林业和草原局野生动物疫源疫病监测总站建设卫星信号接收系统，结合其陆生野生动物疫源疫病监测信息系统，加强数据管理、挖掘和信息共享，提高监测预警与应急防控能力。

(8) 珍稀濒危野生动物圈养监管及野化放归物联网应用工程

建设目标和建设内容如下：

①建设目标。通过大熊猫圈养种群监管、普氏野马和大熊猫野化放归物联网应用示范，提高圈养动物个体识别、种群管理及安全监控水平，完善野生动物野化放归技术体系，促进对珍稀濒危野生动物的易地保护和野外种群复壮。

②建设内容。选择卧龙中国保护大熊猫研究中心、成都大熊猫繁育研究基地等主要大熊猫繁育单位作为示范点，为圈养大熊猫安装具有个体识别、北斗定位和体征传感功能的电子标签，为养殖单位配备电子标签读写设备，完善养殖场所视频监控系统和网络系统，建设全国统一的综合信息管理平台，分布式地部署在国家林业和草原局、省级林业主管部门和各繁育单位，实现信息的互联互通和共享共用。选择有关自然保护区，开展普氏野马野化放归物联网应用示范，为荒漠有蹄类动物放归积累经验。为放归野马安装具有身份识别、体征传感、北斗定位、信息发送等功能的专用设备(如电子耳标)，在放归区域建设电子围栏系统、视频监控系统和自组织网络。在野马繁殖研究中心部署智能信息管理平台，实现对放归野马的个体识别、自动跟踪管理及与野外巡护监测人员的双向互动，结合生境分析、行为分析和模型分析，提高野化放归决策的科学性。在大熊猫分布区选择适合野化放归的自然保护区，开展大熊猫野化放归物联网应用示范，为林区大中型兽类野化放归积累经验。为野化放归的大熊猫安装具有身份识别、体征传感、北斗定位、信息发送等功能的专用设备(如电子项圈)，在放归区域建设电子围栏系统、视频监控系统和自组织网络，为野外巡护监测人员配备移动多功能智能手持终端。在保护区管理局和相关研究单位部署智能信息管理平台，实时采集并处理相关数据，实现对放归大熊猫的个体识别、自动跟踪管理及与野外巡护监测人员的双向互动，结合生境分析、行为分析和模型分析，提高野化放归决策的科学性。

(9) 林木种质资源保护与保存物联网应用工程

建设目标和建设内容如下：

①建设目标。通过林木种质资源设施保存物联网应用示范、异地保护物联网监管应用示范，完善林木种质资源原地、异地保护和设施保存技术体系，大幅提高保护保存能力，

为提升造林绿化成效、促进林业又好又快发展奠定坚实基础。

②建设内容。选择国家林草种质资源设施保存库来开展设施保存物联网应用示范，实现对国家林草种质资源设施保存库、种质生存条件的远程实时动态监测调控。利用温湿度传感器、氮气传感器、二维条码、电子标签、红外感应装置、视频监控系统以及自动控制系统等，构建设施保存库立体传感监控网络，对接智能信息管理平台，实现保存环境的远程监控、自动调控和人员及时应急响应。选择重点珍稀濒危树木园，开展林木种质资源异地保护物联网应用示范，建立对异地保存点生存条件的远程实时动态监测。在树木园装设视频监控系统、电子围栏系统、二维码（或电子标签）标识系统、无线自组网系统等，在树木园管理机构部署远程监控信息管理平台，实现对保存地环境的实时动态监测、监控，对重点树木实现定点保护，做到防火、防病虫害和防盗，加强对珍贵稀有母树林的保护，加快珍稀濒危树木异地保存种质资源库建设。

(10) 林木种苗设施培育物联网应用工程

建设目标和建设内容如下：

①建设目标。通过应用示范来进一步完善林木种苗组织培养、容器育苗及大田育苗的技术体系，提高企业信息化和自动化水平，降低企业经营管理成本，通过精准林业促进林木种苗设施培育产业的持续快速发展，为造林绿化事业提供有力支撑。

②建设内容。选择国家级林木种苗示范基地，开展以环境监测和智能调控为主要内容的物联网应用示范。在基地组培生产车间、容器育苗生产车间和大田育苗场所，通过智能感知芯片、移动嵌入式系统建设大气环境监测、光照监测、土壤温湿度监测、土壤肥力监测等系统，建设并完善视频监控、自动喷灌、自动报警等系统。集成智能控制算法、温湿环境预测模型、林木种苗生长发育模型及病虫害预测模型等，根据种苗生长发育规律对空气温湿度、土壤湿度、二氧化碳浓度等环境因素进行实时监测和调控，减少灌溉用水，降低病虫危害，减轻劳动强度，提高经济效益。开发林木种苗二维码标识系统，对接基地的统一信息管理平台，加强对种苗生产、调度、销售等环节的管理。

(11) 木材采存运销监管物联网应用工程

建设目标和建设内容如下：

①建设目标。通过应用示范来完善木材采存运销监管技术体系，减少企业木材损失，提高企业市场竞争力，打击非法采伐、运输、销售等行为，依法维护木材市场秩序，提高政府木材采运的精细化管理水平和宏观调控能力，促进森林资源保护和合理利用。

②建设内容。在重点国有林区开展以电子标签为基础的物联网应用示范。配备木材专用电子标签、手持智能标签安装设备、手持智能标签读写设备和车用电子标签，在贮木场建设电子标签整车群扫系统、地磅系统和视频监控系统。选择木材在运输途中必经的若干个木材检查站，建设电子标签整车群扫系统、地磅系统以及与全省联网的视频监控系统。选择若干家重点木材加工企业，为其配备手持智能标签读写设备。开发建设全国统一的集电子标签管理、电子货票管理、运输车辆管理和智能统计分析等多种功能于一体的木材采、存、运、销智能监管平台，并在国家林业和草原局、重点国有林区及相关省份林业主管部门分布式部署。木材检查站和木材加工企业利用有线宽带、移动互联等技术将相关数据及时反馈到监管平台。在南方省份选择林业大县，代表集体林区开展以二维码标签为基

础的物联网应用示范。为合法采伐的单根木材粘贴二维码专用标签，为运输车辆安装记录有所运木材信息和承载车辆信息的专用电子标签，为必经的若干个木材检查站配备车辆电子标签读写设备和建设全省联网的视频监控系统。在示范省份林业主管部门分布式部署全国统一的木材采存运销智能监管平台，并与国家林业和草原局联网。木材检查站和木材加工企业利用智能手机完成木材二维码专用标签扫描，利用电子标签读写设备读写车辆电子标签信息，并利用有线宽带、移动互联等技术实现数据及时联网入库。

(12) 林产品认证及质量监管物联网应用工程

建设目标和建设内容如下：

①建设目标。通过应用示范，完善林产品认证及质量监管技术体系，依法保护相关利益者的权益，促进林产品生产和销售，发展和壮大林业产业。

②建设内容。依托国家人造板与木竹制品质量监督检验机构，应用二维码、RFID、红外感应、激光扫描、卫星定位、移动互联等技术，开展红木家具、红木工艺品原产地认证，以及复合木地板、竹地板、木质家具及人造板甲醛达标检测认证。建立相应的数据库和应用系统，相关认证信息在中国林业网和质检机构子站上集中统计发布。物流企业可通过RFID等设备，加强对上述产品物流环节的跟踪和管理。经销商和消费者可利用专用读写设备或智能手机，查阅产品的产、供、销信息，依法维护自身合法权益。

(13) 森林旅游安全监管与服务物联网应用工程

建设目标和建设内容如下：

①建设目标。通过应用示范来改进森林旅游安全监管与综合服务的技术手段，构建完善的技术体系和解决方案，提高游客的旅游体验和安全保障水平，引领带动全国主要生态旅游景区改善管理、提升服务，实现旅游业可持续发展。

②建设内容。选择重点森林旅游景区，开展森林旅游安全监管与服务物联网应用示范。按照"四网一平台"（天网、地网、人网、林网、智慧森林平台）的总体架构，在景区开展各项信息基础设施建设和应用系统开发工作。基础设施建设的重点是提高生态环境信息、游客信息、交通路况信息等的实时采集与快捷传输能力；应用系统建设的重点是旅游管理系统、旅游服务系统、综合执法系统、指挥调度系统、生态监测系统、森林资源管理系统、森林防火系统等，为加强旅游管理、旅游服务、自然保护等提供技术支持。在国家林业和草原局和省级林业主管部门开发部署森林旅游监测与应急管理信息系统，将中国林业网和各省林业网作为主要的信息发布平台，提高对森林旅游的监测、协调、管理等能力。

(14) 林业综合执法物联网应用工程

建设目标和建设内容如下：

①建设目标。通过应用示范来改进林政和森林公安执法中的信息采集、信息传输、信息查询、监督检查等技术手段，促进执法信息共享和业务协同，提高林业执法办案效率和水平，有效维护林业资源安全和林区社会和谐稳定。

②建设内容。选择基础较好的省份作为示范区，充分发挥示范区的引导、带动和辐射作用，提高林业综合执法水平。基于云计算和移动互联等技术，研建林业综合执法平台，分布式部署在国家林业和草原局和省级林业主管部门。森林公安执法系统逐步形成森林公

安网上办案、网上监督、网上考核等信息化应用格局，基本实现"信息共享、统一指挥、快速反应、协同作战"的森林警务新机制。为林政执法人员和森林公安民警配备手持多功能数据采集终端，执法人员可依法进行超限额采伐林木、破坏林木、盗伐滥伐林木、乱征乱占林地、偷猎等行为的现场信息采集、远程核实查证等执法活动，从而节约执法成本，提高执法质量。

（15）林业物联网关键技术研发及产业化工程

建设目标和建设内容如下：

①建设目标。通过实施本工程，着力突破制约我国林业物联网发展的关键核心技术，提高原始创新、集成创新和引进、消化、吸收、再创新的能力，为林业物联网规模化、体系化发展提供有效的产业和技术支持。

②建设内容。研制适应野外恶劣环境的林木二维码标签、权证二维码标签、可读写RFID专用标签，解决高含水量、高密度介质中信息传输困难的问题。加强生物特征识别与身份认证技术的研发与应用，研制具有身份识别、北斗定位、体征传感、信息传输等功能的专用设备终端。研制适应野外恶劣环境的手持式、固定式智能读写终端。按照低成本、低功耗、微型化、高可靠性的要求，研制适应野外恶劣环境的温度、湿度、光照、空气质量、碳汇计量、水文、水质等的各类传感器，以及集成传感技术、RFID技术、定位技术并支持多种通信传输方式的智能手持终端、车载终端、游客便携式终端等。研制林火视频监控专用设备以及适用于林区环境的通信技术和传感器网络通信产品，突破野外风光互补供电、故障智能诊断等关键技术。研究开发林业物联网海量信息分析与处理、分布式文件系统、实时数据库、智能视频图像处理、大规模并行计算、数据挖掘、可视化数据展现、虚拟现实、智能决策控制、信息安全等关键技术。

5.3 林业物联网建设典型案例

5.3.1 中国信息林

（1）项目简介

2012年，国家林业局作为首批6个国家物联网应用示范部委之一，开展了长白山智慧森林防火、井冈山智慧景区管理等森林物联网建设应用。为进一步探索林业物联网应用和智慧林业建设，国家林业局于2013年在北京园博园建成中国首片"智慧森林"——中国信息林，如图5-4所示。利用物联网等新一代信息技术，为每棵树木安装一个芯片，配置一个身份证，为整片森林布设无线传感器网络，实现智慧监测、智慧管理、智慧决策。

（2）建设内容

主要包含以下几个方面：

①基础网络环境建设。由于园区范围较大，

图5-4 中国信息林

布设了两个数据交换节点,通过千兆光纤互联。同时布设了企业级的无线AP,将微型气象站和传感器的数据信号实时传输给主服务器。再通过互联网来将数据和监控图像信息传送给国家林业和草原局。

②传感器和微型气象站建设。整片森林通过无线传感器网络连接在一起,借助网络节点来实时收集林内温度、湿度、光照、气体浓度、树木生长及各种灾害指标情况,并传输到管理平台,信息管理系统将根据动态监测到的树木生长变化情况,分析树木生长需要的土壤水分、养分、pH值等适宜的环境信息。其中布设有1个微型气象站、2个土壤温湿度传感器和1个土壤pH值传感器。安装有11个摄像头,可以及时了解树木实时影像情况。

③电子标签建设。信息林中每棵树都有一个二维码标签,管理人员可通过该标签来记录和查看树木的养护情况,公众也可以通过扫描其获得树木的基本信息,给树木留言,参与"互动"。

④配套网站建设。作为国家林业和草原局示范项目,为进一步完善信息林的建设,使之真正成为现代信息技术在林业行业的展示平台,充分发挥它的引领示范作用,还配套建设了"中国信息林"网站,展示中国信息林建设成就,同时报道国内外林业信息化发展情况、相关法律法规等方面的资讯。

(3) 建设成果

主要体现在以下几个方面:

①林业物联网应用。将整片林地通过无线传感器网络连接在一起,利用网络节点实时地收集林内温度、湿度、光照、气体浓度、树木生长及各种灾害指标情况,并传输到管理平台。

②智慧森林培育。信息管理系统将根据动态监测到的树木生长变化情况,分析树木生长需要的土壤水分、养分、pH值等适宜的环境信息,采取相应管理措施,实现智慧化森林培育。

③智慧林业示范。为实现现代林业科学发展提供有益探索和借鉴。它不仅集中展示了我国林业物联网的应用,也将进一步加快推动营造林建设实现标准化、数字化和网络化,推动管理实现信息化和现代化。

5.3.2 智慧森林防火系统

(1) 项目简介

为切实提高森林资源监管的现代化水平,2011年,国家发展和改革委、财政部、国家林业局在吉林森工集团开展智慧化森林资源监管与服务试点建设。吉林森工集团组织专家团队、吸引顶尖人才、引进国内外尖端技术攻坚克难,成功构建了天网、地网、人网和林网一体化的感知体系,对接智慧森林平台,最终成功开发了"感知生态智慧森林"系统——"森林眼·森林生态环境(资源)监测平台",实现了集林火预防、监控、报警、指挥于一体的全方位智慧化联动操作。

(2) 建设内容

运用物联网技术、视频监控技术、网络传输技术、"3S"技术、智能图像识别技术等现代信息技术,通过安装在林区的大型户外摄像系统,来获得实时影像信息,利用智能识别软件自动分析处理，将林区的影像信息实时、清晰地传输到森林防火指挥中心。一旦发现烟、火等疑似警情，利用 GIS 对发生火情、火警的区域进行定位，并实时作出分析判断，自动触发报警并联动相关单位，确定扑救方案，将火情控制在萌芽状态。整个系统由通讯控制系统、火情鉴别系统、指挥控制系统和森林防火综合管理系统 4 个部分组成。

①通讯控制系统。负责对前端设备的控制与通信管理，以及上下级系统的协调，是系统的枢纽。主要完成设备管理、通信与服务管理、信息同步、上下级协同管理、视频调度管理以及指控终端管理等任务。可以调度多个智能监测站对同一火点的火情进行确认。

②火情鉴别系统。主要负责系统中有关火情处理方面的事务，负责控制各前端球台的巡航模式、报警策略、火警处理、火情定位、图像接收与解码、屏蔽区设置、火情搜索系统的阈值参数设置和 GIS 系统接口等任务的管理。

③指挥控制系统。是系统与用户的交互界面，用户通过此系统可进行设备选择，控制可见光摄像机、红外热像仪和球台转动。还可以设置巡航模式和火情报警模式，进行条带划分、设备管理、查看前端设备状态和显示天气信息等操作。当接收到火警信息时，根据系统的火警处理方式上报火警。

④森林防火综合管理系统。由 GIS 基础子系统与防火业务子系统组成。GIS 基础子系统包括文件管理、地图浏览、地图测量、地图编辑、地图查询、地图制图等功能；防火业务子系统功能包括火情管理、火情扑救分析、历史火情管理、重点监控目标管理、GPS 设备管理等与防火业务相关的功能。一旦发现火情，森林防火综合管理系统通过智能监测站回传的位置数据来实现火点定位；系统发布平台第一时间通知防火相关领导和人员，并向扑火队员提供前往火情点的最短路径、通往现场的道路情况以及赶赴火场所需时间等重要信息。

(3) 建设成果

主要体现在以下几个方面：

①实现智慧化森林管护。"森林眼"以智能传感、宽带无线、卫星定位、RFID 等技术为基础，通过红外热成像、可见光双识别引擎交叉确认工作模式和自适应运动速度补偿、电子稳像等尖端技术的森林眼算法，实现了 20 公里以内全区域巡航时间不超过 30 分钟，可对动物、车辆、树木、人员、烟、火进行精准识别，可对空气质量、森林气候进行有效探测。在林业专用高精度转台的配合下，定位误差小于 100 米。在森林防火预警应用中，实现了漏报率小于 1%，误报率小于 1%；在野生动物保护应用中，可对动物进行准确识别和跟踪监控；在森林病虫害防治应用中，通过对树叶形状和颜色的变化进行分析，识别昆虫种类，对病虫害进行报警；在林政管理应用中，给树木落上户口，对生长、采伐、运输、销售等环节进行森林认证管理，对人员、车辆等进行有效识别，提高防控水平；在森林气候监测应用中，可实时提供温度、湿度、风力、风向等气象指标，对火险等级、负氧离子含量、森林固碳量等数据进行分析，对森林气候进行有效监测。此外，平台还可支持远程维护、远程升级，具备智能识别、智能报警、智能定位等功能，实现远程智能化管理。

②实现产业化发展。研发了"森林眼"森林防火监测与预警系统，先后取得了 10 余项自主知识产权，开发出了多种型号产品，实现了产业化生产，年产千台以上。性能指标实

现了由标清到高清的多项提升，适用于林区面积大小不等的监控需求。除满足自身发展需求外，还远销 20 多个省份和国际市场，被选入中国对外合作项目，开始在老挝边境部署，用于中老边境地区森林防火视频监控。

③完成示范建设。松江河林业局在示范区建设了 8 座"森林眼"林火智能监测站，实现了 16 万公顷林区监测的全覆盖，使巡防工作方式从传统的"走着巡"变为"自动巡"，前方无须专人值守，后台一人监控即可实现在 30 分钟内将林区全部巡航一遍。实现了火情及时发现、及时处理，有效保障了森林资源安全和林区和谐稳定。

④研发了 RFID 木材追踪系统。研发出耐低温、耐潮湿、抗冲击的木材专用 RFID 和读写设备。目前专用 RFID 和读写设备产品已经基本定型，并开发出了相应的信息管理系统，实现了对木材采伐、运送、抽检、贮存、出库等流程的全流程监管。

⑤综合效益突出。与其他同类产品相比较，"森林眼"单位面积的投资低、覆盖面积大，投入效益高。国内同类产品每万公顷林地所需成本约为 155.95 万元，而"森林眼"仅为 90 万元。此外，"森林眼"能够使森林防火工作纳入科学化管理的轨道，对森林火险做到事前预警，防患于未然，并能及时有效地控制或消除火险隐患，极大地减少森林火灾的发生，同时也降低了森林火灾的扑救费用。可以减少 10%~30% 的森林火灾，减少 10% 的火灾损失和扑救费用，所产生的一系列直接、间接经济效益非常可观，经济效益和投入产出比非常显著。

5.3.3 智能林业滴灌系统

(1) 项目简介

智能林业滴灌系统是利用物联网、移动互联网等信息技术实现对林木数据实时采集，利用林木信息以及各种数据，为林木栽培管理提供决策支持，为林木创造最佳生长条件，实现最优化管理。2015 年 8 月，北京市大兴区林业工作站在大兴区六合庄林场已营造了银杏、刺槐、栾树等生态、用材兼用林地，建设智能滴灌示范区 200 亩。通过计算机、Pad 或手机可实现对每个轮灌区进行不同灌溉量和施肥量的自动控制或远程遥控。

(2) 关键技术

以物联网技术为核心，采用 LoRa 传输技术，研发出集数据自动采集、田间分散控制、超低功耗传输、超远距离通信、专家决策系统和专家远程指挥于一体的智能林业滴灌栽培体系。关键技术包括以下几个方面：

①智能采集技术。包括土壤湿度传感器、土壤温度传感器、土壤电导率传感器、气象环境实时监测等。

②智能传输系统。根据设定的采集频率自动采集数据，同时将采集的数据存储在设备的存储卡中，并通过 LoRa 通信技术来传输到网络及软件系统平台，或者通过互联网来传输到云平台，如图 5-5 所示。

③智能控制系统。智能控制系统由水泵、电磁阀、传感器、控制器、网关、智慧云系统等组成，拥有种植环境监测、种植过程监测、精准灌溉、数据分析、专家指导系统等功能，结合专家系统的指导或作物种植经验，设计栽培制度，在合适的时间对植物进行水肥供应。

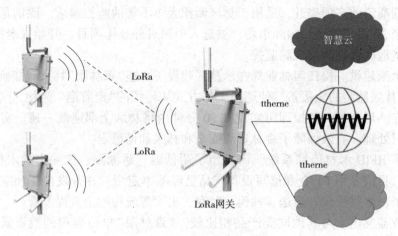

图 5-5　智能传输系统示意

(3) 建设成效

智能林业滴灌栽培系统将灌溉节水技术、作物栽培技术及节水灌溉工程的运行管理技术有机结合，同时集电子信息技术、远程测控网络技术、计算机控制技术及信息采集处理技术于一体。通过计算机通用化和模块化的设计程序，来构筑供水流量、水流压力、土壤水分、作物生长信息、气象资料的自动监测控制系统，进行水、土环境因子的模拟优化，实现灌溉节水、作物生理、土壤湿度等技术控制指标的逼近控制，从而将林业高效节水的理论研究提高到现实的应用技术水平。具体包括：

①节水。减少了深层渗漏、管道输水损失，提高了水资源利用率，单次灌溉可比常规灌溉节水 80% 以上。

②节电。灌溉效率提高，单次灌溉可比常规灌溉节电 60% 以上。

③节肥。按照作物在生长期内的需求节奏进行补给营养元素，实现水肥一体化灌溉，节省化肥 30% 以上。

④提高管理效率，减少劳动力成本。利用智能水肥一体化管理，大幅提高劳动生产率，降低劳动力成本 50% 以上。

⑤增加产量，改善品质。使用智能滴灌系统可实现精准灌溉和精细施肥，可提高产量 30% 以上，同时还能增加果实的可溶性固形物含量，从而改善果实品质。

⑥绿色环保。智能滴灌系统可实现精细施肥，大幅减少化肥的使用量，从而避免了常规施肥易发生的土壤和地下水污染的问题，还可防止地力衰退。

复习思考题

1. 物联网和互联网有什么区别？
2. 物联网突破了传统信息网络的哪些模式？
3. 林业物联网发展的建设需求有哪些方面，并简单概括每个方面所采用的关键技术。
4. 林业物联网的技术架构是什么？
5. 林业物联网有哪些重点发展领域？

推荐阅读书目

1. 李世东，2017. 中国林业物联网：思路设计与实践探索[M]. 北京：中国林业出版社.
2. 刘云飞，2021. 林业物联网技术及应用[M]. 北京：中国林业出版社.
3. 王雪峰，2011. 林业物联网技术导论[M]. 北京：中国林业出版社.
4. 张凯，2023. 物联网导论[M]. 北京：清华大学出版社.
5. Dian F J, 2022. Fundamentals of Internet of Things：For Students and Professionals[M]. Hoboken：Wiley-IEEE Press.
6. Rao G V K, 2022. Design of Internet of Things[M]. Boca Raton：CRC Press.

第 6 章

林业移动互联网

【本章提要】移动互联网兼顾移动通信网和互联网的特点，是建立在移动网络基础上的互联网。本章首先介绍移动互联网的起源、特征、关键技术、主要应用、发展现状与趋势，然后阐明林业移动互联网的发展思路，并着重介绍林业移动互联网的重点任务，最后提供了 3 个林业移动互联网典型案例。通过学习本章内容，能更深刻地理解林业移动互联网的构建和发展。

6.1 移动互联网概论

6.1.1 移动互联网的起源和特征

(1) 发展背景

20 世纪末，互联网产业蓬勃发展，与此同时，移动通信产业也获得了突飞猛进的进步。二者都是信息时代最具代表性的科技产业，在发展过程中相互促进、相互融合，逐渐孕育了一个新的富有生命力的产业，即移动互联网产业。其发展既传承了互联网技术的特点，又推动着传统产业的融合。在互联网领域中，IPv6 技术标准已经制定多年，但是发展较为缓慢，移动互联网的出现加速了 IPv6 技术标准的升级改造，为互联网产业带来了庞大的用户群体。根据 2023 年第 52 次《中国互联网络发展状况统计报告》，截至 2023 年 6 月，中国网民规模达 10.79 亿，较 2022 年年底增长了 1109 万人，互联网普及率为 76.4%。移动互联网的飞速发展是以移动互联网技术为支撑的，具体包括以下 4 个方面：

①移动终端设备技术改进。移动终端设备主要包括智能手机和平板电脑，截至 2023 年 6 月，中国手机网民规模达 10.76 亿人，网民使用手机上网的比例为 99.8%。移动终端设备的技术进步主要表现为更强的处理能力、更加友好的用户界面、更小的体积、更大的屏幕、更高的分辨率、更好的用户体验和更多的功能(如多点触摸、语音、多传感器、数据网络、地理位置定位等)方面。近年来，移动可穿戴设备开始走进人们的视线，虽然目前功能相对单一，但它体现了移动终端设备的发展与进步。

②云计算助推 HTML5 技术的推广和普及。面对移动互联网、大数据时代的到来，仅

依靠 Web App，移动终端的运算能力将显得力不从心，而云计算将给移动互联网发展带来可靠的技术支持，使不同档次的手机都能够享受到同样的运算能力。这使 HTML5 技术得到了更好地应用，各种浏览器都逐渐完成了对 HTML5 的支持。

③传统互联网服务商布局和推进 5G 业务。传统互联网服务商纷纷涉足移动互联网领域，使 5G 网络逐渐完善发展。截至 2023 年 6 月，中国 5G 基站总数达 293.7 万个，占移动基站总数的 26%，移动互联网累计流量达 $1423×10^8$ GB，同比增长 14.6%；国内市场的 App 数量达 260 万款，进一步覆盖网民日常学习、工作、生活的各个方面。流量共享、流量当月不清零、降低漫游资费等"提速降费"举措的落实，为我国 4G/5G 用户的进一步增加提供保障，截至 2023 年 6 月，中国 IPv6 活跃用户数达 7.67 亿。家庭、工作场所、城市公共无线网络部署进程加快，手机、平板电脑、智能电视等无线终端的使用率不断增长，推动了 WiFi 无线网络的发展。

④大量网站开发了针对手机使用的 WAP 网站。目前来看，大部分 WAP 网站投放了更多人力物力来提升网站的使用体验，部分 Web 网站还专门针对智能手机平台进行了优化以适配手机屏幕。此外，越来越多的互联网平台对外开放，如新浪微博平台、腾讯平台、应用商店等均开放对外业务。应用商店的高速发展不仅大大简化了网民下载安装手机应用的过程，更开创了一种新的商业模式，吸引了大量个人和团队开发者投入其中，形成多赢的、良性发展的业态循环。

(2) 基本特征

移动互联网是由移动通信技术和互联网技术互相融合而形成的，其根植于传统互联网，但又有不同的特征，具体包括：

①终端移动性。通过移动终端接入移动互联网的用户一般都处于移动之中。

②业务及时性。用户使用移动互联网能随时随地获取自身或其他终端的信息，及时获取所需的服务和数据。

③服务便利性。移动互联网服务操作简便，响应时间短。

④业务/终端/网络的强关联性。实现移动互联网服务需要同时具备移动终端、接入网络和运营商提供的业务 3 项基本条件。

⑤终端的集成性/融合性。移动终端将通信、计算机和消费电子等技术相融合，既是通信终端，也是功能越来越强的计算平台、媒体摄录和播放平台，甚至是便携式金融终端。随着集成电路和软件技术的进一步发展，移动终端还将集成越来越多的功能。

⑥移动终端个性化。移动终端的个性化越来越强，如定位、个性化门户、业务个性化定制、个性化内容和 Web2.0 技术等。

⑦用户庞大。移动互联网的优势决定了其用户数量的庞大，移动终端普及率持续增长。《2023 年移动互联网报告》显示，截至 2022 年年底，全球 54% 的人口（约 43 亿人）拥有智能手机，全球 57% 的人口（46 亿）积极使用移动互联网。

6.1.2 移动互联网关键技术

(1) 移动 IP 技术

移动 IP 技术从广义上讲，就是移动通信技术和 IP 技术的有机结合，即移动通信网和

Internet 的融合。二者不只是简单的叠加,而是一种深层融合。采用传统 IP 技术的主机在移动到另外一个网段或者子网时,由于不同的网段对应于不同的 IP 地址,用户不能使用原有 IP 地址进行通信,修改主机 IP 地址为所在子网的 IP 地址,而由于各种网络设置,用户一般不能继续访问原有网络的资源,其他用户也无法通过该用户原有的 IP 地址访问该用户。移动 IP 技术,则使移动用户在跨网络随意移动和漫游时,无须修改计算机原来的 IP 地址就可以继续访问原网络中的资源。简单地说,移动 IP 就是实现网络全方位的移动或者漫游。移动 IP 技术引用了处理蜂窝移动电话呼叫的原理,使移动节点采用固定不变的 IP 地址,一次登录即可实现在任意位置上保持与 IP 主机的单一链路层连接,使通信持续进行,移动 IP 网络结构如图 6-1 所示。

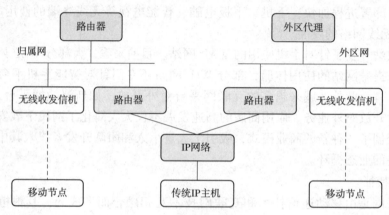

图 6-1　移动 IP 网络结构

(2) 无线通信技术

无线通信技术是移动互联网的基石。在过去,只能通过有线网络来进行通信和上网。随着无线通信技术的发展,现在可以随时随地使用手机、平板电脑等设备上网和交流。这得益于诸如 4G、5G 等高速移动通信技术,它们提供了更快、更稳定的网络连接,使民众能够获得更好的上网体验。

(3) 移动应用开发技术

移动应用程序(App)已经成为人们生活中必不可少的工具之一。无论是社交媒体、在线购物还是在线支付等,都需要通过 App 来实现。因此,开发高质量、易操作且安全稳定的移动应用程序至关重要。开发者们利用各种技术和编程语言,如 Java、Swift 等,来打造各种类型的 App,以满足用户需求。

(4) 移动安全技术

随着人们在移动互联网上进行各种敏感信息的传输和交流,保护个人隐私和数据安全变得尤为重要。因此,身份验证、数据加密、恶意软件检测等方面的安全技术应运而生,能够保护用户信息免受黑客攻击和数据泄露威胁。

(5) 云计算技术

随着移动设备性能的提升和存储容量的增加,能够轻松地存储大量个人文件、照片和视频等。然而,这些资源可能会占用设备本身的存储空间。为了解决这个问题,可以通过云计算技术,将数据存储在远程服务器上,并且通过互联网访问,可以在移动设备上轻松地获取所需内容，同时节约了存储空间。

（6）物联网技术

物联网是指通过网络连接和控制各种智能设备和传感器，实现设备之间的互联互通。在移动互联网时代，可以通过物联网技术，利用手机控制家中的智能家居设备、汽车等，使得不同设备之间能够相互沟通和协作。

上述关键技术提供了更便捷、更安全、更丰富多样的移动互联网体验。随着科技的进步和创新，这些关键技术也将不断发展和完善，带来更多惊喜和便利。

6.1.3 移动互联网主要应用类型

（1）原生应用（Native App）

原生应用是一种基于本地操作系统，并使用原生技术编写运行的第三方应用程序，也叫本地 App。操作系统不同，开发 App 的语言也不同，并且要使用各自的软件开发包、开发工具及各种控件。因为位于平台层上方，原生应用的向下访问和兼容的能力较好，可以支持在线或离线、消息推送、本地资源访问和拨号等功能。但是由于移动设备的碎片化，App 的开发成本比较高，维持多个版本的更新升级比较麻烦，用户的安装门槛也比较高。

（2）Web 应用（Web App）

Web 应用是指基于 Web 的系统和应用，其向最终用户发布一组复杂的内容和功能，是针对 iOS、Android、鸿蒙优化后的 Web 站点，其前端使用 HTML5、CSS3 和 JavaScript 等技术，后台服务器则多以 Java 和 PHP 技术为主。Web App 的最大特点就是一套代码可以应用于多个平台，不需要像原生应用那样 iOS 对应一套代码，而 Android 和鸿蒙对应另外一套代码。相比较而言，Web App 具有开发成本低、更新维护比较简单的优势。但其劣势也很明显——用户体验差、兼容性差、不支持离线模式等，此外，API 调用和大量数据访问传输时的表现不如原生应用，导致现在最主流的 App（如支付宝、微信等）还都是原生应用。

（3）混合应用（Hybrid App）

混合应用是指介于 Web App 和 Native App 之间的 App，它虽然看上去是一个 Native App，但只有一个 UI WebView，里面访问的是一个 Web App。Hybrid App 同时使用网页语言与程序语言开发，通过应用商店来区分移动操作系统，用户需要安装相应的移动应用，总体特性更接近 Native App，与 Web App 区别较大。因为同时使用网页语言编码，所以开发成本和难度比 Native App 要小很多。Hybrid App 兼具 Native App 的所有优势和 Web App 使用 HTML5 跨平台开发的低成本优势，所以，Hybrid App 正在被越来越多的公司和开发者认同。Web App、Hybrid App、Native App 三者的对比见表 6-1。

表 6-1 Web App、Hybrid App、Native App 对比

项目	Web App （网页应用）	Hybrid App （混合应用）	Native App （原生应用）
开发成本	低	中	高
维护更新	简单	简单	复杂

(续)

项目	Web App （网页应用）	Hybrid App （混合应用）	Native App （原生应用）
体验	差	中	优
Store 或 Market 认可	不认可	认可	认可
安装	不需要	需要	需要
跨平台	优	优	差

6.1.4 移动互联网发展现状与趋势

6.1.4.1 移动互联网发展现状

(1) 国际移动互联网发展现状

从全球范围来看，整个移动互联网产业一直保持高速发展，已成为各国网络运营商、内容提供商和终端企业等相关参与者关注的焦点。2015年1月全球接入互联网的移动设备总数已超过70亿台，到2030年全球预计将有一万亿台移动设备接入互联网。用户对网络社交、微博、视频、娱乐、资讯、办公等内容的服务市场的需求越来越强烈，推动着移动互联网的迅猛发展。同时，大量数据表明，移动通信和互联网已成为当今世界发展最快、市场潜力最大、前景最诱人的两大业务，随着5G时代的渐入佳境和智能手机终端的迅猛发展，移动通信与互联网的融合与变迁趋势将进一步深化，"移动互联网"这个概念彻底走进了人们的生活。2013年，《中国移动互联网蓝皮书》指出，移动互联网在短短几年时间里，已渗透到社会生活的方方面面，产生了巨大影响，移动互联网也逐渐步入"大数据"时代。随着通信网络设施的日益完善、智能手机制造水平的提高以及制造成本的下降，移动互联网仍然保持着强劲的发展活力和市场潜力，用户规模不断扩大，2022年全球移动互联网使用人数已超过46亿。

①移动智能终端软件发展情况。移动互联网凭借着其社交化、本地化和移动化的特性，已经渗透到人们生活、工作的每个角落，遍及吃、穿、住、行、玩各个方面。软件应用成为移动设备上大部分媒体消费活动的主要驱动力，人们在数字媒体上消耗的时间，每8分钟里约有7分钟受应用驱动。

②移动智能终端硬件发展情况。智能手机是最主要的移动终端设备。2023年智能手机出货量将达到11.3亿部，2024年还将增长4%，达11.7亿部，到2027年，将达12.5亿部，2023—2027年将实现2.6%年复合增长率。2020年全球智能终端行业市场规模达86.5亿美元，同比增长11.9%，2021年全球市场规模首次突破了100亿美元，达102.2亿美元，同比增长18.2%，预测到2025年全球智能终端市场规模有望超过130亿美元。

③移动网络平台发展情况。目前，在全球范围内，4G移动通信在很多地区都具有广泛的网络覆盖，5G移动通信网络正在快速部署。GSMA 2022年的统计数据显示，在所有的用户中，有60%的用户使用4G网络，12%的用户使用5G网络，这说明28%的用户还在使用2G与3G网络。因此，5G网络的发展潜力巨大，5G设备商与终端厂家还有很多机会，当

然竞争也会更加激烈。

④移动应用服务平台发展情况。基础软件和应用生态环境构成了移动智能终端的软件环境，移动终端的基础软件需要具备良好的体系架构、应用框架，并能够为开发者提供完善的应用开发环境；同时，终端应用的丰富性决定了手机基础软件的生存空间。全球移动App的下载数量和日均使用时长都在加速增长，2021年全球移动App下载量达2300亿次，较2020年增长5.5%。2021年全球移动App日均使用时长达到4.8小时，较2020年的4.2小时增长14.3%。

(2) 国内移动互联网发展现状

万物互联时代，各类移动互联网业务蓬勃兴起，移动互联网流量及数据进入高速增长期。2013—2020年，我国移动互联网接入流量由13×10^8GB增长至1656×10^8GB，年均复合增长率高达99.86%。截至2021年6月，中国移动互联网接入流量为1033×10^8GB，同比增长38.6%。随着移动智慧型客户端和5G业务的快速普及，移动互联网将进一步发展，将为人们观看视频、玩手游、购物等带来更加便利的体验。

①移动智能终端软件发展情况。截至2022年年底，我国各类App数量为258万款，同比增长2.4%。5G规模化应用提档加速，截至2022年年底，5G技术覆盖国民经济97个大类中的40个，应用案例超过5万个，并在工业、矿山、医疗、港口等先导行业实现规模推广。5G安防无人机、5G+AR/VR(增强显示/虚拟现实)沉浸式教学等应用场景不断涌现。

②移动智能终端硬件发展情况。2022年智能手机市场出货量约2.86亿台。前3季度可穿戴设备出货量为8670万台。2022年全年5G手机出货量2.14亿部，5G手机出货量占同期手机的78.8%，稳居市场主流地位。泛智能终端成为市场消费热点。2022年VR终端增长迅猛。前三季度，中国电商市场VR一体机销量达93万台，同比增长86%。

③移动网络平台发展情况。我国5G网络建设全球领先，2022年新建5G基站创新高，5G网络覆盖持续拓展，从乡镇拓展到了部分行政村。中国广电迎来5G商用，并取得阶段性成果。蜂窝物联网终端用户实现"物超人"，2022年，我国蜂窝物联网用户数量首次超过移动电话用户，开启万物互联的新篇章。IPv6网络"高速公路"全面建成，我国卫星直连手机、卫星通信与5G融合从探索阶段迈入初步商用阶段。

④移动应用服务平台发展情况。以手机应用商店的发展为例，手机应用商店简化了手机软件下载流程，促使越来越多手机网民通过应用商店进行软件下载，发展迅速。根据调查显示，下载过手机软件的用户中，有74.6%是通过手机应用商店进行下载的，手机应用商店已成为我国手机软件下载的主要途径。我国手机应用商店的用户市场形成3个阵营：第一阵营，用户市场份额大于30%，主要是百度、360和腾讯等传统互联网企业；第二阵营，用户份额为10%~30%，主要是手机自带应用商店及App Store等；第三阵营，用户份额小于10%，以传统运营商的手机应用商店为主。传统互联网巨头借助已有的用户优势及多渠道布局，占据了较大的市场份额，掌握了应用分发市场的话语权，使中小应用商店进入难度进一步加大。

6.1.4.2 移动互联网发展趋势

20世纪七八十年代，个人电脑和桌面软件掀起了信息产业的第一次浪潮，PC走进了人们的办公室。进入 90 年代后，互联网掀起了信息产业的第二次浪潮，极大地改变了人们的工作和生活方式。近 10 年，移动互联网的发展带来了移动数据流量的井喷，推动了移动网络的升级换代。人民网研究院发布的《中国移动互联网发展报告(2023)》全面总结了 2022 年中国移动互联网发展状况，分析了移动互联网年度发展特点，并对未来发展趋势进行了研判。

①蜂窝物联网用户数量超过移动电话用户，开启万物智联新时代。5G 将进一步落地，并赋能千行百业，工业互联网、车联网、医疗物联网等各领域链接物体终端，不断超越链接人的数量，推动智慧工厂、自动驾驶、远程医疗等落地发展。5G 泛终端将迎来爆发，移动物联网将成为推动经济社会数字化转型的新引擎。

②5G 发展进一步推动数实融合。5G 将在实体经济中更广范围、更深层次、更高质量地融合应用，利用 5G 专网进行行业应用拓展，具有极大潜力和空间。5G 发展也将推动"元宇宙"向着虚实结合、虚实共生的方向演进，更注重通过 3D 建模、智能感知、数字孪生等技术解决现实生产、生活与社会治理问题，虚拟现实产业总体规模将进一步扩大。

③网络安全与个人信息保护进一步强化。我国网络安全配套规定将逐步完备，个人信息、车联网、人工智能等重要领域数据安全标准将持续完善。移动量子保密通信技术突破了传统信息技术安全保密和信息容量的限制，在特定领域的应用将更加普及。

④Web3.0 与卫星通信应用有效拓展。预计我国 Web3.0 相关标准与法律法规将加快制定，各地也将进一步推动区块链等技术赋能实体经济。我国低轨卫星网络和"空天地"一体化的建设将加速，卫星通信在手机通信、民航等领域的应用将持续拓展。

⑤移动平台企业迎来新的战略发展期。随着 5G、"东数西算"等移动互联网基础设施建设进一步推进，更多具有强大技术能力、资源吸纳能力、行业运营能力的工业互联网平台、生成式人工智能平台或将涌现，为平台经济发展带来新动力和新红利。

6.2 林业移动互联网

6.2.1 林业移动互联网发展背景

(1) 时代背景

20 世纪 90 年代以来，信息技术不断创新，信息产业快速发展，信息网络广泛普及，信息化成为全球经济社会发展的显著特征，并逐步向全方位的社会变革演进。与水、电、气一样，信息已成为人类生活中必不可少的内容，且对未来人类的发展产生着巨大的影响。现代社会的发展和进步，一靠资源，二靠能源，三靠信息，谁抢占了信息制高点，谁就赢得了主动权。信息化程度的高低已成为衡量一个企业和组织综合实力的重要标志，成为带动企业和组织发展的重要途径，成为企业和组织长远发展的战略制高点。

(2) 行业背景

我国多数林区位于偏远地区，经济社会欠发达，迫切需要运用互联网思维，创新林业治理理念；迫切需要借助现代信息技术，提高林业治理效率；迫切需要依托信息高速公路，改变林区落后面貌；迫切需要通过多元信息服务，实现产业提质增效。深化林业改革,加强资源保护,提升质量效益,夯实基础保障,加快推进林业现代化,都必须依靠信息化技术的支撑和引领。实践证明,林业信息化对提升林业管理水平、优化林业资源配置、提高产业经营水平、促进生态文化传播和提高人员素质、推动科技进步等均具有关键作用。所以,为支撑林业改革和发展,必须加强林业信息化建设,全面提升林业现代化水平。

(3)专业背景

2009年以来,全国林业信息化快速发展。从横向看,中国林业网4000多个子站上线,每天有100多个国家的100多万人次访问浏览,访问量突破20亿人次,信息被主流媒体采用。从纵向看,林业信息化已不再局限于"数字化",而是迈入了智慧化的新阶段。筹建了国家和省级两级云计算平台,推进了智慧森林旅游等物联网示范工程建设,建成了国家卫星林业遥感数据应用平台,等级保护顺利推进,建立了微博、微信和移动客户端,林业信息化建设取得了多项突破性进展。

但是,林业信息化率的提升仍面临着较大挑战:信息共享和业务协同程度低,新技术应用支撑不足,感知体系不完善,数字鸿沟依然悬殊。因此,需要全面加快移动互联网等林业信息化建设,促进林业转型升级,实现林业智慧化发展。

6.2.2 林业移动互联网发展指导思想

围绕林业改革发展的主要任务,以促进林业发展方式转变、提升林业质量效益为宗旨,以林业核心业务的移动互联网应用为重点,以林业现代化为目标,加快推进林业移动互联网建设与应用,为建设生态文明和美丽中国做出积极贡献。

6.2.3 林业移动互联网发展基本原则

在遵循"统一规划、统一标准、统一制式、统一平台、统一管理"的"五个统一"基础上,坚持服务大局、融合创新、开放共享、安全可控的基本原则。

(1)坚持服务大局

充分发挥移动互联网优势,缩小林业各业务发展数字鸿沟,激发林业产业经济活力,改变林业人工作、生活、学习、娱乐的模式,推动林业生产方式和发展模式变革,创新网络化、移动化林业公共服务模式,高效、智慧地为林业人提供便捷、安全、可靠的移动互联网信息服务。

(2)坚持融合创新

鼓励树立移动互联网思维,强化目标导向、问题导向、效果导向,发挥管理主体、运营主体、使用主体作用,全方位推进理念、机制、手段等创新,推动移动互联网向林业各业务领域渗透,促进林业公共服务模式改革和政务运行机制创新,优化业务流程,顺应技术发展趋势,探索林业运行管理新模式。

(3)坚持开放共享

营造开放包容的发展环境,充分发挥林业物联网等先进的技术优势,将移动互联网作为林业资源共享的重要平台,统筹部署林业业务系统,支持跨部门、跨区域的业务协同和林业信息资源共享,最大限度地优化资源配置,加快形成以开放、共享为特征的林业移动互联运行新模式。

(4) 坚持安全可控

增强安全意识，加强林业移动互联网信息安全基础设施建设，强化安全管理和防护保密措施，保障网络安全，全面排查、科学评估、有效防范和化解林业移动互联网的风险隐患，切实保障网络数据、技术、应用等的安全。

6.2.4 林业移动互联网发展目标

到2030年，以深化信息化与林业现代化高度融合，全面提高林业的生态、经济、社会服务功能为主线，通过大力加强信息基础设施建设和信息技术应用，建设具有中国特色的林业移动互联网，让广大林区实现任何时间、任何地点、任何人和任何物都能顺畅地通信，人们在林区可以高效地工作、学习和生活，使林业移动互联网应用成为智慧林业建设的倍增器和支撑林业改革发展的重要力量，使林业信息基础设施建设得到加强，现代化的信息采集和管控技术得到广泛应用，林业部门的管理和公共服务能力得到较大改善，形成健全的林业移动互联网管理和运行机制，全面支撑林业移动政务办公和移动互联网公共服务职能；推动林业资源监管、营(造)林、花木种苗培育等的智能化水平显著提升；使林业灾害监测预警与防控水平显著提高，林业生态监测与评估能力大幅提升；使林产品生产、流通、销售等环节的管理工作得到明显强化，林产品质量安全监管水平得到大幅提高；形成科学、先进的全国林业移动互联网安全体系和标准规范体系。

6.2.5 林业移动互联网重点建设任务

6.2.5.1 移动政务

移动政务(mobile government)，又称移动电子政务，主要是指移动技术在政府工作中的应用，通过诸如手机、Pad、无线网络、蓝牙、RFID等技术为公众提供服务。在公共管理领域，移动政务的重要应用之一是为市民以及现场办公的公共服务人员提供随时随地的信息支持。最重要的是通过移动及无线技术对现场信息交互的支持，减少不必要的物力和人力消耗，建设"资源节约型社会"。移动技术的发展，已经引起公共服务部门的重视。响应公共服务一线人员及公众本身的信息及服务需求，利用手机、Pad及其他手持移动设备，通过无线接入基础设施为政府工作人员和社会公众提供信息和服务，越来越成为政府关注的焦点。

(1) 移动办公

政府作为国家管理部门，开展网上移动办公，有助于实现政府管理的现代化。我国政府部门的职能正从管理型向服务型转变，承担着大量的公众事务的管理和服务职能，更应及时上网，以适应未来信息网络化社会对政府的需求，提高工作效率和政务透明度，建立政府与人民群众直接沟通的渠道，为社会提供更广泛、更便捷的信息与服务，实现政府办公电子化、自动化、网络化。通过互联网这种快捷、廉价的通信手段，政府可以让公众迅速了解政府机构的组成、职能和办事章程，以及各项政策法规，增加办事执法的透明度，并自觉接受公众的监督。同时，政府也可以在网上与公众进行信息交流，听取公众的意见与心声，搭建政府与公众之间相互交流的桥梁，为公众与政府部门打交道提供便利，并从网上行使对政府的民主监督权利。移动办公主要包括掌上办公、掌上服务两种形式。

①掌上办公。掌上办公从政府办公的实际需求出发,在满足行政事业单位行政办公、移动办公的基础上,具备强大的扩展与整合能力,能够为决策分析提供及时有效的信息支持,提升行政服务的效率效能,协助政府打造"阳光政务"。移动行政应用将业务应用系统数据与协同办公有效地联系起来,有效整合内部系统的业务信息,解决信息孤岛,为领导决策分析提供有力的数据支持。通过统一平台、集中审批的运用,提高信息共享度。应用的主要目的是打破信息壁垒,加速政府内部信息的流转和处理,提高政府行政效率。移动办公通过采集和积累各类信息资源,通过日程事件管理、信息共享管理、协作管理等手段,使单位内部的信息交流快捷畅通,为领导督办、辅助决策提供最大限度的支持,提高个人和团队工作效率,创造更大价值。将办公应用延伸至移动终端,打破时空界限,无论领导身处何地,都能即时、有效地办公,随时随地处理公文、审批业务、查询报表等。通过手机录音、拍照、语音录入等功能的运用,使办公变得更轻松、更方便、更敏捷。同时,增强对事务、事件的计划性及跟踪、控制能力,有效解决目标管理中失控和管理者事务繁多造成的顾此失彼现象,为领导督办控制、辅助决策和提高工作效率提供有力的工具。

②掌上服务。掌上服务除了给公众提供方便、快捷、高质量的服务外,更重要的是可以开辟公众参政、议政的渠道,畅通公众的利益表达机制,建立政府与公众的良性互动,包括政务微信平台和移动政务微博。

a. 政务微信平台。目前各行各业涌现了一批具有代表性的政务公众号,如"平安肇庆""广州公安""广东省博物馆""重庆环保""平安北京""吉林气象""厦门智能交通指挥中心""南京发布""海口民政""武汉交警""罗湖法院"等。广州市白云区应急办于2012年8月30日开通了微信公众平台"广州应急——白云",第二天就派上了用场,8月31日,据广东省地震台网测定,河源市源城区、东源县交界(北纬23.75°、东经114.64)于当天13时52分发生里氏4.2级地震。14时33分,"广州应急——白云"就通过微信平台发布了这条消息,造就了广州首个政务微信成功运营的案例。罗湖法院于2013年4月底开通官方微信平台,自运营以来已有4000多名当事人和网友通过微信获取了有关立案、调解、审判、执行等信息。在智能移动设备普及的时代,人们只要动动手指就能和政府机关实现零距离的交流,改善政府部门在民众心目中的形象,拉近了政民距离。《2016政务微信发展报告》显示共产党员网、上海发布、中国政府网占据2016年政务微信传播影响力排行榜前三名;而在级别分布上,地市级账号表现抢眼,其中浙江省上榜政务微信账号数量最多;各类别政务微信账号特色鲜明,公安、宣传、团委类政务微信账号活跃度较高。从总体上看,政务微信在政务公开、资讯推送和公共服务方面正逐步架构起"以部门职能为特色,以便民服务为主导"的智慧平台与"掌上政府",日趋成为发布政府信息的新媒体、提供公共服务的新平台和实现政民互动的新渠道。但是政务微信在发展中也存在诸多问题,如区域发展不平衡,东北及西北地区政务微信建设明显落后于全国其他地区;一些政务微信定位模糊,影响用户体验;多数政务微信公众平台搭建不完善,功能板块开发不足;政务微信机制化、专业化程度较低,服务机制不健全,影响服务体验;一些政务微信与民众互动程度较低等。

b. 移动政务微博。政务微博作为当代政务公开的主要形式,方便人们更好更深入地了解权力运行的过程,拉近政府和民众之间的距离,在政府工作、社会监督以及深化民主程度上都发挥了积极的作用。我国的政务微博最早出现于 2009 年,湖南省桃源县政府开通了"桃源网",云南省委宣传部的官方微博"微博云南"紧随其后,后来以"平安肇庆""平安北京"为代表的全国各地的公安微博,以及各级党政领导的微博犹如雨后春笋般开通起来。2011 年被称为政务微博元年,而政务微博真正蓬勃发展起来是在 2011 年,2012 年政务微博进入了民生应用之年,成为民意汇聚交流的平台。中央部门对政务微博的重视一方面促进了地方政府在此方面的积极行动,另一方面对促进政府信息公开化起到了重要作用。在应对突发事件、热点舆情时,政务微博能及时发布权威信息,迅速澄清事实,遏制谣言传播,有效安抚民众情绪。

政务微博正在加速发展,无论是机构微博还是官员个人微博,在数量上都得到极大地增长。截至 2022 年底,机构微博中,河南、广东等省份发展较快,微博数量处于全国领先位置;而公务人员微博中,辽宁、浙江、湖南等省份发展步伐较快。除了以往政务微博发展较好的沿海地区,中部地区紧随着发展。通过政务微博了解民情、进行问政已得到各地区的广泛认可。但边疆地区尚需突围的基本格局没有改变,地区差异过大的问题仍需解决。截至 2022 年 12 月,经过新浪平台认证的政务机构微博为 14.5 万个,我国 31 个省份均已开通政务微博服务。其中河南省各级政府共开通政务机构微博 10017 个,居全国首位;其次为广东省,共开通政务机构微博 9853 个。如今,政务微博宣传手法丰富多样,感染力日益增强。政务微博在发布形式上,不仅包括纯文本,还能灵活运用图片、视频等多种传播手段提升宣传效果。一些优秀账号玩转了动画、短视频、互动游戏、移动直播、VR 等技法,提升了政务账号的感染力。原先似乎专属演艺明星的 MV,也越来越多地被政务微博所采用。随着直播行业成为一个庞大市场,政务微博也加入网络直播行列,给直播平台带来了正能量。目前使用网络直播比较好的政务微博账号主要来自交警、检察、外宣、环保、旅游等领域。

近年来,宁夏、云南等地通过实践创新,形成了由各级、各职能部门政务微博组成的政务微博矩阵管理模式,矩阵效应日益凸显。所谓矩阵,不仅仅是联合发布信息或账号互推,而且是各有关政府部门打破体制内的部门壁垒,联动解决实际问题,优化行政流程,提高行政效率,节约行政成本。微博作为一种分享和交流平台,更注重时效性,能表达出每时每刻的最新动态,现在微博上的权威发布已经成为普通民众第一时间了解新闻的首要选择。林业政务微博平台以林业为主题对相关政策、会议、活动、简讯内容进行发布,林业局微博主要发布爱林、护林、森林防火等相关即时事件,对全国林情信息进行转载发布,对林业话题进行跟踪传播。同时还可以开展微话题讨论、有奖征集等活动,与相关单位微博互动交流,对重点会议、活动内容进行跟踪。目前,我国林业政务微博的发展速度在逐渐加快,绝大多数省级林业主管部门均开通了林业政务微博。随着媒体的不断融合,各级林业主管部门充分意识到应借助微媒体更好地实现政府职能,提高服务效率,加强林业部门公信力和凝聚力,从而推动林业治理能力和治理体系逐步实现现代化。

(2)移动会议

目前的多媒体会议在空间感与真实感、群组感知程度、交互方式与交互深度等方面均有所欠缺。缺乏真实的会场气氛，难以形成"面对面"的感觉；无法在同一时刻获得工作群组内所有成员的信息，无法充分表达感知信息；所有与会站点看到的仅仅是相同的与会者画面，无法实现与真实环境一致的与会者交互行为。为了解决多媒体会议系统存在的不足与局限，适应更高的应用需求，同时伴随着虚拟现实技术的发展，提出了虚拟空间会议这一概念，实现一种能够支持不同领域的人协作解决复杂问题的协作环境。移动会议包括智能会议和移动访谈交流。

①智能会议。打破了传统的由各部门领导组织会议，通过助理电话或者邮件的方式通知相关人员在某个地方、某个时间开会的方式。智能会议只需组织会议的人员输入开会主题并点击开会模式，系统会自动匹配需要来参加会议的人员，以供组织者选择，当确定参会人员后，会自动给这些人员发送消息。参会人员会收到会议内容和时间的通知后，将需要确认的开会信息反馈给组织者，并且会在会议前再次通知参会人员以免错过会议。虚拟空间会议应用的提出旨在打破传统的需要所有参会人员统一在一个固定的地方开会的方式，这种传统的会议方式需要参会人员通过各种交通工具聚集到一个地方，既浪费了参会人员的旅途时间，也增加了参会人员的旅途劳累，同时又不能保证所有参会人员都能够有统一的时间来参加会议。在虚拟空间会议下，没有统一的会议室，所有人员可以在任何有网络的地方通过智能终端参与会议。虚拟空间会议是多媒体会议系统与虚拟现实技术相结合的产物。通过虚拟现实技术对各个与会终端处的局部会场利用进行空间上的扩展，将分布在不同地点的局部会场合成为一个所有与会终端都能够感知与交互的虚拟会议空间，所有与会者仿佛在同一个会议室中召开会议，与会者之间能够以自然的方式进行信息交流，开展群组间的协同工作。

②移动访谈交流。现代社会工作的快节奏和国际分工，使人们能坐在一起面对面开会越来越难，而现代网络技术的飞速发展，却为实现网络会议带来更多便利。虚拟空间会议可以使与会者足不出户即可"亲临"会议现场；白天可以"亲晤"全球各地的同事和雇员，晚上可与家人共享天伦之乐；可以同时出席多个点到点会议和多点会议，免除差旅之苦，做到分身有术。正是因为有了这样便利的开会方式，使普通群众参与政府会议讨论成为现实，公众在任何地方打开会议链接，即可实时参与会议，表达自己的观点和建议。通过此应用还可以实现与政府领导的一对一的实时互动交流，这既解决了政府部门领导听取群众意见在时间和地点上不方便的问题，也消除了公众参与政府事务投之无门的困境，促进了政府事务的公开透明化，更加贴近与人民群众的距离。在科技与社会飞速发展的今天，人们在日常生活和工作中接触的信息量越来越大，交流和沟通越来越频繁。问题反馈、建言献策、政令下达等都是人与人之间的交流，达到这一目的的常用手段是会议、邮件、电话。随着时代的飞速发展，公众遇到的问题越来越多，政府工作人员也越来越忙，不可能面对面会见所有反映问题的公众，尽管有些部门在门户网站上有留言栏，以便公众提出自己的问题，但这种做法实际作用有限，并不能解决太多的问题。智能移动应用，打破了政府工作人员定时定点的工作制模式，公众遇到问题，可以随时随地通过该应用与政府工作人员进行虚拟可视化沟通，这种模式颠覆了传统的沟通方式，使工作时间不局限、工作方式多样化，政府人员可以随时随地跟公众协商解决问题，提高了工作效率，既方便了政府，也使公众问题及时解决。

(3) 移动党务

互联网技术的飞速发展，不仅对我国经济社会产生了深远的影响，也给新时期的党建工作带来了新的机遇和挑战，将传统的基层党建工作和互联网理念相结合，把移动互联网技术应用于党务工作。移动应用将是集党建动态、组织管理、学习教育、互动交流、党费交纳等功能为一体的应用，提供了一种全新的基层党组织管理理念和方式。移动互联网等新技术应用到党建工作中，既是时代发展的客观要求和趋势，又是党务工作与时俱进的重要体现和实际需要。移动应用将进一步提高基层党建工作的主动性和有效性，充分调动和发挥党员的先锋模范作用，更好地服务于部门工作。通过消息推送机制，实现资讯实时推送，让党员第一时间了解党情、民情，克服传统资讯传递滞后、到达率不高等弱点，提高了资讯的阅读率。优化考核标准，将当前党建工作的热点以及政府日常的党建工作及时上传到该应用上，实现党建工作的实时在线评估，形成完善的党员队伍评价考核机制。打造移动的党建课堂，党员可通过该应用随时了解政府党建工作动态，学习当前政治热点。未来的组织生活将是多渠道覆盖，并结合O2O(Online to Offline)的理念，实现组织生活线上线下同时开展，让广大党员用户能够通过多种方式来参与组织生活，真正实现组织生活"无处不在"。一方面，管理员或党务工作者可以通过移动应用发起"三会一课"、党支部活动、民主生活会等，同时可以进行会议记录、活动记录、总结上报等活动；另一方面，党员用户可以通过移动应用进行报名、学习、请假、发表心得体会、二维码签到等活动。移动应用还可以提供党员、群众、党代表、党组织之间交流互动的场所，打破以往党内活动相对封闭和自循环的状态，让党员和党组织可以随时征集意见、参与组织生活、学习交流讨论等，并可以通过该应用向群众和社会提供志愿服务，发挥党员先锋作用。移动应用实现了党建工作向移动智能终端的延伸，以"贵州网院"为例，用户可以随时随地参与组织生活、处理党务工作、交流互动、参与民主评议、学习考试等，如图6-2所示。移动党务通过多维度、多通道动态采集各种信息，并通过数据分析手段及时跟踪和了解基层党建工作情况，从而为党建管理和组织决策提供切实有效的数据依据，不断提升党建管理效率和科学化水平。

图 6-2 贵州网院小程序

6.2.5.2 移动信息服务

中国林业移动信息服务主要包括移动资源监管系统、移动营造林管理系统、移动灾害监控与应急系统、移动林改综合监管系统、移动林农信息服务系统等五个系统的构建。移动资源监管系统对各类林业资源数据进行管理，可以提高资源管理水平，提高劳动生产率；移动营造林管理系统对营造林进行综合管理、查询、统计、分析，为科学造林提供保障；移动灾害监控与应急系统实时获取前端多点位的音视频信息，实现中心端对灾害现场的全局掌控，根据实际需求统一指挥，更迅速、更高效地利用已有的资源，降低灾害造成的人员伤亡及财产损失；移动林改综合监管系统为林农提供林权的各种相关信息，并完成相关业务的一体化管理；移动林农信息服务系统采用多种服务方式，为林农在林业生产活动中的产前、产中、产后提供各类信息服务。

(1) 移动资源监管系统

面向林业工作人员的移动林业资源监管系统，利用卫星遥感、导航定位、视频监控、电子标签、条码、电子围栏、红外感应等技术，以统一的林业资源空间分布信息为基础，充分利用多维地理信息系统、智慧地图等技术，结合互联网大数据分析，优化监测站点布局，扩大动态监控范围，构建资源环境承载能力立体监控系统。依托互联网、云计算平台，逐步实现各级政府资源环境动态监测信息的互联共享，实现对森林资源、草原资源、荒漠化土地资源、湿地资源和野生动植物资源等的移动式管理，以便更高效、更方便、更直观地采集、整理、利用这些资源数据，实现对林业资源信息随时随地"全方位""全动态"的监测，提供从宏观到微观多级林业资源分布信息。通过移动互联网，工作人员可以使用移动端设备，如手机、Pad、无线接收终端等，及时准确掌握林业资源的历史、现状和动态信息，并将这些信息以图表、图像、文字的形式展现在移动设备上，使工作人员可以随时随地获取林业资源信息，并进行实时监管，创新监管模式，提高监管效能。移动资源监管系统由森林资源监管子系统、草原资源监管子系统、湿地资源监管子系统、沙化资源监管子系统、野生动植物资源监管子系统和林业资源综合服务系统等六大子系统组成。具有数据管理、资源动态监测、图形图像、空间分析及模型计算和辅助决策等功能。移动资源监管系统模块如图6-3所示。

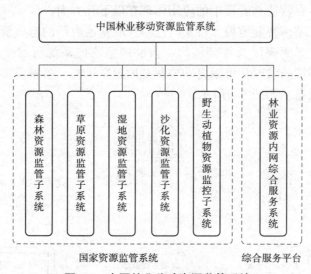

图6-3 中国林业移动资源监管系统

移动互联网技术在森林资源监管中的应用体现在以下几方面：

①林业资源实时分布地图。提供从宏观到微观多级林业资源分布地图，且可以在二维和三维之间转换，工作人员可随时随地通过手机、Pad等移动终端访问该系统，通过界面的缩放，既可以看到全国的林业资源分布，也可以具体到某一片林区、某一棵树，且手指点击处会显示相关文字介绍。工作人员在现场作业时，其定位信息可清晰地显示在地图上，包括经度、纬度、海拔等信息，方便外业调查。同时，无论工作人员在什么位置、什

么时间都可以获得林业资源的实时分布情况的信息。

②多源异构数据管理。通过虚拟化存储技术实现多源异构数据资源的统一管理,可以实现与目前主流网络地图(如百度地图、高德地图、天地图等)的数据服务集成,实现多源数据的整合。

③林业资源动态监管。护林工作人员可通过专用的移动设备实现森林资源数据实时更新,即时提供连续、动态的森林资源监测数据,实现及时出数、年度出数,及时掌握森林资源的动态变化。

④古树名木实时跟踪。利用GPS定位和RFID技术,建立古树名木的动态跟踪系统。每棵树都配有电子标签,身份信息自动更新上传至管理平台,一旦发生盗伐、滥挖、倒卖等行为,电子标签就会触发警报系统,管理平台通过GPS定位,帮助工作人员及时开展保护工作。

(2)移动营造林管理系统

利用该系统,林业工作人员使用移动装置设备,对种质种苗资源的保护、保存、培育以及造林、抚育等工作进行管理。在营造林管理业务中应用移动互联网和物联网技术,有利于林木良种的选、引、育、保、推,提高营造林质量和效益。移动营造林管理系统由营造林计划管理、营造林调查设计管理、营造林审批管理、营造林进度管理、营造林验收管理、森林防火管理六大子系统组成。具有林地变化情况监测、森林结构调整、森林经营、基地培育、封山育林、采伐、抚育间伐、造林规划等多种功能。

移动互联网技术在营造林管理中的应用体现在以下几方面:

①林木种苗培育基地智能监控。可实时远程获取基地内部的空气温湿度、土壤水分温度、二氧化碳浓度、光照强度及视频图像,借助传感监控系统所回传的数据再加模型分析,自动调整耕种环境的状况,可以自动控制基地湿帘风机、喷淋滴灌、内外遮阳、顶窗侧窗、加温补光等设备,如图6-4所示。

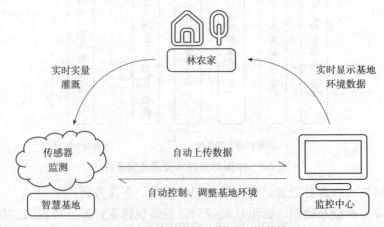

图6-4 林木种苗培育基地智能监控

②造林地智能监测。可实现移动终端上造林地的分布地图显示。在造林地通过放置大气环境、土壤环境、水环境等相关传感器,实时智能监测、分析造林地环境与林分生长状态,将结果上传至系统后,在移动终端的地图上实时显示相关信息,实现对适地适树、测

土配方、抚育管理等工作的决策支持，并为林场、林农、林企等提供相关服务。

③大数据应用。通过物联网及智能监控系统采集的各类资料，可利用云端大数据分析得出不同阶段林下作物的生长规律和关键因子，将其反馈至下一轮的生产流程，以期更加精准地掌握有助于林下作物生产优化的环境因子和因应方式，持续优化成长条件，提升产能和质量。其中，所收集到的信息可绘制为实时数据曲线，用以观察某个时间段内作物的整体生长状况，也可归纳为历史数据曲线，以显示耕种环境的年、月、日变化。另外，大数据分析还可用在其他方向。例如，通过对土地、气候的分析，了解各林地区域受天灾影响的程度，进而促使相关部门制定出适当的林业保险费率，避免不必要的保险补助支出。此外，还可以实时监控各地病虫害状况、比对历史数据及进出口数据等。

（3）移动灾害监控与应急系统

利用智能监测设备和移动互联网，完善灾害的在线监测，增加监测灾害种类，扩大监测范围，形成全天候、多层次的智能多源感知体系，实现对灾害的全天时监控、信息随时随地访问、信息主动推送等多种功能。为各种灾害的监测预警提供了一种新的模式，提高信息传递效率，提高灾害监控的效率和水平。建立信息数据共享机制，统一数据交换标准，推进区域灾害预警、空气环境质量、水环境质量等信息公开，通过互联网实现面向公众的在线查询和定制推送。加强对各级资源数据的采集整理，将其纳入全国统一的信息共享交换平台。完善灾害预警和风险监测信息网络，提升森林火灾、有害生物、野生动植物疫情等重点风险防范水平和应急处理能力。物联网、移动互联等技术在林业灾害监测、预警预报和应急防控中的集成应用，是一项现实而急迫的任务。移动灾害监控与应急系统由灾害监控子系统、应急资源管理子系统、应急资源调度子系统、灾害信息发布子系统、信息管理子系统五大子系统组成，具有监测预警、灾害预防、灾害救援等功能。

移动互联网技术在灾害监控与应急中的应用体现在以下几方面：

①森林病虫害监控。利用红外感应器、GPS系统、360°监视器等信息传感设备与监控中心联网，对在某一区域内的病虫害发生情况和活动范围进行动态跟踪和监控，自动监测空气温度、湿度等环境因子，自动预测可能发生的病虫害，及时发布监测动态，制定预防和防治措施，并通过短信或微信等方式及时向林农和相关人员提醒，防止病虫害大面积发生，避免给森林造成巨大损失。森林病虫害监控系统是运行在国家病虫害监控中心网络系统以及由广域网连接起来的各省级、县级植保站所组成的网络平台基础上的应用软件系统。系统包括全国、省级和县级3个不同层次的森林病虫害防治站的应用，其应用涉及：病虫测报、病虫监控、公共服务等内容，实现了基于公网的病虫调查数据信息的电子化采集、统计、分析、发布与授权共享，满足了针对公众的综合信息服务等应用需求。该系统能实现用户界面和功能的定制，使系统界面更加符合各级林业工作单位的特点和用户的使用习惯；采用工作流技术，根据业务流程，在系统内部形成一个业务功能上相互衔接的整体；采用数据大集中方式，能够保证数据的一致性和完整性，降低数据维护难度和成本；统一的用户管理和权限管理，提高了数据存储和应用的安全性；采用数据转换引擎技术，方便实现系统内的数据交流，同时还向外部其他系统提供了数据接口；先进的系统体系结构和完善的编码体系，保证了系统的可靠性和实用性，并为以后系统的扩展打下坚实的基础。

②林火智能识别及智能告警。林火识别支持两种方式：基于图像识别的烟火探测及基于

红外热成像的林火探测。实时分析监控画面及热源探测数据，保证及时发现和识别火情，并将告警信息发送至监控中心。可以人为调整阈值等识别参数，以适应不同环境，保证告警准确度。发现火情后联动报警录像，前端云台自动调整摄像机角度，将监控画面聚焦于火情发生位置，提醒值班人员查看显示画面，及早发现火情及火点位置。同时，监控中心进行实时声光告警、手机端告警，告警信息实时发送至所有相关人员手机。还可通过前端的传感器实时自动监测温度、湿度、干燥度、蒸发量、风向、风力等气候因子，当出现林木生长反常或温度、湿度达到火灾的临界值时，系统自动提醒。安装清晰度高的摄像头，定期对周围环境进行扫描。树干粘贴地点、树种等信息的电子标签，并与监控中心联网，实现森林火灾自动监测、自动分析、自动制定策略。林火智能识别及智能告警应用结构如图6-5所示。

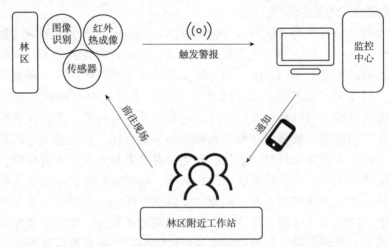

图6-5　林火智能识别与智能告警应用结构

③日常智能巡检。管护人员发现紧急突发事件时，第一时间通过所配带的终端，主动向控制平台发起紧急呼叫，控制平台值守人员通过电子地图平台进行定位，同时呼入附近工作人员进行救援。指挥中心也可以对外出执勤的巡逻车进行实时定位与视频跟踪，实时监控巡逻车地理位置附近的社会环境，调出巡逻车附近的高清视频摄像机画面，一旦发生紧急情况，可通过专配的无线集群对讲机进行布控，并对巡逻车下达指示命令。

④灾情实时预览导播。指挥控制中心可以一目了然地纵览各手持设备、车载设备、移动监控点的实时图像，能够快速导播控制各方视频画面，如图6-6所示。在指挥中心大屏上显示紧急事件现场视频，显示高清远程监控摄像机、移动式单兵终端采集的视频；查询巡逻人员地理位置信息，查看巡逻人员实时视频，进行可视化管理；集成语音通信功能，可以对前方巡逻警力进行通信调度，实现可视化调度，进行视频勤务管理；指挥室领导可以根据案发现场实时视频，做出决策判断，下达指令。

⑤实时移动视频指挥。在处理突发紧急事件时，现场巡查人员每人配备无线集群对讲机、移

图6-6　灾情实时预览导播应用结构图

动单兵、无线指挥箱,实时采集现场音、视频、图片资料,保持与各级中心音视频通讯,在车辆可通行区域部署巡护车,搭载车载终端,实现快速机动巡护,同时与各级指挥中心和现场人员保持实时音视频通信。

⑥视频远程会商系统。突发事件所在管辖区域可以通过视频会商系统,及时与上级指挥中心保持沟通,分析讨论紧急事件,接收上级领导对紧急事态做出的及时指导,也可与各地区林业工作人员之间及时沟通,进行应急预案的分析和交流,迅速提高应对各种紧急事件处理的工作效率。

(4)移动林改监管系统

主要实现移动终端林权证的办理、林权变更、林地流转、资产评估、林权抵押、基础数据库等相关业务,方便林农随时随地获取林权基础信息、森林资源资产评估信息和林权抵押信息,随时发布林权交易信息。移动林改监管系统由林权基础信息管理子系统、森林资源资产评估与抵押子系统、查询子系统、林权交易信息发布四大子系统组成,具有林权交易、在线服务等功能。

移动互联网技术在林改监管中的应用体现在以下两个方面:

①电子林权证。林农通过移动设备进入该平台,录入自家林地相关信息(清册录入、申请表录入、山场基本信息录入、责任承包合同),并提交系统,系统通过深度学习、智能计算对申请表在线审批,通过后颁发电子林权证,大幅度提高农户办理林权证的效率。

②掌上林权交易。该平台用于农户发布和接收林业资源流转信息,用户可以通过扫描电子林权证、手动输入林权证号或身份证号进入该平台,发出资源流转申请。系统通过智能计算进行资产评估,然后等待买家消息。买家可通过虚拟现实技术查看卖家林地情况,然后进行线上交易。

(5)移动林农信息服务系统

移动林农信息服务系统是面向林农、决策一体化的信息服务体系,能够满足林农对信息服务多元化的要求,方便快速传播各类林农服务信息,拓展服务手段,提升服务能力。移动林农信息服务系统由林业科学技术信息系统、市场保险信息子系统、教育培训信息子系统、生活娱乐信息子系统、政策法规子系统五大子系统组成。具有提供林业科学技术信息、市场信息、保险信息、政策法规信息、教育培训信息、生活娱乐信息等功能。

移动互联网技术在林业信息服务中的应用体现在以下几方面:

①智能测土配方系统。每户林农配备一套专门的移动装备,上面会实时显示自家林地温度、湿度、露点、光照等环境信息,这些信息是由林地里的各种无线传感器通过4G或5G等远程无线网络技术将数据传回系统的。

②专家移动视频指挥系统。林农进入系统,输入林权证号或者身份证号,即可与来自全国各地的林业专家进行实时林地现场视频通讯,让专家在实时了解林地情况下进行相关技术指导,林农也可以在实践中学习,提高作业效率。

③基于VR的林农教育培训系统。技术专家与林农可以在VR所模拟出的林地环境之中实施教学互动。林农戴上VR虚拟设备,身穿电脑控制的背戴系统,结合软件程序的模拟,不仅可以看到虚拟的林地,而且可以模拟各种林种培育过程中的各个技术动作。专家则可以通过屏幕,站在旁观者的角度观看林农的林种培育完成情况,判断其正确或错误,

及时给出指导。

④结合移动通信技术建立网络服务平台。可以利用网络资源搭建集林业技术信息、林业商务信息为一体的林业综合性网站。并以该网站为基础建立一个综合性的网络服务平台。提供的信息内容包括林业政策、林业科技、林产品市场、天气、交通、新闻、致富信息、法律服务等多方面的信息，以满足林农生产经营和日常生活需求。

6.2.5.3 移动商务

移动商务是利用手机、Pad 及掌上电脑等无线终端和穿戴式设备，进行的 B2B、B2C 或 C2C 的电子商务。它将因特网、移动通信技术、短距离通信技术及其他信息处理技术有机结合，使人们可以在任何时间、任何地点进行各种商贸活动，实现随时随地、线上线下的购物与交易、在线电子支付以及各种交易活动、商务活动、金融活动和相关的综合服务等。林业移动商务的基本模式是：客户在终端接收林业信息资讯和林产品最新消息，通过移动终端下单预购林产品，供应商接收到订单消息，并在移动端查看，系统自动拣货、审核、派单。交易过程中买卖双方在移动终端实时监控交易过程，确保交易正常进行。

(1) 商业模式

移动互联网作为新兴的商业力量，其商业模式是多种多样的，而且越来越显示出交叉互补的特性。面对移动互联网的汹涌之势，传统林产品销售方式已不再适应现阶段我国林业企业的发展要求，广大林业企业在固守传统消费渠道的同时，也在积极开展移动互联网商务模式的探索，移动商务主要有 4 种模式：

①O2O 模式。是指将线下的商务机会与移动互联网结合，线上线下联动交易。传统林产品销售渠道建立过程中，管理成本、人工成本、物流以及原材料价格的不断攀升，造成了林产品价格居高不下，从厂商到经销商再到消费者，经历诸多环节后，产品价格自然远超其成本，价格不具竞争力。O2O 模式将线下林产品资源整合到线上，可以减少交易环节，降低产品价格，实现线上和线下联动。

②内容类商业模式。是指用户使用信息、音频、游戏、视频等内容，向其提供商支付一定数额的费用，比如手机流媒体、UGC 类以及付费信息类应用等。移动林业商务通过发布林业资讯、产品折扣、课程学习、林业行业趋势等一系列有价值的行业信息，形成价值型内容架构，可以通过某些功能策略，让用户先免费下载使用，然后在应用过程中提供付费增值产品和服务。

③服务类商业模式。是指提供给用户的基本信息和内容均免费，但用户要为相关的增值服务付费的盈利方式。该商业模式包括前向收费模式、"终端+服务"一体化模式、服务与渠道收费模式，如图 6-7 所示。前向收费模式：通过向用户收费（收入主要来源于前向用户，如会员费、增值业务服务、虚拟物品购买），如林业移动应用服务和手机网游的增值服务。"终端+服务"一体化模式：不仅在智能终端产品的制造和销售上获取利益，而且还要在移动终端的互联网体验上获取收益。服务与渠道收费模式：社交化电子商务，为售卖方林业商家提供收费服务，为林业电子商务网站提供社交应用功能，社交平台为消费者提供商品交易服务。

④广告类商业模式。是指用户免费获得各类的信息和服务，通过广告收费来实现盈利，如图 6-8 所示。广告类商业模式通常采用后向广告模式，免费向用户提供应用下载和

使用服务，例如，林业门户网站和移动搜索，通过广告平台将林产品广告内容嵌入终端应用。基于用户规模化的林业移动商业模式，推出服务与林业广告相互融合的形式——广告服务，用户为了提高服务质量而经常点击广告，大大提高了广告的投放效果，获得后向收费，激活林业产业经济的发展。

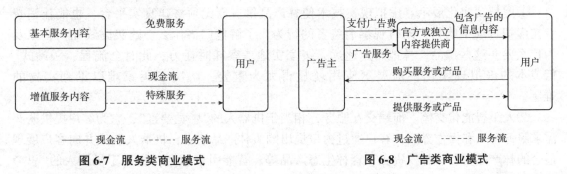

图 6-7 服务类商业模式　　　　　图 6-8 广告类商业模式

(2) 林业移动商务的定位

近年来，林产品的精深加工和衍生品产业蓬勃发展，已成为林区广大职工再就业和致富的主要途径。随着我国综合国力稳步提升，经济持续高速增长，国内对林产品的需求不断增长。但是林产品产地多集中在偏远地区，大量的林产品由于销路不畅而长期积压。产生这种状况主要有两方面的原因：一是由于缺乏信息共享，林产品供求信息渠道不畅，导致林产品需求商与林产品供给商之间无法建立连接和沟通；二是由于偏远地区缺乏深加工和精细加工的技术，产品档次较低，导致销售困难。基于以上分析，林业移动商务应以林产品为主要产品，以林业线下实体资源为依托，在融入移动商务理念和移动商务技术过程中充分整合线下资源，确立林业线下资源和移动端资源一体化发展的总体方向。

(3) 林业移动商务应用的结构

根据定位，林业移动商务应用可以划分为3部分：上游供应端移动应用、下游客户端移动应用以及林业企业内部管理移动应用。

①上游供应端移动应用。上游供应端移动应用主要应用在林业移动供应管理方面，范围包括合同管理、物流管理、库存管理、供应商信息管理。移动商务技术在上游供应链管理中的应用有利于同供应商构建稳定的利益共同体，在整个供应链范围内实现共同利益最大化、成本最小化，并在流程管理的各个环节实现工作模式的简化，提高供应链的整体效率和效益。

②下游客户端移动应用。下游客户端是林业企业直接面对消费者的环节，包括移动交易、移动营销及协同销售等方面。林业企业通过对移动商务技术的应用，拓宽营销和销售渠道，提升客户的产品和服务体验，增加支付的便利性。移动商务的应用一方面能够使林业企业在盈利渠道上得到一定的扩展，增加盈利点；另一方面，对于提升客户满意度、塑造中国林业品牌形象也具有良好的促进作用。

③林业企业内部管理移动应用。企业内部管理移动应用主要将移动商务技术应用于林业企业日常管理和日常工作中，以移动商务的理念优化林业企业内部工作流程，满足林业

人员随时随地工作的需求。林业企业内部管理移动应用的最终目的在于缩减企业管理中不必要的环节，提高工作效率，降低工作成本，提升核心竞争力。

（4）林业移动商务交易

林业移动商务交易的环节主要体现在下面的几个方面：

①虚拟现实化展示。虚拟现实技术使林产品供应商无须搭建真实平台，也能让消费者在虚拟环境中购物，同时观察消费者的行为，了解他们买什么、购买路线如何，以及为什么要买这些产品。林地路途遥远，买家实地考察耗时耗力，此时全流程、一站式、低成本的虚拟现实化售前展示应用就显得尤为重要，解决了买家难以见到实物的难题。

②人工智能化交流。前端交互服务，相当于机器人的"感觉要素"，它为客户提供购买需求服务窗口和操作界面，客户通过窗口提出购买林产品请求，机器人响应并向客户展现适合的林产品资源、林权资源、森林生态产品等。智能引擎服务，相当于机器人的"思考要素"，针对客户提出的服务请求，机器人进行语言或语义分析、处理，基于林业行业的相关数据，建立科学、系统、翔实的林产品数据库体系，发起索引请求。后台管理服务，相当于机器人的"运动要素"，客户提出服务请求，机器人经过思考分析后，从后台快速索引列出对应的服务内容。

③售中移动交易。总体解决方案是从供求、订立合同到产品送达销售的全程物流跟踪服务体系，加强供应链管理，提高订货精度，缩短订货周期，降低库存，建立完善的在线工作流转体系，及时收集并解决客户对林业产品、林业服务提出的异议、意见和建议。同时，将企业采购的各个环节纳入系统中，保证采购过程中各个环节之间的信息畅通，提高工作效率。通过信息共享，合理利用和分配林权流转、林产品交易、涉林金融等信息资源，为企业带来最大效益，如图6-9所示。

④售后智能物流。原材料的运输、库存管理、供应商信息管理是物流配送及管理过程中的重要环节。近年来，随着物联网技术的不断发展进步，对企业物流管理的流程优化、工作量缩减、安全保障以及资源节约等多个方面起到了促进作用。

（5）林业移动商务服务

林业移动商务服务要遵循"前向收费模式"与"服务与渠道收费模式"相结合的原则，即让消费者客户先免费试用后购买，同时为商家提供收费服务，实现多向资金来源。当前移动互联网的盈利途径比较单一，而且盈利情况也不容乐观，单一的盈利途径对企业的进一步发展以及抵抗

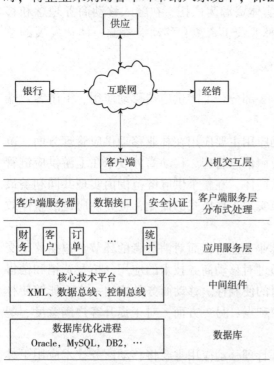

图6-9 林产品移动交易平台总体解决方案架构

风险能力都有阻碍和削弱。要形成主要来源附带多资金来源，完善林产品市场机制，大力发展林产品交易，保证企业的稳定发展。基本服务包括商业资讯类服务和产品搜索类服务，增值服务包括娱乐型商务服务和会员型商务服务，应用拓展型服务包括林业行业信息分析系统和林业商务智能推送系统。

(6) 林业移动商务营销

移动互联网营销较传统营销方式呈现六大特征：

①泛在化。移动商务突破了空间限制，只要在移动网络覆盖的地方，人们就能摆脱实体网点和有线终端的束缚，随时随地享受各类服务。

②即时化。通过随身携带的移动终端，客户能够在7天24小时的任何碎片化时间享受到即时的金融服务。

③普惠化。随着智能手机等移动终端的价格被普遍接受，移动商务的服务门槛随之降低，服务对象覆盖面越来越广。

④平台化。为了提供便利，移动林业商务平台倾向于打造"一站式"交易方式，将交易服务与电子商务、日常生活需求相互融合，提供多种功能的全方位综合服务平台。

⑤个性化。移动林业商务平台以移动智能终端为业务载体，可获得终端持有者的身份、物理位置、使用偏好等个人信息。

⑥社交化。移动智能终端不仅是移动林业商务的载体，也是移动社交的重要工具。移动商务营销包括社交化营销、精准化营销、体验式营销和新思维营销等方式。

6.2.5.4 移动社区

林业移动社区主要服务于使用移动互联网的社区居民，在林业移动社区中通过资源整合，实现社区内部资源的高效流通，满足移动端用户对信息实时掌握和对个人价值的更高认同的需求。林业移动社区在设计阶段，将充分利用移动互联网打造跨越地域差异的林业移动社区平台，缩小因地域和时间限制对林业社区内部沟通带来的诸多不利影响，同时破解城乡差异和边远地区存在的"数字鸿沟"问题。林业移动社区依托于遍布全国的移动通信网络，结合我国林业资源分布不平衡的问题，在国家林业和草原局建立林业移动社区的全国中心，在东北和西南等地区建立若干个分中心。林业移动社区按照"平台上移、服务下延、公益服务、市场运营"的基本思路，在"三网融合"和"智慧林业"信息服务快速通道的基础上，通过构建林业专业特色服务，实现林业资源整合、统一接入、实时互动、协同合作，促进林业信息化服务的可持续发展，完善整个林业移动互联网战略的服务体系。林业移动社区以移动通信环境为网络基础，通过在智能移动终端设备上安装App应用或直接访问微网站开展林业移动社区活动，具体流程如图6-10所示。其中的服务器为置于国家林业和草原局的林业移动社区服务集群或放置于地区分中心的服务器。

围绕着移动互联网社区服务的设计，需要将政府、企业、用户以及社群资源进行整合，形成林业移动社区服务模型(mobile community service model，MCSM)，其结构如图6-11所示。

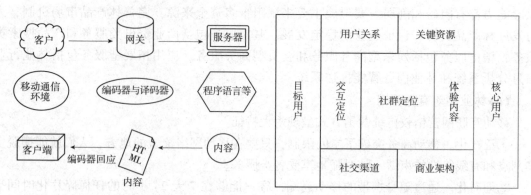

图 6-10　林业移动社区开展流程　　　图 6-11　林业移动社区服务模型 MCSM 结构

(1) 林业移动社区智能餐饮

基于移动互联网的林业社区饮食应用系统提供了基于食品数据仓库下的用户信息管理、食材管理、食物管理、食物推荐、配送等服务，完全按照"用户需求是最重要的"的理念进行设计。林业人通过移动应用下单，门店在收到订单后，店内各个商品品类部门就会直接把货架上标准化、独立包装的商品装进保温袋，再挂至运输系统自动交至配送人员，最后由配送人员将商品送至林业人手中，从而满足林业人的即时消费需求。

(2) 林业移动社区智能住宿

目前，共享经济正以前所未有的速度影响着各个行业以及社会大众，林区居民也不例外。据预测，到 2030 年，共享经济规模将占中国 GDP 的 10%以上，拥有巨大的市场。随着共享经济模式的出现和移动互联网技术的不断发展，短租作为一种新兴的商业模式应运而生。为方便林区人民，基于林区的条件特殊性，以及林业工作者工作性质的特殊性，在移动互联网的发展下，建立林业人、林区人的共享住宿模式。

由于历史和地理的因素，林区具有一定的复杂性和特殊性。对于满足居住条件的林区，随着国家政策的不断推进，大多居民都从山林搬到了山脚下。2009 年，国家发展和改革委员会、住房和城乡建设部在政策和资金等各方面给予了重点安排，把国有林区棚户区改造作为一项重要内容来抓。近几年各个国有林区棚户区实现了大规模的改造，各国有林区管理的林场内的员工居住条件实现了从住棚户区到"放心楼"的转变。甚至有些地方已经形成了旅游区，应用移动互联网技术，形成了对这些林区的房屋共享应用。对于林业工作人员，每到春秋森林防火期间，各防火办、瞭望台、检查站、护林员都要 24 小时在岗值守，各森林消防队伍也要 24 小时值班备勤，对森林、林木和林地火灾进行预防和扑救。在这期间，他们的居住条件是极其恶劣的，为改变这种情况，可以应用移动互联网技术，设计针对工作人员的房屋共享应用。

(3) 林业移动社区智能交通

社会经济在不断增长的同时，带动了人们生活质量的提高。出行是人们生活的必需，但是由于机动车数量的迅速增加，人们不得不面对巨大的出行压力，林区同样也面对这样的问题。

飞速发展的智能交通正在使用最新的信息技术来提升信息的获取效率，拓展信息的获取手段,使交通信息各参与方的信息共享更加丰富和透明。目前,以智能终端为载体的移动互联网已经迎来了爆发式增长,这为智能交通提供了新的应用手段和发展机遇。移动互联网背景下,林业人能够通过各种移动端,如微信、百度地图、高德地图等,实时获取交通情况信息,发送交通需求给智能交通中心控制系统。例如,林业人能够通过手机等移动智能终端,获取当前最新的路况信息和交通工具的运营信息,并且能够将自己的目的地和计划乘车路线、时间等信息等发送给交通运输企业和交通设施管理者,智能交通中心控制系统通过综合计算,将优化的交通出行安排发给林业人,使其出行更为便捷。

(4)林业移动社区智能服务

使用移动技术和智能化系统,为林业从业者和相关社区提供高效、便捷的服务,推动林业管理、信息共享和社区互动的创新。包括林业信息查询与分享、移动监测与巡查、社区互动与合作、智能决策支持等。林业信息查询与分享,提供移动应用程序,使从业者能够随时随地查询和分享关于森林资源、植物种类、气象数据等方面的信息;移动监测与巡查,利用林业移动信息采集系统,支持林业巡查、防火监测等工作,提高对森林健康和潜在风险的监控能力;社区互动与合作,构建林业从业者和相关社区之间的在线社交平台,促进信息交流、经验分享和合作;智能决策支持,利用人工智能和大数据技术,为林业管理者提供智能决策支持系统,优化林业管理决策。

6.2.5.5 移动文化

经过几代林业人的辛勤劳动和传承,已经形成了永葆绿色、关爱生命的林业文化精神内涵。林业文化除大量反映森林风物、林业生产的文字、绘画等艺术作品外,还包括各类树木、竹、花卉、森林旅游、林业博物馆等。随着移动网络覆盖的普及,移动终端技术的飞速发展,以及林业信息化发展的迫切需求,基于移动互联网的新型林业文化传播战略具有重要的现实意义。

(1)林业文化传播

文化是在广大人民群众长期生产劳动和生活实践中共同创造、积累和传承的,既包含丰富多彩的有形文化遗产,也包括色彩斑斓的无形文化遗产,是不可再生的资源,是世代相传的财富,是发展先进文化的民族根本和重要的精神资源。社会在发展,时代在进步,林业文化工作面临的形势更加复杂,任务更加艰巨,做好新时期林业文化工作是非常重要且必要的。对于培育和弘扬民族精神,增强民族凝聚力和向心力,激发人们对于中国林业事业的热情有着重要意义。林业文化的传播可以通过 H5 页面、微视频、VR 技术、趣味动漫等方式展开。

①基于 H5 页面的林业文化。当下 H5 页面几乎成为移动端的信息呈现方式,不管是商业活动还是品牌推广,大多都会选择制作 H5 页面,特别是微信,几乎每天都能发现 H5 页面的踪影。在林业文化方面,相关机构可以在 H5 页面中添加大量的林业文化展示资源,让人们可以很方便地了解林业文化方方面面的知识。还可以定期通过 H5 页面的形式给人们推送林业相关的文化资讯,用户浏览后可以在评论区发表各自见解,相互交换意见,营造良好的林业文化氛围。

②基于微视频的林业文化。微视频的内容涉及面广泛,视频形式多样,通常涵盖微电影、纪录片、DV 短片和视频剪辑短片等。微视频的"短、快、精、随时随地、随意性"正好

迎合时代的需求，现代社会生活的高频率和快节奏，使人们不再有大把的时间来仔细地获取知识，微视频在时间上的简短和意义上的精炼，使这种文化形式越来越受到人们的喜爱。在一些林业题材的展览会上或是人们乘坐的公共交通工具中，可以进行林业文化片的播放。这些看似短小的林业微视频片，不仅能够打发人们的无聊时间，而且还可以使人们学到很多与林业相关的文化知识，能够较好地达到宣传林业文化的效果，并且丰富人们的日常生活。

③基于 VR 技术的林业文化。VR 是一种可以创建和体验虚拟世界的计算机仿真系统，是一种全新的信息表现形式。基于 VR 技术进行全景视频的拍摄与制作，通过观看 VR 实景和 VR 视频让用户在获取文化信息时拥有比文字、图片以及视频更加沉浸式的体验。在未来，基于 VR 技术会产生更多的林业文化类的应用。例如，人们可以通过 VR 林业文化电影，感受我国林业文化的发展过程；可以通过公益的 VR 视频，意识到保护林业生态环境的重要性；还可以通过 VR 课堂，以更加生动形象的方式学习林业知识等。

④基于趣味动漫的林业文化。趣味动漫是近几年发展起来的一种文化传播形式。通过设计有趣的动漫剧情，可以使观众在轻松愉快的故事中更好地了解林业文化。未来，人们可以在公共场合随时随地地收看到呈现在各种公共移动设备上的林业趣味动漫短片。通过精致的动漫角色、有趣的行为表现，深入浅出地告诉人们林业文化的深刻内涵。趣味动漫的创作将会很好地推动林业文化的普及，潜移默化地提高人们爱林护林的文化素养。另外，动漫形式很受小朋友们的欢迎，也能为从小培养孩子的生态环保意识起到积极作用。

（2）林业文化教育

林业文化教育不单单是认字、读书、算数这些初级教育，还包括历史、人文、地理、科学技术等知识层面的教育。我国的林业文化教育在现有基础上更应发扬中国传统文化教育的优势，取其精华，去其糟粕，充分发挥传统文化在道德教育中的优势作用。随着科技的不断进步，林业文化教育的方式也在发生着诸多重大的变革，更加人性化、智能化的林业文化教育应用层出不穷，为人们更好地感受林业文化熏陶、更好地学习林业文化知识、更便捷地进行林业文化交流提供了有力的支持。多样化的林业文化教育应用包含林业线上课堂的移动应用、林业图书馆移动应用和林业移动网络博物馆应用等。

林业线上课堂的移动应用主要包含以下几个方面：

①基于 VR 技术的虚拟实景在线授课。林业生产人员可以在任何地点穿戴上 VR 设备，进入到一个公共的虚拟空间，观看林业相关课程。同时，老师也可以通过设备对每一位学员的听课状态进行监督，还可以跟学生进行实时的课堂互动。另外，老师所讲的课程还会通过专业的设备进行录制，并在课程结束时保存并传递到每一位学员的本地设备中，便于学员反复学习。真正做到"人人可看、人人能懂"，有利于更多的林业人员能够方便快捷地学习。

②有针对性的定制林业课程。我们生活在大数据时代，大数据是对海量的数据进行分析和判断，通过分析获取智能的、深入的、有价值的信息。通过大数据分析技术，得到有用的林业知识后，可以开发更有针对性的林业定制课程，让林业相关人员生产、生活更加便捷化、智能化、人性化，充分做到人与科技的完美融合。

③林业移动线上课堂建设。林业人员可以通过移动设备连接林业线上课堂的课程库，

从其中下载自己感兴趣的林业课程。同时，还可以与老师实时在线视频提问答疑，用户的提问还会集中储存到个人账户中，便于以后查看。系统还会通过用户以往关注的林业课程，智能判断学员的兴趣点，为用户提供智能的林业课程推送。另外，系统还会为相同兴趣爱好的学员构建虚拟的讨论社区，方便找到附近相同兴趣爱好的学员，促进林业知识的传递和获取，同时也为学员间的交流学习提供便利。

林业图书馆移动应用主要包含以下两个方面：

①完全虚拟化的图书阅读体验。将实体图书的内容全部存储到虚拟图书馆的数据库中，可以在虚拟林业图书馆通过语音或文字输入的方式对图书进行检索，由于图书全部虚拟化，同时各林业图书馆在云端相互连接，因此在一个林业图书馆中就可以检索到世界各地林业图书馆中的图书，完全不受图书馆实际大小的影响。读者可以在林业图书馆的指定地点，通过全息投影仪以多种形式阅读书籍，包括文字、语音甚至视频等形式。另外，还可将手势识别仪器与全息投影仪结合，读者可以通过不同的手势对虚拟图书进行操作，如翻页、换书、做标记等。图书的虚拟化可以对同一本书的内容进行无限制地传播，读者不用担心出现借阅量大而阅读不到书籍的情况。超快的网络处理速度、超大容量的图书存储系统以及高技术的图书服务将会最大程度地提高用户的阅读体验。

②林业移动图书馆 App 的建设。现今的图书馆应该加强与第三方的合作，发挥 App 建设的主体作用。虽然图书馆在新技术跟进上的步伐很快，对新技术的应用也有敏锐的嗅觉，但由于技术实力等原因，目前移动图书馆 App 建设的主要推动者还是第三方，图书馆主体作用还未充分体现，在建设中参与的地方很少，处于被动地接受，所能控制的范围不多，不能按照图书馆的实际需求、目标等进行个性化建设。移动图书馆 App 不仅仅是实体图书馆的新形式，也是一种精神文明建设，图书馆应该与第三方密切合作，将读者的需求放在首位，为读者提供更好的服务和体验。

林业移动网络博物馆应用主要包含以下 3 个方面：

①智能移动终端导览。观众可以在观看展览的同时，利用博物馆提供的免费网络辅助参观，例如，通过手机扫描展品旁的二维码，获取详细的展品信息，或使用博物馆的官方应用程序参与互动体验，增强参观的深度和趣味性。

②移动网络博物馆服务支持。通过观众的移动终端和管理人员的手持设备，可以实现对观众的智慧服务，包括票务管理、智能终端服务推送、车辆管理、人员定位等，以及博物馆的智慧安防，包括门禁报警、环境监控、视频监控、展品管理等。

③虚拟林业移动网络博物馆。在时间碎片化、服务泛在化的环境下，越来越多的博物馆开始提供基于虚拟现实、网络技术的各种移动访问途径，突破了传统参观时间、有限馆藏展出等限制，用户只需通过移动终端即可免费浏览博物馆的展览信息、活动日程安排、参观者服务信息以及其他文字、音频和视频内容等。

(3) 林业文化旅游

主要包含以下 3 个方面：

①智能林业公园推送应用。可以整合全国特色林业公园以及地方林业公园，内容包含林业公园景区介绍、电子导游服务、电子相册、掌上游戏、演艺再现等。以"畅游公园"小程序为例（图 6-12），利用高效的移动互联平台，让用户在手机上随时了解到林业公园的四

季美景以及当季活动。

②林业公园旅游掌上应用。利用云计算、物联网等新技术，通过移动互联网，借助便携终端设备，主动推送旅游资源、旅游经济、旅游活动、旅游者等方面的信息，让人们能够及时了解这些信息、及时安排和调整工作与旅游计划，从而达到对各类旅游信息的智能感知和方便利用。其强调的是旅游信息化，并非一种机械的、孤立的服务，而是通过对各种技术手段的高效整合，主动感知、主动发现游客需求，主动收集和分析旅游者的喜好，有针对性地提供贴心、便利的服务。

③线上旅游应用。现今社会生活节奏很快，大多数人很难抽出一段闲暇时间出去旅游。线上旅游应用可以让用户足不出户就能体验到完全逼真的林业公园旅游服务。虽然眼前的事物并不能触摸到，但是在短暂的闲暇时间能够逛逛心仪的风景名胜，看看特有的风土民情，也从很大程度上满足了人们的旅游需求。另外，对老人、孕妇等出行不便的人群，线上旅游应用很好地解决了他们的旅游需求。

图 6-12 畅游公园小程序

（4）林业文化娱乐

主要包含以下 3 个方面：

①握在掌心上的电影院。随着现代科技的迅猛发展，让体积逐渐"微型"已经不再是一件难事。见微知著，诸如打电话的大哥大变成了手机，而手机又逐步升级到智能手机；办公、打游戏的台式机变成了笔记本，而笔记本又演变成超极本、超薄本、平板等。未来电影院的将缩小至手掌那么大，但是超高的音质、3D 全息投影的影片播放以及 VR 技术的融入，可以让使用者完全"沉浸式"地融入电影所设置的场景中，打造近乎真实的电影体验，这一切只需要 VR 设备和掌上电影院的无线连接便可以实现。林业文化电影在微型电影院设备上的放映可以让用户切实置身于林业文化中去，通过多种感官去体验和了解林业文化知识。

②林业虚拟现实游戏空间。虚拟现实技术不断进步，人们不断探索着基于此技术的全新应用，林业虚拟现实游戏空间就是基于此技术的一个娱乐游戏应用。人们可以随时随地通过移动互联技术，进入到林业虚拟现实游戏空间，在这里可以进行多人虚拟游戏体验，在不断完成系统布置的游戏任务过程中，体验林业文化带给人们的乐趣。

③其他丰富多彩的文化娱乐形式。未来 5~10 年，互联网会从移动互联网时代真正进入智能互联网时代，伴随着身临其境的体验、功能充沛的服务、现实与虚拟的结合以及无处不在的互联网基因渗透，相关生产和需求都可能出现爆炸性增长。可以说，互联网与社会生活之间的共振作用、互动作用会更加强烈，互联网在改变人们生活方式的同时，人们的新需求也将不断催生新的互联网技术和文化，诞生更多丰富多彩的其他文化娱乐形式。

6.3 林业移动互联网建设典型案例

6.3.1 中国林业网"三微一端"

中国林业网不断创新网站服务形式,开通了中国林业网官方微博、微信、微视和移动客户端,上线了中国林业微博发布厅,让公众可以随时随地了解林业信息,获取林业服务,显著提升了中国林业网影响力。

(1) 中国林业微博

2012年中国林业微博发布厅正式上线运行,旨在汇聚林业智慧,传播林业信息,推动生态民生。自开通以来,秉持"及时性、真实性、权威性"的原则,广泛倾听民声,及时回应社会关切,打造了具有巨大行业影响力的微博群体。

(2) 中国林业网微信

2014年5月和10月,中国林业网相继开通了"中国林业网"官方微信订阅号和公众号,订阅号主要发布林业重要信息,服务号主要提供政策和查询服务,有效扩大了林业的社会影响,让更多的人了解林业、关注林业、参与林业。

(3) 中国林业网微视

2014年11月,中国林业网微视账号正式开通,借助腾讯微视平台,将林业行业重要事件、重大会议以微视频的形式向公众发布,同时展现我国美丽的森林、草原、湿地以及荒漠生态系统和丰富的生物多样性资源,为公众提供更加丰富的林业信息。

(4) 中国林业网移动客户端

2013年8月,中国林业网移动客户端正式上线,2014年10月,中国林业网移动客户端2.0升级完成,扩大了中国林业网服务范围和服务对象数量,提供了基于地理位置的在线服务,使公众可以更方便地通过移动互联网获取林业政务的应用服务,成为移动电子政务时代推行政府信息公开、服务社会公众、展示林业形象的新渠道。

6.3.2 林业资源动态监管

为森林保护人员每人配备一部工作专用的移动设备,该移动设备具有遥感监测、数据变更、逻辑检查、成果生成、统计汇总等功能,工作人员可通过该设备实现对森林资源数据的实时更新,及时提供连续、动态的森林资源监测数据,实现及时出数、年度出数,及时掌握森林资源的动态变化(图6-13)。外出作业时,通过高精度GPS进行定位,将工作人员的实时位置清晰地显示在地图上。

6.3.3 古树名木实时跟踪

利用GPS定位和RFID技术,建立古树名木动态跟踪系统。在各种移动设备上安装相应的管理软件,并连接RFID发卡器。另外,在每棵树上粘贴能自动感应、分析树龄、树种、胸径、树高等信息的电子标签,使每棵树的身份信息自动更新上传至管理平台。管理后台设置一定参数,一旦发生盗伐、超采、滥挖、私运、倒卖等行为,电子标签触发警

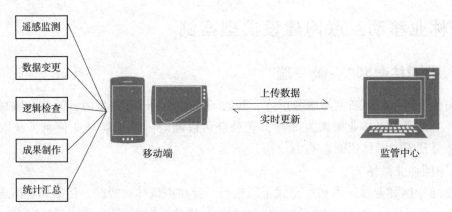

图 6-13　林业资源动态监管应用结构

报，管理平台得到响应之后，通过 GPS 定位，立刻通知附近工作人员在最短时间内赶到事发现场，开展保护工作，如图 6-14 所示。

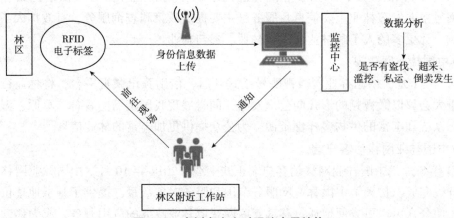

图 6-14　古树名木实时跟踪应用结构

复习思考题

1. 移动互联网根植于传统互联网，但又有所不同，移动互联网的主要特点是什么？
2. 移动互联网的主要应用有哪些？
3. 林业移动互联网发展的基本原则是什么？
4. 移动营造林管理系统由哪些子系统构成？移动互联网技术在营造林管理中的应用有哪些方面？
5. 简述移动互联网技术在灾害监控与应急中的应用。

推荐阅读书目

1. 傅洛伊，王新兵，2022. 移动互联网导论[M]. 4 版. 北京：清华大学出版社.

2. 李世东，顾红波，梁宇，2018. 中国林业移动互联网：发展战略研究报告[M]. 北京：中国林业出版社.

3. 唐维红，2023. 中国移动互联网蓝皮书：中国移动互联网发展报告（2023）[M]. 北京：社会科学文献出版社.

4. 郑凤，杨旭，胡一闻，等，2015. 移动互联网技术架构及其发展[M]. 北京：人民邮电出版社.

5. Božanić M，Sinha S，2021. Mobile Communication Networks：5G and a Vision of 6G（2021 Edition）[M]. Berlin：Springer.

第 7 章

林业大数据

【本章提要】大数据不仅仅指一种海量的数据状态及相应的数据处理技术,更是一种思维方式和一场由技术变革推动的社会变革。本章首先概述大数据的起源、特征、作用、业务流程、发展现状和生态大数据的应用,然后介绍林业大数据的发展思路和重点任务,最后列举大数据在林业发展中的典型案例。通过学习本章内容,能更深刻地理解林业大数据的应用和发展。

7.1 大数据概论

7.1.1 大数据的起源和特征

(1) 发展背景

在互联网时代,数据数量开始大规模地增长,数据的形式也变得日益丰富。既有社交网络、多媒体等应用主动产生的数据,也有搜索、网页浏览等行为过程中被记录、搜集的数据。尤其是近十年来,随着计算机技术和互联网的快速发展,文字、音频、视频、图片等半结构化、非结构化的数据大量涌现,社交网络、物联网、云计算被广泛应用,使数据的存储量、规模、种类飞速增长。

全球每年产生的数据量达到了 ZB 级(1 ZB = 1024 EB,1 EB = 1024 PB,1 PB = 1024 TB),并持续呈指数级增长。在数据爆炸式增长的背景下,"大数据"的概念逐渐引起关注,并迅速在全球掀起了一场可与 20 世纪 90 年代信息高速公路相提并论的研究热潮。由于大数据技术的特点及其重要性,目前,国内外已经出现了"数据科学"的概念,即数据处理技术将成为一个与计算科学并列的新科学领域。各国政府和相关国际知名企业也纷纷从战略层面提出了一系列大数据技术研发计划,以推动大数据技术的研究和应用。

在"互联网+"时代,大数据不仅仅指一种海量的数据状态及相应的数据处理技术,还是一项重要的基础设施,更是一种思维方式和一场由技术变革推动的社会变革。这种变革能够促进社会管理创新,要求管理者善于利用大数据精确感知社会需求,并通过数据整合、共享,有效反馈社会需求,以实现对公民个体、企业乃至整体社会经济发展需求有效精准服务。在应用大数据进行政府创新管理过程中，精确抓取、挖掘信息是基础，有效使用信息并产生显著价值是目标。科学的社会大数据能够使公众、社会组织便捷地挖掘数据信息，享受大数据的便利和价值，而不是望"数据烟囱"兴叹。被誉为"大数据时代预言家"的维克托·迈尔-舍恩伯格在其《大数据时代》一书中写道："大数据开启了一次重大的时代转型。"大数据将带来巨大的变革，影响我们的生活、工作和思维方式，创造新的商业模式，促进经济、科技和社会等各个层面的发展。

(2) 基本特征

大数据是一个抽象的概念，除去数据量庞大，大数据还有一些其他的特征，这些特征决定了大数据有别于传统数据，与"海量数据"和"非常大的数据"这些概念也不同，后者只强调数据的量，而大数据不仅用来描述大量的数据，还更进一步显示数据的复杂形式、数据的快速时间特性以及对数据的分析、处理等专业化处理，最终获得有价值信息的能力。

当前，较为统一的认识是大数据通常具有典型的"5V"（volume、variety、velocity、value、veracity）特征，即数据量大、种类多、处理速度快、数据价值密度低和数据真实性高等特征，如图7-1所示。

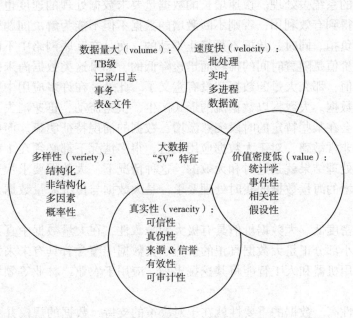

图 7-1 大数据 5V 特点

①数据量大。数据量大是大数据的基本属性。社交网络(微博、微信、Facebook、Twitter)、移动网络、各种智能终端等产生的数据，都成为大数据的来源。互联网络的广泛应用，使用网络的人、企业、机构增多，数据获取、分享变得相对容易，用户有意地分享和无意地点击、浏览都可以快速地提供大量数据。其次，随着各种传感器数据获取能力的大幅提高，人们获取的数据越来越接近原始事物本身，描述同一事物的数据量激增。近年来，图像、视频等二维数据大规模涌现，而随着三维扫描设备以及Kinect等动作捕捉设备的普及，数据越来越接近真实的世界，数据的描述能力不断增强，必将带动数据量本身以几何级数增长。此

外,数据量大还体现在数据处理方式和理念发生了根本的改变,迫切需要智能算法、强大数据处理平台和新数据处理技术,来统计、分析、预测和实时处理如此大规模的数据。

②数据种类多。随着传感器种类的增多以及智能设备、社交网络等的流行,数据类型也变得更加复杂,不仅包括传统的关系型数据,也包括以网页、视频、音频、电子邮件、文档等形式存在的未加工的、半结构化和非结构化的数据。数据类型繁多、复杂多变是大数据的重要特性。以往的数据尽管数量庞大,但通常是事先定义好的结构化数据。而非结构化数据没有统一的结构属性,难以用表结构来表示,在记录数据数值的同时还需要存储数据的结构,由此增加了数据存储、处理的难度。目前,非结构化数据量已占到数据总量的75%以上,且非结构化数据的增长速度比结构化数据快10~50倍。在数据激增的同时,新的数据类型也层出不穷,已经很难用一种或几种规定的模式来表征日趋复杂、多样的数据形式,这样的数据已经不能用传统的数据库表格来整齐地排列、表示。大数据正是在这样的背景下产生的,相较于传统数据处理,大数据更关注非结构化信息,强调小众化、体验化的特性使传统的数据处理方式面临巨大的挑战。

③数据变化、处理速度快。考虑到"超大规模数据"和"海量数据"也有规模大的特点,强调数据是快速动态变化的,据此形成的流式数据是大数据的重要特征,数据流动的速度快到难以用传统的系统去处理。快速增长的数据量要求数据处理的速度也要相应提升,才能使大量的数据得到有效利用,否则不断激增的数据不但不能为解决问题带来方便,反而成了解决问题的负担。同时,数据不是静止不动的,而是在互联网络中不断流动的,且通常这样的数据其价值是随着时间的推移而迅速降低的,如果这类数据尚未得到及时有效的处理就失去了价值,那么大量的数据就没有意义了。此外,在许多应用中要求能够实时地处理新增的大量数据。大数据以数据流的形式产生、快速流动、迅速消失,且数据流量通常不是平稳的,会在某些特定的时段突然激增,数据的涌现特征明显。而用户对于数据的响应时间通常会非常敏感,对于大数据应用而言,很多情况下都必须在1秒钟内或者瞬间形成结果,否则处理结果就是过时和无效的。这种情况下,大数据要求快速、持续地实时处理。对不断激增的海量数据的实时处理要求,是大数据与传统海量数据处理技术的关键差别之一。

④数据价值密度低。大数据价值具有极大的隐藏性,在大量数据中真正有价值的数据量极少,而这一小部分正是大数据真正的价值。大数据中蕴含着具有未来发展趋势的高价值数据,需要运用机器和人工智能将其挖掘出来,应用于农业、林业等领域,进而发挥创造更多价值。

⑤数据真实性高。数据的重要性就在于对决策的支持,数据的规模并不能决定其能否为决策提供帮助,数据的真实性和质量才是获得真知和思路最重要的因素,是制定成功决策最坚实的基础。追求高数据质量是一项重要的大数据要求和挑战,即使最优秀的数据清理方法也无法消除某些数据固有的不可预测性。例如,人的感情、诚实性、天气形势、经济因素以及未来等数据。在处理这些类型的数据时,数据清理无法修正这种不确定性。尽管存在不确定性,但数据仍然包含宝贵的信息。

7.1.2 大数据的作用

林业大数据是指充分利用新一代信息技术,扩大数据采集范围,将林业体系内数据、互联网相关林业数据、林业产业数据等多来源、多形态的数据进行整合、加工处理及分布式存储；利用最新的数据挖掘分析技术和数据可视化技术，充分揭示数据的规律性和价值性，为生态治理、产业经济、林业文化提供强大的数据支撑，使林业实现智能感知、智慧管理与智慧服务，推进生态文明建设，形成林业产业结构与创新能力优化发展的现代化模式。

①林业大数据是生态变迁的"信息收集器"。林业大数据基于更加多元化的数据采集方式，针对多样化、多态化、多渠道的生态系统所涉及的森林、草原、湿地、荒漠、动植物信息及对生态系统影响因素（如大气、水土、人类活动等数据信息），进行全面、全量、全态、全时空的智能采集和分类存储，是生态变化的"信息收集器"。

②林业大数据是生态发展的"本质显示器"。林业大数据分析是基于各类生态资源基础信息，通过对生态系统涉及的各类主体对象发展变迁轨迹和生态要素总体表象的分析，进一步研究其内在的相关性、规律性与外在的表现性、影响性之间的关系。应用林业大数据能确定并量化生态系统各个业务对象相互之间的依存特征，是整体生态发展的"本质显示器"。

③林业大数据是生态治理的"数据指南针"。林业大数据基于历史生态变迁的信息挖掘，对各类生态作用因素的行为特征、变化特征、影响特征进行体系化和指标化，以生态现状为起点，以生态治理目标为方向，以系统化的生态治理指标体系和大数据技术为手段，为生态治理工程的主次评判、内容制定、效果评估提供准确的"信息指南针"，是实现生态治理模式向"智慧化"转变的重要保证。

④林业大数据是生态治理与经济发展的"变速箱"。经济发展模式和生态治理策略之间的平衡，是人类历史发展的重要课题。在新的历史时期、新常态的当下，新技术的发展，都要求我们实现生态车轮、经济发动机、社会道路的良好匹配，以保证中国未来的可持续发展。而林业大数据通过对海量信息的分析、动态的监测预警、发展趋势预测、治理策略评估，起到"变速箱"的作用，为国家发展提供合适的转化动力，为经济发展模式与生态治理策略提供科学的决策依据。

7.1.3 大数据的业务流程

与传统的海量数据的处理流程类似，大数据的处理也包括获取与特定的应用相关的有用数据，并将数据聚合成便于存储、分析、查询的形式；分析数据的相关性，得出相关属性；采用合适的方式将数据分析的结果展示出来，并最终应用的过程，大数据解决问题的路径如图 7-2 所示。

图 7-2　大数据解决问题的路径

大数据要解决的核心问题包括以下几点：

(1) 数据获取

规模巨大、种类繁多、包含大量信息的数据是大数据的基础，数据本身的优劣对分析结果有很大的影响。如果通过简单的算法处理大量的数据就可以得出相关的结果，解决问题的困难就转移到了如何获取有效的数据。数据的产生技术经历了被动、主动和自动 3 个阶段，早期的数据是人们基于分析特定问题的需要，通过采样、抽象等方法记录产生的数据；随着互联网特别是社交网络的发展，越来越多的人在网络上传递发布信息，主动产生数据；随着传感器技术的广泛应用，利用传感器网络可以全天候自动获取数据。其中自动、主动数据的大量涌现，构成了大数据的主要来源之一。

随着物联网、"3S"和移动互联网等信息技术的演进和应用，林业资源数据的来源和种类不断增多，除了传统的遥感、GIS和数字采集终端等数据源外，传感、多媒体、空间、地理位置服务数据已经成为林业资源数据的新来源。大数据背景下，林业资源数据的空间分布范围更广、时间尺度更为多变、时效性更强、数据量更大、处理速度更快，带来了林业资源数据量的增加和增长速度的加快，数据量呈指数级增长将成为常态化。

对于林业实际应用来说，并不是数据越多越好，获取大量数据的目的是尽可能准确、详尽地描述事物的属性，对于特定的应用数据来说必须包含有用的信息，拥有包含足够信息的有效数据才是大数据的关键。有了原始数据，就要从数据中抽取有效的信息，将这些数据以某种形式聚集起来。对于结构化数据，此类工作相对简单。而大数据通常处理的是非结构化数据，数据种类繁多，构成复杂，需要根据特定应用的需求，从数据中抽取相关的有效数据，同时尽量摒除可能影响判断的错误数据和无关数据。林业大数据研究需要根据林业资源的类型和来源，选取合理可行的林业数据获取方式。

(2) 数据处理

大数据处理需要充分、及时地从大量复杂的数据中获取数据的相关性，找出规律。数据处理的实时要求是大数据处理技术与传统数据处理技术的重要区别之一。一般而言，传统的数据处理应用对时间的要求并不高，而大数据领域相当多的应用需要在极短时间内得到结果，先存储后处理的批处理模式通常不能满足需求，需要对数据进行流处理。由于这些数据的价值会随着时间的推移不断降低，实时性成了此类数据处理的关键。而数据规模巨大、种类繁多、结构复杂，使大数据的实时处理极富挑战性。数据的实时处理要求实时获取数据、实时分析数据、实时绘制数据，任何一个环节慢一步都会影响系统的实时性。当前，互联网络以及各种传感器快速普及，实时获取数据难度不大，而实时分析大规模复杂数据是林业大数据领域亟待解决的核心问题。

(3) 数据分析

大量的数据本身并没有实际意义，只有针对特定的业务应用分析这些数据，使之转化成有用的结果，海量的数据才能发挥作用。数据是广泛可用的，所缺乏的是从数据中提取信息的能力。当前，对非结构化数据的分析仍缺乏快速、高效的手段，其原因一方面是数据不断快速地产生、更新；另一方面是大量的非结构化数据难以得到有效的分析。林业大数据的发展取决于从大量未开发的林业数据中提取价值，由于大量的数据没有被有效地利用，数据的潜在价值没有被充分发掘，这就形成了大数据鸿沟。能够对不同类型的数据进行综合分析的技术，是解决大数据问题的关键技术之一。此外，大数据的一类重要应用是利用海量的数据，通过运算分析事物的相关性，进而预测事物的发展。与只记录过去、关注状态、简单生成报表的传统数据不同，林业大数据不是静止不动的，而是不断地更新、流动的，不只记录过去，更反映未来发展的趋势。过去，较少的数据量限制了发现问题的能力，而现在，随着林业数据的不断积累，通过简单的统计学方法就可能找到数据的相关性，发现事物发展的规律，指导人们的决策。

（4）数据展示

数据展示是将数据经过分析得到的结果以可见或可读形式输出，以方便用户获取相关信息。对于传统的结构化数据，可以采用数据值直接显示、数据表显示、各种统计图形显示等形式来表示数据。而大数据处理的非结构化数据种类繁多、关系复杂，传统的显示方法通常难以表现，大量的数据表、繁乱的关系图可能会使用户感到迷茫，甚至可能会误导用户。计算机图形学和图像处理的可视计算技术成为大数据显示的重要手段之一，其将数据转换成图形或图像，用三维形体来表示复杂的信息，直接对具有形体的信息进行操作，更加直观，也更加方便用户分析结果。根据林业领域的应用，将用户与数据资源融合在一起，实现应用交互，便于用户直观地认识和理解数据。

（5）数据应用

大数据分析成果的应用服务具有多层次、受众广泛、应用多样化等特点，既包括全球、区域、国家、省、市、县、林场等不同层次，又有管理者、科学家、生产经营者、公众等不同受众，需要形式多样的应用服务方式，以达到利用大数据技术与知识服务模式来推动国家治理、政府治理与社会治理的目标。因此，采取"互联网+"的理念，充分利用云计算、移动互联网等信息技术，探索出适合我国林业大数据应用特点的服务模式，使用户通过最便捷的方式获得林业大数据的服务，使林业大数据应用完美无缝地融合到林业业务中，构建以大数据知识服务为支撑，纵横协调、多元统一的现代林业管理新模式。

7.1.4 大数据发展现状

大数据时代已悄然来临。在短短10年的时间里，大数据经历了从概念到小范围技术实践，最终迅速发展成为一个新兴产业的过程。

（1）国际大数据发展现状

2008年9月，《自然》杂志率先出版了"大数据"专刊，表明大数据的影响已触及自然科学、社会科学、人文科学和工程学的各个领域。2009年10月《第四范式：数据密集型科学发现》一书的出版，标志着与大数据关系密切的数据密集型科学发现范式的确立和广泛认可。2010年2月，《经济学人》杂志刊登的《数据，无处不在的数据》一文将大数据理念进一步深化。2011年2月，《科学》杂志推出《数据处理》专刊；同年5月，麦肯锡全球研究院发布报告，标志着大数据已成为社会科学研究的热点问题之一。

2009年，联合国启动"全球脉动计划"，借大数据推动落后地区发展。2012年5月，联合国发布大数据政务白皮书《大数据促发展：挑战与机遇》，标志着大数据领域的研究计划已上升到国家战略层面。同年6月，高德纳咨询公司提出大数据"4V"定义，确立了大数据研究的基础概念。同样在6月，《下一轮数字地球》在《美国国家科学院院刊》发表，指出人类已进入大数据时代，大数据将在未来发展中扮演重要角色。2014年联合国与百度公司启动战略合作，共建大数据联合实验室，百度利用其技术创新，与联合国一起解决环保、健康等人类发展问题。2023年4月24~27日，第四届联合国世界数据论坛在我国浙江省杭州市举办，聚焦4个主题领域：数据创新与合作、挖掘数据价值、提高数据公信力和构建良好数据生态，为促进全球共同发展，构建全球数据治理体系做出了积极贡献。

美国被称为"数据帝国"，美国政府是大数据的积极使用者。2009年，美国政府"一站式数据下载"网站 data.gov 正式上线,并作为向政府透明化和问责制迈进的一个重要步骤。2012 年美国政府发布"数字政府战略",提出要促使联邦政府部门提高收集、储存、保留、管理、分析和共享海量数据所需核心技术的先进性,通过大数据技术改变联邦政府工作方式,为美国民众提供更优质的公共服务。同年,美国政府颁布数额高达 2 亿美元的《大数据的研究和发展计划》,主要目的是提高大数据核心技术的发展水平,加速科学和工程开发,强化国家安全,转换大数据教育和学习方式,壮大开发和使用大数据技术的工作力量。2014 年 5 月美国发布《大数据:把握机遇,守护价值》白皮书,强调在大数据发挥价值的同时,应警惕大数据应用对隐私、公平等产生的负面影响。2016 年 5 月,美国白宫发布《联邦大数据研发战略计划》,形成涵盖技术研发、数据可信度、基础设施、数据开放与共享、隐私安全与伦理、人才培养、多主体协同等七个维度的系统的顶层设计,旨在打造面向未来的大数据创新生态。

欧盟是大数据的积极推动者和参与者,欧盟政府是大数据的规范使用者。2010 年,欧盟正式发布"欧洲数字化议程",旨在建立一个统一的"数字市场",推动欧盟内部高速和超高速互联网接入,提高互联互通和应用共享,进而促进欧盟经济社会可持续发展。2012年,欧盟委员会在"欧洲数字化议程及其挑战"中制定了大数据战略,并强调了公共数据安全及挖掘公共机构数据的价值潜力,同时满足日益强烈的个人数据安全保护诉求。2022 年 6 月 23 日正式生效的欧盟《数据治理法》,旨在增强欧盟数据共享机制,继续加强数字单一市场战略。

英国政府是最早推进大数据规划的欧洲国家。2012 年 5 月,建立了世界上首个开放式数据研究所,把人们感兴趣的所有数据融合在一起,推动数据开放和共享,促进可持续发展。英国政府建立了由"英国数据银行"支撑的 data.gov.uk 网站。通过这个公开平台发布政府的公开政务信息,以进一步支持和开放大数据技术在科技、商业、农业等领域的应用。2013 年初,英国宣布将注资 6 亿英镑发展八类高新技术,其中对大数据的投资达 1.89 亿英镑。2014 年,英国宣布建立图灵大数据研究院,确保英国未来大数据发展在经济和社会中处于领导地位。2022 年 3 月,英国研究与创新署发布《2022—2027 年战略:共同改变未来》,提出了构建卓越科研体系的世界级战略目标应采取的优先行动事项,其中包括大力发展数字和先进计算计划。

2011 年 7 月,法国启动"Open Data Proxima Mobile"项目,希望通过实现公共数据在移动端上的使用,最大限度地挖掘其应用价值。同年 12 月,法国政府推出公开信息线上共享平台"data.gov.fr",方便公民自由查询和下载公共数据。2013 年 2 月,法国政府发布《数字化路线图》,明确了大数据是未来要大力支持的战略性高新技术。2014 年 4 月,法国经济、财政和工业部决定投入 1150 万欧元用于支持 7 个大数据项目,法国软件编辑联盟(AFDEL)也号召政府部门和私人企业共同合作,投入 3 亿欧元资金用于推动大数据技术的发展。

日本政府已启动多个大数据应用计划,把"大数据应用"作为日本面向 2020 年的关键任务。2012 年 7 月,日本推出《面向 2020 年的 ICT 综合战略》,重点关注大数据应用。2013 年 6 月,日本公布新 IT 战略——"创建最尖端 IT 国家宣言",阐述了 2013—2020 年期间以发展开放公共数据和大数据为核心的日本新 IT 国家战略。

2011 年,韩国提出"智慧首尔 2015"计划,强调公共数据已成为具有社会和经济价值的重要国家资产,将努力打造"首尔开放数据广场",以促进信息技术和公共服务产业的进步和发展。同年,韩国总统国家 ICT 战略委员会发布了"大数据倡议",旨在建立泛政府大数据网络和分析系统,推进政府与私有部门之间的数据共享融合。2021 年,韩国推出了"数字新政 2.0"计划,重点打造"数据大坝"项目,计划在 2025 年前,打造出 1300 多个支持人工智能学习功能的数据库和 31 个不同种类的大数据平台。

新加坡将大数据视为新资源,努力打造全球数据管理中心。新加坡是世界"十大高速网络架构"之一,承载了东南亚地区半数以上的第三方数据中心储存量。积极推进数据公开,设立了政府分享公开数据平台"data.gov.sg"。2014 年,新加坡政府提出了"智慧国家 2025"计划,是"智能国 2015"计划的升级版。该计划侧重大数据的收集、处理和分析应用,意味着新加坡将成为利用"大数据治国"的国家,新加坡将用 10 年的时间建设成为智慧国度。2020 年 11 月,新加坡首次全面修订了《个人数据保护法》(PDPA),其中最突出的是引入了强制性数据泄露通知制度。

(2) 国内大数据发展现状

大数据热潮的涌现让中国期待寻找"弯道超越"的机会,创造中国 IT 企业从"在红海领域苦苦挣扎",转向"在蓝海领域奋起直追"的战略机遇。传统 IT 行业对于底层设备、基础技术的要求非常高,企业在起点落后的情况下始终疲于追赶。当企业在耗费大量人力、物力、财力取得技术突破时,IT 革命早已将核心设备或元件推进至下一阶段。这种一步落后、处处受制于人的状态在大数据时代有望得到改善。大数据对于硬件基础设施的要求相对较低,不会受限于相对落后的基础设备核心元件。与在传统数据库操作层面的技术差距相比,大数据分析应用的中外技术差距要小得多。而且,美国等传统 IT 强国的大数据战略也都处于摸着石头过河的试错阶段。中国市场的规模之大也为这一产业发展提供了大空间、大平台。大数据对于中国企业不仅仅是信息技术的更新,更是企业发展战略的变革。大数据就像工业社会的"石油"资源,掌握了数据,就等于掌握了未来的发展趋势。大数据已经成为信息时代的一种重要资源,正在引领重大的时代转型,它将改变我们的生活方式以及我们理解世界的方式。

大数据的快速发展,也带动了国内学术界、产业界和政府对大数据的热情。2011 年以来,中国计算机学会、中国通信学会先后成立了大数据委员会,研究大数据中的科学与工程问题,科技部和工信部都把大数据技术作为重点建设项目予以支持。

2014 年 3 月,"大数据"首次出现在"两会"政府工作报告中,此后这个"新名词"频频被国家领导人提及,国务院常务会议也多次讨论大数据应用。大数据迅速受到各界广泛关注,已渗透到金融、医疗、消费、电力、制造等各个行业,大数据的新产品、新技术、新服务也正在不断地涌现。

2015 年 4 月 15 日,贵阳大数据交易所正式挂牌运营,并完成首批大数据交易。贵阳大数据交易所是全国首个大数据交易所,为全国提供数据交易服务,旨在促进数据流通,规范数据交易行为,维护数据交易市场秩序,保护数据交易各方合法权益,向社会提供完善的数据交易、结算、交付、安全保障、数据资产管理和融资等综合配套服务。这一举措在推动数据互联共享方面具有先行优势,将会带动大数据清洗、挖掘和应用等相关产业的发展,具有特别重要的意义。

2015年6月17日，国务院常务会议提出了运用大数据优化政府服务和监管，提高行政效能的观点。会议审议通过了《关于运用大数据加强对市场主体服务和监管的若干意见》。2015年8月31日，国务院印发的《促进大数据发展行动纲要》，其内容包括：立足我国国情和现实需要，加快政府数据开放共享，推动资源整合，提升治理能力；推动产业创新发展，培育新兴业态，助力经济转型；强化安全保障，提高管理水平，促进健康发展等。《促进大数据发展行动纲要》的制定，大大释放了中国大数据的资产价值。

在《促进大数据发展行动纲要》发布前，中国多个地方政府已经开始尝试使用政府大数据。例如，青海、宁夏、济宁、苏州、包头、金华等地已经与知名大数据企业合作，成立了地方大数据公司，全面参与政府数据公开工作。贵阳作为我国大数据产业技术创新实验区，努力打造大数据产业链，贵阳高新区自2014年以来已经聚集了戴尔、博科、世欣蓝汛等700多家大数据相关企业，大数据产业规模超过200亿元。

2021年11月工业和信息化部发布《"十四五"大数据产业发展规划》，提出到2025年我国大数据产业测算规模突破3万亿元，年均复合增长率保持在25%左右，基本形成创新力强、附加值高、自主可控的现代化大数据产业体系的目标。

2023年1月中国信息通信研究院云计算与大数据研究所发布《大数据白皮书（2022年）》，指出2021年我国大数据产业规模已达到1.3万亿元，复合增长率超过30%，大数据市场主体总量超过18万家，初步形成大企业引领、中小企业协同、创新企业不断涌现的新格局。

7.1.5　生态大数据的典型应用

（1）森林

美国马里兰大学和谷歌合作创建了一个高分辨率的交互式制图工具，测量记录由于火灾和城市发展等因素所引起的森林退化，在细节和精度上都达到前所未有的水平。该制图工具采集了美国航空航天局2000年以来拍摄的数百万张卫星图像。通过这些数据，科学家和决策者可以量化世界各地的森林中碳资源数量，更好地了解哪些区域失去森林的风险最大。2014年2月，世界资源研究所、谷歌等超过40家合作机构联合发布了全球森林观测（GFW），这是一款森林动态监测和预警在线系统，旨在帮助人们更好地管理森林资源。GFW是一个近实时的在线监测平台，将从根本上改变人们管理森林资源的方式，利用并创新大数据技术，提供了减少森林损失、缓解贫困和促进可持续经济增长的解决方案。用户通过它可以搜索全球地图，发现自2000年以来森林的变化趋势，同时可以考察森林情况，其精度可达30 m。

（2）湿地

在美国加利福尼亚的中央谷（Central Valley），90%的湿地被改造成了农田，这使在阿拉斯加——巴塔哥尼亚沿太平洋迁徙路线的候鸟很难寻找到栖息地和水源。大自然保护协会（TNC）正在运行一个试点项目，该项目通过逆向拍卖补偿农民损失，在鸟儿即将飞过的精确时间内向田里注水，为鸟类提供实时的迁徙栖息地。大自然保护协会应用大数据技术解决精准计算时间的问题。TNC采集了观鸟者通过移动应用程序提交的数以百万计的迁徙鸟类目击报告，这些数据都汇集到康奈尔大学鸟类实验室的大规模eBird数据库，通过对收集的大数据进行深入分析,将精确计算鸟儿飞过农田的时间。

(3) 野生动物保护

在中部非洲,森林大象种群数量从 2002 年到 2011 年锐减了 62%,其中大部分是由于偷猎者为获取象牙所为。在那些大量野生动物被偷猎的国家公园和保护区里,护林员们往往缺乏打击全副武装的偷猎者所需要的资源,更不用说跟踪他们的行踪。目前已有一个开源软件系统 SMART,它可以帮助护林员处理数据,从而合理地安排护林员在什么时候去什么地方巡逻。系统数据通过 GPS 自动采集或手动输入护林员观察到的事项记录以及他们如何应对任何可能的偷猎事件。系统建设目标是帮助公园管理人员更好地分配资源,并找出那些可能发生偷猎,而需要更多或更频繁的巡逻区域。野生动物保护协会正在与中国、哥伦比亚、印度尼西亚、加蓬、危地马拉、马来西亚和泰国的政府机构合作,通过使用 SMART 软件来打击偷猎者。

7.2 林业大数据

7.2.1 林业大数据建设需求

随着大数据时代的来临,行为和位置、气象变化、空气质量、江河水流实时流速、植物生长势、区域热点,甚至树木生理状况,都成为可被记录和分析的数据。林业是国民经济的重要组成部分,随着信息技术的广泛应用,"数据驱动"成为林业发展的新趋势,林业与互联网的融合发展势在必行。因此,借助大数据及其相关技术整合林业数据资源,可以极大地提高林业精准决策能力,实现林业智慧管理,培育林业发展新业态。

(1) 生态安全需求

我国面临着诸多生态问题:森林生态系统退化、草原退化、土地沙化、石漠化、耕地污染、耕地退化、水土流失等问题严重地威胁着人民的生命和财产安全。

生态文明是我们的战略目标,我们需要将生态文明建设融入经济建设、文化建设、社会建设的各个方面和全过程中,努力实现可持续发展。生态安全不容忽视,解决生态问题刻不容缓。生态系统是一个内部关系紧密的整体,物质和能量不断循环,各因子相互影响,牵一发而动全身。为全面保证生态安全,需要水文、土壤、气象、地质地貌、生物协调发展,这就要求以数据为中心,促进多学科的融合,提高数据的交流性和可获得性,形成真正的"全息的"大数据。

林业是生态建设的主体,在改善生态环境、应对气候变化和提供可再生能源方面都起着不可替代的作用。林业大数据要为各级林业管理部门掌握森林、草原、湿地、荒漠化和生物多样性等各项资源现状,实现各项资源信息的综合分析与利用,提供基础性信息;为各级林业主管部门的规范化、科学化管理和林业重点工程建设提供信息支持。林业大数据能够帮助我们理解包括人类在内的生态系统组成要素的行为,预测发展方向及发展趋势。发展林业大数据,要分析出原本未曾意识到的生态方面的问题,发现各种生态因子之间潜在的相关关系,全面掌握生态系统变化,发现生态建设的瓶颈并找到突破口。

(2) 技术发展需求

林业大数据技术是一系列技术的合集。从数据的采集、存取、基础架构，到数据处理、统计分析、数据挖掘、模型预测和结果呈现，无不彰显着技术的力量和价值。物联网、云计算、人工智能、NoSQL、机器学习、内存分析、集成设备等，都是大数据的重要技术手段。林业大数据的建设，要以现有森林资源数据库、草原资源数据库、湿地资源数据库、荒漠化土地资源数据库、生物多样性数据库等专题数据库为基础，按照统一的数据库编码标准，收集、比对、整合分散在各部门的基础数据，立足国家、省、市、县级林业管理部门和公众对林业自然资源的共享需求，确定包括资源类别与基本信息等方面的数据元，形成林业系统自然资源数据库的基本字段，建立全国统一标准的林业资源数据库，实现林业产业信息的共享，提高各级林业部门的工作水平和服务质量，提高社会各界对林业产业发展的认识，提高林业产业统计对林企、林农的服务能力，为林业宏观管理决策提供科学的依据，为林业数据开放共享提供支持。充分利用"3S"、移动互联网、大数据等信息资源开发利用技术，基于目前的林业空间地理数据库和遥感影像数据库，构建全国统一的林业地理空间信息库，实现对全国林业地理空间数据库的有效整合、共享、管理及使用，为各级林业部门提供高质量的基于地理空间的应用服务，消除"信息孤岛"，避免重复投资。

(3) 管理决策需求

林业大数据，顾名思义，就是运用大数据的技术和方法，解决林业或涉林领域数据的获取、存储、计算与应用等一系列问题，是大数据理论和技术在林业上的应用和实践。所有大数据技术，最终目的都是服务于决策，用以指导生产。林业大数据要为生态红线提供基础服务，包括生态修复、灾害应急、民生服务和科技支撑等具体应用。林业大数据要在战略决策层上服务于国家决策，在规划管理层上服务于中层林业单位，在业务层上服务于基层林业单位。

广袤的土地、多样化的生态系统、庞大的人群和应用市场、高复杂性和变化性，使中国成为世界上最复杂的林业大数据国家之一。人类社会正从能源驱动型向数据驱动型转化，大数据也作为一个新兴的产业，得到了国家的支持。大数据引擎已成为组织服务创新、经济社会发展、国家治理能力现代化的核心驱动力。推进中国林业管理经营水平的现代化必须加强林业大数据的分析、挖掘、增值，维护数据共享、数据主权、数据安全等能力，克服数据依赖、数据鸿沟、数据独裁，提供智慧决策，打造智慧林业、智慧政府，从而积极迈向智慧国家建设。

(4) 共享开放需求

林业大数据的建设需要紧跟大数据先进技术发展潮流，满足技术发展需求和技术实践积累的要求，在此基础上满足紧紧围绕生态安全的应用分析需求和林业管理决策需求。我们需要推动资源共享、数据开放，配合实现社会公共数据资源的共享和开放。

7.2.2 林业大数据发展基本原则

(1) 坚持统分结合

在坚持"统一规划、统一标准、统一制式、统一平台、统一管理"基本原则的基础上，进一步明确国家林草局与各级林业主管部门的职责分工，充分发挥各层级、各方面的积极性和创造力,共同推进林业大数据建设。

(2)坚持以用促建

正确处理建设与应用的关系,加强林业大数据建设,深化林业大数据应用的深度和广度,促进信息共享和业务协同,不断提升大数据服务水平,提升政府行为的透明度和公信力。

(3)坚持协同共享

推动大数据、云计算、物联网、移动互联网等新一代信息技术融合发展,探索形成大数据与林业主体业务协同发展的新业态、新模式,大力推进林业数据资源的协同共享。丰富面向公众开放和共享的数据服务,提高政府服务和监管水平。

(4)坚持融合创新

营造和完善大数据技术和林业发展所需的政策环境、融资环境、创业环境以及公共服务体系,推动大数据技术与林业业务深度融合,突破大数据关键技术瓶颈,不断探索林业大数据创新的发展理念和发展模式,实现林业大数据规模、质量和应用水平的同步提升。

(5)坚持安全有序

完善林业大数据标准规范和法律法规,增强安全意识,强化安全管理和防护,保障网络安全。建立科学有效的监管机制,促进有序发展,保护公平竞争,防止形成行业垄断和市场壁垒。

7.2.3 林业大数据发展目标

应用大数据理念,对林业数据资源进行采集、处理、整合、分析,形成林业大数据发展体系和大数据感知、管理、分析与应用服务的新一代信息技术架构,解决数据融合发展、互动以及协调机制的难题,力争实现以下目标:

(1)实现林业数据整合共享

大数据背景下,林业资源数据的空间分布范围更广、时间尺度更为多变、时效性更强、数据量更大、处理速度更快,对海量林业数据资源进行采集、处理、整合、分析,将林业资源"聚沙成塔",形成林业大数据,为林业治理、生态文明建设等方面的应用提供有力的数据支持,促进林业数据的开放共享。

(2)提高林业精准决策能力

充分利用大数据技术,通过重点工程实现林业业务创新应用模式设计,提高林业部门对生态治理的监测和预警能力,简化生态治理过程中的行政流程,促进生态治理效果的动态跟踪和快速反馈,沉淀以大数据为支撑的综合评估、应急防治、全面监管等决策支持能力。

(3)实现生态智慧共治

充分运用大系统共治的建设思路,按照生态监测、生态修复治理、生态民生服务和生态应急处置等主题将数据汇聚,依据相关规则、原理、模型、算法进行知识化处理,开展林业大数据慧治设计,形成林业大数据慧治信息产品,为生态治理工程提供准确数据支撑,发展生态精准治理的新格局。

(4)推动产业转型升级

通过林业大数据建设,提高林业产业发展的预测、预警能力,实现对重点林产品的监测分析，对林业行业重点企业和市场的动态监控，对林产品市场产、销、存的预警、预报等功能，为制定林业产业发展计划和林业经济运行提供决策依据。

7.2.4 林业大数据发展基本思路

深入理解和应用信息化的决策部署，按照林业现代化建设的总体要求，以解放和发展林业生产力为核心，以加快转变林业发展方式为主线，以深化改革和扩大开放为动力，着力推动林业信息资源的开发利用，提高社会服务能力，构建信息化发展长效机制，构筑人才支撑体系，推动林业生产要素的网络化共享、集约化整合、协作化开发和高效化利用，为建设生态文明做出新贡献。

7.2.5 林业大数据发展策略

为实现林业大数据健康、稳定和可持续发展，各级林业机构应从大局出发、从长远出发，统一思想、提高认识，在进行顶层设计时对业务进行统筹考虑，打破部门限制，建立相应的框架和模型，做好信息化建设管理与综合协调工作，从战略高度打破各自为政格局，实现信息化需求调研、规划设计、建设实施、推广利用、运行维护等各环节的统一、集中管理，这也是林业大数据科学发展的基础。

由于林业大数据应用业务广泛、数据量庞大、组织方式复杂、应用场景多，需要从整体到分支，从宏观到微观进行全局考虑，并通过系统化的顶层设计实现林业大数据发展的经济效应、社会效应和环境效应。林业大数据体系包括林业大数据信息采集体系、生态安全监测评价体系、生态红线动态保护体系、"四个系统一个多样性"（指森林、草原、湿地、荒漠四个生态系统和生物多样性）动态决策体系、生态应急服务体系以及林业数据开发共享服务体系。在推动林业大数据建设过程中，要尤其注意从新的数据来源、新的分析方法、新的应用模式和新的发展机制等方面开拓创新，确保林业大数据在林业生产和管理中落地并应用。

（1）新的数据来源

林业数据资源是林业大数据发展建设的重要基础。随着物联网、"3S"和移动互联网等信息技术的演进和应用，林业资源数据的来源和种类不断增加，除了传统的遥感、GIS 矢量化技术、GPS 及移动调查技术、视频监控技术、数据采集终端等数据源，传感、多媒体、空间、地理位置服务等数据的大量涌现已经成为林业数据资源的新来源。这些自动、主动的数据，通常都是非结构化数据，种类繁多、构成复杂，需要根据特定应用的需求，采用新的数据抽取方法来获取有效数据，同时尽量摒除那些可能影响判断的错误数据和无关数据。

（2）新的分析方法

林业数据的分析和管理是林业大数据建设的重要组成部分，需要采用新的分析方法，从数据中发现林业领域的未知信息，重视数据存储和再利用。林业大数据研究，不仅需通过对广泛的数据实时、动态地监测与分析来解决不可触及的科学问题，更需把数据作为研究的对象和工具，基于数据来思考、设计和推进林业大数据研究。数据不再仅仅是林业大数据发展战略研究的结果，而变成研究的基础，不仅要关心林业数据建模、描述、组织、存储、访问、分析和建立数据基础设施，更要关心如何利用网络及其内在的交互性、开放性，利用海量林业数据的可知识对象化、计算化，构造基于林业数据的、开放协同的研究与创新模式。

(3) 新的应用模式

可视化分析是大数据分析的重要方法，能够有效地弥补计算机自动化分析方法的劣势与不足。大数据可视化分析将人类强大的感知认知能力与计算机的分析计算能力优势有机融合，在数据挖掘等方法技术的基础上，综合利用认知理论、信息可视化以及人机交互技术，辅助人们更为直观和高效地洞悉大数据背后的信息、知识与智慧。利用大数据可视化技术，分析林业大数据所得的结果，以更易读、更直观、更具交互性的方式，服务于林业分析决策与业务管理、成果发布等领域。通过进一步与移动终端和移动互联网结合，林业大数据产出的成果可进行更具有深度和广度的传播，从而引导公众更加关注林业工作，向社会传递正能量，形成社会公众与政府的互动机制，树立政府公信力。

(4) 新的发展机制

为促进大数据的发展，国家层面发布了《促进大数据发展行动纲要》，从 7 个方面明确了大数据的发展机制：建立国家大数据发展和应用统筹协调机制；加快法规制度建设，积极研究数据开放、保护等方面的制度；建立健全市场发展机制，鼓励政府与企业、社会机构开展合作；建立标准规范体系，积极参与相关国际标准的制定工作；加大财政金融支持，推动建设一批国际领先的重大示范工程；加强专业人才培养，建立健全多层次、多类型的大数据人才培养体系；促进国际交流与合作，建立和完善国际合作机制。林业大数据的发展建设，应响应国务院《促进大数据发展行动纲要》精神，从顶层规划设计层面，结合发展实际，从林业大数据政策法规、工作协调机制、数据开放共享机制、数据安全隐私保护机制、林业产业发展机制、林业领域人才培养、合作交流等方面建立林业大数据的发展机制，并在实践中不断调整完善，从而使林业大数据发展更加可持续，更具活力。

7.2.6 林业大数据重点建设任务

7.2.6.1 林业大数据信息采集体系

林业大数据监测采集体系是生态变迁的信息收集器。通过自动监测与人工监测、连续监测、周期监测、常规监测、特定监测等多种方式并行，对林业生态系统、林业社会系统、林业经济系统的现状、发展与演化信息进行收集。采集来自林业生态系统和林业生产过程的一手数据，采集来自各类数据库和网站的林业数据、使用过程的信息数据。

林业大数据监测采集体系是使用更加多元化的数据采集方式，针对多样化、多态化、多渠道的林业生态信息、林业社会信息和林业经济信息，进行全面、全量、全态、全时空的采集、分类和存储，并为后期的评价、保护与决策等环节的顺利实施奠定基础的信息收集体系。林业大数据监测采集体系以积累海量数据为主要目标，它将森林、草原、湿地、荒漠和生物多样性等林业资源主体及与之息息相关的自然环境均纳入监测体系，并对林业的各种生产、经营、消费、娱乐等活动进行信息采集，实现林业生态、经济、社会数据的全面收集。林业信息资源主要包括森林资源、草原资源、湿地资源、荒漠资源、野生动植物资源等自然资源以及紧密附着在这些资源上的诸多林产品。林业信息资源形成周期长，在一定时期内是有限的，在经历了蒙昧时代的资源无限观向工业时代的资源有限观转变之后，人们对于森林资源的开发利用将更加智能。

林业数据采集分两部分，一部分是在线监测实时数据，通过流计算方法采集获取；另一部分是非实时数据，即批量数据，通过约定的接口方式获得。结构化数据的整理入库，需要根据系统的实际数据库类型制定数据整合入库方法。一般可以有两种方法：第一种方法是先将原数据库中内容导出为通用格式，如 Excel 表，再将通用格式数据导入到数据库中；第二种方法是采用专业的数据整理工具进行数据整合入库。为了完成数据整合过程，需要针对数据库的数据结构、数据内容执行详细的数据整合方案，其中主要用到的是数据的 ETL(extract-transform-load) 过程，如图 7-3 所示。ETL 是对数据进行提取、转换和加载的处理工具，利用 ETL 工具可以实现异构数据库系统间的数据整合和集成，并针对每个具体分系统编写数据转换代码，来一起完成原始数据采集、错误数据清理、异构数据整合、数据结构转换、数据转储和数据定期刷新的全部过程，并将它们装入林业大数据中心数据库中，为数据分析做好准备。

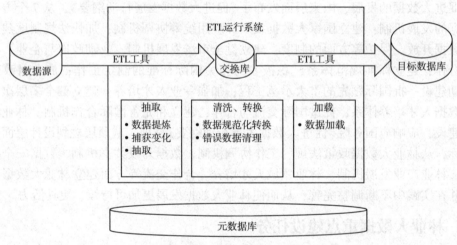

图 7-3　ETL 工作过程

7.2.6.2　林业大数据应用体系

林业大数据结合高分辨率遥感影像、历年全国森林资源清查数据、历年全国草原资源调查结果、历年全国荒漠化和沙化土地监测数据、历年全国湿地资源调查结果、基础地理信息等多源数据，利用大数据技术进行分析，破解生态文明建设难题。按照林业大数据发展思路、发展目标、推进策略，根据林业生产、管理、服务需求和国内外大数据技术的发展趋势，结合林业大数据发展基础和条件，研究提出了林业大数据四大应用体系，包括生态安全监测评价体系、生态红线动态保护体系、"四个系统一个多样性"动态决策体系和林业应急服务体系。四大应用体系利用大数据挖掘技术实现从大量的、不完全的、有噪声的、模糊的、随机的林业数据中，提取隐含的、未知的但又是潜在的有价值信息和知识。

大数据挖掘涉及的技术方法很多，有多种分类标准。根据挖掘任务可分为数据总结、分类、聚类、关联分析、时序列模式发现、依赖模型发现、异常检测等；根据挖掘对象可分为关系数据库、面向对象数据库、空间数据库、时态数据库、文本数据库、多媒体数据库、异质数据库等；根据挖掘方法可分为机器学习方法、统计方法、神经网络方法和数据库方法等。林业大数据四大应用体系将综合运用以上的数据挖掘方法，着重突破数据可视化分析、数据挖掘算法、预测性分析、数据质量和数据管理等方面的运用。例如，依托森林资源方面的大数据，建立森林资源专题数据库，实现对森林资源的动态、实时、有效地监管。依托营造林方面大数据，实现对营造林计划、进度控制、实施效果的动态分析，为评估营造林效果提供依据。依托森林灾害方面的大数据，及时给出森林火险警报和预警信号。依托林业产业大数据，实现林业生产企业运行监测及市场动态监测，指导林业生产。依托野生动植物资源大数据，及时掌握生物多样性现状及动态变化情况，提高对野生动植物资源的监测、管理、保护水平。依托林业有害生物大数据，实现全方位的灾害分析，及时进行灾害预警及预报。

（1）生态安全监测评价体系

生态安全监测评价体系是生态发展的"本质显示器"，它通过对陆地生态系统分区，划分出不同生态系统的脆弱区域，并对其进行动态监控，把握其生态安全状态与主要威胁因素，并利用大数据技术分析其发展趋势，提出对策和建议。

生态安全监测评价体系以生态脆弱区为重点监测对象，通过对生态脆弱区本体与对环境的动态监控，掌握其发展变迁规律，为突发安全事件的预测预报提供科学依据。由生态安全分区、重点生态区监控、生态环境评估和生态环境预测预警等内容形成一个完整的生态安全监测体系。生态安全监测评价体系如图7-4所示。

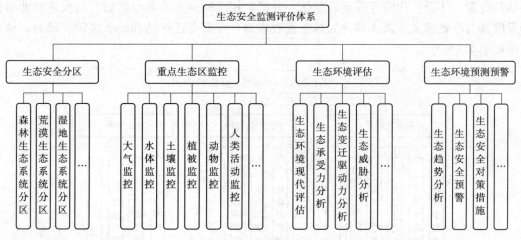

图7-4 生态安全监测评价体系

（2）生态红线动态保护体系

生态红线是生态环境安全的底线，它是指在自然生态服务功能、环境质量安全、自然资源利用等方面，实行严格保护的空间边界与管理限值。生态红线划定是指森林、草原、湿地、沙区植被、物种等生态要素经过科学测算、能发挥其相应生态经济功效的最低值，是维护生态安全、实现林业可持续发展的基本保障。

生态红线动态保护体系的数据采集及处理与生态安全监测评价体系相似，采集的数据经过辨析、抽取、清洗等操作形成有效数据，利用大数据技术的分类、决策树技术等分析方法对生态红线落定、生态红线动态平衡、生态红线管控提供有效的技术手段，体系框架如图 7-5 所示。

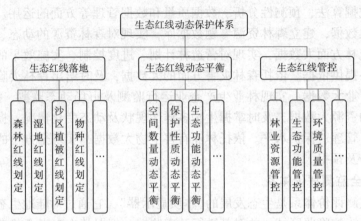

图 7-5　生态红线动态保护体系框架

(3)"四个系统一个多样性"动态决策体系

森林生态系统、草原生态系统、湿地生态系统、荒漠生态系统、生物多样性是林业的重要管理内容。为实现林业的可持续发展，制定相应的发展目标与发展规划是一种常规的做法。但生态系统总是受到各种自然或人为因素的影响，当生态系统发生剧烈变化时，就需要对先前的规划做出调整。"四个系统一个多样性"动态决策体系针对林业的各种变迁，评估其资源、环境、功能等方面的变化，并制定相应的调整方案与措施，对实现林业可持续发展具有重要意义。该体系分为林业发展规划、生态变迁评估和动态决策三部分，体系框架如图 7-6 所示。

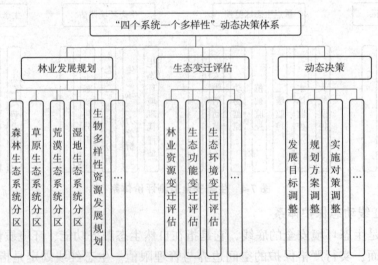

图 7-6　"四个系统一个多样性"动态决策体系框架

(4)林业应急服务体系

林业应急服务体系针对森林火灾、林业有害生物等各种林业突发事件，从指挥调度、应急管理、灾后评估等方面入手，实现对突发事件的快速应急指挥，利用大数据技术提高灾害应急快速反应能力和综合防控能力，降低灾害给国家和人民群众带来的损失，保障生命和财产安全。

　　林业应急服务体系主要包括森林防火与应急指挥、林业有害生物防治、野生动物疫源疫病监管、沙尘暴监测防控和重大生态破坏事件应急等系统。林业应急服务体系在宏观方面分为决策指挥、现场应对和外界援助3个层面，这之间以海量数据信息、高效计算能力和数据传输能力为基础，利用大数据技术实现信息有效沟通和机器预测预判，进而帮助指挥部门协调各方行动、进行现场处置和救援、与外界通过信息沟通提供援助，实现多元化协作的应急处置。在微观层面，林业部门需要在应急处置和业务连续性之间保持平衡。基于大数据的决策支持系统将成为强大的信息管理系统，能够做到实时报告，而且操作简易，是能够同时汇集并分析多项关键指标的高效指挥决策辅助系统。在大数据决策支持系统支撑下，交通、医疗、消防等管理部门，需要及时沟通，为突发事件的处置提供充足的物力资源、及时的导航信息等。林业应急服务体系如图7-7所示。

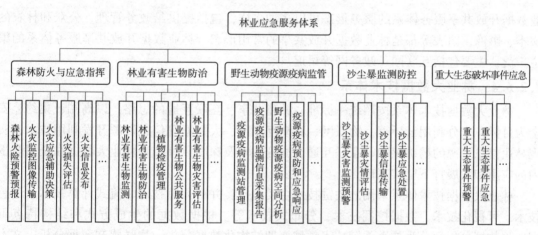

图7-7　林业应急服务体系

7.2.6.3　林业数据开放共享服务体系

　　林业数据开放共享服务体系是林业与其他行业、林业与社会公众沟通的桥梁，是林业信息向社会发布的门户，对增强公众生态保护意识，实现"生态兴国"目标具有重要意义。构建林业数据开放共享服务体系，提供面向不同对象的林业相关信息，拓展林业受众，可以提升林业行业形象，促进行业间交流，形成稳定的咨询数据库，激发公众参与积极性，增加林业政务透明度，是推进我国林业发展的必要手段。

　　林业数据开放共享服务体系由政务数据发布和公众数据发布2个系统组成。政务数据发布主要包括政策法规、通知公告、年报公报、申请信息等政务信息的发布；公众数据发布主要包括林业行业动态、林业科技信息、林业产业信息、生态文化信息和林业生态服务信息等公众信息的发布。林业数据开放共享服务体系如图7-8所示。

　　林业数据开放共享服务对象广泛，包括林业管理决策者、林业业务人员、林业经营管理单位、科研机构、社会公众和其他政府部门等。由于林业数据开放共享对象的不同，林

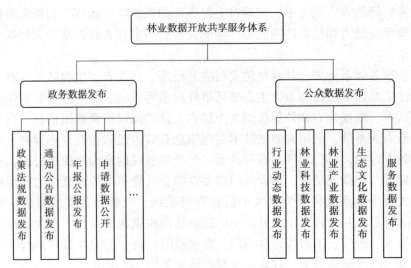

图 7-8 林业数据开放共享服务体系

业数据开放共享服务体系的服务形态可以多种多样,包括提供给政务管理、公众和林农的文本、影像、图表等都是林业数据开放共享的常用形态。林业数据开放共享服务体系的渠道广泛,主要包括互联网、政务网等渠道。

7.2.6.4 林业大数据技术体系

林业大数据技术体系按照统一标准、共建共享、互联互通的思路,以高端、集约、安全为目标,充分利用云计算、物联网、移动互联网、大数据等信息资源开发利用技术,实现林业信息资源的精确感知、互联互通、充分共享及深度计算,为林业大数据在全国范围内的应用和发展打下坚实基础。

林业大数据技术体系采用的关键技术主要包括:并行计算技术、流式计算技术、遥感技术、可视化技术、数据挖掘技术、分布式技术等。根据数据的生成方式和结构特点不同,将数据分析划分为 7 个关键技术领域,即结构化数据分析、物联感知数据分析、文本分析、Web 分析、多媒体分析、社交网络分析、移动分析。网络部署设计从林业大数据项目的实际应用角度出发,以 Hadoop 等大数据平台部署为核心,通过 Hadoop 体系的分布式文件系统(HDFS)、NoSQL 数据库、MySQL 数据库实现结构化数据、半结构化数据、非结构化数据的海量存储。林业大数据建设依托国家电子政务外网进行网络部署,以国家林草局为主中心,以各省林业局为分中心,部署数据采集、业务应用系统、数据共享及业务协同的服务器,并通过国家电子政务外网在纵向和横向上实现部门机构间的信息共享,面向公众提供社会服务。根据业务需要和业务管理特点,采用分布式存储方式,各级同步保存本地数据。采用的部署模式如图 7-9 所示。

依托国家电子政务外网纵向上实现国家林业和草原局与各省、市、县级林业部门的互联互通,横向上与生态相关部门(自然资源、环境保护、气象、农业等)进行数据交换共享与业务协同。同时,基于数据开放共享和安全机制,为社会公众提供数据服务,提高政府与公众的互动能力以及政府信息公开的透明度。

林业大数据技术架构设计采用分层思路对建设任务进行分解,以大数据存储系统和分

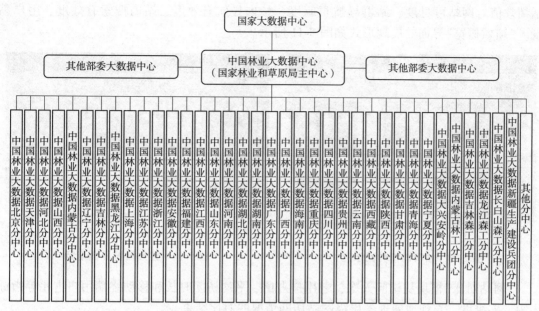

图 7-9 中国林业大数据部署模式

布式计算框架为基础,构建林业大数据中心,支持大规模异构数据采集、存储、分析等工作内容。采用大数据与云计算技术,林业大数据建设将在云平台上搭建大数据框架,包括基础设施、数据采集、林业大数据平台以及分析处理与应用展示。

林业大数据建设的应用架构设计,主要包括林业大数据监测采集系统、生态安全监测评价系统、生态红线动态保护系统、"四个系统一个多样性"动态决策系统、林业应急服务系统以及林业数据开放共享服务系统等。

7.3 林业大数据建设典型案例

7.3.1 中国林业网智慧决策系统

(1) 项目简介

为提高中国林业网用户体验,2014 年,国家林业局通过对中国林业网站群进行梳理,提出建设中国林业网智慧决策系统的目标。运用大数据和语义挖掘技术,对中国林业网用户需求进行系统分析,了解用户需求分布,以改善服务质量,提升用户体验。

(2) 建设内容

中国林业网智慧决策系统包含 5 个部分,即站群详情、绩效概览、网站对比、地理分布、时间分布等。

"站群详情"功能模块共展示了三大类 22 个指标,如图 7-10 所示。

"绩效概览"模块主要用于评估政府网站用户体验效果,以仪表盘和表格结合的形式呈现不同层级网站群:集群概览、主站、横向站群、纵向站群、特色站群、国家林业网站群、省级林业网站群、市级林业网站群等 10 个层级网站的用户体验绩效及分项指标,包括绩效值、网站可见度、站群导航贡献度、站内导航有效度、站内搜索有效度、用户黏度。"绩效概览"界面的展现形式如图7-11所示。

图 7-10 站群详情界面示意

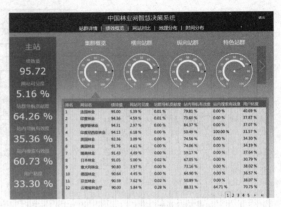
图 7-11 绩效概览界面示意

"网站对比"模块从访问人次、老用户占比、平均访问时长和移动终端用户占比等指标入手，多维度、直观地展现各层级网站访问情况的对比结果。

"地理分布"界面以地图的形式直观地展现了中国林业网站群访问用户的地域分布情况，可以点击界面左侧的"中国地图""世界地图"按钮来分别查看中国林业站群网站用户地理来源的国内和国际分布情况。

"时间分布"展示了中国林业网"访问量"指标的时间分布情况，可以点击按钮来展现"访问量"指标按年、按月、按日、按时的分布情况。

7.3.2 中国林业数据库

(1) 项目简介

中国林业数据库是国家林草局建设的重点项目，数据来源涵盖国家林草局各司局级单位以及全国各级林业主管部门多年形成的各类数据成果资料，包括国内外各类公开的政府网站或相关机构网站发布的林业信息，以及网民发布的林业相关信息。中国林业数据库一期建设主要以文字资料为主，打造全面的综合性林业数据库。二期建设主要定位在数字数据库建设，在一期文字资源数据库基础上，进行数据的分析处理；同时收集整理国际林业相关数字资料，扩充林业数据库的内容和范围，形成以数字为主的林业数据库，在此基础上完善林业数据库系统，提供更为丰富的数据检索、统计分析以及预测服务，满足各级林业工作者和公众的应用需求。

(2) 建设目标

林业数据库数据类型丰富(文字、数字、空间数据等)，涵盖范围广(国内、国际、政府、科研、公众等)，内容全面(林业资源、重点工程、林业灾害、林业产业等)。数据库建设以大数据思维理念为指导，采用先进的计算机技术、数据库技术、网络技术、大数据技术、云计算技术等，建立统一林业数据库平台。实现从现有的分散环境中提取相关的、可靠的、全面的数据和信息，整合各种林业资源，形成涵盖全面的林业数据库，消除林业信息孤岛，解决海量信息集成应用需求，为各类用户提供有效、便捷、全面的林业信息数据支撑的目标。

(3) 建设内容

中国林业数据库建设依据全国林业信息化"四横两纵"的总体框架，结合林业数据库系统的需求，基于 SOA 框架体系，采用云计算技术、大数据技术、在线分析处理技术、数据中心和数据仓库技术，以林业数据库为核心，以互联网和林业专网为依托，进行林业数据库系统构建，如图 7-12 所示。

图 7-12 林业数据库总体架构

基础设施层主要包括网络、硬件、操作系统、中间件和软件平台；数据层主要包括六类林业信息资源数据库建设，即元数据库、文字数据库、结构化数据库、图片数据库、视频数据库、语音数据库；支撑层主要提供各类运行支撑服务组件，包括数据访问引擎、用户管理、权限管理、元数据维护、数据存储、信息检索、统计分析等；应用层主要包括面向全国各级林业管理部门、业务部门、技术部门以及公众提供的林业数据库门户应用、面向系统维护人员提供的数据管理系统，以及面向信息更新维护人员提供的数据定制化采集系统。整个系统建设，充分依托政策法规与标准规范保障体系和组织与安全保障体系，为整个项目运行提供软环境支撑。

7.3.3 "明天去哪儿"生态旅游大数据平台

(1) 项目简介

生态旅游已成为我国旅游行业的重要组成部分。以森林公园、湿地公园、自然保护区等为依托的森林旅游事业一直保持着 15% 左右的年增长速度，全国森林旅游游客量达到 60 亿人次，平均年游客量达到 15 亿人次。为加速形成较为完善的森林旅游信息网络，

2014年，国家林草局启动了"明天去哪儿"生态旅游大数据建设项目。充分运用位置大数据技术，整合森林公园、湿地公园、沙漠公园、自然保护区等全国生态旅游信息数据，形成集分析、预测、服务为一体的综合型大数据生态旅游平台，实现生态旅游数据的实时开放共享，为公众提供出行提示及旅游指南等服务，如图7-13所示。

图7-13 "明天去哪儿"生态旅游平台

（2）建设内容

通过广泛收集生态旅游数据信息，运用位置大数据分析关键技术，通过数据的挖掘、处理及分析，构建生态旅游智慧化预测平台，为用户提供一站式生态旅游配套服务。主要建设内容包括：

①建立基础信息处理平台。建立"明天去哪儿"的数据采集平台入口，对数据的类型进行分类，制定数据采集规范。数据源主要有景区数据、天气数据、交通数据、酒店数据、互联网数据和异常数据等，对有效数据进行加载、规划、元数据抽取、噪声清洗、数据归一化等处理，最后应用于"明天去哪儿"示范平台。

②大数据用户行为挖掘。利用协同过滤、内容相似计算、图片相似计算等算法，通过综合分析海量用户的各种历史数据，从而计算出每个用户对每个景区的偏好。通过对历年林区景区游客人数以及海量的实时位置大数据等的分析，发现其与天气、季节、节假日、生态种类等关联关系，根据用户的偏好，基于机器学习、人工智能等方式为用户推荐合适的生态旅游景区。

③建设"明天去哪儿"生态旅游门户。以"明天去哪儿"为主题切入点，结合位置大数据分析技术以及关联挖掘分析技术，从时间和空间维度方面重点突出当前适合旅游的景点，突出林业生态旅游的公益服务性质。

（3）创新特色

基于位置分析，"明天去哪儿"生态旅游平台创新主要体现在以下几个方面：

①技术创新。基于位置信息，从时间维度和空间维度对生态旅游景点进行挖掘，并从内容维度对数据再次划分，向用户提供最直接的出行参考。

②服务创新。基于第三方位置数据和位置聚合分析，获得景点实时人流趋势和热力

图,为用户出行提供参考。基于数据聚类分析,得出各省级行政区的美丽国家指数、各项分指数(生态、社会、经济等)及其排名,为出行者提供参考。基于空间媒体数据关联挖掘分析,为用户提供直观的出行参考。

(4) 建设成效

与森林旅游行业整体快速增长相比较,生态旅游信息化建设相对滞后,旅游系统现有游客采样分析以问卷调查、交通票务统计和酒店入住统计等方法为主,总体上讲具有统计周期长、成本高、信息不准确和游客细分能力差等不足。

通过利用运营商级的位置大数据资源,打造实时数据分析的信息化基础平台,通过对游客信息进行多维度的精准分析和有效预测,可以为用户提供舆情分析、事件预警,同时可以通过有效整合旅游监管数据、旅游行业数据,为政府和旅游企业制定宣传营销策略提供有效的数据支撑,真正实现"智慧旅游",实现林业生态旅游的"互联网+"。

复习思考题

1. 简述大数据的"5V"特征。
2. 请简要分析林业大数据的业务流程。
3. 生态大数据主要应用在哪些方面?
4. 简述林业大数据建设的基本思路。
5. 简述林业大数据建设的重点任务。
6. 简述中国林业数据库总体架构中"四横两纵"的内容。

推荐阅读书目

1. 李世东, 2016. 中国林业大数据发展战略研究报告[M]. 北京:中国林业出版社.
2. 涂子沛, 2013. 大数据[M]. 桂林:广西师范大学出版社.
3. 涂子沛, 2019. 数据之巅[M]. 北京:中信出版社.
4. 涂子沛, 2018. 数文明[M]. 北京:中信出版社.
5. Ümit D, Gagangeet S A, Anish J, et al., 2024. Big Data Analytics:Theory, Techniques, Platforms, and Applications[M]. Cham:Springer.

第 8 章

林业人工智能

【本章提要】人工智能技术被称为20世纪70年代以来世界三大尖端技术之一,在很多领域都得到了广泛应用。本章从人工智能的概论入手,介绍人工智能技术在林业中的发展及应用。首先概述人工智能的发展历程、主要应用和相关研究等;然后阐明人工智能在林业中的发展思路和重点任务;最后列举出林业人工智能的典型案例。通过学习本章内容,能更深刻地理解林业人工智能的应用和发展。

8.1 人工智能概论

8.1.1 人工智能发展历程

人工智能的产生及发展过程,可大致分为起始期、兴起期、稳定期和高峰期。

(1) 起始期

1956年人工智能的概念被首次提出。机器定理证明、跳棋程序、LISP表处理语言、神经元网络计算机等就是在这一时期出现的。初期取得了一定的成果,但由于消解法推理能力有限以及机器翻译等的失败,使人工智能暂时陷入了低谷。

(2) 兴起期

DENDRAL化学质谱分析系统、MYCIN疾病诊断和治疗系统、Hearsay-Ⅱ语言理解系统等专家系统的出现,将人工智能的研究再一次推向高潮,奠定了人工智能的实用性基础。1969年,国际人工智能联合会议的召开,标志着人工智能已得到广泛的认可。

(3) 稳定期

20世纪80年代,随着第五代计算机的研制,人工智能得到飞速发展。日本在1982年开始实施"第五代计算机研制计划",即知识信息处理系统(KIPS),其目的是加快逻辑推理速度,达到数值运算相近水平。虽然此计划最终失败,但它的开展掀起了人工智能研究的热潮。20世纪80年代末,第一次神经网络国际会议在美国召开,使在神经网络研究上的投资大大提高。20世纪90年代,网络技术的出现给人工智能提供了新的研究方向,使人工智能从曾经的单个智能主体研究开始转向基于网络环境下的分布式人工智能研究,推动人工智能有了更多的实际应用。

(4) 高峰期

进入 21 世纪以来，技术的飞速发展，使人工智能技术在具体应用上如鱼得水，已经开始渗透到人们的日常生活之中。从卫星智能控制，到机器人足球比赛，再到智能家居机器人等，人工智能技术进入飞速发展期。当前以智能搜索、深度学习、云操作处理等为代表的大规模联网应用已经成为信息通信技术的重要方向。近年来美欧相继启动人脑研发计划，力图打造基于信息通信技术的综合性研究平台，促进人工智能、机器人和神经形态计算系统的发展，预计将助推信息通信技术乃至人类社会生产生活发生深刻的革命性变化。

8.1.2 人工智能主要应用

(1) 问题求解

问题求解一般包括两种：第一种是指解决管理活动中由于意外引起的非预期效应或与预期效应之间的偏差。能够求解难题的下棋(如国际象棋)程序的出现，是人工智能发展的一大成就。在下棋程序中应用的推理，如向前看几步，把困难的问题分成一些较容易的子问题等技术，逐渐发展成为搜索和问题归约这类人工智能的基本技术。搜索策略可分为无信息导引的盲目搜索和利用经验知识导引的启发式搜索，它决定着在问题求解的推理步骤中，使用知识的优先关系。第二种是问题求解程序，是把各种数学公式和符号汇编在一起，其性能已达到非常高的水平，正在被许多科学家和工程师所应用，甚至有些程序还能够用经验来改善其性能。例如，美国的 Mathematica 软件拥有强大的数值计算和符号运算能力，可以帮助人们随心所欲地进行各种复杂的数学运算。

(2) 专家系统

专家系统 ES(expert system)是人工智能研究领域中另一重要分支，探讨一般的思维方法转入到运用专门知识求解专门问题，实现人工智能从理论研究向实际应用的重大突破。一个基本的专家系统主要由知识库、数据库、推理机、解释机制、知识获取和用户界面六部分组成。专家系统可以看作是一类具有专门知识的计算机智能程序系统，它能运用特定领域中的专家知识和经验，并采用人工智能中的推理技术来求解和模拟通常由专家才能解决的各种复杂问题。在近年来的专家系统或"知识工程"研究中，已经有效应用了人工智能技术，代表应用是用户与专家系统进行"咨询对话"，如同其与专家面对面对话一样。当前的专家系统，在化学和地质数据分析、计算机系统结构、建筑工程以及医疗诊断等业务咨询方面，已达到了很高的水平。

(3) 机器翻译

机器翻译是利用计算机把一种自然语言转变成另一种自然语言的过程，用来完成这一过程的软件系统称为机器翻译系统。目前，国内的机器翻译软件不下百种，大致可分为两大类：词典翻译类和专业翻译类。词典类翻译软件代表是"有道词典""金山词霸"等，它可以迅速查询英文单词或词组的词义，并提供单词的发音。专业类翻译软件的代表是百度翻译、谷歌翻译等，均已达到很高的实用水准，可满足日常的简单沟通。

(4) 模式识别

模式识别指用计算机代替人类或帮助人类感知模式，是对人类感知外界功能的模拟。其主要的研究对象是计算机模式识别系统，即让计算机系统能够模拟人类，通过感觉器官对外界产生各种感知能力。较早的模式识别研究集中在对文字和二维图像的识别方面，并取得了不少成果。目前研究的热点是活动目标(如飞行器)的识别和分析，是景物分析走向实用化研究的一个标志。各种语音识别装置相继出现，性能良好，已进入实用阶段，一个重要的例子就是多国语言(如英、日、意、韩、法、德、中等)口语自动翻译系统。该系统中文部分的实验平台设立在中国科学院自动化研究所模式识别国家重点实验室，这是中文口语翻译研究跨入世界领先水平的重要标志，人们出国预订旅馆、购买机票、在餐馆对话和兑换外币时，只要使用电话网络和国际互联网，就可以用手机、电话等与"老外"通话。

(5) 机器人

斯皮尔伯格执导的《AI》给我们展示了一个真正的人工智能世界，因为机器人已经有了人类的情感，与人类已经没有多少区别。然而现实中的机器人差得太远，不过各种各样的机器人确实成为人工智能发展的重要方向。1968—1972 年，美国斯坦福研究所研制了移动式机器人 Shakey，这是首台采用了人工智能技术的移动机器人。Shakey 具备一定人工智能，能够自主进行感知、环境建模、行为规划并执行任务(如寻找木箱并将其推到指定位置)。随后智能机器人在日本、美国等迅速发展了起来，波士顿动力公司(Boston Dynamics)的 Atlas 人形机器人和 Spot 机器狗是其中的典型代表。

8.1.3 人工智能相关研究

(1) 神经网络

人工神经网络是在研究人脑的奥秘中得到启发，试图用大量的处理单元(人工神经元、处理元件、电子元件等)模仿人脑神经系统工程结构和工作机理，达到实现人工智能的目的。在人工神经网络中，信息的处理是由神经元之间的相互作用来实现的，知识与信息的存储表现为网络元件互连间分布式的物理联系，网络的学习和识别取决于和神经元连接权值的动态演化过程。

按照"结构模拟"的方法论思想，人工智能的研究者试图构造人工的神经网络来模拟人类的思维能力。1943 年，McCulloch 和 Pitts 提出神经元的数理逻辑模型，经过后人的改进成为人工神经网络的基本单元。20 世纪 50 年代中期，Rosenblatt 等人利用人工神经元电路构造感知机(Perceptron)，用来识别印刷体的英文字母，初步显示人工神经网络的智能水平。同一时期，Widrow 等人利用人工神经元研究和设计具有自适应能力的 Adaline 和 Madaline 系统，人们甚至利用少数几个神经元的简单网络设计，成功研制出可以模拟高等动物条件反射能力的人工神经网络，展示了人工神经网络研究的诱人前景。

(2) 深度学习

深度学习旨在模仿人脑的神经网络，其作用就像人类大脑里掌管知觉、运动指令、意识、语言的"新皮层"，它能自己学习辨识声音、图像和其他数据，从而帮助计算机破解一些人类几乎完全依靠直觉来解决的问题，从识别人脸到理解语言等，极大地推动了人工智能的发展。传统机器学习是通过标记数据和有监督的学习,这意味着,如果想让机器学会如何识别某一特定对象,就必须人为干预,对样本进行标注。也就是说,随着其所需处理的数据量增大,外界给予的支持和帮助也就更大,而且计算结果的准确性也可能受到影响。因此,对于这种传统算法,越来越多的数据将成为负担,也更容易达到极限或产生错误结果。但深度学习是对从未经标记的数据展开学习的,这更接近人脑的学习方式,可以通过训练之后自行掌握概念,这将大幅度提升计算机处理信息的效率,使机器具备一定的学习和思考能力。

如今,拥有大数据的知名的高科技公司争相投入资源,占领深度学习的技术制高点,正是因为它们都看到了在大数据时代,更加复杂且更加强大的深度模型能深刻分析海量数据里所承载的复杂而丰富的信息,并对未来或未知事件做出更精准的预测。安卓智能手机操作系统上采用基于深度学习的语音识别技术后,其单词拼写的错误率有所下降,这是语音识别领域10多年来最大的突破性进展。深度学习技术不仅在图像和语音识别领域不断取得突破,在处理自然语言方面也发挥了巨大作用,包括用其来理解人类的演说以进行转述或回答相关问题或将一种语言翻译成另一种语言等。

8.2 林业人工智能

8.2.1 林业人工智能建设需求

随着新一代人工智能技术应用不断取得突破,全球加速进入了智慧化新时代,人工智能将成为未来第一生产力,对人类生产生活、社会组织和思想行为带来颠覆性变革。抢抓人工智能发展机遇,深化智慧化引领,既是全面建成智慧林业的重要举措,更是林业顺应时代潮流、实现智慧化跃进的良好机遇。以下列举了几个典型应用。

(1) 林业智能监测和管理

利用人工智能的图像识别技术,可以对卫星图像、航拍图像、无人机图像等进行自动分析,有助于监测森林覆盖率、植被状况、树木病虫害等情况。通过深度学习算法,系统能够自动识别和分析图像中的各种要素,根据烟雾、温度和风向等数据,识别火灾的位置和严重程度等,以便更好地调度救援人员和资源进行火灾监测和预警预报。

(2) 林业自动化生产设备

利用无人机、激光雷达等传感技术,结合机器学习和计算机视觉,打造自动化的林业生产设备。例如,智能植树机器人可以根据温度、湿度、土壤质量等信息自动辨别最适合植树的地点,并在不同地形条件下进行植树操作,从而提高植树效率,实现大规模的森林恢复和植树计划。利用物联网技术和传感器网络,打造林业辅助工作机器人,来协助处理一些繁重、危险的工作,如在森林火灾发生时,无人机或机器人可以用于勘察火源、提供实时信息等救援工作。

(3) 林业智能决策

利用人工智能模型和历史数据,帮助决策者进行决策。例如,利用数据分析技术,智能估算木材存量、种类分布、年龄结构等,从而制定合理的采伐计划。利用自动路线规划技术，结合气象数据、GIS，评估森林火灾的潜在风险，并给出前往事发地的最优路线；基于这些预测，决策者能够制定火线规划、资源调度、人员撤离等有效的火灾预防和救助策略。

（4）其他创新应用模式

利用 VR 和 AR 技术，结合人工智能，开发森林资源管理的模拟培训环境，帮助培训林业专业人才，并提高其实际操作能力。利用区块链技术，建立森林数据市场，在确保数据安全和权益的条件下，鼓励各方共享生态系统监测、气象数据等信息，从而促进科研和可持续管理。

8.2.2 林业人工智能基本原则

（1）坚持统一管理

建设智慧林业，注重信息与林业各个环节、各种资源、各项业务的深度融合、集约共享和协同推进。从组织管理、顶层设计、基础设施以及应用示范工程等多维度切入，实现重点突破。

（2）坚持创新驱动

实施创新驱动发展战略，加快产业技术创新，用高新技术和先进的适用技术改造提升传统产业，加快实现由低成本优势向创新优势的转变。通过科技创新，推动林业生产力的发展，充分发挥科技作为第一生产力、创新作为第一驱动力的重要作用，推进林业现代化建设。

（3）坚持协同联动

以创新思维来谋划、统筹林业信息化发展。加强科研机构与林业和草原主管部门的深度合作，不断优化有利于林业发展的技术环境，积极推动研究成果的产业化。广泛开展国际合作，充分利用国内外的科技资源和优势，推动生态建设和发展。注重数据协同共享，建立数据标准规范，实现数据共享交换，推行数据开放服务。加强安全技术体系建设，提高林业信息的安全水平。

（4）坚持与时俱进

以问题为导向，对当前林业现状进行科学分析和准确判断，充分分析供求关系、消费层次和资源配置方式的变化。以智慧化的手段建设林业，推动生态发展；用更智慧的决策系统掌控、精细管理，促进协同服务，实现最优的创新管理，跟踪世界林业和草原发展动态，进一步促进全行业的对外开放。

8.2.3 林业人工智能发展目标

第一阶段，到 2030 年，实现人工智能技术在林业重点建设领域中的示范应用，人工智能技术及其应用成为新的林业重点建设领域的重要支撑和业务创新增长点。运用云计算、物联网、移动互联、大数据、人工智能等新一代信息技术，促林业管理体系协同高效，公共服务能力显著增强，保障体系完备有效，开拓实现林业现代化的新途径，有力支撑我国林业建设迈入智慧化的阶段。面向林业重大应用的新一代人工智能理论和技术及其研究成果取得重要进展。初步建成面向林业应用的人工智能技术标准、服务体系和产业生态链，从制度上营造全行业重视林业人工智能应用的政策环境。

第二阶段，到2035年，实现林业人工智能基础理论的突破，部分技术与应用达到国际先进水平，在林业领域试点示范取得显著成果，并开始大范围推广。加大物联网、云计算、大数据、人工智能等信息技术在林业管理和公共服务方面的创新应用，加快林业基础资源信息整合工作，林业智能信息平台相互连通，林业数据基本整合完成，基本建成面向全行业统一的林业大数据平台，实现全国林业信息资源的共建共享、统一管理和服务。为林业生产者、管理人员和科技人员提供网络化、智能化、最优化的科学决策服务，政务管理更加科学高效。林业和草原主管部门及生产单位拥有完备的设施和技术装备，保障人工智能技术与林业业务的充分融合。

第三阶段，到2050年，林业人工智能理论、技术与应用总体达到世界领先水平。能够完全发挥人工智能技术在林业应用的活力，形成成熟的林业信息化产业链，使人工智能技术与林业发展实现完全融合，成为林业管理现代化的有力手段。实现林业信息决策管理定量化、精细化，林业服务信息多样化、专业化和智能化。建成一批全球领先的林业人工智能科技创新和人才培养基地，形成更加完善的林业人工智能政策体系。

8.2.4 林业人工智能基本思路

以林业现代化需求为导向，以新一代人工智能与林业融合创新为动力，深入把握新一代人工智能发展特点，充分利用新一代信息技术，深化智慧化引领，实行全行业共建，强化全周期应用，推动高质量发展，融合创新，智慧跨越，为建设生态文明和美丽中国做出新的贡献。

8.2.5 林业人工智能建设重点任务

8.2.5.1 生态保护人工智能应用体系建设

实施创新驱动发展战略，充分运用大数据、物联网、卫星遥感、图像识别、无人机、机器人等新一代信息技术，在森林生态系统保护领域、草原生态系统保护领域、湿地生态系统保护领域、荒漠生态系统保护领域、生物多样性保护领域，创新监管模式，开展智能监测，做好预警，提供科学决策依据，激发生态保护新动能，形成生态保护新模式，实现生态保护智能化。

(1) 森林生态系统保护

通过接收卫星影像并进行分析，跟踪森林生态系统实时变化，运用机器视觉技术和深度学习算法，及时发现森林消长变化，进行动态监测，有效评价森林生态健康状况。

(2) 草原生态系统保护

建立卫星遥感、无人机航拍、地面监控探头等立体监控网络，发展人工智能自动图像识别技术，突破对野生动物和草原有害生物的地理位置、群体数量识别的技术瓶颈，实现对草原禁牧、草畜平衡、草原有害生物、破坏草原资源等情况的实时监控预警，为依法严格保护草原和促进草原合理利用提供强有力的技术支撑。

(3) 湿地生态系统保护

利用新一代多媒体智能技术，将湿地卫片、航片等信息和数据进行综合使用、协同认知,推进湿地规划、保护、监测和管理的智能化。

(4) 荒漠生态系统保护

充分应用无人机低空遥感技术、图像识别和大数据技术,高效、实时、全自动化地开展数据采集,提高荒漠生态系统监测调查水平和荒漠生态系统安全评价工作效率。

(5) 生物多样性保护

通过野外红外相机监测、野生动物声纹、卫星定位追踪、图像智能识别等技术,加强野生动植物的物种监测与保护。基于泛在通信网络和人工智能技术成果,运用无人驾驶巡护车和智能巡护机器人,进行自然保护地的监测与巡护管理。利用分布式数据库、云计算、人工智能、认知计算等技术,建设自然保护地"多规合一"的信息平台,及时掌握资源的分布和变化动态,分析各种自然保护地的保护现状和保护成效,为生态治理和预防生态退化提供科学的决策和依据。提升国家公园等自然保护地智能监测能力,探索形成国家公园等自然保护地智能监测模式,服务于自然保护地的建设和发展。

8.2.5.2 生态修复人工智能应用体系建设

生态修复是生态文明建设的主要任务和基本要求,是建设美丽中国的重要途径。通过部署传感器、控制器、监测站和智能机器人、无人机等,在种苗培育、营造林、草原修复、湿地恢复等领域,构建智能化的分析平台,完善决策支持系统,进行智能无人机自动操作,实现林业的智能化跨越。

(1) 种苗培育

将物联网、移动互联网、云计算、人工智能与传统种苗生产相结合,广泛应用于精品苗木研发、种植、培育、管理和在线销售的各个环节,实现苗木智慧化种植、智能机器人管理、大数据评估和合理化采购等功能,加强林业种质资源监测与保护。

(2) 营(造)林

利用智能控制植树机器人、林业经营智能机器人、林业施肥机器人开展各种植树造林作业,感应树木种类和环境变化,利用深度学习技术,分析相关数据,进行精准预测和演算,实现无人智能自动操作。

(3) 草原修复

基于草原监测信息,以及草原生态修复技术成果等资料,形成草原大数据,开发草原生态修复专家支持系统,自动生成草原生态修复处方图。研发改良种草方面的无人机、无人机械等技术产品,实现自主精确播种改良,提高草原生态修复效率。

(4) 湿地恢复

应用深度学习技术,构建湿地动态变化趋势预测模型,对湿地环境进行实时监测和分析,形成科学的湿地修复方案,加强湿地资源的治理与恢复。

8.2.5.3 生态灾害防治人工智能应用体系建设

利用无人机、智能图像识别等技术和高速的数据处理能力,监控、分析、处理、过滤大量实时数据,在林业火灾防治、林业有害生物防治、沙尘暴防治、野生动物疫源疫病监测防控等领域,实现智能监测、智能预警和智能防控。

(1) 林业火灾防治

利用卫星监测、无人机巡护、智能视频监控、热成像、智能识别等技术手段，加强林业火情监测。应用通信和信息指挥平台，提高森林草原火险预测预报、火情监测、应急通信、辅助决策、灾后评估等综合指挥调度能力和业务水平。

(2) 林业有害生物防治

应用视频监控、物联网监测等技术，通过林草有害生物智能图片识别，结合地面巡查数据，加强数据挖掘分析、提高林草有害生物预警预报与综合防控能力。

(3) 沙尘暴防治

应用大数据挖掘和深度学习技术，结合位置、网络、移动终端等服务，形成沙尘暴预报模型，开展智能预报，提高沙尘暴灾情监测和预报预警能力，为降低灾情损失提供智慧手段。

(4) 野生动物疫源疫病监测防控

利用人工智能与大数据技术，重点解决疫源候鸟迁徙、野生动物重要疫病本底调查、疫病快速检测等难点问题，提高现场快速诊断、主动预测预警、疫情防控阻断等方面的支撑能力，变"被动防控"为"主动预警"。

8.2.5.4 生态产业人工智能应用体系建设

利用智能芯片、机器人、自然语言处理、语音识别、图像识别等技术，与生态产业深度融合，在经济林和林下经济产业、竹藤与花卉产业、木材加工利用、生态旅游等领域，实现智能种植、智能监控、智能引导、智能咨询和智能设计，实现智能化控制、精准化配置、高效率利用和可持续发展的目标。

(1) 经济林和林下经济产业

将人工智能技术与经济林产业深度融合，通过科技创新、品种优化、调整产业结构等途径，建设一流的经济林产业原料基地，形成完善的生产、加工、销售、市场产业体系，推动特色经济林产业高质量发展。

(2) 竹藤与花卉产业

通过人工智能种植技术，调整种植方案，进行花卉的智能化种植和智能设计，促进竹藤园林设计、种植、采集、储存、分析更加高效和准确，打造竹藤园林景观感知新体验。将图像视觉智能搜索与植物园实地场景结合，打造基于 AI 的智慧植物园，为公众提供植物识别、植物地图精准推荐等应用。

(3) 木材加工利用

利用知识智能化技术，将经验转化为数据，将数据转化为知识，将知识融入自动化系统，打造无人化生产车间，提高木材加工利用生产过程数字化、自动化和智能化的程度。

(4) 生态旅游

建设 AI 公园，利用图像识别、语音识别、人脸识别、自然语言处理、情感分析和人机界面等技术，开发"虚拟机器人公众服务系统"，形成自然保护地智能公共服务新模式，为社会公众提供智能咨询服务。运用人工智能+地理信息技术，结合大数据、人脸识别、车牌识别、电子门票等智能管理系统,对比分析各项数据,监测游客流量、游客位置、人员密度等信息,进行景点环境承载力监测,对景区进行监控、引导和预警,为游客提供智能服务和新的旅游体验,提升生态旅游景区的智慧化管理水平。

8.2.5.5 生态管理人工智能应用体系建设

积极探索区块链、大数据、人工智能等技术,在生态管理、生态公共服务、生态决策服务等领域,为业务管理、舆情分析和领导决策提供智能化服务。

(1) 生态管理

建设智能办公系统,用先进的办公系统取代传统的 Office Automation(OA),处理办公业务,最大限度地提高办公效率、办公质量,实现管理的科学化、智能化。成立生态大数据中心,打造生态大数据监测采集体系,加强生态治理,促进产业转型升级,提升公共服务能力,培育经济发展新动能。建设无人值守的智能运维监控平台,依托最先进的云计算技术、人工智能技术,实现对数据库、操作系统、虚拟机、服务器、存储、网络运行状态的全面监控,对信息更新情况、互动回应情况、服务使用情况和敏感信息等进行综合分析,提高系统运维的专业化、智能化、精细化、实时性、准确性。建设基于人工智能技术的安全态势感知平台,提升行业网络安全管理水平。

(2) 生态公共服务

建设智能化的"互联网+"政务服务平台,以大数据分析为支撑,重构智慧感知、智慧评价、智慧决策、智慧管理服务和智慧传播的政府管理新流程,形成政务服务新格局。依托中国林业网及各省林业主管机构网站,运用人工智能、大数据技术,为林农、林企及社会公众提供方便快捷、权威全面的信息服务,提升智慧服务能力。强化智能化新媒体建设,开展林业态势综合展示和智慧生态系统展示的创新应用,传播绿色生态,传递友爱和谐,普及生态知识。利用自然语言处理技术,开发智能聊天机器人等应用,实时在线回答群众疑难问题。

(3) 生态决策服务

运用大数据分析挖掘和可视化展现等技术,开展专项分析,为国家宏观决策提供大数据支撑。开展一体化的智慧林业大数据应用,运用大数据技术提高政府治理能力。进一步提高对林业的事前、事中、事后监管能力。综合运用海量数据进行态势分析,提供科学决策新手段。以维护国家生态安全、充分发挥林业和草原生态建设主体功能为宗旨,通过集约化整合与分析,形成支撑林业核心业务的信息基础平台,实现相关政府机构间的业务协同和信息共享,为加快国家生态建设、保障和维护生态安全提供决策服务。

8.3 林业人工智能建设典型案例

8.3.1 浦东智慧林业一体化平台

(1) 项目简介

上海浦东新区为了实现 2025 年森林面积超 35.4 万亩、公园总数超 200 个、森林覆盖率达 19.5% 的目标,建立了智慧林业一体化平台——Smart Forestry AI,如图 8-1 所示。该平台由专业"飞手"操控无人机，在 50 米高空对区域内的林业场景进行精细化航拍作业，能够快速识别林业场景中出现的林地空秃、林下套种、违章建筑等信息，并通过数字化呈现，实时展示整个区域的违规场景，让林业监管与稽查变得"智慧"起来。

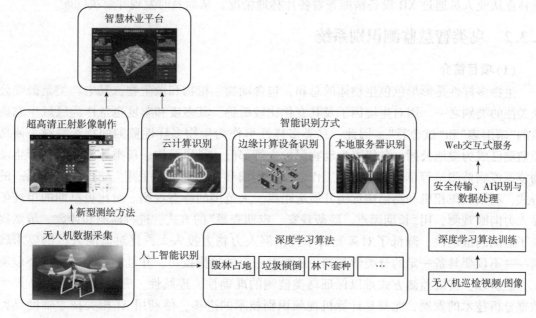

图 8-1 Smart Forestry AI 平台

（2）建设内容

"Smart Forestry AI"平台利用人工智能、云计算、物联网、大数据、5G 等新一代信息技术，打造"天空地"一体化生态感知体系和智慧林业，可实现林业信息决策管理的定量化和精细化，为政府监管部门提供智能化分析，助力科学决策。自 2021 年 7 月项目启动以来，"Smart Forestry AI"平台不断成长，从收集 3100 张样本、2 万余个标签、矩形框标注、仅垃圾一类物件识别，发展到如今 1.37 万张样本、21 万多个标签、多边形标注、5 大类 15 小类物件识别。

现阶段，"Smart Forestry AI"平台注重基于无人机巡检的"空"方面的建设，具有高度成长性，可提供定制化开发服务，进行更多场景的识别，以满足林业调查、监管、养护的智能化管理需求。目前，平台已建立 5 大场景、15 个类别的林业标准化样本库，同时支持地域投影坐标系，生成最高分辨率可达 5mm 的超高清正射影像，可作为林业历史数据和数字资产留存。经无人机拍摄取证与"Smart Forestry AI"平台智能识别后，存在于林地内的各种违规场景，能够自动生成对应工单，发送至相关林业监管部门。执法人员收到工单后，可及时对违规行为进行调查、处理，大幅度提高了核查效率。借助平台查询功能，执法人员还获得了负责该林地的林长或相关责任人的联系方式，通知其对林地内存在的违规场景配合落实整改。

后续，"Smart Forestry AI"平台还将集成"天空地"一体化功能，建立涵盖复杂场景条件下的多源传感器林业影像样本库，研究多源数据、多尺度深度学习算法，开发智能监控与预警监管平台，快速高效监测并识别。平台收集的各类样本和数据，还有望建成应用于建设行业典型场景标准的样本库，助力行业 AI 智能应用，有效掌握林业资源动态演变趋势，为城市林业信息管理部门的生态治理提供科学的决策依据及技术支撑。随着"Smart Forestry AI"不断演化，除 AI 识别模型的更新，还有望逐渐支持 XR 技术，融入元宇宙，让林业从业人员通过 XR 设备精准查看各片林地情况，从而及时发现并解决问题。

8.3.2 鸟类智慧监测识别系统

(1) 项目简介

生物多样性是形形色色生物体的总和，包含动物、植物和微生物，其中鸟类是最受公众关注的类别之一。因对生境因子及其变化比较敏感，其多度和丰度也常作为区域生态质量的"晴雨表"和"试金石"，因此，鸟类多样性可作为生物多样性监测的指示物种，使鸟类监测已成为湿地公园、各级野生动物保护主管部门、科研机构、鸟类环志站点和野生动物疫源疫病监测站等单位的常态化工作之一。当前鸟类监测大多采用"人工+观测设备"的方式，利用长焦相机和高倍望远镜开展远距离、大范围的静态观测。对比更早期的单纯依靠人力肉眼观测，用"长期蹲点、隐蔽观察、定期查巢"的方式，进行监测和计数，虽然提高了监测的准确性，降低了对鸟类的干扰，但人力物力投入大，且对监测人员的要求较高——不仅要具备一定的分类学基础，还要有一定的拍摄技巧，并且能长期坚持鸟类监测工作。所以，传统监测方式难以保证鸟类监测的准确性、连续性、完整性。随着 AI 及大数据分析技术的发展，尤其是计算机视频识别技术的进步，使利用 AI 相关技术辅助鸟类多样性监测成为可能，为鸟类多样性调查和动态监测提供了创新手段。

(2) 建设内容

使用 AI 进行"鸟口普查"（类似人口调查），AI 鸟类调查员首先要安装一套"AI 鸟类智慧监测识别系统"，如图 8-2 所示，该系统由硬件监测设备和智能识别软件构成。

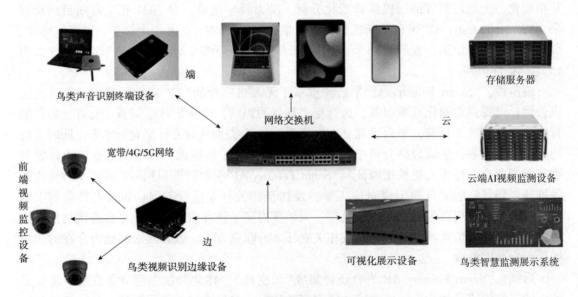

图 8-2　AI 鸟类智慧监测识别系统

前端音视频监测设备捕获监测点的鸟类视频及音频数据，不仅可以通过端侧或边缘设备进行智能分析，获取鸟类空间位置信息、种类信息、数量信息等统计信息，也可以上传云端，利用 AI 智能计算设备进行识别分析，并将数据存储在云端存储服务器中，供鸟类智慧监测展示系统统计、分析和使用。鸟类智慧监测前端设备主要包括鸟类视频监测摄像机和鸟类声音监测设备等。鸟类视频监测摄像机负责鸟类图像拍摄和视频监控，并将采集数据上报 AI 识别服务器；鸟类声音监测设备通过对鸟鸣声的自动侦测，并基于声纹识别算法进行智能物种分析。此外，也可以通过手机、平板等设备录音或者拍照上传识别。

鸟类 AI 识别服务器具备鸟类实时监测、高效分析处理等功能，采用 CPU+GPU 异构计算架构、高速 IO 交换技术，集成鸟类识别算法模型，通过接入实时监控视频流，检测鸟类特征并进行即时分析，具备高性能、高可靠和易维护的优点。

鸟类智能监测管理软件可对监测数据进行系统化管理和多维度统计分析。基于物联网、AI、GIS 等技术构建的鸟类监测管理系统，具有视频接入、监测管控、图片管理、鸟类名录、统计分析等一体化的应用功能。

(3) 应用实践

随着人工智能技术的迅速发展，AI 技术当前已经融入许多保护地和湿地公园的鸟类多样性调查与监测中。北京市海淀区湿地和野生动植物保护管理中心与中国科学院半导体研究所等单位合作，率先在北京翠湖国家城市湿地公园部署了鸟类智慧监测识别系统，该系统从 2022 年 1 月至今一直稳定运行，在翠湖的天鹅池和荷花塘等 4 个点位监测到包括鸿雁、绿头鸭、斑嘴鸭、苍鹭、赤麻鸭、鸳鸯、夜鹭、普通鸬鹚等在内的鸟类共 4000 余只。通过监测系统界面，保护区管理者可以随时随地查看保护区内鸟类监测信息，提高了管理效率。

北京南海子麋鹿苑于 2022 年 7 月引入了基于人工智能的智慧监测手段，开展苑内小保护区的鸟类多样性监测。在一个监测周期（24 小时）内，共监测到斑嘴鸭 2 只、鸿雁 3 只、灰鹤 2 只、绿头鸭 4 只、东方白鹳 3 只、黑天鹅 4 只、苍鹭 75 只，监测结果还会以日报、周报、月报的形式发送到科研人员邮箱。与传统的监测方式相比，其效率、准确度、实时性都得到了极大提升。

北京市怀柔区园林绿化局开发部署了怀柔水库鸟类智慧监测识别系统。自系统部署以来，可实时获取到大天鹅、骨顶鸡、白鹭、苍鹭、凤头潜鸭等鸟类的种类及数量信息，并可将智能识别结果在系统界面上进行可视化展示，还能够以智能报表的形式自动生成监测报告，为鸟类监测工作服务。

在候鸟季，对着壮观的鸟浪数鸟一直都是传统监测的难点，人力几乎不可能做到精确，仅能通过"集团估算法"大致估计其数量。然而，用上了人工智能，这个难题便迎刃而解。2022 年 9 月，昆明滇池高原湖泊研究院在大泊口部署了鸟类智慧监测识别系统，在红嘴鸥到来的时候，该系统每天均能监测到超过 5000 只红嘴鸥，为保护区管理人员提供了大量观测数据。

黄河三角洲国家自然保护区鸟类监测也应用了人工智能，该系统 2022 年 6 月部署运行，在 2022 年 11 月监测到大量有效信息，包括东方白鹳、大天鹅、灰雁、苍鹭、普通鸬鹚、绿头鸭等鸟类 1200 余只。丰富的视频监测数据，为保护区管理者进行实时监测和查看历史记录提供了有力的数据支撑。

展望未来，依靠传统人工方法，已无法满足当前长期性、自动化、智慧化监测的要求，鸟类监测向着高精度、动态化和智能化的方向发展。紧密结合保护区鸟类本底调查与动态监测需求，采用人工智能技术与生态学大数据分析方法，开发和部署鸟类智慧监测系统，能够实现"看得清、看得准、看得全、看得懂"的无人化、智慧化、长周期实时监测，有效地解决鸟类监测中的数据"不实时、不全面、不准确"等重点难题，显著提升鸟类监测效率和识别准确度，为鸟类调查和动态监测提供创新手段，为生物多样性保护与科普宣传提供技术支撑，为生态文明建设提供强大动力，该技术必将得到更为广泛的应用。

复习思考题

1. 简述人工智能的发展历程和主要应用。
2. 简述林业人工智能的发展思路。
3. 林业人工智能有哪些重点任务，主要应用于哪些领域？
4. 在林业有害生物防治中如何应用人工智能技术？

推荐阅读书目

1. 李世东，2019. AI 生态——人工智能+生态发展战略[M]. 北京：清华大学出版社.
2. 莫宏伟，2020. 人工智能导论[M]. 北京：人民邮电出版社.
3. 乔标，2021. 2020-2021 年中国人工智能产业发展蓝皮书[M]. 北京：电子工业出版社.
4. 杨美霞，2022. 人工智能技术应用[M]. 北京：机械工业出版社.
5. Norvig P, Russell S, 2021. Artificial Intelligence：A Modern Approach[M]. 4th ed. London：Pearson.

第 3 编

建设内容

第 9 章

基础平台建设

【本章概要】智慧林业基础平台为智慧林业系统建设提供基础底座。本章介绍了外网平台、内网平台和专网平台，以及三类平台的网络建设和存储系统建设策略。介绍了智慧林业基础平台，包括林业应用支撑平台、应用服务架构平台、林业多级数据交换中心、林业多元数据融合平台。学习本章内容，能更深刻地理解林业基础平台的搭建方法和注意事项。

9.1 外网平台

9.1.1 外网网络建设

外网网络建设的重点在于保证网络性能和网络安全。主要内容包括网络容量、性能优化、安全性、核心设备更新和网络拓扑结构等。

①网络容量。评估当前和未来的数据流量需求，采用科学的网络设计方法，确保网络容量设计的有效性。合理规划带宽和资源，确保网络能够满足用户和应用的高效通信要求。考虑网络系统的可扩展性，以便适应不断增长的网络需求。

②性能优化。性能优化是外网网络建设的关键一环，可以采用高效的路由和交换设备、使用负载均衡技术以及选择适当的传输协议，提高网络的响应速度和整体性能。

③安全性。为了保护数据安全，需要进行网络安全建设。可以采用先进的防火墙、入侵检测系统和其他安全设备，确保外部网络安全性，预防潜在的网络攻击。

④核心设备更新。外网网络建设的核心设备为交换机和路由器，对核心设备进行升级，以支持更高的带宽和更复杂的网络拓扑结构，提升网络性能和可扩展性。

⑤网络拓扑结构。网络拓扑结构包括总线型、星型、环型、树型、网状型和全互联型等多种类型，可以采用多种网络拓扑结构，以提高网络的灵活性和可管理性，满足不同业务的需求。

⑥在外网网络建设过程中，布线工程是确保网络高速连接、稳定运行的关键环节。在进行布线工程前，应进行详细的网络拓扑规划，确定各个楼层、机房、设备之间的网络拓扑结构和主干线、分支线的布局，保证网络拓扑结构的合理性和灵活性，重点关注楼层布

局、机房规划、主干线和分支线设计、安全性等 4 方面内容。

⑦楼层布局。确定每个楼层的网络需求，包括用户数量、设备分布、扩展需求，在此基础上规划各楼层的布线结构，确保满足不同区域的通信需求。

⑧机房规划。设计机房的位置和规模，进行有效的布线和管理，确保机房位置能够缩短信号传输距离，提高信号质量。

⑨主干线和分支线设计。规划主干线和分支线的布局，确保能够支持大量数据的高效传输。

⑩安全性。在布线规划中注重网络安全，采取适当措施防范物理层面的攻击和意外损坏，确保布线路径安全。

9.1.2　存储系统建设

外网存储系统建设的重点在于保证数据的安全性。主要内容包括安全性设计、存储性能优化、存储容量管理和多重备份管理等。

①安全性设计。外网存储系统面临极大的网络安全威胁，进行安全设计至关重要。可以采用数据加密技术，确保数据在存储过程中的安全，采用严格的身份认证制度和用户权限管理。

②存储性能优化。选择高性能的存储设备，比如固态硬盘或其他高速存储介质，以满足大量数据读写需求。同时需要考虑负载均衡，确保数据有效地分配到不同的存储节点，避免出现性能瓶颈。

③存储容量管理。确保具有足够的存储空间，及时进行扩容，防止出现存储容量不足的情况。定期进行存储介质检查，以防存储介质损坏。

④多重备份管理。设立备份计划，定期对数据进行备份，检查备份数据的完整性，确保在紧急情况下有效地还原数据。

9.2　内网平台

9.2.1　内网网络建设

内网网络建设的重点在于保证信息传输效率和网络稳定性。主要包括网络拓扑结构、网络设备、网络安全、网际协议(IP)地址规划、负载均衡管理等内容。

①网络拓扑结构。设计合适的网络拓扑结构，以满足业务需求。合适的网络拓扑结构有助于提升网络的可扩展性和使用性能。

②网络设备。选择适合的交换机、路由器、防火墙等网络设备，以提高网络的可管理性。

③网络安全。与外网网络建设类似，内网网络安全同等重要。需要增强防火墙和入侵监测系统的性能，保证内网信息安全，以防受到网络攻击。

④网际协议(IP)地址规划。对 IP 地址进行有效管理，确保网络内设备能够准确地通信，避免 IP 地址冲突。

⑤负载均衡管理。采用合适的负载均衡管理机制，确保网络在高负载情况下仍能稳定、安全地传输信息。

9.2.2 存储系统建设

内网存储系统建设的重点在于保证内部信息的有效管理。主要包括需求分析、安全性设计、数据备份和恢复策略、存储系统性能优化、存储容量规划、定期更新等内容。

①需求分析。在存储系统建设前，需要明确存储需求，包括数据类型、规模、访问频率等。同时，也要考虑未来的扩展需求，确保系统具备良好的可扩展性。

②安全性设计。在内网存储系统中，数据的安全性至关重要。加强实施访问控制、身份验证和加密等安全措施，以确保只有授权用户可以访问敏感信息。

③数据备份和恢复策略。确保数据在发生意外事件时能够快速且完整地恢复。定期测试备份、恢复的流程，以确保其可行性。

④存储系统性能优化。优化缓存、均衡负载，以优化存储系统性能，满足用户对数据的快速响应需求。

⑤存储容量规划。对存储容量进行规划和及时扩充，避免出现容量不足的情况。

⑥定期更新。随着技术的发展和组织需求的变化，需要及时对存储系统进行更新，以提高数据存储效能。

9.3 专网平台

9.3.1 专网网络建设

专网是为了满足特定需求而设计的私有网络，主要用于处理敏感性高、机密性强的数据，该网络平台已经广泛应用于公司、各级机构、直属单位之间的联通。专网网络建设的重点在于网络隔离性和网络可靠性。主要内容包括需求分析、拓扑结构设计、安全策略、连接方式和网络性能优化等。

①需求分析。确定专网的具体需求，包括通信安全、数据传输速度、可控性等方面，明确专网的使用场景和目的，制定相应的建设计划。

②拓扑结构设计。根据需求分析，设计专网的拓扑结构。确定网络节点、连接方式、传输介质等，确保能够满足通信需求。

③安全策略。包括访问控制、加密通信、身份认证等。专网的一个主要优势是提供更高级别的安全性，确保敏感数据在传输过程中得到保护。

④连接方式。通常有点对点连接、虚拟专用网络连接、专线连接等方式。

⑤网络性能优化。主要包括带宽管理、负载均衡、数据压缩等技术，确保网络高效运行。

9.3.2 存储系统建设

专网存储系统建设的重点在于保证安全、可靠地存储数据。主要内容包括存储结构设计、存储设备选择、数据备份、提高安全性等。

①存储结构设计。针对林业数据的特点，设计合理的存储结构。包括对存储层、存储交换层、主机层、存储管理层和存储专业服务层的合理组织和配置。合理的存储结构有利于规范林业数据存储。

②存储设备选择。选择适用于专网平台存储的高性能、高可靠性的存储设备，包括硬盘阵列、固态存储等存储类型的选择，有利于提升存储系统的读写速率。

③数据备份。定期对数据进行备份，并对存储的数据进行内容和质量检查，确保备份数据的正确性和可使用性。

④安全性。由于专网平台数据具有较强的私密性，需要采取严格的安全措施，包括数据加密、访问控制、身份认证等技术手段，以保障数据的机密性。

9.4 智慧林业基础平台

9.4.1 林业应用支撑平台

林业应用支撑平台主要建设内容为目录体系和信息交换体系，包括注册服务、鉴权服务、状态管理服务、电子签章管理服务、即时业务服务、应用资源整合服务、电子政务客户端服务等多项组件。其架构包括目录体系、信息交换体系、业务流程管理、林业数表模型、林业基础组件、林业常用工具软件等。平台具有开放性和扩展性，能够适应业务需求的动态变化，为各应用系统提供资源共享、信息交换、业务访问、业务集成、流程控制、安全控制、系统管理等方面的基础性和功能性的支撑服务。同时，该平台也是应用系统开发、部署和运行的技术环境，为林业业务应用系统开发提供各类基础组件、中间件，满足林业业务应用系统之间的互通、互操作需求，提高业务应用系统建设效率。

(1) 目录体系

按照统一的标准，搭建林业各部门间信息资源共享、交换和服务的林业信息资源管理体系，整合分散在各部门的信息资源，形成逻辑集中、物理分散、可统一管理和服务的林业信息资源目录，为使用者提供统一的信息资源发现和定位服务。

信息资源目录分为信息资源分类目录和信息资源目录组。信息资源分类目录是对数据中心各类数据资源进行分类和整理的工具，其目标是建立统一的数据资源总目录，为使用者提供数据资源发现和定位服务，实现不同部门、不同业务数据资源的共享和管理。信息资源目录组在信息资源分类目录的基础上，进一步将相关信息资源进行组合，形成逻辑集合，便于更有效地管理和利用相关信息资源。

信息资源目录体系模型包括概念模型和技术模型。概念模型主要描述体系的构成和运行机制，由标准、信息资源库和目录 3 部分组成，标准包括核心元数据标准、标识符编码标准、资源分类标准、信息安全标准和其他标准，信息资源库包括数据资源核心元数据库和服务资源核心元数据库等，目录包括数据资源目录和服务资源目录等，如图 9-1 所示。

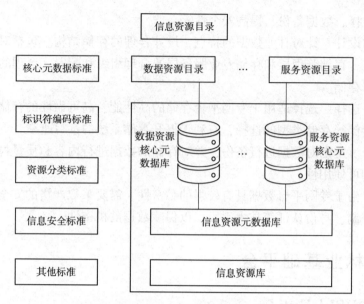

图 9-1 信息资源目录体系概念模型

技术模型主要包含网络层、信息资源层、核心服务层、门户层、标准规范与管理体系、信息安全体系，如图 9-2 所示。其中，网络层位于模型最底层，负责管理网络中的数据通信，将数据从源端经过若干个中间节点传送到目的端。利用 Java Naming and Directory Interfaces（JNDI）技术定位、Enterprise JavaBeans（EJB）、数据库驱动、Java DataBase Connectivity（JDBC）数据库及消息链接等对象向其他层提供最基本的端到端的数据传输服务。信息资源层位于网络层之上，由服务资源核心元数据库、数据资源核心元数据库、信息资源核心元数据库、信息资源库组成，负责管理和描述信息资源，利用 JDBC 与数据库交互，同时 JavaBean 常用于做数据交换和数据持久化。核心服务层包括访问验证接口、注册接口、发布接口、查询接口、编目、维护等功能，向用户提供搜索、浏览、下载等服务，利用 JavaBean 组件建立分布式业务逻辑应用。门户层为用户提供访问入口，使用户获取自己需要的信息资源，利用 JavaServer Pages（JSP）技术处理用户请求和进行响应，并使用 HTML5、CSS3 和 JavaScript 技术进行网页展示。标准规范与管理体系和信息安全体系分别位于模型的上层和最顶层，前者负责对整个系统的运行进行规范和管理，后者则负责保障系统的安全运行。

（2）信息交换体系

信息交换体系是实现异构数据源之间数据交换与共享、异构应用系统之间流程整合与协同的基础，由应用适配服务层、共享交换服务层、跨域交换层、流程管理服务层、安全支撑和监控管理等组成，如图 9-3 所示。

应用适配服务层是与具体应用系统进行便捷连接的模块化软件，主要解决应用系统与应用集成系统之间的连接与信息交换等问题，实现信息的提取、封装、打包、分类、加密、压缩和传送等功能。同时，提供应用适配器开发框架，以适应不同应用系统的连接。应用适配服务层通过配置、定义的方式实现与应用系统的连接，以提高部署效率、降低实施成本。

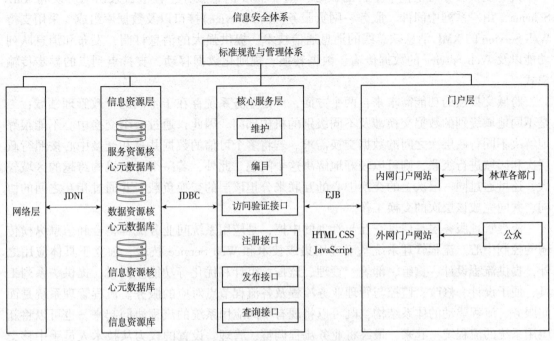

图 9-2　信息资源目录体系技术模型

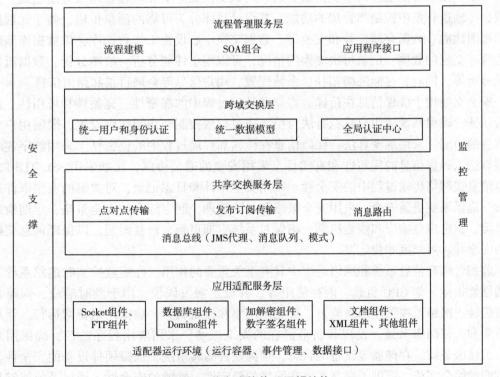

图 9-3　信息交换体系逻辑结构

共享交换服务层是整个平台的核心，基于 Java 消息服务、轻型目录访问协议和 XML Schema，由一系列中间件、服务、网页服务（Web Service）接口以及数据库组成，采用支持 Web Service 的 XML 消息软总线的消息通信技术，提供强大的消息订阅、发布和消息队列功能以及 Web Service 的数据传输、数据转换、规则化数据移动，支持点到点的异步传输模式。

跨域交换层的功能需求来自两个方面，一是业务系统存在于不同的行政管理领域；二是不同地域级别的数据交换涉及不同级别的机构部门。因此，通过一个交换中心不能很好地解决不同行政层次之间的数据交换需求。若将多个可信的数据共享和交换中心按照行政层次和区域进行级联，则可以较好地解决这个问题。此外，若一个行政机构跨越的区域较大，还可通过同一层次上的交换中心的互联来分担该层的交换负载，并通过相互之间的协同，共同完成该层次的交换工作。

流程管理服务层是信息交互与管理的中枢，是应用系统间业务流程整合和信息纵横传输的控制中心。流程管理系统基于应用集成技术和 Web Service 技术，独立于具体应用之外，提供流程设计、重组、部署、管理、监控、审计和优化等功能。同时，提供一系列工具，便于设计、修改、监控与管理业务流程及各流程节点对应的服务。流程管理系统是面向服务、流程驱动的体系结构，既可以将现有不同应用系统的流程协同起来，也可以将新应用系统的流程统一起来，最终将业务流程调整、管理、设置的权力从技术人员手中移交给业务人员。

数据交换中心由上述共享交换服务层、跨域交换服务层和流程管理服务层组成，具有对数据传输进行集中控制和管理的功能。其设计具体分为可靠的消息传输、基于元数据的全局视图建立、数据存储校验和交换等。数据交换中心设置工作数据库，该数据库基础功能为缓存交换的数据、记录每次交换的情况，可以用于性能分析、故障分析、数据流量和流向分析等，同时，存储网络拓扑、系统配置、用户信息等全局目录和路由信息。

安全支撑用于确保信息在传递、存储和处理过程中的保密性、完整性和可用性。使用身份认证，确保系统或用户具有合法身份。通过权限控制和访问规则设置，限制用户对敏感信息的访问。采用加密算法，保障信息在传输和存储过程中的机密性。采用数字签名和验签算法，确保信息的完整性和真实性。采用安全的通信协议，比如采用 SSL/TLS 协议，保障信息在网络传输过程中的安全性。采用安全审计和日志记录，对关键的安全事件进行记录，确保系统更新安全。采用安全策略和风险管理，制定综合的安全策略，定期检查安全风险。制定应急响应和恢复机制，确保对系统定期更新、修复漏洞，以保障信息交换体系的安全性、可信度和稳定性。

监控管理在信息系统和网络运维中具有至关重要的作用。性能监控实时追踪系统各组件的性能指标，如 CPU 负载、内存使用等，并设定触发阈值，用于及时响应，保障系统正常运转。网络监控关注网络流量、带宽利用率和设备状态，确保网络正常运行。使用入侵检测和入侵防御系统，发现和防范潜在的安全威胁。采用应用程序监控，确保用户体验。关注服务器、存储器等设备的状态，预测硬件运转情况，保障硬件设备的安全性。这些方面的综合实施，有助于提高系统和网络的稳定性、性能的安全性，确保系统能够高效稳定地运行。

依据国家林业信息化建设要求,需要通过国家和省级基础平台实现两级林业部门的信息资源交换与共享,因此,信息交换体系配置在各级中心,实现应用系统之间的数据传输任务。

9.4.2 应用服务架构平台

林业应用服务架构平台(Forestry Application Service Architecture Platform,FA-SAP)是一套基于面向服务架构(service oriented architecture,SOA)的林业应用基础服务平台,具有低耦合度、功能扩展性强和可维护性高等优势。

①低耦合度。FA-SAP 采用了 SOA 方法,将业务流程和底层活动分解为基于标准的服务,实现了系统的低耦合,使系统更加灵活、易于维护,有助于适应不断变化的业务需求。

②功能扩展性强。FA-SAP 将构件作为系统的基本单元,每个构件都具有清晰的功能边界和独立性。这种模块化的设计增强了系统功能扩展的灵活性,使构建、测试和维护更加便捷。

③可维护性高。通过采用统一的接口定义方式,FA-SAP 实现了不同服务和构件之间的良好互操作性,有助于提高系统的一致性、可维护性,降低集成的复杂度。

9.4.3 林业多级数据交换中心

林业多级数据交换中心的功能是实现林业系统各单位之间的数据交换和共享,为各单位提供方便安全的数据互通平台,具有快速部署和高安全性的优点。

①快速部署。通过引入适配器模块,使各单位无须进行代码开发工作,就能实现快速对接。这一设计大大简化了数据交换流程,提高了操作的便捷性。

②高安全性。为确保数据的安全性,在数据传输过程中采用加密和签名技术,有助于防范潜在的数据泄露和篡改风险,为数据传输提供安全可靠的环境。

9.4.4 林业多元数据融合平台

林业多元数据融合平台具有对不同地理空间数据格式之间的转换、叠加和融合的优势,提升了对数据的综合利用和分析能力。林业多元数据融合平台内部具有监控管理系统,对数据采集过程进行监控和管理,有利于所采集的林业多元数据形成统一的、规范化的管理标准。

复习思考题

1. 外网网络建设需要注意哪些方面?
2. 内网网络建设需要注意哪些方面?
3. 专网网络建设需要注意哪些方面?
4. 林业应用支撑平台主要建设内容有哪些?各自需要解决什么问题?

推荐阅读书目

1. 李世东，2018. 林业信息化知识读本[M]. 北京：中国林业出版社.
2. 谢希仁，2021. 计算机网络[M]. 8版. 北京：电子工业出版社.
3. 张春霞，张瑞春，2011. 网络建设与管理[M]. 北京：电子工业出版社.
4. Andrew S T，Nick F，David J W，2021. Computer Networks[M]. 6th ed. London：Person.

第 10 章

数据库建设

【本章提要】林业数据库建设在信息化时代扮演着关键角色，发挥着不可或缺的作用。本章从林业数据库建设入手，首先介绍林业数据库建设概述，确立数据库从需求分析到运行实现的总体框架；随后详细介绍了公共基础数据库、林业基础数据库、林业专题数据库、林业综合数据库和林业信息产品数据库五类主要的林业数据库。通过学习本章内容，能够更深刻理解林业数据库建设的关键内容和方法。

10.1 林业数据库建设概述

《全国林业信息化建设纲要》规定，林业数据库是林业信息的集合。包括公共基础数据库、林业基础数据库、林业专题数据库、林业综合数据库、林业信息产品数据库等类型。建设过程需要遵循中华人民共和国林业行业标准《林业数据库设计总体规范》（LY/T 2169—2013）的相应要求。

10.1.1 林业数据库需求分析

了解原有数据系统的工作概况，分析功能和数据等方面的需求，结合信息技术发展前景，考虑今后的功能扩充和改进，最终确定新建数据库的需求，取得业务流程图、数据流图和数据字典等成果，为后续的概念设计、逻辑设计、物理设计奠定坚实的基础，为未来的数据库优化提供充足可靠的依据。需求分析任务主要包括：确定数据库的名称、范围、目标、功能；确定数据库建设所需要的资源（如人员、设备、资金等）；形成业务流程图；形成数据流图；构建数据字典；编写需求分析规格说明书。

需求分析应按照以下步骤进行：

①调查组织机构情况。确定林业组织管理的整体结构，包括各个部门、分支机构和关键职能，了解各部门间的信息流程和协作关系。确定在组织中负责决策的关键人员，包括高级管理层、部门领导以及与数据库建设相关的工作人员，充分了解这些人员的需求和期望。确定林业管理的工作流程和具体业务需求，包括数据产生、采集、处理、分析和报告等方面的要求。

②熟悉业务活动。与从业人员、林业专业人士、森林管理者等进行交流，了解这些人员的日常工作对数据和信息的需求。详细观察林业管理的业务流程，包括林地管理、植树、伐木、运输、监测等各个环节，了解每个环节的数据生成、处理和利用情况。了解林业领域的法规和政策，包括环保法规、土地管理政策等，确保数据库建设符合法律、政策和监管要求。注意收集各种资料，如票证单据、报表、档案、计划、合同等。

③明确用户需求。采用用户需求问卷调查表等方式，收集用户对数据库系统的期望和具体需求。创建数据库系统的初步原型，向用户进行演示，用户可以更直观地了解系统的外观和功能，并提供实时反馈。制定并演示特定的业务场景，以验证数据库系统是否满足用户工作需求。建立用户反馈机制，以便在数据库系统开发过程中获得实时反馈。详细记录用户需求，包括功能、性能、安全性等方面的需求。

10.1.2　林业数据库概念设计

概念设计是指对需求分析的成果进行综合、归纳与抽象，形成一个独立于具体数据库管理系统的概念模型，使用实体关系(entity-relationship，ER)图或统一建模语言(unified modeling language，UML)类图表示。概念模型独立于数据库的逻辑结构，也独立于数据库管理系统(database management system，DBMS)，是现实世界到信息世界的第一层抽象。概念模型设计是整个数据库设计的关键。

使用需求分析阶段的成果(主要是用例图、业务流程图、数据流图和数据字典)，对现实世界进行抽象。采用 ER 图或 UML 类图来描述林业业务应用领域的信息结构，建立一个既可以被最终用户理解，又可以在多种数据库管理系统中实现的概念模型。

概念模型设计主要包括以下步骤：进行数据抽象，确定实体、属性和联系；设计局部概念模型，形成 UML 类图或局部 ER 图；集成局部概念模型，形成全局 UML 类图或全局 ER 图；进行全局 UML 类图或全局 ER 图的优化；编写概念模型设计文档。

10.1.3　林业数据库逻辑设计

逻辑设计指将概念模型转换为某个关系型数据库管理系统所支持的数据模型，并对其进行优化。主要任务包括选择最合适的 DBMS、概念模型转换为数据模型、优化逻辑模型。主要内容包括：将概念模型转换为一般的关系数据模型；将关系数据模型转换为特定的 DBMS 支持的关系数据模型；对关系数据模型进行优化；对关系数据模型规范化；设计用户子模式；定义数据完整性和安全性约束；性能估计与评价；编写逻辑模型设计文档。

10.1.4　林业数据库实现

依据概念设计和逻辑设计阶段的成果，在目标计算机上建立起实际的数据库结构，装载数据，并实际测试和运行数据库系统。其实施包括建立数据库结构、数据装载、编制与调试应用程序和数据库试运行 4 个步骤。

①建立数据库结构。根据数据库的逻辑结构设计结果，使用 DBMS 提供的数据定义语言来严格描述数据库结构。

②数据装载。原始数据可能存在于各个部门的文件或凭证中,首先将需要入库的数据进行筛选。借助系统提供的输入界面,将原始数据输入到计算机中。系统应采用多种检验技术,保证输入数据的正确性,防止非法的、不一致的错误数据进入数据库。对于不符合数据库要求的数据,往往需要进行数据格式转换,再根据系统的要求综合成最终数据。

③编制与调试应用程序。数据库应用程序的设计应与数据库设计并行,数据库构建完成后,可以编制与调试数据库应用程序。上述步骤可以与组织数据入库同步进行,调试应用程序可先使用模拟数据。

④数据库试运行。应用程序调试和小部分数据入库完成后,可以开始数据库试运行。

10.1.5 林业数据库运行与维护

各级林业主管部门应设立林业数据库系统主管单位,负责系统的运行管理与维护工作,包括制定系统运行任务计划、定期对系统进行升级等工作,以提高系统性能。根据不同的林业数据库系统运行的要求,确定系统的连续运行时间。对于需要 24 小时连续运行的数据库,建议采用双机热备等保护措施。

当数据库试运行结果符合设计目标后,数据库就可以真正投入运行阶段了。数据库运行将针对应用环境和物理存储的不断变化,对数据库设计进行评价、调整、修改等维护工作,这是数据库设计的继续和提高。

10.2 公共基础数据库

公共基础数据库包括基础地理信息库和遥感影像数据库等。

10.2.1 基础地理信息库

国家自然资源和地理空间基础信息库(简称"基础地理信息库")是我国建设的 4 个电子政务基础信息库之一,是国家空间信息基础设施建设的核心工程。基础地理信息库由国家发展和改革委牵头,自然资源部、水利部、中国科学院、国家海洋局、国家测绘局、国家林业和草原局、中国气象局、航天科技集团等 10 个部门共同建设。国家林业和草原局成立了林业分中心,负责林业基础地理信息库的建设。

自然资源数据目录下森林资源包含全国森林资源国家规定特别灌木林分布图、1:25万标准分幅全国森林资源分布图、全国森林资源竹林分布图、全国森林资源针阔混交林分布图、全国森林资源阔叶林分布图、全国森林资源针叶林分布图、全国人工林资源竹林分布图、全国人工林资源国家规定特别灌木林分布图、全国人工林资源针阔混交林分布图、全国人工林资源阔叶林分布图、全国人工林资源针叶林分布图、全国天然林资源国家规定特别灌木林分布图、全国天然林资源竹林分布图、全国天然林资源针阔混交林分布图、全国天然林资源阔叶林分布图、全国天然林资源针叶林分布图、各地区天然林资源保护工程建设情况、森林资源国家规定特别灌木林数据、森林资源竹林数据、森林资源针阔混交林数据等 55804 条记录。

林业基础地理信息库建设目标是在现有森林资源和森林生态监测体系、规程、标准的基础上，按照国家基础地理信息库建设的要求与林业信息资源发展需求，对林业资源信息进行整合，到2030年建成国家基础地理信息库林业分中心的总体框架。在建设期内完成林业分中心建设和运行的基础性工作，初步建成国家基础地理信息库林业分中心，形成有关信息的标准体系和政务信息共享服务的组织架构，基本满足国家宏观管理应用、电子政务和广大社会用户对公益性和基础性林业资源宏观信息的需求。

国家基础地理信息库的建设内容包括林业基础地理信息库建设、林业分中心标准及管理制度建设、数据库管理系统建设等3个方面。

林业基础地理信息库建设内容包括27个林业资源专题信息库、28个林业资源专题信息产品库、36个专题性综合信息子库、3类元数据库，主要数据库包括全国连续清查基础成果数据库、全国森林资源地理空间基础数据库、全国荒漠化和沙化土地类型数据库、全国沙尘暴监测和灾情评估数据库、京津风沙源治理工程建设数据库、森林异常热源点数据库、全国森林防火设施分布数据库、森林异常热源点影像数据库、林业营林生产统计数据库、全国湿地分布数据库、野生动物信息库、野生植物信息库、全国自然保护区分布数据库、林业碳汇潜力分布数据库、太行山绿化工程建设数据库、经济林基础库、林业有害生物数据库、防治及灾害数据库、森林植物及其产品检疫数据库、全国有害生物防治管理数据库、天然林保护工程建设数据库、退耕还林工程建设数据库、林业重点工程社会经济效益监测数据库、森林生态效益定位观测数据库、森林土壤数据库等。

林业分中心标准建设包括林业资源信息库要素编目、林业资源信息库要素与属性分类代码数据字典、林业资源信息库要素实体代码规范、林业资源信息库信息——产品标准及产品质量测试规定。管理制度建设包括林业数据分中心日常事务管理办法、项目建设实施管理办法、信息共享服务管理办法、数据交换与更新管理办法、信息库运行管理办法、项目建设运行组织管理办法、项目建设组织管理办法等方面的内容。

数据库管理系统建设包括系统管理建设和数据管理建设两部分。系统管理主要包括系统注册、用户管理、代码管理、访问控制和日志访问等功能。数据管理主要包括数据表管理、数据导出导入管理、数据备份恢复管理、数据下发管理、远程数据备份管理、数据输入和数据维护管理、压缩及传输管理、自动投影变换管理等功能。

林业资源数据库建设是在信息安全体系的支撑下，创建林业资源信息库的硬件、软件和网络等环境，并在统一的技术标准体系下，编制林业资源数据库标准，对林业资源信息数据进行一系列整合改造，建设地理空间定位基准统一、数据逻辑统一、元数据结构和内容编码统一、数据目录体系统一的林业信息数据库。通过网络和交换系统，实现和数据主中心及其他分中心的互联互通，提供林业数据共享和访问服务，形成林业信息及其产品服务体系，满足国家管理部门和广大社会用户对林业资源信息的需求。

已建成的国家基础地理信息库形成了标准化、规模化、基础性、战略性和可持续更新的地理空间信息资源库。建成了全国性地理空间信息共享交换网络服务体系、信息资源目录服务体系以及多源地理空间信息大规模、快速集成和共享应用的服务模式。形成了1个数据主中心和11个数据分中心，共同构成了政务信息共享服务支撑体系，创建了军民结合、跨部门协同的工作体系和自然资源与地理空间信息共享机制。

10.2.2　遥感影像数据库

国家卫星林业遥感数据应用平台建设项目于 2012 年启动实施，旨在通过多源卫星遥感数据的集中接入、管理、生产和分发，实现林业各监测专题的遥感信息及平台共享，并与国家林业和草原局现有的公共基础信息、林业基础信息、林业专题信息、政务办公信息等进行整合，打造全国统一的林业卫星遥感影像数据库，提高林业监测效率。该平台不仅对林业各领域的遥感数据进行有序管理，而且采用统一的标准进行集中式规模化处理，实现林业行业内数据的共享，改善行业遥感应用分散的状态，提高遥感在林业监测、应急监测、规划设计、资源评估等方面的应用水平。

（1）平台的总体框架

包括林业资源监测标准规范体系、平台支撑环境、平台软件系统、林业资源监测及信息体系和平台用户五大部分。

①林业资源监测标准规范体系。这是平台建设的重要基础，保障所建设的卫星遥感数据应用平台符合林业信息化系统建设规范，同时满足实际的林业遥感应用业务需要。

②平台支撑环境。分为系统物理层和业务支撑管理层两大层次。系统物理层包括计算设备、存储设备和网络设备等；业务支撑管理层包括操作系统、GIS 系统、存储管理系统、网络管理系统、安全管理系统等。

③平台软件系统。从功能上划分为遥感数据接入、业务运行管理、数据管理、林业遥感标准化处理、林业遥感应用处理、林业产品共享、林业产品服务、数据产品质量评价 8 个分系统。

④林业资源监测及信息体系。为林业遥感应用系统建设提供基础信息支撑。同时，不断从卫星遥感数据应用平台获取新的遥感数据产品。

⑤平台用户。主要分为内部系统用户、林业相关单位数据用户、其他相关行业数据用户和社会大众用户四大类。内部系统用户和林业相关单位数据用户，通过林业产品共享分系统查询、订购和获取各类卫星遥感数据产品和基础专题产品。气象、水利、自然资源、测绘、农业等其他相关行业数据用户，通过政务外网和林业产品共享分系统查询、订购和获取各类卫星遥感数据产品和基础专题产品。社会大众用户，通过互联网访问部署于外网服务器的林业产品服务分系统，订购和获取按时间、专题等分类组织的各类专题应用产品。

（2）平台建设内容

包括业务运行管理分系统、数据库管理分系统、遥感数据接入分系统、林业遥感标准化处理分系统、林业遥感应用处理分系统、林业产品共享分系统、林业产品服务分系统和数据产品质量评价分系统。

①业务运行管理分系统。主要由任务管理、流程管理、设备监控管理、用户管理和日志管理等子系统组成。任务管理子系统包含订单驱动和任务驱动两种模式。订单驱动模式下可以接收来自林业产品共享分系统的数据订单，通知遥感数据接入分系统制定新的数据申请。任务驱动模式下可以对所有任务需求进行分析，提供生成、编辑任务订单的功能。

②数据库管理分系统。提取业务运行管理分系统产生的数据，准备各生产环节所使用的数据，传递到与相应的生产分系统共享读写权限的交换区中，以便生产分系统将其转入

生产区，进行后续生产。提供各类数据产品的入库、存储检查、出库、管理等功能。提供查询功能接口、浏览图文件和三维影像数据。支持对数据库数据的增、删、改、查、备份和恢复功能，定期将重要数据备份到系统日志，可以通过恢复功能将数据恢复到指定目录。该分系统具有可扩展性，在产品索引结构固定的前提下，可以扩展新的产品级别或者后续卫星数据的管理功能。

③遥感数据接入分系统。主要完成国产卫星遥感数据的申请和相关数据的接入工作，为林业应用业务提供基础数据来源。该分系统对可用的卫星数据源进行综合分析，编制数据申请计划，向卫星业务主管单位提出数据申请，申请成功后，将所需数据通过政务外网、专用光纤或其他介质进行数据接入，对数据进行基础整编后，提交编目存档，或直接进入相关基础数据的常规或应急处理流程。

④林业遥感标准化处理分系统。基于林业遥感常规监测、应急监测、林业规划和林业各类评估、辅助决策与服务业务的共性和基础性需求，对接入并存档的各类卫星遥感基础数据或者基础产品进行统一、集中、规范化和流程化的高级处理，为各类林业应用提供遥感数据支撑。该分系统主要负责光学影像、雷达遥感影像的三、四级高级影像产品的处理和生产，以及在上述高级影像产品的基础上，提供各类林业应用业务所需的一系列通用或专用的图像处理工具。同时，为满足应急监测和其他林业特殊需求，需要具备将零级数据产品加工生产成一、二级标准数据产品的能力。

⑤林业遥感应用处理分系统。基于对森林资源、草原资源、湿地资源、荒漠化沙化土地、森林防火、林地基础信息等各类林业遥感监测的业务需求，实现对各级标准林业遥感影像产品处理、信息分析提取等操作，形成各种林业应用产品，为林业各应用部门提供林业资源监测信息和基础专题产品。

⑥林业产品共享分系统。主要提供二维地图或三维影像方式的交互界面，基于国家林草局内网或者外网门户，为平台用户提供多种方式的数据产品浏览、查询、网络订购和数据分发服务。此外，该分系统还具有提供数据产品、林业资源监测和信息共享功能。

⑦林业产品服务分系统。基于互联网技术，为社会公众提供按时间、专题等分类组织的各类专题应用产品的浏览查询服务，并提供产品制作和网站维护工具。该分系统链接在国家林草局现有互联网门户网站上。

⑧数据产品质量评价分系统。可以分析卫星遥感图像的信噪比、灰度直方图，具有对卫星遥感图像进行几何校正、参数评优优化并定期修正、可视化分析等功能，具有对林业遥感反演产品（地表反射率、植被覆盖度、叶面积指数、土壤湿度、地表温度、气溶胶光学厚度、地表蒸散等）质量进行评价和生成评估报告的功能。

10.3 林业基础数据库

林业基础数据库包括森林、草原、湿地、荒漠化和沙化土地、生物多样性等资源数据库。

10.3.1 森林资源数据库

森林资源数据库包括森林资源规划设计调查数据库、森林作业设计调查数据库、年度核调和专业调查数据库、森林资源管理数据库(林地林权、资源利用等)、资源利用数据库和其他标准、文档、技术规程等综合数据库。

森林资源数据库旨在为森林资源监测和管理服务，为各级林业管理部门提供信息查询、分析评价、辅助决策等综合服务。森林资源数据库是公益林、商品林区划界的重要基础数据，为编制森林采伐限额提供直接依据，同时也是森林经营宏观管理决策的重要依据。森林资源数据库提高了管理部门科学决策的水平和能力，同时为其他相关业务部门提供森林资源基础数据的应用和服务，推动森林资源信息共享和利用。

10.3.2 草原资源数据库

草原资源数据库包括草原 GIS 数据库、植被数据库、土壤数据库、气象数据库、动植物数据库、水资源数据库、土地利用数据库、社会经济数据库、资源利用许可和管理数据库、卫星遥感数据库等。

草原资源数据包括草原的空间分布、地形、植被种类、土壤状况、气象条件、动植物生态信息、水资源状态、土地利用模式等数据。

10.3.3 湿地资源数据库

湿地资源数据库包括湿地调查与监测数据库、湿地保护区数据库、国家重点湿地监测及评价数据库等。

湿地资源数据包括湿地保护区、湿地物种、湿地斑块、湿地公园、湿地鸟类、湿地湖泊、湿地库塘、湿地植物、湿地保护小区、湿地动物、重要湿地、湿地社会经济等数据。

10.3.4 荒漠化资源数据库

荒漠化资源数据库包含全国荒漠化、石漠化和沙化监测数据，其目的是掌握荒漠化土地数据，为业务系统应用提供支撑。沙地资源数据库包括荒漠化调查与监测数据库、沙地数据库、戈壁数据库、沙漠数据库等。

沙地资源数据主要包括历次全国荒漠化和沙化土地调查基础数据，具体包括荒漠化数据，沙漠化数据，石漠化和沙化土地类型，沙尘暴观测，戈壁区监测，荒漠化、石漠化和沙化动态变化数据，石漠化和沙化土地分布，沙漠分布等数据。

10.3.5 生物多样性数据库

生物多样性数据库主要包括自然保护区数据库和典型生态区专题数据库两种类型。自然保护区数据库包括自然保护区基本状况、动物、植物等数据。典型生态区专题数据库包括生态区社会经济、环境、珍稀动植物等数据。

生物多样性数据包括森林生物多样性、森林公园、森林生态定位观测等数据，旨在为我国重点野生动植物监测、国家野生动植物和自然保护区管理工作提供服务。森林生物多样性数据包含陆生动植物、古树名木、物种分布、珍稀濒危植物、动植物名录及分布等数据。森林公园数据包括国家森林公园数量、面积、游客量、旅游收入等数据。森林生态定位监测数据包括地面气象观测、土壤沙化等数据。

10.4 林业专题数据库

林业专题数据库主要包括森林资源管理数据库、森林培育和生态工程建设数据库、灾害监控与应急指挥数据库、林业科技数据库、森林保护数据库等。

森林资源管理数据库包括公益林数据库、林木采伐数据库、林业林权数据库等。

森林培育和生态工程建设数据库包括造林作业设计数据库、营造林实绩综合核查数据库、森林经营数据库、天然林保护工程数据库、生态公益林数据库、速生丰产林数据库、京津风沙源治理工程建设数据库、"三北"及长江流域等重点防护林体系工程数据库、退耕还林工程数据库、种苗数据库、林木育种数据库、森林土壤数据库、林地流转数据库、林权交易数据库、战略储备林数据库等。

灾害监控与应急指挥数据库包括森林防火数据库，林业有害生物数据库，森林病虫害发生、防治及灾害数据库，野生动物疫源疫病监测数据库，沙尘暴监测数据库，视频监测数据库和相关其他灾害数据库等。

林业科技数据库包括各类林业调查及评价数据库、林业科技成果数据库、林业实用技术数据库、林业专家数据库等。其中，林业科技成果数据库收录了1949年以来的林业科技成果信息。主要用于林业及相关行业的管理、科研、生产和教学人员进行科学决策、科研立项、科学研究、科技创新、成果验收和成果推广应用等领域。林业专家数据库包括林业名人专家信息，支持专家信息查询、专家信息维护等数据内容。

森林保护数据库包括林业有害生物数据库、森林火灾数据库两项内容。

林业专题数据库包含森林培育、生态工程、防灾减灾、林业产业、国有林场、林木种苗、竹藤花卉、森林公园、政策法规、林业执法、科技、人事、教育、党务管理、国际交流等数据。

10.5 林业综合数据库

林业综合数据库指根据综合管理、决策的需要，对基础、专题数据综合分析所形成的数据库，包括综合分析、综合评价、综合决策、综合预测、林业区划、林业规划等数据。林地"一张图"数据库属于典型的林业综合数据库。

为贯彻落实《全国林地保护利用规划纲要（2010—2020年）》，国家林业局于2010年启动实施了林地"一张图"建设工作，2012年底该数据库建成，数据量达100 TB。林地"一张图"数据库建设是指以二类调查成果为基础，利用遥感影像数据和必要的实地调查，采用地理信息系统，将林地及其利用状况落实到山头地块，建立县级林业档案数据库，并按省、国家逐级汇总提交，最后形成全国林业"一张图、一个库"。

数据库主要的数据类型包括高分辨率遥感数据、基础地理信息数据以及各类数据的元数据、行政区划代码、林业资源代码数据和文档数据等。全国林地"一张图"林地数据主要包括林地、基础、管理、林分和规划共5个方面的因子。

①林地因子。地类、土地退化类型、林地质量等级。

②基础因子。省(森工局)、县(林业局)、乡镇(林场)、行政村(林班)、小班、面积、地貌、坡度、坡向、坡位、土壤名称、土壤厚度、交通区位等。

③管理因子。土地权属、林种、森林(林地)类别、工程类别、公益林事权等级、公益林保护等级等。

④林分因子。起源、优势树种(组)、郁闭度(覆盖度)、龄组、每公顷蓄积量、平均胸径、每公顷株数、灾害类型、灾害等级、生态功能等级等。

⑤规划因子。是否为补充林地、林地保护等级、林地功能分区、主体功能区等。

2014 年后，随着林地变更调查工作的推进以及各类需求的增加，为切实提高林地"一张图"服务支撑能力，拓展林地"一张图"的应用范围，国家林业局组织开发了"全国林地一张图政务服务平台"，该平台是在"一张图"的总体框架基础上，整合全国林地图斑数据、林地专题数据、森林资源调查数据等数据资源，开发了基于 Web 技术的门户应用系统，实现了地图基础浏览、快速搜索定位、林业专题信息展示、林班数据查询、林地数据统计分析、多边形区域查询统计等功能，平台在线运行数据达 10 TB 以上，林地图斑记录数超过 7000 万个。

2018 年起，林地"一张图"互联网版上线运行，项目建设遵循 OGC WMS/WFS 等标准。提供林地"一张图"遥感影像、林地图斑、林地调查界线等基础数据的互联网服务，提供异构 GIS 平台间林地资源信息网上在线服务。围绕林地"一张图"的管理和信息服务，基于全国林地图斑数据，进行天然林、人工林的分布、保护等专题数据的制作。同时，开发林地"一张图"专题图的信息服务接口，对外提供在线信息服务。除此之外，还包括天、空、地一体化的林业资源遥感监测数据、专业传感器或移动端采集的数据、林业资源保护利用发展蓝图数据、林业资源红线及其元数据等。

10.6 林业信息产品库

林业信息是指可直接根据用户需求为最终用户服务的信息。林业信息产品库是为各类应用服务生成的信息产品，包括制图、数据、信息服务、信息应用等产品。各级林业数据维护和管理支撑单位负责本级信息产品库的建立、维护和应用权限分配。

复习思考题

1. 如何开展林业数据库的需求分析和概念设计？
2. 公共基础数据库的组成部分有哪些？国家自然资源和地理空间基础信息库包含哪些关键林业数据？
3. 遥感影像数据库在国家卫星林业遥感数据应用平台中的作用是什么？
4. 林业基础数据库包括哪些内容？
5. 解释林业专题数据库包含哪些内容？

推荐阅读书目

1. 李世东，2018. 中国林业一张图：思路探索与建设示范[M]. 北京：中国林业出版社.
2. 李世东，2016. 中国林业大数据发展战略研究报告[M]. 北京：中国林业出版社.
3. 王珊，杜小勇，陈红，2023. 数据库系统概论[M]. 6版. 北京：高等教育出版社.
4. Silberschatz A, Korth H F, Sundarshan S, 2019. Database System Concepts[M]. 7th ed. New York：McGraw Hill.

第 11 章

应用系统建设

【本章提要】林业应用系统建设对于优化业务管理流程，提升公共服务水平，增强行业治理能力意义重大。本章首先介绍了应用系统的概念、分类和典型应用系统的开发过程。接着介绍了综合类、业务类和服务类3类智慧林业系统类型，阐述了系统概述、总体框架、系统功能等内容。最后结合3个案例，介绍了典型智慧林业系统的建设过程和建设成效。通过学习本章内容，将全面了解智慧林业系统的概念、分类和开发过程，掌握典型智慧林业系统的建设方法和建设思路。

11.1 应用系统概述

11.1.1 应用系统的基本概念

应用系统是一种用于解决特定问题或执行特定任务的计算机系统，是由计算机硬件、网络和通信设备、计算机软件、信息用户和规章制度等组成，能进行信息的收集、传递、存储、加工、维护和使用，以数据的使用和处理为目的的人机一体化系统。其中，计算机软件是应用系统的核心部分，是为了满足特定的业务需求而开发的应用程序的集合。

11.1.2 应用系统主要分类

应用系统主要包括单机应用系统（Standalone）、客户机/服务器结构应用系统（Client/Server，C/S）、浏览器/服务器结构应用系统（Browser/Server，B/S）等。此外，随着移动终端和即时通信软件的发展，还出现了运行在移动终端上的移动应用系统和小程序应用系统等新型应用系统。

（1）单机应用系统

单机应用系统是指不需要联网或与其他计算机进行通信在单台计算机上运行的应用程序。它通常是一个独立的软件应用系统，部署在用户本地计算机上，可以对本地文件、数据进行管理和处理。单机应用系统的优点是简单，易于操作和使用。其缺点是，当业务量增长到一定程度的时候，单机的硬件资源将无法满足业务需求。随着业务的发展和复杂程度的增加，单机应用系统可能会遇到性能瓶颈，这时就需要考虑更复杂的系统架构，如 C/S 结构系统和 B/S 结构系统等。

(2) 客户机/服务器结构应用系统

客户机和服务器结构也称 C/S 结构，可以充分利用客户机和服务器两端硬件环境的优势，将任务合理分配到两端实现，从而降低系统的通信开销。C/S 结构的优点表现为应用服务器运行数据负荷较轻，数据的储存管理功能较为透明。其缺点是投资较大且维护成本较高。

(3) 浏览器/服务器结构应用系统

浏览器和服务器结构也称 B/S 结构，它是随着 Internet 技术的兴起，对 C/S 结构的变化或者改进的一种结构类型。在这种结构下，用户工作界面是通过 WWW 浏览器来实现的，极少部分业务逻辑在前端(Browser)实现，主要业务逻辑在服务器端(Server)实现。B/S 结构大大简化了客户端电脑载荷，减轻了系统维护与升级的成本和工作量，降低了用户的总成本。

(4) 移动应用系统

随着移动设备的发展，移动应用系统已经成为一种重要的应用系统类型。移动应用系统是一种运行在移动设备(手机、平板电脑、手持设备等)上的软件系统，通常使用特定的框架和开发工具开发，增强移动设备的智能处理能力。

(5) 小程序应用系统

小程序是一种轻量级的应用系统，不需要下载安装即可使用，只需通过扫一扫或搜索即可打开应用进行访问。这种应用的特点是用户使用完毕后无须卸载或关闭，下次使用时依旧能够轻松访问，具有快速便捷、占用资源少等优点。目前最常用的小程序应用系统是微信小程序，使用微信开发工具和基于 JavaScript 的框架开发。

11.1.3 主流开发技术

应用系统的开发是根据计算机用户对应用系统的技术要求，分析系统需求，通过某种程序设计语言加以实现和维护的过程。

(1) 单机应用系统开发

有多种语言和技术可供选择。例如，微软的 C#语言使用 WPF 或 WinForm 框架，可以利用 Visual Studio 的强大功能和微软的 .NET 平台，快速开发出既美观又功能强大的 Windows 桌面应用系统。C++语言，使用 QT 框架可以开发出性能优良和跨平台的桌面应用，例如，常用的 WPS 系统、Office 就是通过这种方法开发的。

(2) C/S 结构应用系统开发

C/S 结构应用系统包括客户端和服务器端，大多以数据库为核心。客户端通常采用与单机应用系统类似的开发方式，服务器端通常运用 Java、Python 等跨平台语言开发。比如常见的腾讯 QQ 即时通信软件，就是典型的 C/S 结构应用系统。其客户端主要运用 C++语言开发，服务器端运用 Linux GCC 语言开发。

(3) B/S 结构应用系统开发

B/S 架构是 C/S 架构的改进，典型 B/S 系统采用三层架构模式，如图 11-1 所示。第一层是 Web 浏览器，只有简单的输入和输出功能，处理极少部分的业务逻辑。第二层是 Web 服务器，扮演着信息传送的角色。当用户想要访问数据库时，须首先向 Web 服务器发送请求，Web 服务器接收请求后，向数据库服务器发送访问数据库请求。第三层是数据库服务器，当数据库服务器收到了 Web 服务器的请求后，会对访问请求进行处理，并将结果返回给 Web 服务器。接下来，Web 服务器将收到的数据转换为 HTML 文本形式发送给浏览器显示。典型的 B/S 应用系统通常采用前后端分离的模式开发。前端主要通过 Vue、React、Angular 等流行框架开发，主要开发语言包括 HTML5、JavaScript、CSS3 等；后端主要通过 Spring、SpringMVC、MyBatis 等主流框架开发，开发语言主要采用 Java、Python 等跨平台语言。网易邮箱就是典型的 B/S 结构，通过上述模式开发完成。

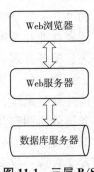

图 11-1　三层 B/S 软件结构

(4) 移动应用系统开发

移动应用系统是指运行在手机、平板电脑、智能手表等移动终端设备上的应用系统。手机 App 是其中最重要的一类，分为原生应用、Web 应用和混合应用三类。原生应用是指针对特定的设备操作系统(如 iOS、Android、鸿蒙)开发的应用程序，可以提供最佳的用户体验和性能，但不具备跨平台运行功能。Web 应用是指基于 Web 技术(如 HTML5、CSS3 和 JavaScript)开发的应用程序，可以跨平台运行，但其性能和用户体验相对较差。混合应用则是将原生应用程序和 Web 应用程序结合起来，既可以提供良好的用户体验，同时也具有跨平台的优点。混合应用开发可以采用 React Native、Flutter、Ionic 等框架。React Native 是 Facebook 在 2015 年开发的框架，可以使用 JavaScript 和 React 来构建类似于原生应用的应用程序。Flutter 是 Google 在 2017 年开发的框架，使用 Dart 语言来构建高性能和高质量的应用程序。Ionic 是 Drifty 在 2013 年开发的框架，使用 HTML、CSS 和 JavaScript 来构建跨平台应用程序。

(5) 小程序应用系统开发

小程序主要运行在微信、支付宝等平台，具有丰富的应用场景，目前最流行的小程序是微信小程序。微信小程序通常通过流行的 Web 前端框架开发，如 Taro、MpVue、uni-app 等。后端数据库支持本地存储、云存储和第三方数据库等多种数据存储方式。其中，云存储和第三方数据库能够提供更为稳定、安全、高效的数据存储服务。例如，腾讯云、阿里云等云服务商都提供了相应的微信小程序的开发支持。

11.2　综合类应用系统

(1) 综合办公系统

综合办公系统是林业基础信息平台上的一项重点应用，是面向国家林业系统用户提供网络化、电子化、规范化、流程化的集中式协同办公和信息资源共享服务平台，通过全面整合办公信息资源和业务数据资源，规范林业办公流程，实现办公规范化、工作自动化、监督透明化，全面服务于林业行政办公和行政管理，实现协同办公和信息共享，提高工作人员的办公、办事效率，为各级领导的决策提供强有力的支持。

国家林业和草原局综合办公系统的功能模块按业务需求分为行政办公、公文办理、会议办理、事务办理和综合管理等五大板块：

①行政办公。为行政人员提供数字化办公支持，涵盖决策指挥、工作审批、任务分配等功能。通过系统，行政人员可实时查看工作进展、文件和报告，提升决策效率，确保各项事务高效协调和及时处理。

②公文办理。公文办理是综合办公的核心部分，实现机关公文办理和管理的电子化，以及发文管理、收文管理、签报管理和建议提案的自动化，可灵活地设定公文流程，自动进行跟踪、催办、查办，并归类存档，最终实现"文档一体化"。规范公文办理流程，可以提高协同办理能力和日常办公工作效率。

③会议办理。从申报会议计划开始，经过审批，然后向参会人员发会议通知，进行会务准备，会议结束以后，形成会议纪要，对会议整个流程进行自动化管理。将日常烦琐的会议工作管理得井井有条，实现对会议整个流程的网上管理。会议办理包含全国性会议和内部会议等模块。

④事务办理。针对用户需求提供功能全面的日常办公环境。事务办理包括国际合作、人事管理、信息简报、督察督办、后勤服务、财务报销、意见征询和值班管理等模块。

⑤综合管理。提供辅助办公的应用服务。综合管理包含通知、留言条、办公助理、个人通讯录和大事记等模块。

（2）移动办公系统

突破了传统公文办理方式，通过互联网和移动专线实现公文的安全移动处理。支持在机关外随时访问系统，进行文件审阅和办理，摆脱了时间和空间的限制。在确保网络安全的前提下，极大地提升了办公效率，使信息处理更加灵活便捷。

（3）档案管理系统

电子档案管理系统是用于处理机关单位的电子档案实时归档（OA系统生成的文件）和历史档案资源集中利用的平台。该系统布置在内网平台，在林业系统内实现档案信息的资源共享，使档案信息资源更好地为林业信息化和现代化服务。系统提供角色管理、权限流程管理和系统日志管理等特色功能，以确保系统和档案信息的安全。

（4）内部邮件系统

内部邮件系统是向内网用户提供的电子邮件服务系统，可使用户享受免费邮件，加速内部信息的传递。电子邮件系统架构采用集中部署方式，系统可以实现基本的邮件收发功能，例如，通过SMTP、WWW等服务发送邮件，通过POP3、IMAP等服务收取邮件，通过WWW、客户端程序读邮件等功能。

（5）即时通信系统

即时通信系统可提高工作效率，减少内部通信费用，为内部人员提供顺畅的即时沟通服务。在异步通信已无法满足办公需求的形势下，好的即时沟通平台，能够帮助内部人员实现高效沟通。内部人员可以轻松地通过服务器所配置的组织架构查找需要进行通信的人员，并采用合适的沟通方式进行实时沟通，比如，文本消息、文件传输、直接语音会话或者视频等。

(6) 文档交换系统

内外网文档交换系统解决了因内、外网隔离而产生的两个网络之间文档安全交换问题。该系统依托数据交换系统和网闸设备，实现在两个网络间文档的交换，为内、外网办公提供有效的帮助。系统提供文件、图片等媒体资料在内、外网之间的资源交换，方便在两个网络之间进行文件传递，为内、外网办公人员提供有效的资源共享平台。

11.3 业务类应用系统

11.3.1 森林管理信息系统

(1) 系统概述

该系统对国家级、省级不同层次的森林资源管理系统的业务进行需求分析，由全国森林资源的标准规范体系、运行环境体系、数据库群、管理基础平台体系和管理业务应用系统组成多尺度森林资源管理系统的体系结构。标准规范体系、运行环境体系、森林资源数据库群是建立整个多尺度管理系统的基础设施；森林资源管理基础平台体系和森林资源管理业务应用系统是该系统的重点；森林资源管理基础平台体系主要包含公共空间信息查询、信息分析、系统管理、数据交换、信息发布等服务，提供数据接口产品信息。

服务建设主要包括省级服务、国家级服务和森林资源管理服务。省级服务包括业务数据调用服务、森林资源管理业务支撑服务、森林资源数据服务。国家级服务(主要针对一类数据)包括数据调用服务、管理业务支撑服务、森林资源数据服务。森林资源管理服务包括数据统计与分析服务、网络地图与空间查询分析服务、森林资源数据聚合服务等。根据国家、省、市、县4个不同层次的应用需求，运用地理信息系统和数据库技术建立森林资源管理信息系统，做好对已有建设成果的升级完善和推广应用。该系统由森林资源管理系统、森林资源利用管理系统、林地林权管理系统、国家级生态公益林管理系统、森林资源管理辅助决策支持系统和境外森林资源信息管理系统等六部分组成。

(2) 总体框架

依托统一的标准规范体系和安全保障体系，森林管理系统以林业基础平台和森林资源管理基础平台体系为稳固的基石，构建了跨越多个国家、省、县的全面森林管理体系，以满足日益增长的森林资源管理业务应用的需求。它依托森林资源管理基础平台体系，旨在为国家、省、县等不同层级的管理业务提供定制化的解决方案，使整个森林资源管理系统形成有机的整体，提高了数据的协调性和信息的一致性。森林管理信息系统框架如图11-2所示。

森林管理信息系统拥有强大的功能和灵活性，能够满足各级管理机构的不同要求。国家级应用系统专注于国家级公益林资源管理、护林员管理以及管护成效评价等重要任务。省级应用系统专注于支持各级管理机构的业务数据调用服务和森林资源数据服务，为省级森林资源管理提供有力的支持。县级应用系统致力于实现更细致化的数据统计与分析服务、网络地图与空间查询分析服务以及森林资源数据聚合服务，以满足县级管理的特定需求。

数据调用服务是指国家调用各省的地理信息服务和报表服务。值得注意的是，地理信息服务在升级发布时已经切分成图片，并且这些图片中不包含坐标点，也不包含任何军事

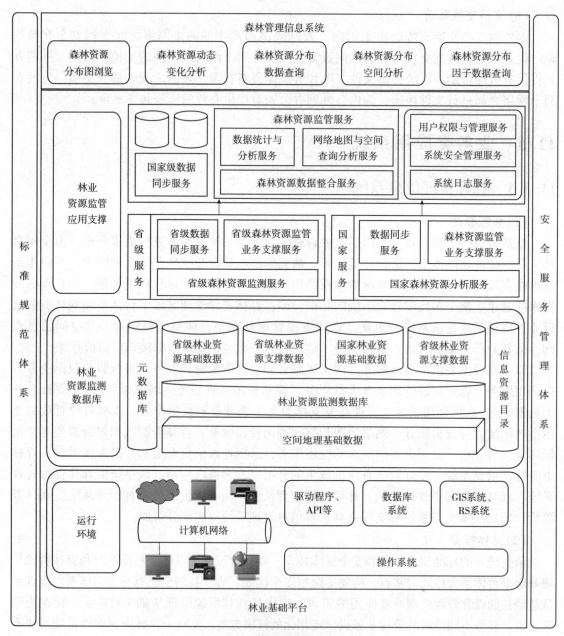

图 11-2 森林管理信息系统框架

涉密信息等。因此，发布的地理信息服务是非涉密的，确保了数据的安全性和合规性。通过这样的数据服务调用机制，国家可以高效地获取各省的地理信息和数据报表，为森林资源管理和监督提供重要的决策支持。同时，由于这些地理信息服务是非涉密的，管理机构对其使用也不会违反任何安全规定，有助于保障国家和省级管理机构之间的信息交流和协作。多层级的森林资源管理体系为国家和地方提供了更全面、精准的决策支持。依托这一体系，管理机构可以迅速获取并分析森林资源数据，掌握森林状况的动态变化，从而制定更有效的森林资源保护和管理策略。

(3) 系统功能

主要包括森林资源分布图浏览、森林资源动态变化分析、森林资源分布数据查询、森林资源分布数据空间分析和森林资源分布因子数据查询 5 部分。

①森林资源分布图浏览。该部分以地图浏览功能和分布图服务为基础，实现森林资源分布的可视化与浏览。通过全国行政区划逐级检索，用户可以查看全国及各省、市、县的森林资源分布情况。同时，在各省进行了标准化改造，使省级数据与国家级数据标准相吻合，确保了国家获取格式统一的森林资源数据。

②森林资源动态变化分析。这部分建立在森林资源分布图浏览功能和数据查询服务基础上，实现了森林资源动态变化分布图以及变化原因数据的浏览功能。用户可以通过该子系统了解森林资源的变化趋势，并对变化原因进行深入分析。

③森林资源分布数据查询。以森林资源调查小班数据为基础，结合各类因子数据进行条件组合，使用户实现对感兴趣的小班数据的查询，并且实现对小班数据的定位。这样的查询功能使用户可以快速获取特定条件下的森林资源分布数据。

④森林资源分布数据空间分析。基于森林资源调查小班数据，通过空间分析查询出符合相关条件的分布数据。这个功能允许用户进行更深入的空间分析，挖掘森林资源的分布特点和空间关联。

⑤森林资源分布因子数据查询。该部分以森林资源分布调查数据和因子规范数据（如代码）为基础，分析数据库中符合查询要求的数据。这样的查询功能帮助用户快速地获取特定因子数据，辅助用户更好地理解森林资源的分布情况。

综合上述功能，该系统提供了全面、多样化的服务，帮助国家和各级管理机构更好地监管和管理森林资源，促进森林保护和可持续利用，从而推动经济社会的绿色发展和生态文明建设。

11.3.2 草原管理信息系统

(1) 系统概述

草原管理信息系统是为了促进草原资源的科学利用、保护与管理，提高草原管理工作效率和决策水平而开发的综合性信息化平台。该系统以全国范围内的草原资源为基础，构建标准规范体系、环境运行体系、草原资源数据库群等基础设施，为系统的稳健运行提供保障。草原管理信息系统的成功建立实现了对草原资源的有效管理和保护，推动了草原生态环境的恢复和改善。各级管理部门、科研机构、社会公众等多方参与，共同建设草原管理信息系统，打造一个全面、高效、智能化的草原管理信息系统，以实现对草原资源的科学管理和保护。

(2) 总体框架

该系统依托标准规范体系和安全保障体系，以林业基础平台和森林资源管理基础平台为基石，构建了跨越国家、省、县的全面草原管理体系，以满足不断增长的草原资源管理业务需求，服务国家、省、县等不同管理层级的需求，使整个草原管理信息系统形成协调统一的整体，提高数据处理和信息分析的效率。多层级的草原资源管理体系为国家和地方提供更全面、更精准的决策支持。通过这一体系，管理机构能够快速获取和分析草原资源数据，深入了解草原状况和动态变化，从而制定更有效的草原资源保护和管理策略。草原管理信息系统框架如图11-3所示。

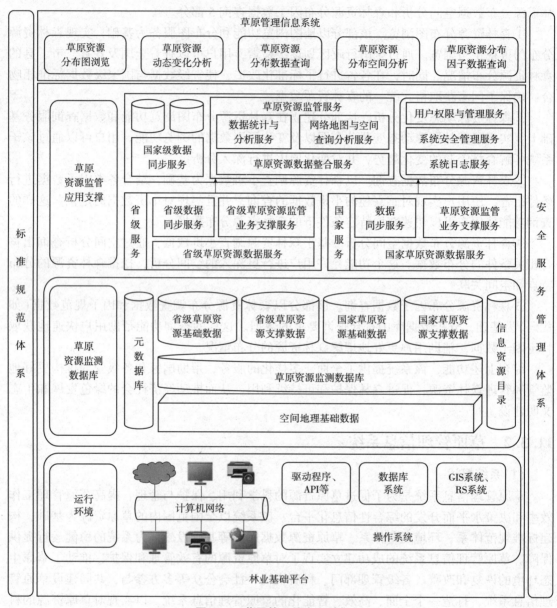

图11-3 草原管理信息系统框架

(3) 系统功能

该系统为草原管理部门、科研机构、农牧民等提供全面、准确、及时的信息支持，主要包括草原资源调查与监测、草原动态信息管理、草原灾害监测与预警、草原管理决策支持、草原生态修复与保护、草原动植物资源管理、草原经济管理和草原环境监测与评估在内的8个功能。

①草原资源调查与监测功能。实时监测草原面积、植被覆盖率、土壤水分等环境指

标，帮助用户了解草原生态状况。定期进行草原资源调查，获取草原植被种类分布、植物群落结构等信息，为科学决策提供依据。

②草原动态信息管理功能。对草原资源变化进行跟踪和记录，形成动态数据库，方便分析和预测草原变化趋势。实现对草原资源的开发利用情况、草原生态保护措施等信息的全面管理。

③草原灾害监测与预警功能。结合气象、环境数据，提供草原火灾等灾害的实时监测与预警服务，及时发现火灾等灾害问题，避免灾害扩大。

④草原管理决策支持功能。基于数据分析和模型预测，为决策者提供科学的草原管理建议和政策支持，提高决策的科学性和准确性。

⑤草原生态修复与保护功能。根据草原生态环境的监测数据，制定生态修复方案，促进退化草原的恢复。提供草原保护政策和措施，推动草原生态环境的可持续发展，巩固生态治理成果。

⑥草原动植物资源管理功能。对草原动植物资源进行数据管理和监测，记录动植物种群数量、迁徙情况等，有利于生物多样性保护。提供有关草原动植物的科普知识，提高农牧民对草原资源保护的积极性。

⑦草原经济管理功能。对草原资源的利用情况进行统计和分析，为经济发展提供参考数据和决策依据。优化草原资源配置，提高草原经济效益，促进农牧民增收。

⑧草原环境监测与评估功能。对草原生态环境进行监测和评估，提供草原生态环境质量的评估报告，为草原环境保护工作提供参考。

综上所述，草原管理信息系统为草原管理工作提供全方位的信息支持和决策服务，从而实现科学管理和草原资源保护。该系统有助于推动草原生态环境的持续改善和草原经济的可持续发展。

11.3.3　湿地管理信息系统

(1) 系统概述

该系统主要服务于湿地管理和监测，可以根据湿地管理和本底调查因子、监测因子等数据，对湿地资源进行全方位的分析，更充分掌握湿地资源的现状，以采取有效措施保护和管理湿地生态环境。

(2) 总体框架

依托统一的标准规范体系和安全保障体系，以林业基础平台和湿地资源数据库为基础，建立国家、省两级部署的湿地资源管理系统，满足日益增长的湿地资源管理业务应用需求。对湿地信息资源采取分区域管理、整体集成、分级维护策略，进行从国家到地方的湿地资源一体化管理，实现国家、省两级湿地资源管理部门之间、湿地资源管理部门与其他林业业务管理部门之间、林业部门与其他政府部门之间的数据交换和服务。服务建设主要包括省级服务、国家级服务和湿地资源管理服务。其中，省级服务包括数据调用服务、湿地资源管理业务支撑服务、湿地资源数据服务。国家级服务包括数据调用服务、管理业务支撑服务、湿地资源数据服务。湿地资源管理服务包括数据统计与分析服务、网络地图与空间查询分析服务、湿地资源数据聚合服务等。湿地管理信息系统框架如图 11-4 所示。

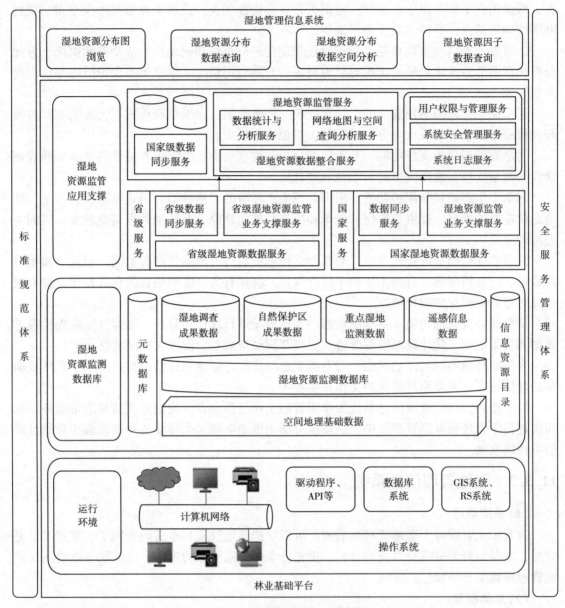

图 11-4 湿地管理信息系统框架

(3) 系统功能

该系统涵盖了湿地资源分布图浏览、湿地资源分布数据查询、湿地资源分布数据空间分析和湿地资源因子数据查询 4 个功能模块。

①湿地资源分布图浏览。通过地图浏览功能和分布图服务,实现湿地资源各比例尺专题数据的可视化。将湿地专项调查数据汇集和湿地自然保护区调查数据汇集纳入其中,以汇总全国湿地数据。

②湿地资源分布数据查询。基于湿地资源调查数据,根据调查的各类因子数据进行条件组合,实现用户对湿地资源数据查询的灵活性,包括分布数据条件查询、市模糊查询、

县模糊查询、乡模糊查询等。

③湿地资源分布数据空间分析。利用湿地资源数据进行空间分析查询，从而获得符合相关条件的湿地分布数据。提供点击位置缓冲查询、线周边资源数据查询、面覆盖资源数据查询等功能，帮助用户深入了解湿地资源的空间关联性。

④湿地资源因子数据查询。以湿地调查数据和因子规范数据为基础，分析数据库中符合查询要求的数据，帮助用户获取所需的湿地资源因子数据。

⑤通过湿地资源管理系统，国家和省级管理部门之间实现了湿地资源一体化管理，同时促进了湿地资源管理部门与其他林业业务管理部门、其他政府部门之间的数据交换和服务。

11.3.4 荒漠管理信息系统

（1）系统概述

荒漠管理信息系统主要负责荒漠调查的信息标准化、信息存储、信息整合和信息共享，以实现对荒漠资源的集成管理。同时，该系统通过对荒漠资源变化信息进行动态监测和趋势预测，以及对相关因素进行分析，形成中国荒漠资源现状的分析结果。此外，该系统还为荒漠治理工程的规划提供决策依据，并向政府相关部门和公众提供数据服务。

系统的服务建设主要分为国家级服务、省级服务和荒漠沙化土地资源管理服务。国家级服务包括数据调用服务、管理业务支撑服务和荒漠资源数据服务。通过这些服务，系统将为国家级管理机构提供全国范围的荒漠资源数据和支持，确保全国范围内的资源得到有效管理和监督。省级服务涵盖数据调用服务、荒漠沙化土地资源管理业务支撑服务以及荒漠沙化土地资源数据服务。在这个层面，系统将为各省级管理部门提供定制化的数据服务，以支持相关部门完成荒漠资源的管理与监督工作。荒漠沙化土地资源管理服务将提供数据统计与分析服务、网络地图与空间查询分析服务以及荒漠沙化土地资源数据聚合服务。通过这些服务，系统将为管理部门和公众提供全面的荒漠资源信息，帮助他们更好地了解资源状况和发展趋势，并制定有效的治理措施。

（2）总体框架

依托统一的标准规范体系和安全保障体系，以林业基础平台和荒漠数据库为基础，建立涵盖国家、省、县三级的荒漠和沙化多样性管理系统，以满足日益严峻的荒漠和沙化监督业务的需求。该系统实现了从国家到地方的荒漠资源一体化管理，实现了国家、省、县三级荒漠管理部门之间以及林业部门与其他政府部门之间的数据交换和共享。在这一系统中，林业基础平台和荒漠数据库充当着重要的角色，为多级管理机构提供稳固的数据支撑和技术支持。系统通过信息标准化、信息存储、信息整合和信息共享等方式，实现对荒漠调查信息的集成管理。同时，动态监测和趋势预测功能帮助分析相关因素，形成关于中国荒漠资源现状的分析结果，为荒漠治理工程的规划提供决策依据。荒漠资源管理信息系统框架如图11-5所示。

（3）系统功能

该系统主要包括荒漠沙化土地资源分布图浏览、荒漠沙化土地资源动态变化分析、荒漠沙化土地资源分布数据查询、荒漠沙化土地资源分布数据空间分析、荒漠沙化土地资源

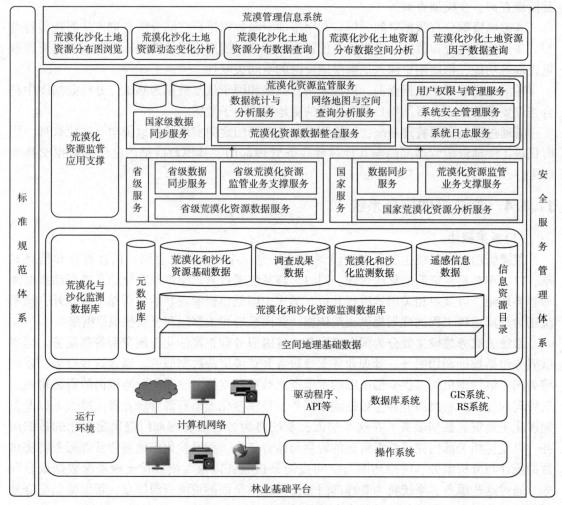

图 11-5 荒漠管理信息系统框架

因子数据查询 5 部分。

①荒漠化沙化土地资源分布图浏览。以地图浏览功能和分布图服务功能为基础，实现荒漠化沙化土地资源在不同比例尺下的专题数据可视化与浏览。该功能主要目标为：汇集荒漠化和沙化数据，实现对国家级、省级荒漠化和沙化数据的整理和汇总。每隔五年进行一次复查，收集荒漠面积、荒漠化程度、荒漠变化等动态数据，以及沙化土地类型、沙化程度、利用类型、土壤、植被、治理状况等国家级整合数据，对各省的荒漠化和沙化监管数据进行标准化改造，确保省级数据与国家级数据监管标准相一致，以便为国家提供格式统一的标准数据。

②荒漠化沙化土地资源动态变化与分析。结合荒漠化沙化土地资源分布图浏览功能与数据查询服务，实现荒漠化沙化土地资源动态变化分布图，及变化原因数据浏览功能。具体包括荒漠土地植被和沙化土地植被的盖度、利用类型、程度等动态变化分析。

③荒漠化沙化土地资源分布数据查询。以荒漠化沙化土地资源调查数据为基础，根据调查的各类因子数据进行条件组合，实现用户对资源数据的查询，并定位资源分布。用户

可以进行分布数据条件查询、市级模糊查询、县级模糊查询、乡级模糊查询，以及逐级查询等工作。

④荒漠化沙化土地资源分布数据空间分析。以荒漠化沙化土地资源数据为基础，通过空间分析查询符合相关条件的分布数据。该功能包括点击位置缓冲查询、线周边资源数据查询、面覆盖资源数据查询等。

⑤荒漠化沙化土地资源因子数据查询。以荒漠化沙化土地资源调查数据和因子规范数据为基础，数据库中符合查询要求的数据进行数据查询和分析。

通过该系统，各级林业主管部门能够更有效地保护和管理荒漠化沙化土地资源，共同应对荒漠化和沙化所带来的挑战。同时，通过数据的共享和交流，不同层级的管理机构之间可以更好地协作，形成合力，共同推进荒漠资源的规范治理合理利用和可持续发展。

11.3.5 野生动植物保护管理信息系统

(1) 系统概述

野生动植物保护是各级林业主管机构的重要职责，其主要任务是实现对野生动植物资源的全面监管，并为相关的辅助决策提供支持。通过建立国家、省两级部署的野生动植物保护系统，满足日益增长的野生动植物资源监管业务需求。该系统采用分区域管理、整体集成、分级维护等策略，实现了从国家到地方的一体化管理。

(2) 总体框架

依托统一的标准规范体系和安全保障体系，构建野生动植物保护管理信息系统。该系统建立在林业基础平台和野生动植物保护数据库的基础上，以国家和省两级部署的形式展开。系统采用分区域管理、整体集成、分级维护策略，实现从国家到地方的一体化管理，有效促进国家、省两级野生动植物保护管理部门之间，以及与其他林业业务管理部门和其他政府部门之间的数据交换和服务。野生动植物保护管理信息系统框架如图11-6所示。

在服务建设方面，系统涵盖三大关键部分。首先，省级服务包括数据服务调用、野生动植物保护资源监管业务支撑服务以及野生动植物保护资源数据服务。这一层面将为省级管理部门提供定制化的数据服务，全面支持其对野生动植物资源的监管与保护工作。其次，国家服务涵盖数据服务调用、监管业务支撑服务和野生动植物保护资源数据服务。通过这些服务，系统将为国家级管理机构提供全国范围内的野生动植物资源数据支持，确保资源得到全面有效地管理和监管。最后，野生动植物保护资源监管服务由数据统计与分析服务、网络地图与空间查询分析服务以及野生动植物保护资源数据聚合服务等组成，为全面且高效的野生动植物资源监管提供支持。

通过精准数据统计与分析服务，系统能够深入地洞察野生动植物资源的状态和变化趋势，为相关部门提供决策支持。网络地图与空间查询分析服务可以使各级管理机构轻松获取空间信息，更全面地了解野生动植物资源分布情况。野生动植物保护资源数据聚合服务将庞大的数据整合为有用的信息，为管理部门提供更精确的监管指导。在现代科技的驱动下，野生动植物保护管理信息系统将持续改进，以提高保护管理的科学性和高效性。如无人机、遥感技术在内的科技手段，已成为生态数据采集与监测的强大工具，实现野生动植物保护地生态数据的实时采集与监测。

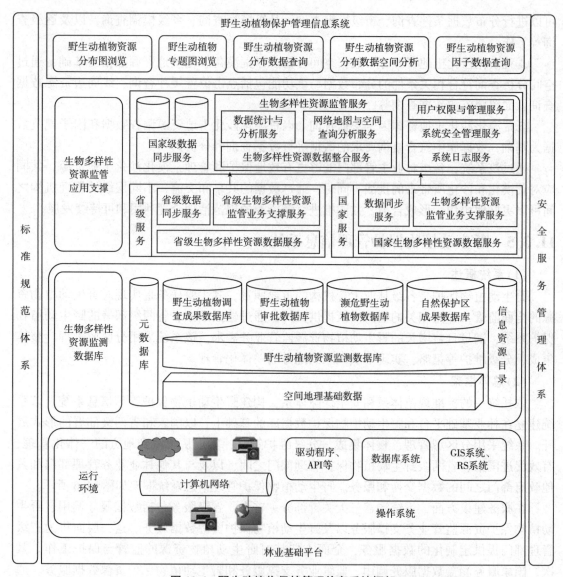

图 11-6　野生动植物保护管理信息系统框架

(3) 系统功能

在国家数据中心和各省数据中心的基础上，搭建野生动植物保护管理信息系统，以野生动植物保护数据库为核心，实现生物多样性监管系统的有关业务应用。该系统部署于国家和省两级数据中心，通过数据服务调用的方式实现数据的交换和汇集，旨在实现全国范围内野生动物、野生植物以及自然保护区等资源的监测、管理、保护和利用。基于国家级野生动植物保护数据库，该系统主要实现野生动植物资源分布图浏览、野生动植物专题图浏览、野生动植物资源分布数据查询、野生动植物资源分布数据空间分析和野生动植物保护资源因子数据查询 5 个功能。

①野生动植物资源分布图浏览。借助地图浏览功能和分布图服务，实现野生动植物保护资源各比例尺专题数据的可视化功能，让用户轻松了解资源分布情况。

②野生动植物专题图浏览。提供多种专题图浏览选项，包括保护区分布、爬行动物分布、珍稀植物分布、哺乳动物分布、鸟类分布、狩猎场分布等，帮助用户深入了解特定类型资源的空间分布情况。

③野生动植物资源分布数据查询。该系统以野生动植物保护资源调查数据为基础，根据调查数据中的各类因子进行条件组合查询，实现对感兴趣的资源数据的查询，并在地图上实现资源分布定位功能，方便用户精准查询。

④野生动植物资源分布数据空间分析。利用野生动植物保护资源分布数据，系统进行空间分析，查询出符合用户相关条件的资源分布数据，支持点击位置缓冲查询、线周边资源数据查询以及面覆盖资源数据查询等功能，助力用户深入挖掘资源的空间关联性。

⑤野生动植物保护资源因子数据查询。以野生动植物保护资源查询数据和因子规范数据（如代码）为基础，分析数据库中符合查询要求的数据，提供快捷的数据查询服务，帮助用户深入了解资源的相关因子。

通过以上功能，野生动植物保护管理信息系统将提供全面且高效的监管支持，为保护和管理珍贵的野生动植物资源提供有力的科学依据。

11.3.6 国家公园等自然保护地管理信息系统

(1) 系统概述

国家公园等自然保护地管理信息系统是国家为了保护我国宝贵的自然资源和生态环境而建设的一项重要工程。该系统旨在整合和管理各类国家公园和自然保护地的生态数据、环境数据和地理信息，实现自然资源的科学管理和可持续发展。该系统包括国家公园资源数据库群、国家公园管理基础平台体系、国家公园资源监测与预警子系统和国家公园管理辅助决策支持系统。

①国家公园资源数据库群。该数据库群汇集全国各地不同类型的自然保护地数据，包括生物多样性、地形地貌、气候条件等信息。数据的标准化和统一将为系统的准确性和可靠性提供基础支持。

②国家公园管理基础平台体系。该平台体系作为信息系统的核心，为政府部门、科研机构和公众提供各类自然保护地资源信息的查询、分析和发布功能。管理者可以及时了解自然保护地的现状，制定相应的保护措施。

③国家公园资源监测与预警子系统。该子系统利用先进的监测技术，对自然保护地资源进行实时监测和动态预警。一旦发现资源的异常情况，系统将及时向管理者报警，以便采取紧急措施。

④国家公园管理辅助决策支持系统。该系统整合各类资源数据，通过数据分析和挖掘技术，为决策者提供智能化的决策支持。政府部门可以根据系统的分析结果，制定科学的管理方案。

(2) 总体框架

该系统依托统一的标准规范体系和安全保障体系，建立在林业基础平台和国家公园自然资源数据库的基础上，并涵盖国家和省两级管理系统。采用分区域管理、整体集成和分级维护策略实现国家公园资源的一体化管理，促进国家、省两级管理部门和其他林业业务管理部门、政府部门之间的数据交换和服务。

　　系统的服务建设主要包括国家级服务、省级服务和国家公园资源监管服务。国家级服务包括数据调用服务、监管业务支撑服务和资源数据服务3种服务类型，为国家级管理机构提供全国范围内的资源数据和支持，实现全面的资源管理和监督。省级服务提供数据调用服务、资源监管业务支撑服务和资源数据服务，以满足省级管理部门的需求，支持管理者有效监督和管理国家公园资源。国家公园资源监管服务包括数据统计与分析服务、网络地图与空间查询分析服务和资源数据聚合服务，为资源监管部门提供全面、高效的支持。国家公园管理信息系统采用现代科技手段，如无人机、遥感技术等，实现对国家公园的生态数据实时采集与监测。这些先进技术的应用为国家公园管理提供了全面准确的信息，有助于及时应对生态环境的动态变化，为国家公园的保护和管理提供更科学的依据，国家公园等自然保护地管理信息系统框架如图11-7所示。

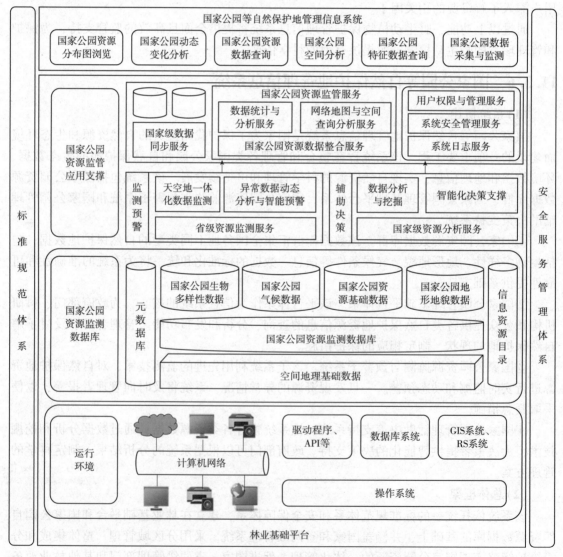

图 11-7　国家公园等自然保护地管理信息系统框架

(3) 系统功能

主要包括国家公园分布图浏览、国家公园动态变化分析、国家公园资源数据查询、国家公园空间分析、国家公园特征数据查询、国家公园数据采集与监测 6 个部分。

①国家公园分布图浏览。通过地图浏览功能和分布图服务，实现国家公园分布的可视化。用户可以通过全国行政区划逐级检索，查看全国及各省、市、县的国家公园分布情况。同时，在各省进行了标准化改造，确保省级数据与国家级监管标准数据相吻合，可获取统一标准数据格式的国家公园数据。

②国家公园动态变化与分析。建立在国家公园分布图浏览功能和数据查询服务基础上，实现对国家公园动态变化分布图以及变化原因数据的浏览功能。用户可以通过这个子系统了解国家公园的变化趋势，并对变化原因进行深入分析。

③国家公园资源数据查询。以国家公园调查数据为基础，结合各类因子数据进行条件组合，帮助用户实现对感兴趣数据的查询，并且能够对数据进行定位。这样的查询功能使用户可以快速筛选出特定条件下的国家公园资源数据。

④国家公园空间分析。基于国家公园调查数据，通过空间分析查询出符合相关条件的空间数据。允许用户进行更深入的空间分析，了解国家公园的分布特点和空间关联。

⑤国家公园特征数据查询。以国家公园调查数据和特征规范数据(如代码)为基础，对数据库中符合查询要求的数据进行数据查询，帮助用户快速获取特定特征数据，辅助他们更好地理解国家公园的特征和分布情况。

⑥国家公园数据采集与监测。利用现代科技手段，实现对国家公园的生态数据实时采集与监测。通过无人机、遥感技术等技术手段，及时掌握生态环境的动态变化，为国家公园提供更准确、更全面的信息。

综合上述 6 个部分的功能，为国家公园管理工作提供全面、多样化的服务，推动国家和各级管理机构更好地监督和管理国家公园资源。

11.4 服务类应用系统

服务应用系统基于目录和交换体系，以信息资源共享服务、业务协同服务、辅助决策和公众应用服务等形式，通过内网和外网门户为用户提供共享服务。应用服务对象包括各级林业部门、上级国家机关、其他政府部门、企业、教育科研部门及社会公众。

服务应用系统的内容包括为企业和林农提供林地管理、林业资源利用、林产品进出口管理等方面的证件办理、特许经营和行政审批服务，为林业管理部门、林业企事业单位和社会公众提供林业政务、林业资源、森林生态、林业产业状况等动态信息，为各级林业管理部门提供部门间政务协同服务，以及为各级林业领导机关提供科学决策所需的林业信息汇总、分析服务等。

(1) 行政审批服务系统

行政审批服务系统实行"一个窗口"受理、一站式服务。面向社会组织和公众，实现了政务服务"一张网"，提高了政府工作效率和为民服务水平，进一步推动简政放权、放管结合、优化服务，加快林业现代化建设。

"林信通"系统上线运行,实现部分办公业务移动办理,提升沟通联络效率和水平。浙江首创实现"最多登一次",全面建成"浙江省智慧林业云平台",河南省实现100%网上审批,广东省建设智慧林业政务外网平台,这些举措有力地提升了林业信息化水平。

(2) 动态信息服务系统

动态信息服务系统为林业管理部门、林业企事业单位和社会公众提供林业政务、林业资源、森林生态、林业产业状况等动态信息。

我国首个基于大数据的"林业专业知识服务系统"于2016年12月开通试运行,2017年3月开通"林业知识服务"微信公众号,2017年8月林业专业知识服务系统移动端App上线运行,2018年在青岛举行的"大数据智能与知识服务高端论坛暨农林渔知识服务"产品发布会上正式发布。网站对实名注册用户免费开放检索、浏览网上80%的林业自建数据库资源等业务。用户还可以通过关注"林业知识服务"微信公众号或者使用"林业搜索"App应用,快速准确地获取国内外林业科技大数据和相关文献资源,了解林业科技前沿资讯,查找急需的文献、成果、标准、专利和统计数据等。

(3) 政务协同服务系统

政务协同服务系统旨在在现有信息资源的基础上,加强信息的流转,支持工作人员有效获取信息资源,提高行政工作效率和行业运行效率。

2017年,国家林业局上线了领导决策服务系统,荣获"年度电子政务优秀案例"奖。领导决策服务系统依托云计算、大数据等新一代信息技术手段,以服务领导决策为目标,以数据资源利用为主线,以业务协同管理为核心,建立集林业数据资源共享、业务协同管理和智能决策服务为一体的决策服务系统。主要包括数据查询、可视化分析、个性定制、移动端应用等功能,实现了用数据说话、用数据管理、用数据决策的目标,提高了领导决策的科学性和预见性、针对性,全面提升了决策质量和服务水平,推动了林业高质量发展。

11.5 应用系统建设典型案例

11.5.1 安徽省合肥市森林资源管理地理信息系统

合肥市林业和园林局按照《全国林业信息化建设纲要》和智慧林业发展的新要求,坚持"总体规划,分步实施,重点推进"的原则,积极开展信息化系统建设工作,在森林资源管理方面取得了显著成效,建成了森林资源管理地理信息系统。

(1) 总体规划

主要包括初步开展林业数据库建设、初步运用林业应用系统和加快林业门户网站建设步伐3个阶段。其中,初步开展林业数据库建设阶段,初步形成市级数据采集体系,建立了森林资源数据库,成为全国森林资源信息系统试点示范项目,建立了覆盖全市的基础地理空间数据库系统、全市森林资源连续清查数据库系统和森林资源分布数据库系统。充分利用地理信息系统技术、遥感技术、移动互联技术和计算机网络技术等技术手段,以二类调查数据成果为基础,嵌入其他各类信息,为林业信息化建设和管理提供森林资源基础数据平台，形成一个高度协调化、信息交流网络化和信息分析智能化的信息管理系统。为各级林业主管部门提供信息查询、数据更新、分析评价，为林业发展规划编制、管理与决策提供及时、科学、准确的依据。

具体目标为实现林业信息管理的标准化和规范化，包括制定林业信息的指标体系，调整信息收集渠道和采集方式；建立各级林业管理的共享数据库；建立各专业分析模型；联网形成分布式林业信息系统；实现对林业利用现状变化的动态监测；实现森林资源调查与监测、森林资源经营管理、林业工程建设管理、林业案件管理、森林防火与病虫害防治、林业科技管理和档案管理等功能，为林业规划、计划和决策提供支持和服务。

（2）建设成果

系统建设从应用层次上分为两部分。一部分为森林资源基础数据平台，着重解决相关部门与相关行业对森林资源基础数据的迫切需求问题；另一部分为林业管理信息系统（本系统基于森林资源基础数据平台），包括林业各职能部门的子系统，如森林资源调查信息系统、森林防火信息系统、林业有害生物管理信息系统等，着重提高林业管理的现代化水平。

合肥市林业和园林局林业信息化在硬件平台建设、数据库平台、地理信息平台、林业信息网、高分辨率的森林资源数据建设和森林资源信息系统等方面已有了比较好的建设基础，建立了全市四县、四区、两市的森林资源管理系统，实现数据采集多样化和实时化，完善市、区、县和乡镇森林资源数据中心工作。

系统建立了各类技术标准、规程、规范。建立了市、县两级的森林资源地理信息数据平台；建立市、县两级的林业管理信息系统。初步建立了森林资源管理信息系统的计算机网络。形成应用系统使用说明书，为按照国家林业和草原局要求建设森林资源"一张图"打下坚实基础。森林资源管理信息系统按服务功能与对象的不同分为市级和县级系统。系统互为依托、相互兼容、各有侧重、相互统一地构成了全市森林资源管理信息系统。系统的建设，采取软件集中研究，数据分级负责，建设分步实施的方式进行。

系统建设的主要内容包括统一规程规范、建立森林资源基础数据平台、开发研制软件系统、建立安全完备的网络系统。

①统一规程规范。采用国家统一的规程规范，使基础数据的采集、录入、更新、处理在统一的框架下开展，以保证系统在科学、有序的状态下正常运行。同时，通过标准规程规范，使各地的工作有章可循，使自行开发建设的各类系统从技术层面上与国家级系统相统一，保证数据共享、资料共享、成果共享，提高系统兼容性。

②建立森林资源基础数据平台。主要包括基础地理信息库、遥感数据库、森林资源基础数据库和管理信息数据库的建立和完善。在森林资源基础数据平台的建设中，以森林资源基础数据库的建立为核心，以二类调查区划的小班为基本单位，建立地理信息、遥感影像信息、资源属性信息的森林资源基础数据平台。同时，完善全市森林资源一类清查数据库，充分利用现有的森林资源管理数据，将国家和省组织的各类专项调查、重点工程规划、林业专项管理信息等纳入森林资源基础数据库中。将各地森林资源管理，特别是与林业重点工程有关的森林资源管理（规划设计）数据逐步纳入森林资源基础数据库中，并通过系统相应的功能设计，在一定管理条件的约束下，使各类森林资源基础数据做到及时更

新，以保障系统为各级管理部门提供及时、科学、客观的动态信息。

③开发研制软件。系统软件分为两大部分。一部分是森林资源基础数据平台的建立、运行、维护、使用、更新和管理以及开发网络化所需的软件；另一部分是提高全市各级林业管理部门现代化管理水平所需的软件。选用先进的软件平台，按照各自管理需求，研制开发应用软件系统。软件研制开发以空间数据库技术、地理信息技术、网络传输与数据交换技术等技术为核心；以基础地理信息数据、遥感数据、森林资源调查、监测等数据为基础；以各类数据的动态更新为保障，以简单易用为目标，开发建立科学、实用、功能全面、实时变化的信息管理软件系统，为各级林业主管部门提供信息查询、分析评价、辅助管理、辅助决策等服务。

④建立安全完备的网络系统。充分利用计算机网络技术，在安全、高效、节约的原则基础上，建立全市的森林资源管理信息网络系统。网络系统着重实现数据的传输、交换功能，充分利用现有的网络资源，在保证安全的基础上，以分布式数据库技术、地理信息系统技术、权限管理技术等技术为主要手段，实现数据的传输交换。并在此基础上，建立网络信息发布系统和网络信息查询系统。

(3) 建设经验

①组织保障。以成立系统建设领导小组的方式提供组织保障。为确保全市森林资源管理信息系统建设工作健康有序地开展，成立了以主要领导为组长，相关处室单位负责人为成员的系统建设领导小组，负责系统建设的组织与协调，主持项目建设中重大问题的讨论与决策，组织成果验收。

成立系统建设工作组，具体负责系统建设的日常组织管理工作。协助领导小组公开招标项目承建单位；协助承建单位编制完善的系统建设技术方案；组织基础数据的采集和处理；协助承建单位搭建森林资源基础数据平台、系统集成和信息交换；组织有关专家对全市主要技术人员分批进行系统软件运行和系统维护及实际操作技能等方面的集中培训；协助完成成果的评审与验收等。

②技术保障。以成立专家咨询组的方式进行技术保障。聘请森林资源监测、林业和信息化工程、森林资源经营和管理、遥感、地理信息、数据库、网络等方面的专家组成专家咨询组。参与系统建设技术方案、系统设计、实施方案、技术标准和规范的编制，参加成果的评审和验收；针对系统建设中重大技术问题提出建议；提供技术咨询；为系统建设提供全面的技术支持。

③质量监控保障。招标项目承建单位的主要职责、义务、权限在招标文件中标明。同时要自上而下建立健全质量监控体系，编制各个工序的规章制度和检查验收办法，明确各级林业主管部门、承建单位、技术工作组、技术人员的技术责任与奖惩制度，保证数据安全、系统高质和运行稳定。

④加强机构建设。合肥市林业信息化基础薄弱，起步较晚，成立信息化工作组非常必要，指派专人负责促使组织措施得力。

加强统筹规划。项目建设初期，聘请相关行业专家进行充分论证，确保项目立项技术可行，方法得当，将所有的问题充分考虑后方可实施。

⑤加强资金保障。林业信息化需要持续投入，专人负责，由于经费问题和信息化人员缺乏，林业和园林局方面通过多种渠道筹措资金，开展人员培训，解决相关困难。

11.5.2 东北虎豹国家公园感知系统

(1) 总体规划

东北虎豹国家公园感知系统是一项为保护东北虎和东北豹及其栖息地而精心设计的数字化工程。旨在将现代信息技术与生态保护相融合，通过整合、管理和传播相关数据，推动人们深入了解和参与保护工作，以确保这些珍稀物种和生态系统的可持续发展。感知系统的关键构成如下：

①东北虎豹国家公园资源数据库体系。集成全国有关东北虎豹国家公园的生态数据、环境信息和地理数据。涵盖生态多样性、地形特征、气候状况等，为系统提供准确可靠的基础数据，确保信息的权威性和完整性。

②感知系统核心平台。作为整个系统的核心，提供了各类自然保护地资源的查询、分析和共享功能。政府、科研机构和公众可以通过这个平台了解国家公园的现状，进行科学分析，并提出相应的保护建议。

③资源监测与预警子系统。利用先进监测技术实时监测东北虎豹国家公园的生态资源。一旦发现异常情况，系统将及时报警，有利于管理者采取紧急措施，最大程度减少潜在的威胁。

④管理决策支持系统。通过整合和分析各类资源数据，为决策者提供智能化的决策支持。政府部门可以根据系统的分析结果，制定科学合理的保护策略和措施。

(2) 功能设计

以其多样化的功能和强大的数据支持，为东北虎和东北豹的保护提供技术支撑，主要功能模块包括：

①基础本底调查。通过集成各类基础数据，实现东北虎豹国家公园内部自然环境、地理分布等基础本底信息的系统性整理和归档。

②资源环境统计。通过对公园内资源与环境的统计分析，为保护决策提供数据支持，确保保护措施的科学性和可行性。

③生物多样性监测。借助天空地一体化监测技术，对公园内的生物多样性进行实时监测和评估，为制定保护策略提供实际依据。

④虎豹监测。作为平台的重点功能之一，虎豹监测确保了对这两个濒危物种的持续追踪，为对它们的保护提供了关键数据。

⑤公园社区管理。帮助管理公园内的社区事务，促进生态友好的居住方式，实现人与自然的和谐共存。

⑥工程项目管理。对涉及公园内基础设施和工程项目的管理，提供了有效的信息整合和监管手段。

⑦保护管理。对保护工作的规划、实施、评估等多个环节进行综合管理，确保保护目标的落实。

⑧监督监管。通过数据监测和分析，加强对保护工作的监督和督促，防止违规行为和

不当活动的发生。

⑨公众服务。为公众提供了信息查询、参与保护活动等服务，增强公众对保护工作的参与感和认同感。

东北虎豹国家公园感知平台的多元功能集成，使保护工作更加精准、高效，为完成保护东北虎和东北豹国家级宝贵资源的使命注入了新的动力。平台的建设成果不仅是科技创新的结晶，更是人与自然和谐共生的见证，为实现生态平衡、保护生物多样性做出了积极贡献。

(3) 建设经验

在东北虎豹国家公园感知平台的建设过程中，积累了宝贵的经验，这些经验将有助于更好地保护这片珍贵的自然遗产。以下是从中获得的经验总结：

①科技赋能保护。感知平台的建设是将科技融入自然保护的典范。通过先进的监测技术、数据整合以及多媒体展示，能够更全面、更准确地了解公园内的生态环境，从而更有针对性地采取保护措施。

②信息整合优势。平台的多项功能将各类数据整合为统一的信息源，为决策者提供全面的信息支持。有助于从整体上把握保护工作的现状，做出更具策略性的决策。

③实时监测与指挥。通过感知平台，实现了对林区内资源、火源等的实时监测与调度。这种迅速响应的能力在防火、应急救援等方面都发挥了关键作用，提升了资源保护工作的效率和准确性。

④多方沟通协作。平台不仅为内部各部门提供了信息共享的条件，也为与省级机构、与公众之间的沟通提供了便利。有助于构建多方参与、共同推动的保护网络。

⑤保护观念转变。感知平台的建设从传统经验向现代科学保护的转变，不仅提升了工作的科学性，也使更多人认识到科技在资源保护中的关键作用，促进了保护观念的更新。

⑥信息推广教育。平台不仅服务于专业人员，也向公众传递有关保护的知识，增强了大众的生态环保意识，有助于构建更广泛的保护合力。

11.5.3 福建省林业网上信息和协同办公系统

(1) 总体规划

福建省作为首批全国林业信息化示范省，按照"加快林业信息化，带动林业现代化"的总体思路，围绕"福建省林业网上信息和协同办公系统"这一示范主题，积极开展林业信息化示范建设，更好地发挥全国林业信息化示范作用。

从福建省实际情况出发，按照提高效率、加强监管和改进服务的方针，利用现有的电子政务资源和技术，通过对省、市、县现有行政审批系统的组织改造、数据交换和新开发审批系统规范，以政府监管和审批业务为重点，以规范化流程和全程监察为主线，以在线申报及窗口申报相结合为渠道，建立一个以审批服务为核心的全省林业网上行政审批系统，实现"一站受理、分发相关、协同审批、限时办结、公开透明、全程监督"的审批运作机制，实现网上审批咨询、网上表单下载、网上申报、网上远程审批、网上政府资源共享、网上反馈、网上统计与监管的全省林业网上审批系统。

在福建省林业系统内通过建立应用支撑与集成环境、共享与交换体系和安全保障体系,以福建省政务网为基础,构建省、市、县、乡四级的全省林业虚拟专网,建成全省统一的林业系统电子政务协同办公平台,建立全省林业行政协同办公的公共信息数据库,提高与林业行政协同办公有关的政务信息资源共享程度;分步、分阶段推进省、市、县、乡协同网上办公,构建设计先进、功能完善、管理精细、可实现省、市、县、乡四级协同办公的林业行政服务管理系统,使全省林业行政管理和公共服务水平得到较大幅度提升。

(2) 功能设计

"福建省林业网上审批和协同办公系统"示范项目建设取得了良好成效,极大地方便了木材生产经营者,把服务、管理、监督融为一体,切实做到林业行政权力运行依法、高效、公开、便民。2009年系统正式投入使用,林地征收征用、林木采伐、木材运输等行政许可全部实现远程申请、审批。系统注册用户达4290人,同时在线用户平均731人,最高峰时796人。2009年10月至2012年9月共办理使用林地审核同意书5991份、林木采伐许可证11.9万份、木材运输证112万份。

系统的使用包括4部分:第一部分是把限额、林木采伐、木材运输以及木材经营加工企业的管理工作进行了有机结合,各项工作之间从原先形式上的关联变为实质上的联系,为林木资源管理工作提供了强有力的支撑平台。第二部分是有效地提高工作效率,全省木材生产经营者均可在乡镇林业站、国有林场网上申请办理林木采伐许可证、木材运输证,为公众提供更加公开、公平、公正和方便快捷的服务。据初步估算,仅国有林场申请办理林木采伐许可证、木材运输证,一年就可节约开支100多万元(国有林场采伐证办证数量约占全省的6%,采伐量占全省15%)。第三部分是能适时有效地监督行政行为,制约公权力,防范腐败的滋生和蔓延。第四部分是具有强大的信息量,各级林业部门均可以通过网上提供的林政资源信息平台,随时掌握相关信息,了解木材生产的最新动向,为宏观管理提供着强有力的数据支撑。福建省行政管理业务系统体系结构如图11-8所示。

(3) 建设经验

福建省林业厅建设信息化工作领导小组,加强组织机构建设,统一领导林业信息化工作。同时,成立林业信息化示范省建设工作领导小组,建立完善的组织体系和联动工作机制,实现常态化管理,推动了林业信息化的建设与发展。

①多渠道获取资金。保障了林业信息化系统的运行。通过深化林权改革与管理,将信息化建设纳入改革总体规划,申请国家专项资金支持。同时,将"福建省数字林业"纳入"数字福建"建设,申请省级资金支持,为信息化建设和运行资金提供了保障。

②建立健全林业信息化政策机制。"建、管、用"并重,建立完善的机制为信息化的可持续发展提供保障。在立项、建设、后期等各个阶段,制定严格的审批制度,健全项目管理制度,加强项目验收和评价工作,保障项目的顺利实施和目标达成。

③积极引入社会信息化技术力量。保证信息化建设质量。引入第三方专业服务机构参与运行和维护,对门户网站、应用系统运行、办公电脑与网络维护实行服务外包。此举有助于规范化、集中化管理,提高运行维护的效率和质量。

④加快人才队伍建设管理和技术水平。加大人才培养力度,建立激励机制和用人机制,吸引和留住高技术人才,打造适应林业管理现代化需求的信息技术队伍。加强培训交流,提高信息化管理水平。

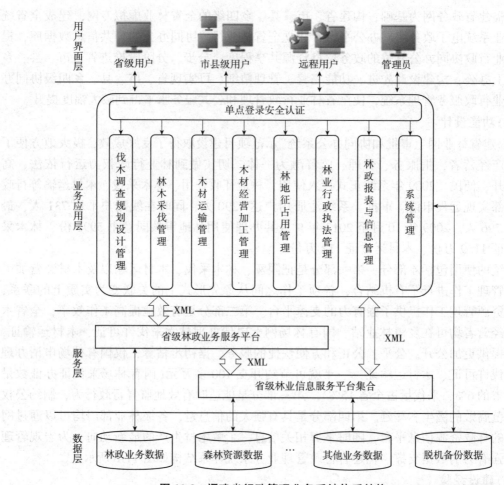

图 11-8　福建省行政管理业务系统体系结构

⑤理顺信息化部门与业务部门的关系，推动信息化工作顺利开展。信息管理部门是推动者和协调者，负责网络和应用系统环境建设，业务部门是应用者，负责需求分析和功能设计。信息技术企业是应用系统建设者，各部门协同合作，确保信息化建设的顺利推进。

复习思考题

1. 应用系统主要包括哪些类别？它们对应的核心开发技术和语言是哪些？
2. 综合类应用系统、业务类应用系统、服务类应用系统的服务对象分别是哪些？
3. 请说明各业务类应用系统之间可以借鉴之处，以提高其效率。
4. 请结合本章的应用系统案例，谈一谈自己对应用系统建设的感想。

推荐阅读书目

1. 李世东，2017. 信息基础知识[M]. 北京：中国林业出版社．

2. 李世东，2012. 中国林业信息化建设成果[M]. 北京：中国林业出版社.

3. 吴达胜，唐丽华，方陆明，等，2012. 森林资源信息管理理论与应用[M]. 北京：中国水利水电出版社.

4. 吴英，2017. 林业遥感与地理信息系统实验教程[M]. 武汉：华中科技大学出版社.

5. Laudon K C, Laudon J P, 2016. Management Information System[M]. New York Pearson.

第 12 章

门户网站建设

【本章提要】门户网站是互联网上的综合性平台，是用户上网的入口和导航中心，为用户提供丰富的信息和便捷的服务。在本章中，首先进行政府网站概述，有助于了解政府网站的基本概念、主要功能、主要特点、基本目标、基本原则及基本理论。随后介绍主站建设、子站建设、新媒体建设，有助于了解3种平台建设的基本思路。最后进行信息采编和网站管理介绍，阐述门户网站的信息发布和管理流程。通过学习本章内容，能更深刻地理解政府门户网站的构建、运营和发展过程。

12.1 政府网站概述

政府网站是政府信息化和电子政务的重要组成部分，是政府信息发布的重要平台，提供在线服务的主要窗口，进行互动交流的重要渠道，推进数据开放的主要途径，传播特色文化的权威载体。建设政府网站，要牢固树立以社会和公众为中心的理念，有利于促进政府及其部门依法行政，提高社会管理水平和公共服务水平，保障公众知情权、参与权和监督权，把政府网站真正办成政务公开的重要窗口和建设服务型政府、效能型政府的重要平台。

12.1.1 政府网站的基本概念

(1) 基本内涵

政府网站是指各级人民政府及其部门在互联网上建立的履行职能、面向社会提供服务的官方网站，是信息化条件下政府密切联系人民群众的重要桥梁，也是网络时代政府履行职责的重要平台。依托政府网站，政府可以超越时空界限，全方位地向公众提供规范统一、公开透明的政府管理和服务。相对于实体政府而言，政府网站是政府在网络上的表现和延伸。政府网站的建设与发展以政府信息公开、政府组织与流程的重组和再造为基础和前提，实现政府的高效公开运作。一方面，通过政府网站，服务对象可直接获取所需信息和服务；另一方面，通过网站，政府可与各类社会主体进行直接的沟通交流，并根据公众的具体的内容需求与形式需求，提供相关服务。

(2) 建设主体

履行国家行政职能的政府机关是政府网站的建设主体。因此，国家行政机关、由国家法律授权或行政机关委托行使行政管理职能的各类组织都是政府网站的建设主体。

(3) 服务对象

政府网站是政府基于互联网提供各类服务的窗口，服务对象均可通过访问政府网站获取相关服务。通常来说，政府网站的服务对象包括一般公众、企事业单位和各类社会组织、政府机关与国际机构及其工作人员。

(4) 种类划分

根据不同的标准，政府网站有不同的分类。根据建设主体之间的所属关系，政府网站可分为政府门户网站、部门网站；根据其主要功能，政府网站可分为政府信息公开型网站、政务服务型网站、特色专业型网站；根据政府行政层级，政府网站分为中央政府门户网站及其所属部门网站、省级政府门户网站及其所属部门网站、地(市)级政府门户网站及其所属部门网站、县(市)级政府门户网站及其所属部门网站。目前比较常用、公众也比较容易理解的分类方式是根据建设主体之间的所属关系进行的政府网站分类。

①政府门户网站。政府门户网站通常是由一级政府或行业主管部门建立起来的跨部门、跨地区的综合政务平台，具备一级域名。政府门户网站除了提供本级政府或行业的信息发布、在线服务、互动交流和文化展示等功能外，还连接内设机构、所属单位或行业各级主管部门网站。政府门户网站主要有行业垂直和横向区域两种类型。行业垂直类型政府门户网站是指某一行业由国务院部门进行垂直管理或者业务指导的网站，由国务院主管部门进行建设该行业政府门户网站，提供政务服务。同时，提供所属部门(下级政府)或下属机构的名称与网址，门户网站并不直接处理各部门或下属机构的业务，而是一个连接所有部门网站或下属机构网站前台的展示窗口，使公众能迅速便捷地找到所需网站。横向区域类型政府门户网站是指某一级人民政府网站(县级以上)，不仅提供所属部门或下属机构的名称与网址，同时还可能具有业务处理功能。这种模式中又有两种表现形式：其一，只受理需要所属部门或下属机构联合办理的业务，其他各部门的业务要到各自部门网站中自行办理。其二，通过门户网站直接进入业务办理程序，公众不必知道需要与哪个部门或机构打交道，这是目前政府门户网站较为理想的工作状态，也是政府"一站式"服务的虚拟形式。

②部门网站。相对于政府门户网站而言，部门网站是政府所属部门或下级政府建立或拥有的网站，一般拥有基于主站一级域名的二级域名，少数有一级域名。部门网站(子站)的基本特点是重点提供与本部门或本级政府有关的信息，仅处理部门或本级政府职权范围内的业务，最终实现政府业务"一站式"服务。同时，与上级门户网站链接关系有两种：一种是直接在上级门户网站统一平台建设的，以二级域名链接，此类网站为部门网站(子站)的主要存在形式；另一种是单独建设网站，拥有独立域名，直接链接在门户网站上，但是按照政府网站集约性建设要求，这种形式呈现出逐渐减少的态势。

12.1.2 政府网站的主要功能

政府网站主要有信息公开、在线办事、互动交流、数据开放、文化传播等功能，其中

"信息公开、在线办事和互动交流"是构成我国政府网站服务功能的基本要素。这三大功能既是一切政府网站工作的出发点和落脚点，也是我国政府网站建设的基本要求和评价政府绩效的理论基础。

(1) 信息公开功能

政府掌握着大量的有价值的信息资源，也承担着这些信息资源的宏观管理职能和具体服务任务，有责任、有义务适时地发布必要信息，以满足社会公众的知情权，更好地为社会公众服务。鉴于此，信息发布功能以政府主动公开信息为主要模式，相应设置本地概况、机构职责、法律法规、政务动态、政务公开、政府建设、专题专栏、政策解读、公益信息等栏目。这些栏目还可进一步细化，如政务公开栏目可划分为政府信息公开目录、政府信息公开指南、政府文件、政府公报、政府会议、政府公告、领导指示、统计信息、政府采购、依法申请公开等子栏目。

(2) 在线办事功能

在线办事是政府网站最重要的功能，也是推行电子政务的根本目的所在。在传统的政府治理模式下，社会公众对政府提供的公共服务常常处于一种被动接受状态，几乎没有选择的权利，而政府网站建设可以从根本上扭转这种局面。政府网站面向公众开展的在线办事业务，经历了从初级、中级再到高级3个阶段。这与政府职能转变的程度、各职能部门信息化的水平、门户网站办事平台的能力等关系密切。在初级阶段，政府机关一般从办事指南入手，将办事内容、依据、要求、流程以及需要注意的问题等对外发布。在中级阶段，政府机关一般是将用户需要填写的表格放到网站上，用户将表格下载后填写好，再带着打印好的表格到有关部门办理相关业务。在高级阶段，用户进入门户网站后，可以直接在网上填写表格，提出申请，提交相关材料并上传到指定地址，相关部门在规定期限内办理完毕，将结果按照用户选择的方式在网上公布或以电子邮件形式回复给用户。由于用户提交的数据直接以数字形式进入人民政府机关的办公网络，所以，数据可为政府多个部门和工作人员所共享。如果所办理事项涉及多个政府部门，且工作不存在因果关系，还可并行处理。这样既缩短了办事时间，又可减少部门间扯皮现象的发生，有助于政府的廉政建设。只有真正实现了在线办事的政府，才能称得上是实现了电子政务的政府；也只有提供了在线办事功能的门户网站，才能算得上实现了政府与公众的实时互动交流的平台。

(3) 互动交流功能

政府网站不仅是反映社情民意的平台，也是公众建言献策的窗口和民主参政的渠道。政府应将互动交流功能作为网站建设的重点内容予以强化，可以相应地设置网上信访、领导信箱、网上听证、网上举报、网上调查、建议提案、民意征集、政务论坛等专题栏目，以充分发挥网络的潜力和优势，强化网上监督功能，进一步扩大网上公众参与的范围，推进社会民主化进程。这样既有利于公众监督政府的行为，又利于培养公众的主人翁意识和参与热情，能帮助政府提高决策的科学性。同时，对于公众通过政府网站参与的任何形式的活动，政府都应建立相应的工作机制，及时作出回应或解答，以促进公民参与意识的提高。

(4) 数据开放功能

政府网站是各级政府的网上门户，也是数据开放平台。各级政府及其部门基于自身业务职能和数据特点，按照主题、格式、区域等维度，在依法加强安全保障和隐私保护的前提下，稳步推进公共数据资源开放，向社会公众提供数据服务。根据国务院印发的《促进大数据发展行动纲要》要求，在开放前提下加强安全隐私保护，在数据开发的思路上增量先行，目前各级政府已建立自己的数据开放平台，正加速推进建成全国统一的数据开放平台。

（5）文化传播功能

文化的传承不仅要公众参与，更多的时候需要政府引导和传播。政府网站作为官方门户，除了具备基本的"信息发布、在线办事和互动交流"功能，还应成为展示国家、区域或者行业特色文化的窗口。网络传播集合了报纸、电视、广播等传统大众媒体的所有传播功能，并基于强大的数字化技术实现了很多传统媒体所无法完成的传播功能。政府网站应利用这种天然优势，传递文化信息，传播特色文化，传承文化精神。应当选取最具代表性的内容优先展示，如人文、风俗、特色文化、文艺作品等，让公众能够在最短时间内简要了解当地的特色文化。

12.1.3 政府网站的主要特点

政府网站是各级政府及其所属机构电子政务建设的重要组成部分，是体现政府形象、转变政府职能的有效途径。与综合网站、企事业单位的网站相比，主要有以下几个方面的特点：

（1）突出职能属性

政府网站是政务公开的平台，政府网站作为政府在互联网上的门户，其基本功能是围绕政府的职能与职责，进行信息公开、办事公开、决策与互动公开。因此，公开透明地履行其职责是政府网站的主体内容。政府网站被称为"不下班的政府"或者24小时在线的政府。政府网站的信息公开内容基本上以职能范围为界，这一特征在政府部门网站建设方面尤为明显。例如，国家林业和草原局政府网站的资讯板块包含"森林资源""草原保护""湿地保护"和"荒漠化防治"等栏目，均与其职能密切相关。

在线办事是政府网站的建设内容与发展重点。实现政府管理与服务上网，发展网上办事，是政府网站建设与发展的重点。政府网站建设的最高境界就是建立无缝隙的"一站式"虚拟政府，这也是政府网站最初建立的动机与发展的推动力量。政府网站不仅仅是政府办事的重要平台，而且是政府的"宣传栏"或"网上名片"。

（2）突出政府门户特征

网站基本功能构建体现政府网站特征，一是网站域名，政府网站域名与其他商业网站不同，采用"gov.cn"的形式；二是页面分区，有别于其他网站，政府网站一般都会设置信息公开、在线服务、互动交流等板块，便于公众获取相关服务。例如，国家林业和草原局政府网站设置了资讯、公开、服务、互动等板块。

页面设计充分体现政府网特点。一是平实可靠。政府网站不像商务网站或者媒体门户网站那么绚丽，设计以简洁大方为主，突出政府的亲和力和权威性。二是实用有效。政府网站不像商务网站或者媒体门户网站那么形式多变，而是注重安全保障和高效服务。

(3) 突出服务对象

关注服务对象的需求，一是建立多样化的公众与服务对象信息互动渠道。各国政府网站建设都比较注重互动方式建设，我国大多数政府网站不仅提供了联系电话、邮箱等政府部门的联系方式，还包括领导信箱、网上论坛、网上调查等多种互动交流渠道。二是在丰富网站内容的基础上，设置服务对象最想了解的事项专区或热点专区。三是将公众关注的内容放置在页面最醒目位置。例如，国家林业和草原局政府网站将互动板块放置在了首页，并设置了留言、建言献策、办理情况、在线直播和在线访谈等栏目，帮助人民群众了解热点资讯，并及时反馈意见和建议。

此外，还需关注政府网站与实体政府的一致性。一是信息组织尊重公众的思维逻辑，我国大部分政府网站采取的是按主题或业务分类展示的信息组织模式。二是导航清晰且尽量避免信息展示路径过长。三是重视标识体系建设，重视词语、图标等标识与公众认知的一致性，避免信息误读和出现无效信息。四是提供多种便捷的搜索手段，提高网站的自助服务水平。

12.1.4 政府网站建设的基本目标

政府网站的建设包含智慧化、集约化和服务化 3 个基本目标。

(1) 智慧化

"智慧"代表着对事物能迅速、灵活、正确地理解和处理的能力。智慧政府门户以用户需求为导向，通过实时透彻感知用户需求，快速作出反应，及时改善服务短板，主动为公众和企业提供便捷、精准、高效的服务，提升政府网上公共服务的能力和水平。智慧政府门户的基础是大数据应用。对政府公共服务而言，大数据之"大"，不仅仅在于其容量之大、类型之多，更为重要的意义在于用数据创造更大的公共价值，通过对海量访问数据的深度挖掘与多维剖析，使政府网上公共服务供给更加准确、便捷，更加贴近公众需求，从而促使其能力得到有效提升，形成政民融合、互动的互联网治理新格局。用户需求是网站服务供给的基本指向，智慧政府门户网站弥补了传统"供给导向"服务模式的弊端，开启"需求导向"的新服务模式，其核心是感知与响应。智慧政府门户网站与传统政府网站的根本区别就在于能够全面感知用户的多样化需求，并在了解其需求的基础上做出针对性的响应，实现供需之间的良性互动。这种感知有两个特点。一是基于实时数据分析，把以往的事后响应变成事中响应和事前预测，实现对网民需求的实时感知和提前预判；二是通过对网民需求的多维度、多层次细分，把表面上的需求判断变为对需求细节的感知，从而确保提供的服务更加精准、更具个性化。智慧政府门户网站的根本目的是提高政府利用互联网治理社会的能力，构建互联网"善治"的新格局。通过智慧政府门户建设为公众提供更丰富、易获取的权威信息，促进政府运行的法治化和透明化；通过为公众提供更优质、高效、个性化的公共服务，提升政府对公众需求的响应性和包容性；通过透彻感知互联网上发生的各类公共事件和公众诉求，及时做出响应和处理，体现政府治理的公众参与性和责任性，从而便于达成共识，获得更多公民的支持。

基于以上阐述，智慧政府门户网站应具备如下基本特征：一是实时透彻的需求感知，智慧政府门户能够实时、全面感知和预测公众所需的各类服务和信息，及时发现需求热点；二是快速持续的服务改进，智慧政府门户能够根据用户需求和实际体验准确定位服务短板，坚持"以用户为中心"，改进网站服务；三是精准智能的服务供给，智慧政府门户能够根据用户需求精准推送服务，为用户提供更加智能化的办事和便民服务。

政府网综合运用大数据、云计算、物联网、移动互联网等新技术，建成集智慧感知、智慧建站、智慧推送、智慧测评和智慧决策于一体的智慧化发展体系。一是智慧感知。基于林业云平台，构建覆盖政府网站群的主要站点、林业行业领域信息资源以及搜索引擎、微博、论坛、林业相关教育科研网站、国际组织等范围的数据资源库，建立技术分析、决策分析和在线服务分析等模块，开展网站数据的深度挖掘，为智慧建站、智慧决策、智能服务等提供数据支撑。二是智慧建站。基于互联网涉林数据的挖掘结果，对网站群的服务体系进行智慧化提升，包括对前台网站页面和后台模块优化，不断提升网站群智慧建站的规范化、科学化水平。三是智慧推送。在智慧建站的基础上，面向搜索引擎、社交媒体、主流新闻网站、海外用户等互联网信息传播主渠道，开展多种形式的网站信息资源可见性优化，扩大政府网在互联网的影响力。四是智慧测评。进一步完善网站评估指标和评估方式，建设政府网站群运行绩效综合监管平台，实现政府网各子网运行数据按天收集，并自动按照设定的网站评估指标进行评估。五是智慧决策。建设政府网智慧决策系统，围绕林业重点业务和林业热点事件，提供社会关注点分析、舆情趋势预测，为行业管理和领导决策提供参考。

（2）集约化

"集约"指的是以集中、高效的方式组织和管理信息、资源以及服务，从而提高政府机构的运作效率，提升信息共享、公共服务的便捷性。实现形式主要包括集约化政府网站和集约化政府网站群。集约化政府网站是指基于顶层设计的技术统一、功能统一、结构统一、资源向上归集的一站式、面向多服务对象、多渠道（PC 网站、移动客户端、微信、微博）、多层级、多部门政府网站集群平台，由多个构建在同一数据体系上的网站群构成。集约化政府网站群是指统一部署、统一标准，建立在统一技术架构基础之上，信息可以实现基于特定权限共享呈送的"一群网站"，即对政府网站进行集中管理，形成"数据大集中"，有利于资源的整合和统一调配。各子网站可以在远程独立维护各自的网站，并且拥有独立的域名。各部门网站之间信息可以共享呈送，实现网站群体系内的数据协同维护。集约化政府网站是政府网站群建设的高级阶段，是政府网站群建设"质"的飞跃。它更注重顶层设计、资源目录规范、服务框架建设、数据挖掘和数据归集的展现路径设计。

集约化政府网站有 3 个特点。一是整合更加彻底全面。服务对象更多，服务内容更全面，各种应用集成实现无缝对接，应用系统间的整合完全基于用户层和数据层的整合。二是发布渠道更加顺畅。作为服务公众的平台，需要为公众提供多屏（PC 多浏览器兼容、IOS 智能终端、安卓智能终端等）、多渠道（Web、微博、微信等）的访问方式。整个系统的开发设计基于 HTML5 内核，在规划设计上要考虑 PC 宽窄屏兼容、手机大小屏兼容及多终端兼容等，支持多屏的一体化展现发布。另外，站群内容管理平台与微博、微信等移动终端发布工具打通，可实现同一平台的多渠道发布。三是顶层架构规划更加完善。系统容错性强，兼容性好。集群化建设，体系庞大，矩阵结构复杂，在进行集约化实施过程中，调整和修改往往会牵一发而动全身，因此对规模化网站体系结构有明确的规划，形成规范的网站架构图谱，方便对数据进行批量增加、修改和删除。

(3) 服务化

服务型政府是指在公民本位、社会本位、权利本位理念指导下，在整个社会民主秩序的框架下，通过法定程序，按照公民意志组建起来，以全心全意为人民服务为宗旨，实现服务职能并承担服务责任的政府。

建设服务型政府门户网站，需要充分利用新一代信息技术，不断创新服务理念和技术应用，整合各类服务资源，实现个性化服务。一是打造个人页面。依托用户访问信息分析，根据网站用户所处的区域、所关心的内容，按照用户个人需求和兴趣，自动推送网站信息，切实做到"一切以用户为中心"，想用户之所想，供用户之所需，让用户可以简单浏览中解决实际问题。二是设置特色栏目。从公众需求角度梳理整合各类业务资源，制定在线办事目录体系，整合搜索引擎、社交媒体和主流论坛的互联网用户需求信息，有针对性地提供各类业务资源和在线办事服务。三是主动推送服务。未来政府网站将逐步从互联网发展到移动互联网，用户将更多地通过智能手机、智能平板、智能手表等移动终端获取政府信息和享受在线服务。政府网站需要不断拓展服务形式和服务渠道，主动向用户智能终端推送相关数据，让用户了解信息和享受服务变得更加简便。

12.1.5 政府网站建设的基本原则

遵循政府网站建设的基本原则，有助于确保政府网站的有效性、公正性和高效性。有以下5个基本原则可供参考：

①分级分类原则。根据经济社会发展水平和公众需求，科学划定网站类别，分类指导，规范建设。统筹考虑各级各类政府网站功能确定定位，突出特色，明确建设模式和发展方向。

②问题导向原则。针对群众反映强烈的更新不及时、信息不准确、资源不共享、互动不回应、服务不实用等问题，完善体制机制，深化分工协作，加强政府网站的内容建设。

③利企便民原则。围绕企业群众需求，推进政务公开，优化政务服务，提升用户体验，提供可用、实用、易用的互联网政务信息数据服务和便民服务。

④开放创新原则。坚持开放融合、创新驱动，充分利用大数据、云计算、人工智能等技术，探索构建可灵活扩展的网站架构，创新服务模式，打造智慧型政府网站。

⑤集约节约原则。加强统筹规划和顶层设计，优化技术、资金、人员等要素配置，避免重复建设，以集中共享的资源库为基础、安全可控的云平台为依托，打造协同联动、规范高效的政府网站群。

12.1.6 政府网站建设的基本理论

熟悉行业中的经典定律，有助于更好地了解现状和把握发展趋势。同样，对于政府网站建设，这些经典定律也能给予启示，诸如3秒钟定律、3次点击定律、7±2定律、达维多定律、色彩定律等，从网站的页面设计、内容建设等方面，体现了核心定律的重要性和决定性作用。

(1) 3 秒钟定律

随着现代生活节奏的加快，网页间的切换速度也越来越快。所谓"3 秒钟定律"，就是要在极短的时间内展示重要信息，给用户留下深刻的第一印象。当然，这里的 3 秒只是一个象征意义上的快速浏览的表述，在实际浏览网页的时候，并非真的严格遵守 3 秒。研究结果表明，在一般的新闻网站，用户关注的是中间靠上的内容，可以用一个字母"F"表示，这种基于"F"的图案浏览行为有 3 个特征：首先，用户会在内容区的上部进行横向浏览。其次，用户视线下移一段距离后在小范围内再次横向浏览。最后，用户习惯在内容区的左侧做快速纵向浏览。遵循这 F 形字母，网站设计者应该把最重要的信息放在这个区域才能给访问者在极短的时间内留下更加鲜明的第一印象。因此，在网站设计时注意把重要内容放在这些重要区域。

(2) 3 次点击定律

根据这个原则，如果用户在 3 次点击之后，仍然无法找到信息和完成网站功能时，就会放弃当前的网站。因此，网站建设应有明确的导航、逻辑架构。导航要简单明了，网站结构也不要太复杂，方便用户随意浏览时不迷路，最好不超过 3 次点击就可以找到需要的内容。

(3) 7±2 定律

根据乔治·米勒的研究，人类短期记忆一般一次只能记住 5~9 种事物。7±2 原则，即由于人类大脑处理信息的能力有限，会将复杂信息划分成大和小的单元。这一事实经常被用来作为限制导航菜单选项设计 7 个左右的论据，对于页面布局具有参考意义。为避免喧宾夺主，将页面需要完成的主题功能放在页面首要主题位置，对于那些有必要但不是必需的功能，应尽量避免强行抢占主题位置，以免影响用户对最常用、最熟悉功能的使用。一个页面的信息量应恰到好处，提供给用户阅读的区域，尽量不要超出其承载量。

(4) 达维多定律

达维多定律是由曾任职于英特尔公司高级行销主管和副总裁威廉·H·达维多（William H. Davidow）提出并以其名字命名的。定律内容：达维多认为，任何企业在本产业中必须不断更新自己的产品。一家企业要想在市场上占据主导地位，就必须第一个开发出新一代产品。只有及时淘汰老产品，不断创造新产品，使成功的新产品尽快进入市场，才能形成新的市场和产品标准，从而掌握制定规则的权利。做到这一点，前提是要在技术上永远领先。对于网站来说，只能依靠创新所带来的短期优势来获得高额的"创新"利润，而不是试图维持原有的技术或产品优势，才能获得更大发展。

(5) 色彩定律

美国流行色彩研究中心提出，人在短暂的 7 秒钟之内就会对呈现在眼前的商品作出喜好的判断，色彩在第一印象中的影响因素达到 67%。"7 秒钟定律"成为色彩营销学的重要理论依据。在网站界面设计中，如果色彩选择和搭配恰到好处，可以在短时间内给用户留下深刻的印象，会给设计带来意想不到的效果。

12.2 政府网站主站建设

12.2.1 网站开设

政府网站分为政府门户网站和部门网站,两者的建设目标和建设原则存在差异,应结合各自的特点开设网站。

(1) 分类开设

县级以上各级人民政府、国务院部门要开设政府门户网站,且原则上一个单位最多开设一个网站。乡镇、街道原则上不开设政府门户网站,通过上级政府门户网站开展政务公开,提供政务服务。省级、地市级政府部门,以及实行全系统垂直管理的部门设在地方的县处级以上机构可根据需要开设本单位网站。县级政府部门原则上不开设部门网站,通过县级政府门户网站开展政务公开,提供政务服务。各地区、各部门开展重大活动或专项工作时,原则上不单独开设专项网站,可在政府门户网站或部门网站开设专栏专题做好相关工作。

(2) 开设流程

政府网站开设过程中,应符合国家和各地出台的相关规定和流程。

省级政府和国务院部门拟开设门户网站,须报经本地区、本部门主要负责同志同意后,由本地区、本部门办公厅(室)按流程办理有关事宜,并报国务院办公厅备案。地市级、县级人民政府拟开设政府门户网站的,须经本级政府主要负责同志同意后,由本级政府办公厅(室)向上级政府办公厅(室)提出申请,接受逐级审核,并报省(自治区、直辖市)人民政府办公厅批准。

省级、地市级人民政府部门拟开设部门网站的,要经本部门主要负责同志同意后,向本级人民政府办公厅(室)提出申请,接受逐级审核,并报省(自治区、直辖市)人民政府办公厅批准。实行全系统垂直管理的基层部门拟开设部门网站的,须经本部门主要负责同志同意后,向上级部门办公厅(室)提出申请,接受逐级审核,并报国务院有关部门办公厅(室)批准。

政府网站主办单位向编制部门提交加挂党政机关网站标识申请须按以下程序进行,按流程注册政府网站域名;向当地电信主管部门申请ICP备案;根据网络系统安全管理的相关要求向公安机关备案;政府网站主办单位提交网站基本信息,经逐级审核并报国务院办公厅获取政府网站标识码后,网站方可上线运行。新开通的政府门户网站要在上级政府门户网站发布开通公告;新开通的部门网站要在本级政府门户网站发布开通公告。未通过安全检测的政府网站不得上线运行。

(3) 名称规范

政府门户网站和部门网站要以本地区、本部门机构名称命名。已有名称不符合要求的要尽快调整,或在已有名称显示区域加注规范名称。政府网站要在头部标识区域显著展示网站全称。

(4) 域名规范

政府网站要使用以".gov.cn"为后缀的英文域名和符合要求的中文域名,不得使用其他后缀的英文域名。中央人民政府门户网站使用"www.gov.cn"域名，其他政府门户网站使用"www.□□□.gov.cn"结构的域名，其中□□□为本地区、本部门机构名称拼音或英文对应的字符串。部门网站要使用本级政府或上级部门门户网站的下级域名，其结构应为"○○○.□□□.gov.cn"，其中○○○为本部门名称拼音或英文对应的字符串。例如，北京市人民政府门户网站域名为 www.beijing.gov.cn，商务部门户网站域名为 www.mofcom.gov.cn，北京市园林绿化局网站域名为 yllhj.beijing.gov.cn。网站栏目和内容页的网址原则上使用"www.□□□.gov.cn/.../..."或者"○○○.□□□.gov.cn/.../..."形式。新开设的政府网站及栏目、内容页域名要按照本指引要求设置，原有域名不符合本指引要求的要进行调整和规范。

(5)徽标和宣传语

徽标(logo)是打造政府网站品牌形象的重要视觉要素，各地区、各部门可根据区域特色或部门特点设计网站徽标。徽标设计应注重特点鲜明、容易辨认、造型优美，便于记忆和推广。政府网站一般不设置宣传语，如确有需要，可根据本地区、本部门的发展理念和目标等设计展示。

12.2.2　网站功能

政府网站功能主要包括信息发布、解读、回应和互动交流，政府网站和具有对外服务职能的部门网站还要提供办事服务功能。政府网站要发挥好政务公开和政务服务门户作用，构建开放式政府网站系统架构，并与上级和相关政府网站做好对接。

(1)信息发布

各地区、各部门要建立和完善政府网站信息发布机制，及时准确地发布政府重要会议、重要活动、重大决策信息。上级政府文件公开发布后，各地区、各部门要及时在本地区、本部门网站转载，加大宣传力度，抓好文件的贯彻落实工作。

政府网站要对发布的信息和数据进行科学归类、及时更新，确保其准确、权威，便于公众使用。对信息数据无力持续更新或维护的栏目要进行优化调整，已发布的静态信息发生变化或调整时，要及时更新替换。政府网站使用地图时，要采用测绘地理部门发布的标准地图或依法取得审图号的地图。政府网站发布的信息和数据主要包括以下 8 个类别：

①概况信息。发布本地区经济、社会、历史、地理、人文、行政区划等介绍性信息。

②机构职能。发布机构设置、主要职责和联系方式等信息。在同一网站发布多个机构的职能信息时，要集中规范发布，统一展现形式。

③负责人信息。发布本地区、本部门、本机构的负责人信息，可包括姓名、照片、简历、主管或分管工作等内容，也包括重要讲话文稿。

④文件资料。发布本地区、本部门出台的法规、规章、应主动公开的政府文件以及相关法律法规等，应提供准确的分类和搜索功能。如相关文件资料发生修改、废止、失效等情况，应及时公开，并在已发布的原文件上做出明确标注。

⑤政务动态。发布本地区、本部门政务要闻、通知公告、工作动态等需要社会公众广泛知晓的信息，转载上级政府网站、本级政府门户网站发布的重要信息。发布或转载信息时，应注明信息来源，确保内容准确无误。对于重要信息，有条件的要配发相关图片和视

频等内容。

⑥信息公开指南、目录和年报。发布政府信息公开指南和政府信息公开目录，并及时更新。信息公开目录要与网站文件资料库、有关栏目内容关联融合，可通过目录检索到具体信息，方便公众查找。按要求发布政府信息，公开年度工作报告。

⑦数据发布。发布人口、自然资源、经济、农业、工业、服务业、财政金融、民生保障等社会关注度比较高的本地区本行业统计数据。加强与业务部门相关系统的对接，通过数据接口等方式，动态更新相关数据，并做好与本级政府门户网站、中国政府网等网站的数据对接和前端整合。要按照主题、地区、部门等维度，对数据进行科学合理分类，并通过图表、图解、地图等可视化方式展现和解读。提供便捷的数据查询功能，可按数据项、时间、周期等进行检索，动态生成数据图表，并提供下载功能。

⑧数据开放。在依法做好安全保障和隐私保护的前提下，以机器可读的数据格式，通过政府网站集中规范地向社会开放政府数据集，保持持续更新，并提供数据接口，方便公众开发新的应用。数据开放前要进行保密审查和妥善处理，对过期失效的数据应及时清理更新或标注过期失效标识。政府网站要公开已在网站开放的数据目录，并注明各数据集浏览量、下载量和接口调用等情况，并与政府数据统一开放平台做好数据对接和前端整合，形成统一的数据开放入口。

（2）解读回应

政府网站发布本地区、本部门的重要政策文件时，应发布由文件制发部门牵头或起草部门提供的解读材料。通过发布各种形式的解读、评论、专访，详细介绍政策的背景依据、目标任务、主要内容和需要解决的问题等，必要时应同步发布新闻通稿。

政府网站应根据拟发布的政策文件和解读材料，会同业务部门制作便于公众理解和互联网传播的解读产品，从公众的生产生活实际需求出发，对政策文件及解读材料进行梳理、归类、提炼、精简，重新归纳组织，通过数字化、图表图解、音频、视频、动漫等形式予以展现。网站解读的产品须与文件内容相符，并于文件上网后及时发布。

政府网站应做好政策文件与解读材料的相互关联，在政策文件页面提供解读材料页面入口，在解读材料页面关联政策文件相关内容。及时转载对政策文件精神解读到位的媒体评论文章，形成传播合力，增强政策的传播力和影响力。

对涉及本地区、本部门的重大突发事件，要在宣传部门指导下，按程序及时发布由相关回应主体提供的回应信息，公布客观事实，并根据事件发展和工作进展发布动态信息，表明政府态度。对社会公众关注的热点问题，要邀请相关业务部门作出权威、正面的回应，解读政策，解疑释惑。对涉及本地区、本部门的网络谣言，要及时发布相关部门辟谣信息。回应信息要主动向各类传统媒体和新媒体平台推送，以扩大传播范围，增强互动效果。

（3）办事服务

各省（自治区、直辖市）人民政府、国务院有关部门要依托政府门户网站，整合本地区、本部门政务服务资源与数据，加快构建权威、便捷的一体化互联网政务服务平台。中国政府网是全国政务服务的总门户，各地区、各部门网上政务服务平台要主动做好对接。

政府网站要设置统一的办事服务入口，发布本地区、本部门政务服务事项目录，集中提供在线服务。要编制网站在线服务资源清单，按主题、对象等维度，对服务事项进行科学归类、统一命名、合理展现。应标明每一服务事项网上可办理程度，能全程在线办理的要集中突出展示。对非政务服务事项要严格审核，谨慎提供，确保安全。

办事服务功能包括提供机关文件资料库、互动交流平台、问答知识库中的信息资源，在事项列表页或办事指南页提供相关法律法规、政策文件、常见问题、咨询投诉和监督举报入口等，实现一站式服务。各级政府网站建设的文件资料库、问答知识库等信息服务资源，应主动与上级政府网站对接，实现资源互通互享。

整合业务部门办事服务系统前端功能，利用电子证照库和统一身份认证，综合提供在线预约、在线申报、在线咨询、在线查询、电子监察、公众评价等功能，实现网站统一受理、统一记录、统一反馈。

细化规范办事指南，列明依据条件、流程时限、收费标准、注意事项、办理机构、联系方式等；明确需提交材料的名称、依据、格式、份数、签名签章等要求，并提供规范表格、填写说明和示范文本，确保内容准确，并与线下保持一致。

全程记录企业群众在线办事过程，对查阅、预约、咨询、申请、受理、反馈等关键数据进行汇总分析，为业务部门简化、优化服务流程、方便企业群众办事提供参考。

（4）互动交流

政府门户网站要搭建统一的互动交流平台，根据工作需要，提供留言评论、在线访谈、征集调查、咨询投诉和即时通信等功能，为听取民意、了解民意、汇聚民智、回应民声提供平台支撑。部门网站开设互动交流栏目尽量使用政府门户网站统一的互动交流平台。互动交流栏目应标明开设宗旨、目的和使用方式等。

政府网站开设互动交流栏目，要加强审核把关和组织保障，确保网民有序参与，提高业务部门互动频率、增强互动效果。建立对网民意见的审读、处理和反馈等机制，做到件件有落实、事事有回音，更好地听民意、汇民智。对上级政府转办的网民意见建议，要认真研究办理、及时进行反馈。

对收集到的意见建议要认真研判，起草的舆情信息要客观真实地反映群众的心声和关切重点，对有参考价值的政策建议要按程序转送业务部门研究办理，提出答复意见。对有关单位提供的回复内容出现敷衍推诿、答非所问等情况的，要予以退回并积极沟通，督促其重新回复。

做好意见建议受理反馈情况的公开工作，公示受理日期、答复日期、答复部门、答复内容以及有关统计数据等。开展专项意见建议征集活动的，要在网站上公布意见采用情况。以电子邮箱形式接受网民意见建议的，要每日查看邮箱信件，及时办理并公开信件办理情况。

定期整理网民咨询及答复内容，按照主题、关注度等进行分类汇总和结构化处理，编制形成信息库，实行动态更新。在网民提出类似咨询时，推送可供参考的答复口径。

12.2.3 创新发展

创新发展能够推动政府服务的现代化，提高治理效能，并促进公众参与。通过以下4个方面提高政府网站的创新发展能力。

(1) 个性化服务

以用户为中心,打造个人和企业专属主页,提供个性化、便捷化、智能化服务,实现"千人千网",为个人和企业"记录一生,管理一生,服务一生"的目标。

根据用户群体特点和需求,提供多语言服务。关注残疾人、老年人等特殊群体,不断提升信息无障碍水平。

优化政府网站搜索功能,提供错别字自动纠正、关键词推荐、拼音转化搜索和通俗语言搜索等功能。根据用户真实需求调整搜索结果排序,提供多维度分类展现,聚合相关信息和服务,实现"搜索即服务"目标。

通过自然语言处理等相关技术,自动解答用户咨询,不能答复或答复无法满足需求的可转至人工服务。利用语音、图像、指纹识别等技术,鉴别用户身份,提供快捷注册、登录、支付等功能。

(2) 开放式架构

构建开放式政府网站系统框架,在满足基本要求的基础上,支撑融合新技术、加载新应用、扩展新功能,随技术发展变化持续升级,实现平滑扩充和灵活扩展。

开放网上政务服务接口,引入社会力量,积极利用第三方平台,开展预约查询、证照寄送以及在线支付等服务,创新服务模式,让公众享受更加便捷高效的在线服务。

建立完善公众参与办网机制,鼓励引导群众分享用网体验,开展监督评议,探索网站内容众创模式,形成共同办网的新局面。

(3) 大数据支撑

将大数据的处理、分析和应用,引入政府网站的运行和管理过程中,以更加智能和更加高效的方式管理、分析和应用数据,从而提高政府网站的决策能力、服务水平和运营效率。

对网站用户的基本属性、历史访问的页面内容和时间、搜索关键词等行为信息进行大数据分析,研判用户的潜在需求,结合用户定制信息,主动为用户推送关联度高、时效性强的信息或服务。

研究分析网站各栏目更新、浏览、转载、评价以及服务使用等情况,对有关业务部门贯彻落实决策部署,开展信息发布、解读回应、办事服务、互动交流等方面的工作情况进行客观量化和评价,为改进工作提供建议,为科学决策提供参考。

(4) 多渠道拓展

适应互联网发展变化和公众使用习惯,推进政府网站向移动终端、自助终端、热线电话、政务新媒体等多渠道延伸,为群众和企业提供多样的、便捷的信息获取渠道和办事指南。

提高政务新媒体内容发布质量,可对来自政府网站的政务信息进行再加工和再创作,并通过数字化、图表图解、音频视频等公众喜闻乐见的形式发布。开展响应式设计,自动匹配适应多种终端。建立健全人工在线服务机制,融合已有的服务热线资源,完善知识库,及时响应网民诉求,解答网民疑惑。加强与网络媒体、电视广播、报纸杂志等的合作,通过公共搜索、社交网络等公众常用的平台,多渠道传播政府网站的声音。开展线上线下协同联动的推广活动,提高政府网站的用户黏性、公众认知度和社会影响力。

12.3 政府网站子站建设

子站是门户系统的重要组成部分，主要包含各部门网站、直属单位网站和地方单位网站。子站建设要满足相关开设、运行、维护规定，根据职能提供完备的功能服务，还要满足主站集约共享、安全防护、创新发展的要求。

子站开设应确定网站的宗旨、定位和目标，以确保网站内容的一致性和合理性，配合主站提供多样性的功能服务。同时要经地方、本单位主要负责同志同意，由本单位办公厅（室）组织筹建，并在主管单位的相关部门报备。子站的名称应该简洁明了，与其内容相关，能反映子站的功能或定位，避免与其他已存在的政府网站或组织的名称相似，以避免混淆。子站要使用主站的下级域名，要与子站的名称保持一致，并要求简短易拼写，降低用户输入错误的可能性。

子站应根据自身职责定位，提供相应的功能服务，对内容进行合理分类，采用清晰的布局和导航，使用户能迅速找到所需信息。界面应简洁、直观，避免过多的复杂元素，使用与主站统一或相似的视觉风格，以增强政府网站形象的一致性，提高用户体验。

12.4 政务新媒体建设

近年来，信息技术快速发展，网络日益成为公众意见表达的重要渠道，网络舆情所呈现出来的巨大影响力，既给我国民主政治建设提供了机遇和动力，也给政府舆情引导带来了新的挑战。人人都有麦克风，人人都是自媒体，人人都有信息传播渠道。微博、微信公众号、抖音等政务新媒体是移动互联网时代党和政府联系群众、服务群众、凝聚群众的重要渠道，政府网站要积极利用新媒体，促进加快转变政府职能，建设服务型政府，引导网上舆论，构建清朗网络空间，探索社会治理新模式、新途径。

近年来，各地区、各部门认真践行网上群众路线，积极运用政务新媒体推进政务公开、优化政务服务、凝聚社会共识、创新社会治理，取得了较好成效。但同时一些政务新媒体依然存在功能定位不清晰、信息发布不严谨、建设运维不规范、监督管理不到位等突出问题，"僵尸""睡眠""雷人雷语""不互动、无服务"等现象时有发生，对政府形象和公信力造成了不良影响。

12.5 政府网站信息采编

12.5.1 信息概述

(1) 基本内涵

政府网站信息是指由政府机关采集，并通过政府网站发布的行业职能、经济和社会管理以及公共服务相关的活动情况或数据方面的信息，其主要任务是反映政务工作本身的进展情况、政策解读情况、回应关切情况、数据开放情况、舆论引导情况等内容，既为社会各界提供信息服务,又方便社会公众对政府部门当前的工作的了解。

(2) 基本分类

随着政府网站的不断发展,为满足社会公众日益增长的需求,政府网站信息已由最初的文字信息逐渐增加到图片信息、视频信息、图解信息共存等形式。可以分为以下4种形式:

①文字信息。最为常见的网站信息形式,通过文字来传达政府信息内容,篇幅不受限制,既可以是200字左右的短信息,也可以是上万字的长文,一般采用.txt、.doc、.docx等格式。

②图片信息。通过单张或一组图片来展示政府信息,可以是会场照片、调研抓拍,也可以是记录照片、人像摄影等,可以直观地传递政府事务信息。一般采用.gif、.jpg、.png等格式。

③视频信息。通过一段视频来记录发生的政府事件或经过编辑后的专题信息,视频信息包含信息量更大,但制作起来较为复杂。一般采用.avi、.mov、.mpeg、.mp4等格式。

④图解信息。利用图形来分析和讲解,对重要会议、重要政策、重要讲话等,通过一组图形,方便公众能够更快速直观了解核心内容。

(3) 基本要求

政府网站信息采编工作是一项严肃的工作,具有很强的政治性、政策性和全局性,总的来说,基本要求可以用6个字概括:新、实、准、快、精、全。

①新。即信息所反映的情况必须是最近发生的。一般来说,网站信息报送时间限定在3天以内,部分特别重要但是不能及时发布的信息可以酌情延长至1周左右。

②实。反映的事件必须真实,事件发生的程度在语言表述上必须实事求是,不能有任何虚构事实和夸大或缩小的情况发生。

③准。采集的网站政府信息力求准确无误,如反馈各类政务活动的信息,包括时间、地点、人物、事情经过,特别是涉及的领导职务和相关信息一定要准确。

④快。网站信息采编人员发现有价值的信息素材就要立即进行采集,并进行综合加工,进行快速报送。

⑤精。在保证信息质量的前提下,通过信息创作人员的加工、整理,使其质量和形式升华。根据决策需求和重点工作,在吃透情况的基础上,提供有分析、有观点、有建议的信息,要从一般反映事物表面现象的低层次信息中,归纳并整理出深层次信息,实现信息增值和从低层次到高层次的升华。

⑥全。政府网站信息除了要重视信息自身内容外,基本要素也要完善,包括信息来源、作者等要素的完善。

(4) 基本理念

一是秉持政府信息无小事的理念。政府网站是政府部门在互联网上履行职能、面向社会公众提供在线服务的官方网站,政府网站信息必须体现及时性、准确性和权威性,稍有差错,都可能会影响政府部门的公信力和权威。二是主动融入部门中心工作的理念。要及时了解和掌握相关核心业务工作,将工作中需要让公众了解的内容或者事项及时编辑发布。要发动各单位各部门力量,及时反映各自领域相关政务事项,保障网站信息全、快、准。三是牢固树立"质量为本"的理念,从政府网站信息采集、编辑、审核等环节入手,对网站信息的要素、格式等内容严格把关,提升网站信息建设水平。

12.5.2 信息采集

网站信息采集是信息工作的第一道"工序",也是基础性的工作。信息采集工作直接影响和决定着整个信息工作的质量和效益。重视信息采集工作是提高信息写作质量的关键。

网站信息的主要来源有以下几类:

①党中央、国务院的信息。包括党中央、国务院在中国政府网发布的各类政策文件、重要会议动态等。这类信息是对各项工作总的部署和要求,具有很强的针对性和时效性,常常对工作产生重要影响,必须注意采集。

②主流媒体及其他部委信息。包括人民网、新华网、中新网、光明网等主流媒体发布各类林业信息,各部委各省级政府部门发布的涉林政府信息。

③各地各单位上报信息。国家林业和草原局政府网采用信息报送机制,各地、各单位都是通过报送邮箱,将各自的重要会议召开情况、重要工作推进程度、重要活动举办情况等重要信息报送至上级网站。

④其他重要信息。包括及时采集政治、经济、文化等各类信息,并在网站展示。

在收集信息时,一是要注意信息是否涉密,一定要避免泄密。二是要符合国家有关法律法规和方针政策,把握好内容的基调、倾向、角度,突出重点,放大亮点。三是要注意信息是否适合在网上发布,是否会产生不良影响,谨慎掌握敏感问题,确保信息内容真实、客观、准确、及时。

对于内部信息和下级信息,国家林业和草原局政府网已经形成了一整套报送采集机制,在报送信息时,应注意以下事项:将每条信息单独保存为纯文本格式(.txt)作为邮件附件报送,如一次报送多条信息,用压缩软件打包后作为邮件附件报送。将信息标题作为文件名(××省××县……)。每个纯文本文件中都要包括标题、单位、正文等内容。如有图片,图片文件名应与所对应的纯文本文件名一致,并调整图片大小,宽度不超过700像素。注意信息时效性,杜绝出现月报或者半月报的情况。在信息结尾注明作者,作者要落实到个人。

12.5.3 信息编写

网站信息编写是信息工作的最重要的一项工作,把握信息编写的基本原则,遵循信息编写的基本要求,有助于确保政府网站的信息质量,提高用户体验,维护政府形象。

(1)基本原则

信息编写要符合格式要求的原则、法规和政策规定的原则、真实性原则、简洁精炼的原则、领导审核把关的原则和注意保密的原则。

(2)基本要求

在编写网站信息时,对于文字、图片、视频类信息,在内容上要把握以下总体要求。

①文字信息。一是网站信息反映的事情要集中,论述的观点要集中,组织的材料要集中。同时注意观点要新、内容要新、角度要新。二是信息编写注意导语、背景、主题、结

尾要全面。同时，采用正三角形原则，按重要性顺序采写，这对网站信息来说尤其重要。三是网站信息内容都比较严肃，要求语言必须同其他公文一样庄重、平实。信息内容必须写得清楚明白，要做到用词准确，词句简练，得体通顺，让人无差别地了解信息的本意。四是对事实的陈述要简洁明了，不能模棱两可或拖泥带水，要杜绝不核实就轻易下笔和含糊其词的做法。要选用适当和适量的材料叙述事实、说明观点、提出问题、提出建议。

②图片信息。一是内容真实。政府网站的图片信息往往是放在比较醒目或者重要的位置，容易得到关注，因此真实性是最重要的。任何较为明显的 PS 等行为，都容易弄巧成拙，直接影响政府网站公信力。二是明确重点。图片信息一定要找准需要反映的内容，如人物图片，如果是单人照，正面一般比侧面要好一些。如果照片中不止一人，则需要将重点反映的人物放在中央或者显著位置。三是大小得当。由于是在网站发布，因此过大或者过小的图片信息都是不合适的，过大会导致打开较慢或者打不开，过小会使图片无法看清，影响阅读。

③视频信息。一是内容清晰。一般来说，视频信息分为标清和高清两种。由于种种限制，标清视频比较多，但这种视频有时因为后期制作等原因，往往导致视频质量较差，直接影响观看。二是定位准确。好的政府网站视频信息，应该能快速反映出主要内容和次要内容的区别。三是音效合适。目前多数视频信息都经过编辑，有些配音和背景声音都处理得很合适。但也有一些存在声音忽高忽低、背景声音嘈杂等情况，直接影响信息的质量。

12.5.4 审核发布

政府网站信息审核发布是保证网站信息质量的重要环节，是信息正式发布前的最后一道防线。按照"谁主管谁负责""谁审核谁负责""谁发布谁负责"的原则，严格执行审核程序，特别是要做好信息公开前的保密审查工作，防止失泄密问题发生，杜绝出现政治性错误及内容差错。结合国家林业和草原局政府网信息审核发布的工作实际，要注意以下一些具体问题：

①领导活动的信息。首先，审核领导的职务、姓名时，一定要检查是否完整并且是否准确无误，要尽量避免使用"视察""亲临""重要讲话"等字样。在审核信息时，要注意信息应以工作内容为主，提出的要求、建议和对某项工作的评价要避免口语化，不能带有过多的感情色彩。同时，避免报道领导提出的要求某部门、单位进行政策倾斜、资金支持的内容。涉及中央领导同志的信息要更加注意，一般应以新华社、《人民日报》的报道为准。发布领导讲话要经过相关人员、部门审核，确认是否可以发布，不能仅根据现场记录或录音整理后就直接发布。如报道领导在会议上的讲话精神，要注意是否有不宜公开的内容，一定要使用规范的语言，不能口语化。

②重要会议的信息。审核重要会议信息时，要注意召开会议的单位或部门，会议时间、地点、参加人员、会议议程和主要议题是信息的重点。召开会议贯彻落实上级会议精神的信息，一般包括以下内容：会议召开的时间、地点，贯彻的具体精神，参加会议的领导、人员，会议的主要安排、内容，贯彻精神具体采取的措施等。会议作出的决定和采取的措施是报道会议信息的重点，对只笼统地写"与会人员提高了认识""决心做好工作"一

类的信息应提出修改意见。

③出台规定或者部署某项工作的信息。为了规范或开展某项工作，各单位会制定一些规章制度，或下发通知要求开展某项工作。审核这类信息时，要注意不能简单地把规章制度或者通知的正文部分照搬过来。信息稿的目的是使领导和社会公众通过阅读对某项工作有所了解，审核时要注意将命令式的语气转变成报道的语气。

④突发事件类的信息。信息审核时一定要确定是否可以向社会公开，如果是可以公开的，要注意反映事件的真实面貌，不能夸大或缩小，更不能弄虚作假，以免造成不良的社会影响。同时，重大事件还应该及时请示上级领导，避免出现舆情问题。

⑤严格执行领导审核、签发制度。按照审核流程，所有政府网站信息都要在采编完成后，根据信息内容，上报主管领导审阅，在领导审核、签发后才能向上一级单位报送。

⑥信息内容要紧贴林业工作。信息审核时，对城市绿化、创建"园林城市"或者农业、社保等方面的信息，报送贯彻落实省级以下各类会议精神、各单位之间考察学习、发生检疫性病虫害、具体案件查处以及涉及信访、维稳等工作的信息和县级以下单位的信息，应慎重使用。同时，还要注意判断信息是否围绕单位的中心工作，突出特点。

⑦信息安全要求。网站信息审核发布须严格把握"涉密信息不上网，上网信息不涉密"的原则，层层把关，凡未经审核的信息严禁上网发布。如信息是转载内容，应遵守国家和省、市的有关规定。被转载的网站应是国家、省、市的政府网站，以此保证所转载信息的真实性、权威性。门户网站应依据《中华人民共和国保守国家秘密法》《互联网信息服务管理办法》和《互联网电子公告服务管理规定》等有关保密的法律、法规，建立健全网站信息安全管理制度，坚决杜绝有害信息的扩散，严禁涉密信息上网，防止泄漏国家秘密。

12.6 政府网站管理

12.6.1 职责分工

国务院办公厅是全国政府网站的主管单位，负责推进、指导、监督全国政府网站建设和发展。各省（自治区、直辖市）人民政府办公厅、国务院各部门办公厅（室）是本地区、本部门政府网站的主管单位，实行全系统垂直管理的国务院部门办公厅（室）是本系统网站的主管单位。主管单位负责对政府网站进行统筹规划和监督考核，做好开办整合、安全管理、考核评价和督查问责等管理工作。地市级和县级人民政府办公厅（室）承担本地区政府网站的管理职责。

中央网信办统筹协调全国政府网站安全管理工作。中央编办、工业和信息化部、公安部是全国政府网站的协同监管单位，共同负责网站标识管理、域名管理和ICP备案、网络安全等级保护、打击网络犯罪等工作。

政府办公厅（室）或部门办公厅（室）是政府网站的主办单位，负责网站规划与建设、内容保障、运行维护、升级改造和日常管理等工作，并指导和监督各网站内容维护与运行安全。主办单位的各直属单位负责所属子站内容维护及主站相关栏目内容更新工作，负责提供主站场景式服务、留言回复、意见回复等在线咨询服务，负责提出子站及主站的栏目建设需求。地方各单位网站负责本单位主站建设和日常运行维护等工作,向主站报送本单位政务信息,参与主站在线办事、互动交流栏目的内容维护工作。

12.6.2 运行管理

通过精心的运行维护,政府网站能够保持高效、安全、可靠的运行状态,更好地履行信息传递和公共服务的使命,提升政府形象和公众信任,主要包括网站整合、岗位管理、信息管理和设备管理4个方面:

(1) 网站整合

对各个单位、各个部门或模块的信息进行有效组织和链接,确保网站内部各部分协同工作,提高用户的访问便利性和办事效率。

政府网站因无力维护、主办单位撤销合并或按有关集约化要求需永久下线的网站,原有内容应做整合迁移。整合迁移由主办单位提出申请,通过逐级审核,经上级主管单位审批同意后,方可启动。拟迁移网站要在网站首页显著位置悬挂迁移公告信息,随后向管理部门注销注册标识、证书信息(如ICP备案编号、党政机关网站标识、公安机关备案标识等)和域名,向上级主管单位报告网站变更状态。网站完成迁移后,要在上级政府网站或本级政府门户网站发布公告,说明原有内容去向。有关公告信息原则上至少保留30天。

政府网站由于整改等原因需要临时下线的,由主办单位提出申请,通过逐级审核,经上级主管单位审批同意后,方可临时下线,同时在本网站和本级政府门户网站发布公告。临时下线每年不得超过1次,临时下线时间不得超过30天。政府网站如遇不可抗因素导致长时间断电、断网等情况,或因无法落实有关安全要求被责令紧急关停的,要及时以书面形式向上级主管单位报备,不计入当年下线次数。未按有关程序和要求,自行下线政府网站或未按要求整改的,上级主管单位要对网站的主办单位负责人严肃问责。

网页归档是对政府网站历史网页进行整理、存储和利用的过程。政府网站遇整合迁移、改版等情况,要对有价值的原网页进行归档处理。归档后的页面要能正常访问,并在显著位置清晰注明"已归档"标识并注明归档时间。

因机构调整、网站改版等原因,政府网站主办单位、负责人、联系方式、网站域名、栏目的主体结构或访问地址等信息发生变更的,应及时向上级主管单位备案并更新相关信息。网站域名发生变更的,要在原网站发布公告。

(2) 岗位管理

明确各职能部门的责任和任务,明确每个岗位的职责、权限和工作流程,保障工作的有序进行和网站的正常运行。

网站主管单位配备超级管理员、系统管理员和密钥管理员,负责系统的运行与管理。超级管理员,须由3人共同承担,负责系统的初始化与系统管理员的设定。超级管理员进行系统关键操作时,要做权限分割。进行超级管理员与系统管理员变更、系统或口令更新等重要操作时,至少需2名超级管理员同时在场操作。系统管理员,负责办公网日常运行管理,包括用户系统管理员、OA系统管理员、应用系统管理员、网络管理员等。系统管理员定期检查系统状态,确保系统正常运行。密钥管理员,负责密钥及密钥管理系统的日常运行管理,不承担证书受理工作,密钥管理员定期对日常操作进行安全审计,并向相关政府机构报告有关情况，此外要及时销毁作废的敏感文档与介质。

网站主管单位应当配备证书申请录入员、证书申请审核员、证书制证员和注册管理员，负责证书受理工作，证书申请录入员和证书申请审核员不能由同一人担任，证书制证员和注册管理员负责注册应用系统并提供相关技术支持。

主管单位应派专人值守机房，认真完成网站的相关检查作业计划、严格执行操作规程，及时、准确、完整地填写值班日志和规定的各种记录文档，并及时上报主管单位。发生故障时，应按相关要求报送故障并处理信息，判断故障类型并进行维修，同时负责将故障信息通知相关单位。

各岗位工作人员应当严格遵守各自职责和操作流程，妥善保管用户信息，未经允许不得以任何形式泄露用户信息，不得违规操作，未经许可不得越权。

(3) 信息管理

制定完善的信息采集、存储、传递和更新机制，确保信息的准确性、及时性、安全性和可靠性。

主管单位统一负责用户证书的签发与管理。各直属单位和地方单位对证书申请、更新、停用、撤销、补发及使用负有审批和监管职责，对用户身份的真实性负责，并为系统提供用户身份信息支持。各地各单位办公室负责本单位范围内用户证书的签发与管理。

(4) 设备管理

制定严格的设备管理和使用条例，保障整个系统的平稳运行和信息数据的安全可靠。

计算机要设置开机口令，每台计算机的使用和管理要落实到人。计算机放置场所要符合防盗、防火要求，计算机数量多或信息化程度高的单位，应当安装防盗门窗和防盗报警装置，配备必要的防火器材。计算机原则上为台式机，确因特殊原因使用的笔记本电脑，不得擅自带离工作场所，以防止信息被盗和泄漏案件发生。计算机与计算机之间不得交叉使用硬盘等移动存储介质。计算机维修应送到指定单位，并拆除硬盘由专人保管，在确保办公网信息安全的前提下，可请厂家上门维修，并派人现场监修，登记维修时间、故障原因、维修单位和维修人员信息。对办公网计算机进行淘汰处理时，必须拆除内置硬盘送相关部门办理销毁。计算机设备应当专机专用，不得进行与本系统无关的操作。严禁在系统内所有服务器主机上设置信息共享。定期开展漏洞扫描、入侵防护、用户身份验证、存取权限控制、数据保护和网络安全监控管理等工作。业务终端必须安装防病毒工具，并进行实时监控，及时为计算机系统安装补丁。

复习思考题

1. 政府网站的主要功能和特点有哪些？
2. 政府网站建设应遵循哪些基本理论与原则？
3. 主站建设应把握好哪些问题？
4. 信息采集的种类和基本要求有哪些？
5. 信息编写和发布应注意哪些问题？

推荐阅读书目

1. 李世东, 2017. 政府网站建设[M]. 北京: 中国林业出版社.
2. 李刚, 周鸣乐, 戚元华, 2019. 政府网站建设与绩效评估——以山东省为例[M]. 北京: 中国社会科学出版社.
3. 张向宏, 张少彤, 2010. 服务型政府与政府网站建设[M]. 北京: 清华大学出版社.
4. Beaird J, Walker A, George J, 2020. The Principles of Beautiful Web Design[M]. 4th ed. Melbourne: SitePoint Pty Ltd.

第 13 章

网络安全运维建设

【本章提要】网络安全与运维管理是智慧林业的关键环节。本章首先介绍网络安全的基本概念和管理方法,阐述网络安全等级保护与数字认证中心的相关概念,明确网络安全在智慧林业管理中的重要性;随后阐述运维管理的内涵与作用,明晰其体系与生命周期,介绍智慧化运维管理方案。通过学习本章内容,可全面了解智慧林业建设中网络安全管理与运维服务的核心内容。

13.1 安全管理

13.1.1 网络安全概述

(1) 网络安全的概念

网络安全是指通过采取必要措施,防范对网络的攻击、侵入、干扰、破坏、非法使用以及防范意外事故,使网络处于稳定可靠的运行状态,保障网络数据的完整性、保密性、可用性。网络安全从本质上来讲,就是网络上的信息安全。从广义范围来说,凡与网络信息的保密性、完整性、可用性、可控性和不可否认性相关的技术和理论,都是网络安全涉及的领域。网络安全定义中的保密性、完整性、可用性、可控性和不可否认性,既体现了网络信息安全的基本特征和要求,又体现了网络安全的基本属性、要素与技术方面的重要特征。

网络安全包括形态安全、技术安全、数据安全、应用安全、边防安全、资本安全和渠道安全等 7 个重点内容,涉及国家安全、关键信息基础设施安全、社会公共安全和公民个人信息安全 4 个层面。

(2) 网络安全现状

西方发达国家从 20 世纪七八十年代开始重视网络安全问题,采用先进基础设施,并制定相关法案来保证本国的互联网安全,其中一些先进的网络安全防护技术还处于保密状态。尽管如此,国外仍然存在着严重的网络安全问题。计算机犯罪日益猖獗,不仅给受害者造成巨大的经济损失也对社会造成越来越严重的危害。据统计，美国每年由于网络安全问题而遭受的经济损失超过 170 亿美元，德国、英国的相关损失达数十亿美元，法国为 100 亿法郎，日本、新加坡的问题也很严重。在国际刑法界列举的现代社会新型犯罪排行榜上，计算机犯罪已名列榜首。

随着林业信息化的快速发展，网络安全制度建设日趋完善，网络安全防护和综合运维管理能力明显提升，但还存在很多问题，具体表现为重应用、轻安全的现象普遍存在，缺乏必要的网络安全设备，安全防护能力不足，综合运维管理水平不高，缺乏专业的技术人才等问题。

（3）网络安全的主要内容

从层次结构上，可将网络安全所涉及的内容概括为实体安全、运行安全、系统安全、应用安全、管理安全 5 个方面。在网络信息安全法律法规的基础上，以管理安全为保障，以实体安全为基础，以系统安全、运行安全和应用安全为核心，确保网络的正常运行与服务。

①实体安全（physical security）。也称物理安全，指保护计算机网络设备、设施及其他媒介免遭地震、水灾、火灾、有害气体、盗窃和其他方面的破坏。实体安全是信息系统安全的基础，包括环境安全、设备安全和媒体安全三大类，具体包括机房安全、场地安全、机房环境（温度、湿度、电磁、噪声、防尘、静电及振动等）安全、建筑安全（防火、防雷、围墙及门禁安全）、设施安全、设备可靠性、通信线路安全性、辐射控制与防泄漏、电源/空调、灾难预防与恢复等方面。

②运行安全（operation security）。包括计算机网络运行安全和网络访问控制安全两大类，具体包括内外网隔离机制、应急处置机制和配套服务、网络系统安全性监测、网络安全产品运行监测、定期检查和评估、系统升级和补丁处理、最新安全漏洞跟踪、灾难恢复与预防机制、安全审计系统改造、网络安全咨询等。

③系统安全（system security）。主要包括操作系统安全、数据库系统安全和网络系统安全。以网络系统的特点、实际条件和管理要求为依据，有针对性地为系统提供安全策略机制、保障措施、应急修复方法、安全建议和安全管理规范等方式，确保整个网络系统的安全运行。

④应用安全（application security）。由应用软件开发平台的安全和应用系统的数据安全两部分组成，具体包括业务应用软件程序安全性测试分析、业务数据的安全检测与审计、数据资源访问控制验证测试、实体身份鉴别检测、业务现场备份与恢复机制检查、数据的唯一性/一致性/防冲突检测、数据的保密性测试、系统的可靠性测试、系统的可用性测试等。

⑤管理安全（management security）。主要指对人员及网络系统进行安全管理的各种法律、法规、政策、策略、规范、标准、技术手段、机制和措施等，具体包括：法律法规管理、政策策略管理、规范标准管理、人员管理、应用系统使用管理、软件管理、设备管理、文档管理、数据管理、操作管理、运营管理、机房管理、安全培训管理等。

13.1.2 网络安全管理

(1) 网络安全管理概述

国际标准化组织定义网络管理指的是规划、监督、组织和控制计算机网络通信服务，以及信息处理所必需的各种活动。狭义的网络管理主要指对网络设备、运行和网络通信量的管理。现在，网络管理已经突破了原有的概念和范畴，其目的是提供对计算机网络规划、设计、操作运行、管理、监视分析、控制、评估和扩展的手段，从而合理地组织和利用系统资源，提供安全、可靠、有效和友好的服务。网络管理的实质是对各种网络资源进行检测、控制、协调、故障报告等。ISO 在 ISO/IEC 7498-4 中定义开放系统网络管理的五大功能：故障管理功能、配置管理功能、性能管理功能、安全管理功能、计费管理等。故障管理，当网络中某个部件出现问题时，能迅速找到故障，并及时排除；配置管理，负责初始化网络，并配置网络，使其提供网络服务；性能管理，对系统资源的运行及通信效率进行管理；安全管理，与网络安全有关的各项管理；计费管理，记录网络资源的使用，控制和检测网络操作的费用和代价，对一些公共商业网络尤为重要。

网络安全管理是网络管理的重要组成部分，通常是指以网络管理对象的安全为任务和目标所进行的各种管理活动，是与安全有关的网络管理，简称安全管理。由于网络安全对网络信息系统的性能、管理的关联及影响更复杂、更密切，网络安全管理逐渐成为网络管理中的一个重要分支，受到业界及用户的广泛关注。网络安全管理需要综合网络信息安全、网络管理、分布式计算、人工智能等多个领域的知识和研究成果，其概念、理论和技术正在不断完善之中。

网络安全管理的目标，即在计算机网络的信息传输、存储与处理的整个过程中，提供物理上、逻辑上的防护、监控、反应恢复和对抗的帮助，以保护网络信息资源的保密性、完整性、可用性、可控性和可审查性。其中保密性、完整性、可用性是信息安全的基本要求。

(2) 网络安全体系

开放式系统互联(open system interconnection, OSI)参考模型，是国际标准化组织为解决异种机互联而制定的开放式计算机网络层次结构模型，OSI 安全体系结构主要包括网络安全机制和网络安全服务两方面内容。

①网络安全机制。在 ISO7498-2《网络安全体系结构》文件中规定的网络安全机制有 8 项，分别为：加密机制，用于加密数据或流通中的信息，可以单独使用；数字签名机制，由对信息进行签字和对已签字的信息进行证实两个过程组成；访问控制机制，根据实体的身份及其有关信息来决定该实体的访问权限；数据完整性机制，确保数据在传输或存储期间未被篡改或以任何方式更改；认证机制，在网络交互中验证用户身份，旨在防止未经授权的访问，保护个人和组织的隐私及财产安全；通信业务填充机制，增强通信的机密性，防止通信业务分析的网络安全技术；路由控制机制，通过对网络中数据包传输路径的控制，实现网络中不同节点之间的数据交换；公证机制，由第三方参与的签名机制。

②网络安全服务。《网络安全体系结构》定义的网络安全服务有 5 项，分别为：鉴别服务，也称认证服务，通过对实体的身份确认和对数据来源的确认，保证两个或多个通信实

体的可信以及数据源的可信；访问控制服务，用于对资源的访问进行保护，防止资源的非授权使用；数据保密性服务，为防止由于网络各系统之间交换的数据被截获或被非法存取而泄密，而提供的机密保护。同时，对有可能通过观察信息流就能推导出信息的情况进行防范；数据完整性服务，阻止非法实体对交换数据的修改、插入、删除，防范在数据交换过程中造成的数据丢失，保证收到的消息和发出的消息一致；抗抵赖服务，防止发送方在发送数据后否认发送、接收方在收到数据后否认收到或伪造数据。

TCP/IP网络安全管理体系结构包括3方面：分层安全管理，如应用层通过加密技术保护数据的机密性和完整性，传输层由TCP协议提供可靠的数据传输服务、确保数据在传输过程中不被篡改或丢失。网络层由IP协议采用访问控制机制、防止未经授权的访问和数据泄露。数据链路层采用物理隔离和访问控制等手段来保护网络设备和通信链路的安全；安全服务机制，确保网络通信的安全性和可靠性，包括加密与解密、数字签名与验证、访问控制与身份认证、数据完整性保护与校验等；系统安全管理，包括网络设备的安全配置、操作系统的安全加固、漏洞修补和安全管理策略的制定与实施等。

网络安全管理的具体对象包括涉及的机构、人员、软件、设备、场地设施、介质、涉密信息、技术文档、网络连接、门户网站、应急响应、安全审计等。其功能包括计算机网络的运行、管理、维护、提供服务等所需要的各种活动，可概括为OAM&P（operation，administration，maintenance and provisioning的缩写）。也有的专家或学者将安全管理功能仅限于考虑前3种OAM情形。网络安全管理工作的程序，遵循PDCA循环模式的4个基本过程：制定规划和计划（Plan）、落实执行（Do）、监督检查（Check）、评价行动（Action）。

（3）网络安全保障体系

在整个网络生命周期内对风险进行整体的控制和应对。

网络安全保障体系总体框架如图13-1所示，包括5个部分：网络安全策略、网络安全政策和标准、网络安全运作、网络安全管理、网络安全技术。外围是法律法规、标准符合性、风险管理。

①网络安全策略。以风险管理为核心理念，从长远发展规划和战略角度通盘考虑网络建设安全。此项内容处于整个体系架构的上层，起到总体的战略性和方向性指导的作用。网络安全策略是在指定安全区域内，与安全活动有关的一系列规则和条例，包括对各种网络服务的安全层次和权限的分类，确定管理员的安全职责等。主要涉及四方面：实体安全策略，主要关注物理设备和环境的安全性，包括服务器的物理访问控制、设备的位置选择、防火防盗措施，以及确保设备在正常运行时的电力和冷却需求得到满足；访问控制策略，定义用户和系统的访问权限，包括身份验证机制，如用户名和密码、多因素认证以及授权策略等，确定哪些用户或用户组可以访问特定的网络资源或执行特定的操作；信息加密策略，涉及数据的机密性和完整性保护，使用加密算法，确保数据在传输和存储过程中不被未经授权的个人或实体读取或篡改；网络安全管理策略，用于管理网络安全的各个方面的指导原则，涵盖了安全政策的制定、执行和监督，包括定期的安全审计和风险评估、安全事件的响应和处理程序、员工安全培训，以及与合规性和法律要求相符的安全实践。网络安全策略制定应遵守以下3项基本原则：均衡性原则，在安全需求、易用性、效能和安全成本之间保持相对平衡；时效性原则，信息安全问题具有显著的时效性，根据需要不

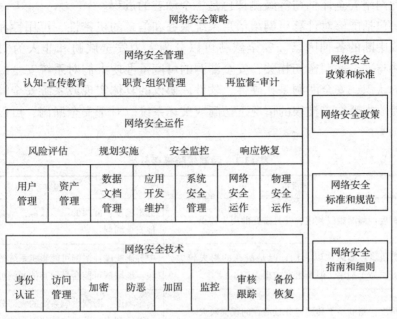

图 13-1　网络安全保障体系框架结构

断调整网络安全策略;最小限度原则,系统提供的服务越多,安全漏洞和威胁也就越多,关闭安全策略中没有规定的网络服务,以最小限度原则满足安全策略定义的用户权限。

②网络安全政策和标准。对网络安全策略的逐层细化和落实,包括管理、运作和技术 3 个不同层面,在每一层面都有相应的安全政策和标准,通过落实标准和政策,规范管理、运作和技术,以保证其统一性和规范性。当管理、运作和技术发生变化时,相应的安全政策和标准也需要进行调整,反之安全政策和标准也会影响管理、运作和技术。

③网络安全运作。基于风险管理理念的日常运作模式及其概念性流程(风险评估、安全控制规划和实施、安全监控及响应恢复),是网络安全保障体系的核心,贯穿网络安全始终。也是网络安全管理机制和技术机制在日常运作中的实现,涉及运作流程和运作管理。

④网络安全管理。是网络安全体系框架的上层基础,对网络安全运作至关重要,从人员、意识、职责等方面,保证网络安全运作的顺利进行。网络安全通过运作体系实现,网络安全管理体系是从人员组织的角度保证正常运作,网络安全技术体系是从技术角度保证正常运作。

⑥网络安全技术。网络安全运作需要网络安全基础服务和基础设施的及时支持。先进完善的网络安全技术可以极大地提高网络安全运作的有效性,从而达到保障网络安全体系的目标,实现整个生命周期(预防、保护、检测、响应与恢复)的风险防范和控制。

13.1.3　信息安全等级保护

网络安全检测与评估是保证计算机网络信息系统安全运行的重要手段,对于准确掌握计算机网络信息系统的安全状况具有重要意义。由于计算机网络信息系统安全状况是动态变化的，因此网络安全评估与等级测评也是一个动态的过程。

安全威胁包括能够对计算机网络信息系统服务和信息的机密性、可用性和完整性产生阻碍、破坏或中断的各种因素。安全威胁可以分为人为安全威胁和非人为安全威胁两大类。安全威胁与安全漏洞密切相关，安全漏洞的可度量性使人们对系统安全的潜在影响有了更加直观的认识。安全漏洞是在硬件、软件、协议的具体实现或系统安全策略上存在的缺陷，可以使攻击者在未授权的情况下访问或破坏系统。对于安全漏洞，可以按照风险等级对其进行归类。

表 13-1 漏洞威胁等级分类

等级	严重度	影响度
1	低严重度：漏洞难以利用，并且潜在的损失较少	低影响度：漏洞的影响较低，不会产生连带的其他安全漏洞
2	中等严重度：漏洞难以利用，但是潜在的损失较大，或者漏洞易于利用，但是潜在的损失较小	中等影响度：漏洞可能影响系统的一个或多个模块，该漏洞可能会导致其他漏洞可利用
3	高严重度：漏洞易于利用，并且潜在的损失较大	高影响度：漏洞影响系统的大部分模块，并且该漏洞的利用显著增加其他漏洞的可利用性

等保测评的全称为信息安全等级保护测评，是一项针对信息和信息载体按照重要性等级分级别进行保护的工作。由具有资质的测评机构依据《计算机信息系统 安全保护等级划分准则》（GB 17859—1999）《信息安全技术 网络安全等级保护测评要求》（GB/T 28448—2019）等国家信息安全等级保护规范规定，受有关单位委托，对信息安全等级保护状况进行检测评估的活动。等保测评的主要内容包括物理安全、网络安全、主机安全、应用安全、数据安全等方面。等保测评的目的是通过定级、测评、整改和监督，实现网络安全和信息安全的全面管理和提升，保障业务稳定运行，符合法律法规要求。

等保测评是我国网络安全法中提到的一项重要制度，用于评估网络安全体系建设的成熟度与安全性能。等保测评按照安全等级分为五个等级，分别为：

①等级Ⅰ。网络信息系统遭到破坏后，会对公民、法人和其他组织的合法权益造成损害，但不损害国家安全、社会秩序和公共利益。包括基本评估和应用评估，适用于信息系统的基础设施和基本应用。

②等级Ⅱ。网络信息系统遭到破坏后，会对公民、法人和其他组织的合法权益产生严重损害，或者对社会秩序和公共利益造成损害，但不损害国家安全。在等级Ⅰ的基础上增加安全管理评估和应用评估，适用于要求较高的电子政务、电子商务、电子教育等信息化应用系统。

③等级Ⅲ。网络信息系统遭到破坏后，会对社会秩序和公共利益造成严重损害，或者对国家安全造成损害。在等级Ⅱ的基础上增加外部边界安全评估，适用于对信息安全要求较高的行业应用系统和涉及重要信息的基础信息系统。

④等级Ⅳ。网络信息系统遭到破坏后，会对社会秩序和公共利益造成特别严重损害，或者对国家安全造成严重损害。在等级Ⅲ的基础上增加内部安全和业务安全评估，适用于

对网络安全要求非常高的国家安防、金融、电力、交通等重要领域的信息系统。

⑤等级Ⅴ。网络信息系统遭到破坏后，会对国家安全造成特别严重损害。在等级Ⅳ的基础上进一步强化安全要求，适用于军队、核能、航天等高度机密和关键信息系统。

政府网络信息系统的安全等级一般需要达到Ⅱ级及以上。根据不同的安全需求，可以选择合适的网络安全等级认证。

等保测评的一般步骤如下：

①确定测评目标。根据需求和要求，明确测评的范围、等级和目标。

②信息收集。收集相关的系统、网络和应用程序的基本信息，包括系统结构、安全策略和技术架构等。

③风险评估。通过分析系统的脆弱性、威胁和风险，确定系统的安全风险。

④安全测试。对系统进行各种安全测试，包括漏洞扫描、渗透测试、身份验证和访问控制测试等，以评估系统的安全性。

⑤安全评估。根据收集到的测试结果，对系统安全进行评估，对系统所处的等级进行判定，并提出改进建议。

⑥编写测评报告。根据测评结果编写测评报告，包括测评的目的、范围、过程、结果和建议等内容。

⑦提交报告并认证。将测评报告提交给相关的认证机构，进行等保认证申请。

⑧审核和评审。认证机构对测评报告进行审核和评审，确认报告的合规性和准确性。

⑨证书颁发。认证机构根据评审结果颁发等保认证证书，确认系统的安全等级。

13.1.4 数字认证中心

数字认证中心是负责验证数字身份合法性的机构或系统，采用数字证书、加密算法和身份验证技术，以确保数字交互和通信中参与者的身份真实、合法、可信。

(1) 数字认证概述

数字认证证书是以数字证书为核心的加密技术，可以对网络上传输的信息进行加密和解密、数字签名和签名验证，确保网上传递信息的安全性、完整性。使用了数字认证证书，即使信息在网上被他人截获，甚至丢失了个人的账户、密码等信息，仍可以保证账户、资金等的安全。

(2) 数字认证方式

数字证书实际上是由证书授权中心(CA)对用户签发公钥的认证。数字证书的内容包括：电子签证机关的信息、公钥用户的信息、公钥、权威机构的签字和有效期等。目前，数字证书的格式和验证方式普遍遵循 X.509 国际标准。CA 认证将文字转换成不能直接阅读的形式(即密文)的过程称为加密；将密文转换成能够直接阅读的文字(即明文)的过程称为解密。

如打算在电子文档上实现签名的目的，可使用数字签名。RSA 公钥体制可实现对数字信息的数字签名，方法如下：信息发送者用其私钥对从所传报文中提取出的特征数据(也称数字指纹)进行 RSA 算法操作，以保证发信人无法抵赖曾发过该信息(即不可抵赖性)，同时也确保信息报文在传递过程中未被篡改(即完整性)。当信息接收者收到报文后，就可以用鉴名者的公钥对数字签名进行验证。在数字签名中有重要作用的数字指纹是通过一类特殊的散列函数(HASH 函数)生成的。对这些 HASH 函数的要求是：接受的输入报文数据没有长度限制；对任何输入报文数据生成固定长度的摘要(即数字指纹)输出；报文能方便地生成摘要；难以对指定的摘要反向生成报文，而由该报文可以生成该摘要；两个不同的报文难以生成相同的摘要。

(3) 数字身份认证原理

注册者认定一个人的身份，是通过其信任的另外一个人来进行的，注册者信任的那个人就是身份认证机构。把数字身份比喻成一个证件，那么数字证书就是身份认证机构盖在证件上的一个章(或数字签名)，这一行为表示身份认证机构已认定这个人。

身份认证机构是人们注册公钥的机构。注册之后，身份认证机构就向注册者颁发数字证书，也就是说在注册者的数字身份证上进行数字签名。服务有免费的，也有收费的。身份认证机构可以是机构，也可以是自然人。

基于 HTTPS 协议的数字认证方式是目前的主流方式。HTTPS 是由 HTTP 加上 TLS/SSL 协议构建的可进行加密传输、身份认证的网络协议，主要通过数字证书、加密算法、非对称密钥等技术完成互联网数据的加密传输，实现对互联网传输的安全保护。SSL 证书是数字证书的一种，因其配置在服务器上，也称为服务器证书，是遵守 SSL 协议、由可信任的数字证书颁发机构在验证服务器身份后颁发的一种数字证书。用户通过 HTTP 协议访问网站时，浏览器和服务器之间是明文传输。服务器安装 SSL 证书后，使用 HTTPS 加密协议访问网站，可激活客户端浏览器到网站服务器之间的"SSL 加密信道"(SSL 协议)。

HTTPS 认证方式如下：客户端和服务端在传输数据之前，会基于 X.509 证书对双方进行身份认证。具体过程是，客户端发起 SSL 握手消息给服务端要求连接；服务端将证书发送给客户端；客户端检查服务端证书，确认是否由自己信任的证书签发机构签发。如果不是，将是否继续通信的决定权交给用户选择，如果检查无误或者用户选择继续，则客户端认可服务端的身份；服务端要求客户端发送证书，并检查是否通过验证，失败则关闭连接，认证成功则从客户端证书中获得客户端的公钥。至此，服务器、客户端双方的身份认证结束，确保双方身份都是真实可靠的。

13.2 运维管理

13.2.1 运维管理作用

运维管理是项目开发的延续，是项目投入业务生产后的关键管理行为，对保障业务系统稳定运行意义重大。除此以外，运维管理还有以下 4 个方面作用：

①在运维阶段积累非功能需求，如性能要求、用户使用习惯等关键信息，这些信息将作为规划的来源，推动架构规范的持续优化，而完善的规划又进一步促进运维水平的整体提升。

②安全主管单位对于 IT 方面的管控要求要通过运维落地，而运维部门反过来要将安全问题反馈给安全主管单位，形成更完善的安全规范。

③在运维工作中,用户申报故障是产品新需求的重要来源。同时,也可根据热线服务请求的分布,发现在开发建设阶段对需求理解的不完善之处,继而对产品进行不断完善,降低运维成本。

④严格项目上线管控,是保证运维质量的重要因素。全面完善的上线过程管控,一方面可以降低上线风险,提升上线成功率;另一方面可以为运维提供更好的支持。

13.2.2 运维管理体系

建立科学合理的运维管理体系,能够保障林业应用系统稳定运行,推动业务发展。运维管理体系包括服务交付、运行维护、资源操作、资源管理、安全管理、服务规划、运维组织管理7个层面的管理工作。

(1) 服务交付管理

提供统一的对外服务窗口,在整个运维管理中处于最前端。包含5项管理功能:服务目录管理,为客户提供IT服务清单,列出可用的服务以及服务的细节和状态;服务水平管理,为客户提供服务质量、性能等方面的级别要求;服务请求管理,为客户提供便利的渠道,有效地处理服务请求或投诉;服务计费管理,进行服务资源计量,提供服务账单,向客户收取服务费用;客户关系管理,通过有效的手段维护与客户的良好关系,提高客户满意度。

(2) 运行维护管理

服务于单位内部的运维工作人员和开发单位的应用支撑人员,保证IT资源可以稳定、有效地发挥作用。包括8项管理功能:资源监控管理,对各类资源的运行状况和性能进行监控和采集,发现故障及时生成监控信息,并告警处理;故障管理,出现故障时能尽快恢复到正常的运营服务,降低对业务运营的负面影响;变更管理,管控服务的变更,确保变更既可以达到预期目的,又能最大限度地降低服务中断;发布管理,负责新IT服务或变更后服务的发布;问题管理,预防问题产生及由此引发的故障,消除重复故障,对不能预防的故障尽量降低其对业务的影响;知识管理,负责知识的收集和共享,将合适的知识推送给相关人员;配置管理,负责数据库、网络、系统等的初始配置和日常配置维护;巡检管理,进行规范化的日常巡检,及时发现故障隐患,减少突发故障。

(3) 资源操作管理

负责日常的基础性维护工作,监督人与设备、人与系统间的操作规范,强化资源操作管控。包括4项管理功能:任务调度管理,对人员、任务、软硬件设施等IT资源及变更窗口进行调度部署;人工审计管理,对信息系统操作过程的事前、事中和事后进行审计。事前对具体的操作命令或活动进行审计,事中对具体的操作过程进行审计,事后对操作结果和记录进行审计。确保所有操作按照既定要求进行,降低操作风险;资源部署与回收管理,完成IT环境的部署、回收等软硬件设施资源操作;日常操作管理,对机房环境和软硬件设施定期巡检、预维护等。

(4) 资源管理

建立资源台账,对各类资源的使用情况进行管理。包括4项管理功能:资源服务模型管理,从资源信息分类、配置项、配置关系等方面,构建统一的资源服务模型;健康度管理,跟踪资源的使用和运行情况,对资源的健康度进行诊断和分析;资源配置库,构建统一的资源库,对各类资源进行配置管理,同时为其他管理活动提供资源数据支撑;资产生命周期管理,对IT资产全生命周期管理,保证资产需要时是就绪的、可靠的。

(5)安全管理

运维的重要组成部分,遵循《信息安全 网络安全 隐私保护 信息安全管理体系要求》(ISO/IEC27001)、《信息技术 安全技术 信息安全管理体系要求》(GB/T 22080)等国际、国家标准,以及单位拟定的信息安全管理框架。ISO/IEC27001、GB/T 22080是广泛应用的、通用及可证明的信息安全管理框架之一,旨在通过采取一系列信息安全管理制度、流程和控制措施,确保组织能够最大限度地保护其信息资产和利益,不仅包含资产管理、数据处理以及信息管理等技术层面要求,还涉及法律法规、人员管理、权限管理等诸多管理层面要求,对信息安全、隐私保护管理提出了非常具体的要求和标准,实现对信息安全的全面保障。

(6)服务规划管理

主要负责运维治理。包括6项管理功能:架构管理,对IT技术架构、技术规范和技术标准的日常管理,通过应用架构管理、数据架构管理、信息技术基础架构管理、技术规范管理、前沿技术研究管理等一系列管理活动,保证架构可靠,在开发建设阶段避免风险,降低运维难度;业务连续性管理,有效管理IT服务风险,保证提供持续稳定的服务;服务可用性管理,基于合理的成本控制和交付时效,确保服务达到承诺的可用性指标;服务容量管理,确保成本合理的IT容量始终存在,并符合当前和未来业务需要;供应商管理,对供应商及其提供的服务进行管理;IT财务管理,通过一系列的流程来管理预算、核算与计费等活动。

(7)运维组织管理

建立运维工作管理委员会,主要职责是管理、组织、协调,保证业务系统正常运行。在运维工作管理委员会之下的运维工作实体包括4方面:呼叫中心,负责呼叫业务受理、事件创建和派发、事件流程执行跟踪及回访、运维事件表单完整性及准确性监督、运维人员纪律检查监督、月度事件汇总分析、知识库整理、运维文档管理、协调各运维组关系;监控中心,对系统实行7×24小时监控,通过监控软件及现场检查等方式对系统进行不间断检查,主动发现网络、设备和业务应用运行过程中的故障或隐患,进行预处理、派单、时限管控;技术支持组,驻现场服务,提供现场运行监控,日常技术支持,突发事件应急处理,定期设备安全巡检,重大事件与二、三线技术联络与协调配合;运维监控管理系统,从应用层面进行实时监测,一旦系统出现异常,报警系统将通过声音、电子邮件、短信、脚本等方式及时通知相关人员。通过形成完善的性能分析报告,帮助运维管理人员及时预测、发现性能瓶颈,提高系统整体性能,同时为运维服务的战略规划提供依据,有效降低系统故障损失,降低运维成本和管理复杂度。

13.2.3 运维管理生命周期

从运维管理的角度,信息系统的生命周期分为系统规划、系统建设、系统运维3个阶段。

(1) 系统规划阶段

主要任务是确定信息系统建设目标，在一些关键领域建立规范与管理制度，为后续系统建设与系统运维奠定基础，确保组织内使用统一的标准与要求，避免后期的盲目建设与无序运维。

(2) 系统建设阶段

该阶段信息系统从设计迈向建设实施的重要阶段，涵盖了需求分析、代码开发、测试实施等工作。充分考虑运维阶段需求，满足监控、热线支持、版本变更等方面的要求。

(3) 系统运维阶段

从服务支持、运营保障、日常操作和运营分析4个维度开展运维工作，是信息系统生命周期中最长的阶段。运维中获取的频发问题以及客户的需求，将进一步影响信息系统的规划与建设，使之更加完善。

从运维的视角对规划、建设、运维3个阶段关系充分理解，能够确保信息系统在投入运维时充分准备、稳定过渡、保证质量。为确保信息系统从建设阶段进入运维阶段过程中，运维管理工作能够准备充分、平稳过渡，需要从运维管理的视角提出具体的规划要求，应涵盖以下4方面内容：

①架构规范管理。统一的架构在确保信息系统健壮性的同时，还能够增强信息系统对后期运维模式的适应性。

②安全标准和规范。建立运维与开发统一的安全标准与规范。

③容量规划管理。为运维阶段的容量做好预先计划与准备。

④内控规范管理。强化内部控制管理，提高风险防范能力。在日常风险管理的基础上，进行专项工作治理，推行积分管理、效能监察等专项工作。

在充分的、科学的规范和指引下，建设阶段的需求管理与开发管理将充分考虑后期运维的需要，控制和防范后期运维工作中的变更风险和安全风险，需重点加强以下6方面管理：

①需求管理。交付运维后，可确认开发阶段的需求是否得到满足，若未满足，会反映在用户的服务请求中，需要建立需求管理机制，确保交付运维的追加和补充需求在评估合理后能得到满足。

②开发管理。在开发管理任务中，应当包括为交付运维所做的准备工作，例如，相应的监控工具开发，热线查询支持系统的开发等。

③版本发布测试和移交管理。上线管理的重要组成部分，确保交付运维时可提供运维承接方所需文件，确保顺利上线与移交。

④版本管理。版本升级是运维管控的重要环节，是控制变更风险的关键要素之一。

⑤监控项目管理。在建设阶段，根据监控需求，将项目监控管理作为建设阶段的重要组成部分。

⑥安全加固。运维部门应先提出基本加固要求，然后再针对不同的操作系统提出具体的加固需求。

13.2.4 智慧化运维管理

随着信息技术的发展，云架构模式逐渐普及，数据增长迅速，运维场景多样化，操作工具复杂化，这些因素严重制约了运维管理的高效开展，增加了运维管理的复杂性。传统的运维管理效率低下，人员离散，监控工具混杂，缺乏统一的信息获取视图，数据难以关联共享，业务故障无法快速定位。为了解决上述问题，智能运维、开发运维融合、安全运维、Web 运维等智慧化运维管理应运而生。

(1) 智能运维(artificial intelligence for it operations，AIOps)

结合了人工智能(AI)和运维(Ops)的方法，利用先进的数据分析、机器学习和自动化技术，优化和提升 IT 运维的效率和质量。AIOps 通过整合和分析大量的运维数据，自动识别问题，预测潜在风险，并提供智能化的决策支持，从而改进 IT 服务管理和维护。AIOps 的关键特点包括：自动化、实时监测和分析、智能预测、自动根本因素分析、智能决策支持、业务影响分析、跨域整合、持续优化、减少故障和业务中断等。

(2) 开发运维融合(development operations，DevOps)

将开发(development)和运维(operations)结合，消除二者之间的孤岛，采用多样化的方法，管理和维护软件系统和基础设施，加强软件开发人员和运维人员的沟通合作，通过自动化流程使软件构建、测试、发布更加快捷、频繁和可靠。DevOps 的关键特点包括：自动化程度、工具技术选择、部署、运维策略、监控、故障排除、可扩展性和性能水平等。

(3) 安全运维(security operations，SecOps)

将安全和运维相结合，通过合并安全措施和运维实践，保护信息系统环境免受安全威胁和攻击。SecOps 的目标是将安全性融入运维过程中，在快速变化的数字环境中实现持续的安全性和合规性。SecOps 的关键特点包括：实时监控与响应、威胁检测、自动化、漏洞管理、合规性、跨团队协作、安全性分析和紧急响应等方面。

(4) Web 运维(Web Operations，WebOps)

构建在 DevOps 之上，具备 DevOps 的典型优势，侧重于 Web 应用(Web Applications)、Web 服务(Web Services)、微服务(Micro Services)等的运行维护。WebOps 关键特点包括：综合性运维支持、一体化解决方案、定制化选项、安全管理、服务自动化以及定期系统报告和分析等。

复习思考题

1. 网络安全的概念是什么？主要内容有哪些？
2. 网络安全管理体系有哪些？
3. 网络安全等级保护包括哪几类？
4. 运维服务的基本内容是什么？
5. 运维服务的管理体系包括哪些？
6. 智慧化运维管理包括哪些方案？

推荐阅读书目

1. 李世东，2017. 网络安全运维[M]. 北京：中国林业出版社.
2. 李世东，2018. 林业信息化知识读本[M]. 北京：中国林业出版社.
3. Gupta B B，Perez G M，Agrawal D P，et al.，2020. Handbook of Computer Networks and Cyber Security[M]. Berlin：Springer.

第 14 章

标准建设

【本章提要】标准是在特定领域或行业内普遍接受并被认可的规范或准则,其目的是为了确保产品、服务或系统在设计、制造、使用等方面达到一致性和高质量。本章首先简要介绍标准制定与编写的原则、方法、流程等;接着探讨林业信息领域标准体系的基础通用、数据信息、应用服务、基础设施与安全管理四方面标准;最后介绍与林业信息标准相关的标准化组织,提供获取更多相关标准信息的途径和资源。通过学习本章内容,将建立起对林业信息标准的整体认知、使用方法和起草思路。

14.1 标准制定与编写

14.1.1 标准与标准化

(1) 标准的定义

2014 年我国颁布的国家标准《标准化工作指南 第 1 部分:标准化和相关活动的通用术语》(GB/T 20000.1—2014)对"标准"(standard)的定义是:"为了在一定范围内获得最佳秩序,经协商一致制定并由公认机构批准,为各种活动或其结果提供规则、指南或特性,供共同使用和重复使用的一种文件。"

标准的作用是"为各种活动或其结果提供规则、指南或特性""供共同使用和重复使用",标准的发布由"公认机构批准",标准制定的目的是"在一定范围内获得最佳秩序",标准制定的规则是"经协商一致"。

(2) 标准化的定义

GB/T 20000.1—2014 对标准化(standardization)的定义是:"为了在既定范围内获得最佳秩序,促进共同效益,对现实问题或潜在问题确立共同使用和重复使用的条款以及编制、发布和应用文件的活动。"该定义同时注明:"1. 标准化活动确立的条款,可形成标准化文件,包括标准和其他标准化文件。2. 标准化的主要效益在于为了产品、过程或服务的预期目的改进它们的适用性,促进贸易、交流以及技术合作。"

标准化比标准多了一个"化"字，标准是规范性"文件"，标准化是制定标准、实施标准的一系列"活动"，如标准的制定，依据标准所进行的培训、检验检测、认证、监督抽查等。也就是说，标准化是有目的进行制定、发布、实施标准的活动。这项活动是一个不断循环、螺旋上升的过程，每完成一个循环，标准水平就提高一步。标准化的对象是"现实问题或潜在问题"，可以理解为产品、过程或服务的质量。标准化的目的是"在既定范围内获得最佳秩序，促进共同效益"，改进产品、过程或服务的适用性，促进贸易、交流以及技术合作。

14.1.2 标准制定

(1) 制定目的

根据《中华人民共和国标准化法》的规定，标准制定的根本目的是促进技术进步，改进产品质量，提高社会经济效益，维护国家和人民的利益，适应社会主义现代化建设和发展对外经济关系的需要。具体目的因标准类型的不同而不同，可概括为以下5点：

①便于信息交流与协作。为了便于信息交流，促进生产协作，对有关的基础要素，如术语、符号、代号、标志等，给出定义或说明；对采用的试验方法、抽样与检验规则等做出统一规定，作为对产品评价与判定的共同依据。

②保证产品接口、互换性和兼容性。对产品配合连接部位的尺寸、精度、输入、输出电压等接口，互换性和兼容性要求做出统一规定，使有关的产品参数之间互相协调。

③保证产品适用性。对产品的某些尺寸、物理、化学、热学、电学、生物学、人类工效学及其他方面的要求做出规定，保证产品满足使用要求，完整地实现其功能。

④为了保护环境、人、物的安全。对各种危险和有害因素，如烟尘排放量、各种噪声、食品有害成分限量等，做出明确规定。

⑤满足市场需求。企业最需要了解的是市场需求，市场也最需要使用标准进行规范。在制定标准时，应该考虑如何满足消费者的不同需求，对消费品的品种、规格的基本尺寸、参数、系列等做出规定。

(2) 制定原则

长期以来，我国坚持采用国际标准和国内外先进标准，这是我国促进对外开放、实现与国际接轨的一项重大技术措施。国际标准和国内外先进标准包含大量的先进科学技术成果和先进经验，采用国际标准和国内外先进标准，是一种快捷方便的技术引进，要加快采用，完善国家标准体系，提高我国标准建设的水平。标准制定时应遵循以下原则：

①不得与国家法律法规相抵触。国家的法律法规是维护人民根本利益的保证，是国家政策的具体体现，凡国家颁布的有关法令法规都应贯彻落实，标准中的所有规定，均不得与有关法令、法规相抵触。

②合理利用国家资源。在制定标准时，必须结合我国的自然资源情况，提高自然资源利用效率，注意节约并做好珍稀资源的代用工作。

③综合考虑全局利益。制定标准要从全局出发，充分考虑国家、社会和经济技术发展的需要，以取得全社会的利益最大化为主要目标。例如，标准中规定的某一指标要求，从生产或使用一方考虑是有利的，但如果从全局利益考虑却并非如此，则局部利益应服从全

局利益,当前利益应服从长远利益,必须在尊重科学、发扬民主的基础上,达到必要的集中统一。

④符合使用要求。标准制定要使标准化对象适应其所处的环境条件,正常发挥其效能,能够根据不同的环境条件,分别在标准中作出规定。在制定信息化标准时,要充分考虑信息系统使用的环境条件和要求,使信息系统适应其所处的环境条件并能正常工作。

⑤有关标准应协调配套。一定范围内的标准都是互相联系、互相衔接、互相补充、互相制约的。只有做到有关标准之间相互协调、衔接配套,才能保证设计、开发、测试、运维等各个环节之间协调一致。

⑥加强优化整合。制定标准时,在满足使用要求的前提下,对同类系统中多余的、重复的功能、模块进行优化整合,按照一定的规律进行合理分档,形成系列,从而达到以较少的能耗最大限度地满足使用要求的目的。

⑦技术先进,经济合理。在制定标准时,要推广成熟的科学技术成果,以体现出较高的标准水平。标准化活动必须考虑经济效益。因此,在标准内容上,要求宽严适度,繁简相宜;在技术指标上,既要从现有基础出发,又要充分考虑科学技术的发展;在使用性能上,既能满足当前生产的需要,又能适应参与国际市场竞争的要求。使标准既保持技术上的先进性,又具有经济上的合理性,把提高标准水平、提高系统质量和取得良好的经济效益统一起来。

⑧充分发挥民主性。标准是以科学技术和实践经验的综合成果为基础的,应当充分调动各方面的积极性,发挥行业协会、科学研究机构和学术团体的作用,广泛吸引有关专家参加标准起草和审查工作。为了制定科学合理的标准,避免片面性,要广泛听取设计、使用等部门的意见,尽可能达成一致。

⑨适时制定,适时复审。标准制定必须适时,如果在新产品、新技术的发展阶段过早地制定标准,可能因缺乏科学依据而脱离实际,甚至妨碍技术的发展。反之,如果错过制定标准的最佳时机,面对既成事实,对标准的制定和以后的实施都会带来困难。随着科学技术的发展,标准的作用会有所变化。因此标准实施后,制定标准的部门应当根据科学技术发展和社会发展的需要适时进行复审,以确认现行标准继续有效或者予以修订、废止。国家标准、行业标准和地方标准的复审时间一般不超过5年,企业标准的复审时间一般不超过3年,由于信息技术发展较快,信息化领域的标准往往小于此时间范围。

(3)国家标准制定的一般程序

包括以下几个阶段:

①预备阶段。标准制定的前期研究,对将要立项的新标准项目进行研究及必要论证,在此基础上提出标准项目建议,起草标准草案或标准大纲。

②立项阶段。对新标准项目建议进行审查、汇总、协调、确定,直至下达《国家标准制、修订项目计划》。时间周期一般不超过3个月。

③起草阶段。标准项目负责人组织标准起草工作,直至完成标准草案征求意见稿,时间周期一般不超过10个月。

④征求意见阶段。将标准草案征求意见稿按有关规定征求意见。在回复意见的日期截止后,标准起草工作组根据返回的意见,完成意见汇总处理表和标准草案送审稿,时间周

期一般不超过 5 个月。若征求意见稿做了重大修改,则应分发第二征求意见稿(甚至第三征求意见稿)征求意见。此时,项目负责人应主动向有关部门提交延长或终止该标准项目计划的申请报告。

⑤审查阶段。对标准草案送审稿组织审查(会审或函审),并在(审查)协商一致的基础上,形成标准草案报批稿和审查会议纪要或函审结论,时间周期一般不超过 5 个月。若标准草案送审稿没有被通过,则应分发第二标准草案送审稿,并再次进行审查。此时,项目负责人应主动向有关部门提交延长或终止该标准项目计划的申请报告。

⑥批准阶段。主管部门对标准草案报批稿及报批材料进行程序审核和技术审核。对不符合报批要求的,一般应退回有关标准化技术委员会或起草单位,限时解决问题后再进行审核,时间周期一般不超过 4 个月。符合报批要求的,国家标准技术审查机构对标准草案报批稿及报批材料进行技术审查,在此基础上对报批稿完成必要的协调和完善工作,时间周期一般不超过 3 个月。若报批稿中存在重大技术方面的问题或协调方面的问题,一般应退回部门或有关专业标准化技术委员会,限时解决问题后再重新报批。审核通过后,国务院标准化行政主管部门批准、发布国家标准,时间周期一般不超过 1 个月。

⑦出版阶段。将国家标准出版稿编辑出版,提供标准出版物,时间周期一般不超过 3 个月。

⑧复审阶段。对实施周期达 5 年的标准进行复审,以确定是否确认(继续有效)、修改(通过技术勘误表或修改单)、修订(提交一个新标准项目建议,列入工作计划)或废止。

⑨废止阶段。对于经复审后确定为无存在必要的标准,予以废止。

(4)国家标准制定的快速程序

根据《国家标准制定程序的阶段划分及代码》(GB/T16733—1997),快速程序适用于已有成熟标准草案的项目,如等同采用、修改采用国际标准或国外先进标准的标准制(修)订项目和对现有国家标准的修订或我国其他各级标准的转化项目。本程序特别适用于变化快的技术领域。申请列入快速程序的标准在预备阶段和立项阶段应严格协调和审查。审查通过后,方可列入《国家标准制、修订项目计划》。对等同采用、修改采用国际标准或国外先进标准的标准制(修)订项目,可直接由立项阶段进入征求意见阶段,即省略了起草阶段,将该草案作为标准草案征求意见稿分发征求意见。对现有国家标准的修订项目或我国其他各级标准的转化项目,可直接由立项阶段进入审查阶段,即省略了起草阶段和征求意见阶段,将该现有标准作为标准草案送审稿报送组织审查。

(5)林业行业标准制定程序

主管标准化工作的机构应按照林业标准计划与项目起草单位签订林业标准制(修)订项目合同。全国林业专业标准化技术委员会或林业标准化技术归口单位应当按照国家林业和草原局下达的林业标准计划项目组织实施,定期检查林业标准计划项目进展情况,并采取有效措施保证起草单位按计划完成任务。起草单位应当成立标准起草小组,起草小组按照《标准化工作导则》的规定,起草标准征求意见稿,编写编制说明及有关附件。

编制说明应当包括以下内容:工作简况,包括任务来源、协作单位、主要工作过程、标准主要起草人及承担的工作;标准的编制原则和标准的主要内容(技术指标、参数、公式、性能要求、试验方法检验规则等)、论据(包括试验、统计数据)、修订标准时的新旧标准主要技术指标的对比情况；主要试验或者验证的分析、综述报告，技术经济论证结论，预期的经济效益；采用国际标准和国外先进标准的程度，以及与国际同类标准水平的对比情况，或者与测试的国外样品、样机的有关数据对比情况；与有关现行法律、法规和强制性国家标准、行业标准的关系；重大分歧意见的处理经过和依据；作为强制性标准或者推荐性标准的建议；贯彻标准的要求、措施和建议，包括组织措施、技术措施等内容；废止现行有关标准的建议；其他应予说明的事项。

起草单位应向生产、管理、科研、检验、质量监督、经销、使用等相关单位及大专院校征求对《林业标准征求意见稿》的意见。涉及人身安全和健康的林业标准，应当公开征求公众意见。起草单位应根据征集的意见，对《林业标准征求意见稿》进行修改，起草《林业标准送审稿》《标准编制说明》及其他附件，送林业专业标准化技术委员会或者林业标准化技术归口单位审查。《林业标准送审稿》由林业专业标准化技术委员会按照国家有关规定组织审查；未成立林业专业标准化技术委员会的，由国家林草局或者其委托的林业标准化技术归口单位组织审查。

国家林业和草原局或者其委托的林业专业标准化技术归口单位组织林业标准审查时，应当有生产、设计、管理、科研、质量监督、检验、经销、使用等相关单位及大专院校的代表参加，其中使用方面的代表不应少于参加审查人员总数的1/4。林业标准的审查可采用会议审查或函审，具体审查方式由组织者决定。对技术、经济影响大，涉及面广的林业标准应当采用会议审查。采用会议审查时，组织者应当在会议前1个月将林业标准送审稿、编制说明及有关附件、意见汇总处理表等提交给参加标准审查会议的部门、单位和人员。采用函审时，组织者应当在函审表决前两个月将函审通知和上述文件及林业标准送审稿函审单提交给参加函审的部门、单位和人员。标准的起草人不能参加表决，其所在单位的代表不能超过参加表决者的1/4。会议审查必须有不少于出席会议代表人数的3/4同意方可通过；函审必须有3/4的回函同意方可通过。会议代表出席率及函审回函率不足2/3时，应当重新组织审定。会议审查时，应当由组织者撰写会议纪要，并附具参加审查会议的人员名单。函审应当写出函审结论，并附函审名单。

起草单位应当根据审查委员会或者函审专家的意见，对送审稿进一步修改完善，形成林业标准报审单、标准报批稿、标准编制说明及有关附件、审查会的会议纪要和会议代表名单（或者函审单和函审结论）、意见汇总处理表及其对应标准草案、被采用的国际标准或者国外先进标准原文（复印件）和译文、符合印刷/制版要求的插图与附图、含标准报批稿和编制说明的电子文档等材料，报送相应专业的林业专业标准化技术委员会或者林业标准化技术归口单位。林业专业标准化技术委员会或林业标准化技术归口单位收到林业标准报批材料后，应当进行审核；对于符合报批条件的林业标准报批稿，林业专业标准化技术委员会或林业标准化技术归口单位填写林业标准报批签署单后，报国家林草局审批。

14.1.3 标准编写

编写标准的方法主要有两种：自主研制标准和采用国际标准。自主研制标准按照《标准化工作导则 第1部分：标准化文件的结构和起草规则》（GB/T 1.1—2020）等规定进行编写，具体详见表14-1。采用ISO/IEC标准的标准编写，除了遵照GB/T 1.1—2020的规定外,还要遵照《标准化工作导则 第2部分:以ISO/IEC标准化文件为基础的标准化文件起草规则》(GB/T 1.2—2020)的规定编写。

表14-1 标准编写参考的主要国家标准清单

序号	标准名称	标准编号
1	标准编写规则 第1部分:术语	GB/T 20001.1—2001
2	标准编写规则 第2部分:符号标准	GB/T 20001.2—2015
3	标准编写规则 第3部分:分类标准	GB/T 20001.3—2015
4	标准化工作导则 第1部分:标准化文件的结构和起草规则	GB/T1.1—2020
5	标准化工作导则 第2部分:以ISO/IEC标准化文件为基础的标准化文件起草规则	GB/T 1.2—2020
6	标准化工作指南 第3部分:引用文件	GB/T 20000.3—2014
7	标准中特定内容的起草 第4部分:标准中涉及安全的内容	GB/T 20002.4—2015
8	标准体系构建原则和要求	GB/T 13016—2018
9	分类与编码通用术语	GB/T 10113—2003
10	信息分类和编码的基本原则与方法	GB/T 7027—2002
11	国家标准制定程序的阶段划分及代码	GB/T 16733—1997
12	术语工作 词汇 第1部分:理论与应用	GB/T 15237.1—2000
13	校对符号及其用法	GB/T 14706—1993

(1)自主研制标准的编写

自主研制标准是指我国标准的编写不是以国际标准为蓝本,标准的文本结构框架不以任何一个国际文件为基础。但在编写标准之前,收集国内外的相关标准和资料仍是必需的。自主研判标准中的一些指标、方法参考一些国际标准和资料也是很正常的事情。因此,只要我国标准文本不是以翻译的国际标准文本为基础形成的,只是其中的一些内容参考了一些国际标准,那么在标准编写中仍然需要使用自主研制标准的方法。自主研制标准时需要采取以下步骤:

①明确标准化对象。自主研制标准一般是在标准化对象已经确定的背景下开始编制的,也就是说标准的名称已经初步确定。在具体编制之前,首先要讨论并进一步明确标准化对象的边界。其次,要确定标准所针对的使用对象是第一方、第二方还是第三方,是制造者、经销商、使用者,还是安装人员、维修人员,是立法机构、认证机构还是监管机构等等。上述所有事项都应该事先论证研究确定,标准编写组的每一个成员都应该清楚将要编写的标准是一个什么样的标准,适用对象是谁。在编写过程中应经常检查修正,不应脱离预定的目标,不应想到什么就写什么,也不要认为大家都同意的内容就可以写进标准草案,要辨别一下是否属于预定的内容。

②确定标准的规范性技术要素。在明确标准化对象后,需要进一步讨论并确定制定标准的目的。根据标准所规范的标准化对象、标准所针对的使用对象,以及制定标准的目的,确定所要制定的标准的类型是属于规范、规程还是指南。标准的类型不同,其技术内

容也不同，标准中使用的条款类型以及标准章节的设置也会不同。在此基础上，标准中最核心的规范性技术要素也会随之变化。

③编写标准。标准的规范性技术要素确定后，就可以着手具体编写标准了。首先应从标准的核心内容——规范性技术要素开始编写。在编写规范性技术要素的过程中，如果根据需要准备设置附录（规范性附录或资料性附录），则进行附录的编写。上述内容编写完毕之后，就可以编写标准规范性的一般要素，该项内容应根据已经完成的内容加工撰写。例如，规范性技术要素中引用了其他文件，这时需要编写标准的第 2 章"规范性引用文件"，将标准中规范性引用的文件以清单形式列出。将规范性技术要素的标题集中在一起，就可以归纳出标准的第 1 章"范围"的主要内容。规范性要素编写完毕后，就需要编写资料性要素。根据需要可以编写引言，然后编写必备要素前言。如果需要，则进一步编写参考资料、索引和目录。最后，则需要编写必备要素封面。请注意，这里阐述的标准要素的编写顺序十分重要，标准要素的编写顺序不同于标准中要素的前后编排顺序。编写标准时，规范性技术要素的编写在前，其他要素在后，这是因为后面内容的编写往往需要用到前面已经编写的内容，也就是其他要素的编写需要使用规范性技术要素中的内容。

（2）采用国际标准的标准编写

我国加入世界贸易组织时，承诺我国的标准要符合《世界贸易组织贸易技术壁垒协议》（即《WTO/TBT 协议》）的规定。采用国际标准已成为我国标准化工作的一项重要政策，《中华人民共和国标准化法》规定"结合国情采用国际标准，推进中国标准与国外标准之间的转化运用"。

采用国际标准编写我国标准时需要采取以下步骤：

①准确翻译。在采用国际标准编制我国标准时，首先应准备一份与原文一致、正确的译文。译文的准确性在这一阶段需要重点把握。因此，翻译要以原文为依据，力求正确传达原文的意图，并保证不出差错。

②分析研究。研究的重点集中在国际标准对我国国情的适用性，如原标准中的指标、规定对我国是否适用，必要时要进行实验验证。在《WTO/TBT 协议》规定的正当目标范围以内的内容，结合国情做出修改是合理、合法和必需的；在《WTO/TBT 协议》规定的正当目标范围以外的内容，也可以结合国情作出相应的修改。在分析研究的基础上，要确定出以国际标准为基础制定的我国标准与相应国际标准的一致性程度。也就是说，要按照 GB/T 1.2—2020 的规定确定是等同、修改采用国际标准，还是非等效于国际标准。这里需要强调的是，在采用国际标准的程度方面，等同于修改没有优劣之分。修改采用国际标准形成的我国标准并不意味着其水平比国际标准差，有些修改后的技术标准可能比国际标准更高。因此，不应简单地从等同、修改来判断标准的技术水平，要看标准中的具体技术指标。

③编写标准。在分析研究的基础上，应以译文为蓝本，按照 GB/T 1.1—2020 和 GB/T 1.2—2020 的规定编写我国标准。

（3）编写方法

各类标准的编写方法是不同的，主要区别在于其技术（或管理）内容上。这里以信息化领域常见的信息分类编码标准为例，对标准的编写方法做一个简单的介绍。

信息分类就是根据信息内容的属性或特性，将信息按一定的原则和标准进行区分和归类，建立起一定的分类系统的排列顺序，以便于管理和使用信息。信息编码就是将某些事物或概念赋予一定规律性的、易于计算机和个人识别与处理的符号，这种符号就是代码，有时简称"码"。代码的种类很多。顺序码是一种最简单、最常用的代码，它把顺序的自然数或字母赋予编码对象，将顺序码分为若干段（系列），并与编码对象的分段一一对应，为每个分段赋予一定的顺序码。例如，《中央党政机关、人民团体及其他机构代码》（GB/T 4657—2021）就采用了三位数字的系列顺序码。层次码常用于线分类体系。比如，《国民经济行业分类》（GB/T 4754—2017）就采用了三层、四位数字的层次码。无论哪种代码，都应具备六个特征：唯一性，即每一个编码对象仅有一个代码，一个代码只表示一个编码对象（事物或概念）；合理性，代码结构要与分类体系相适应；可扩充性，须留有适当的后备容量，以便以后扩充；简单性，结构应尽量简单，代码长度尽量短一些；适用性，要尽可能反映编码对象的特点，有助于记忆，便于填写；规范性，在一个代码标准中，代码的类型机构及编码格式必须统一。

信息分类编码标准的正文部分，一般按分类原则、编码方法、分类与代码表、代码表索引的顺序依次编写。《标准编写规则 第3部分：分类标准》（GB/T 20001.3—2015）对其做了详细规定。现简述如下。

①分类原则。给出代码标准的分类依据及其采用的分类方法。根据 GB/T 20001.3—2015 规定，代码标准的分类依据为下列5项：科学原则，选择编码对象最稳定的本质属性或特征作为分类的基础和依据；系统原则，将选定的事物、概念的属性和特征按一定排列顺序予以系统化，并形成一个合理的科学分类体系；可扩延原则，通常应设置收容类目，以便保证增加新的事物或概念时不会打乱已建立的分类体系，同时也可为下级信息管理系统在本分类体系基础上进行延拓细化创造条件；兼容原则，要与有关标准协调一致；综合使用原则，在满足系统总任务、总要求的前提下尽量满足系统内各有关单位的实际需要。分类方法主要包括线分类法和面分类法两种。线分类法也称层段分类法，它是将初始的分类对象按所选定的若干个属性或特征逐次地分成相应的若干个层级的类目，并排成一个有层次的逐渐展开的分类体系。如《中华人民共和国行政区划代码》（GB/T2260—2007）就采用了线分类法。这种分类方法具有层次性好、使用方便的优点。面分类法是将选定的分类对象若干个属性或特征视为若干个面，每个面又可分成许多彼此独立的若干个类目，使用时可根据需要将这些"面"中的类目组合在一起形成一个复合类目。这种分类方法的优点是具有较大的弹性，一个"面"内类目的改变不会影响其他"面"的适应性，并可根据需要组成任何类目，便于计算机处理信息，此外，还易于添加和修改类目。当代码标准内容较简单或无须分类时，"分类原则"章可省略。

②编码方法。应阐明代码标准所采用的代码类型、代码结构以及编码方法。当代码结构较复杂时，应适当举例说明。当代码较长需要检验时，应说明代码校验的方法，以保证其正确性。校验码是根据原有的代码，通过预先确定的某种数学算法而获得的。当带有校验码的代码输入时，计算机就会用同样的数学算法按输入的代码数字计算校验码，并与输入的校验码比较，如一致则表示代码输入正确，否则就不正确，系统会自动报警提示录入人员。

③分类与代码表。是标准的主体,它是由代码类目名称、说明注释栏目组成的表格,根据实际情况可适当增减栏目。设计代码应按 GB/T 20001.3—2015 及其他有关规定,编写时应做到正确、易认、易读,避免混淆和误解。如在一个标准中要避免音、形相似的代码符号同时出现;用顺序码时,代码要等长,上下要对齐,如用 001~999,不可用 1~999;码较长时可分成小段,分段的分割符号可用"-"或空格,以便于人们读写;编写形式要一致,如编写字母码时,统一用大写字母,不能大写字母和小写字母同时出现;编写数字型代码时,收容类目的代码用末位数为"9"的代码。编写类目名称时,选用的词或词组能确切、全面地反映该类目的全部内容和含义;选用的词或词组力求简短、精练;类目名称尽量用同一种形式组成;类目说明应选用现行标准中规定的标准术语。编写说明栏(注释栏)时,要对易混淆的或有特殊定义的类目名称作出说明,以便使用者正确理解类目内容及其适用范围。编写说明栏时要求尽量简短、扼要;指出易混淆的类目名称的内容和范围;但某一类目的名称有多种叫法时,应指出其同义词,当无须说明时,该栏可省略,如果说明内容很多时亦可另行汇编。

④代码表索引的要求。当代码较多,为便于机器和人员的检索,应编写代码表索引。编写代码表索引,可用以下两种形式中的一种:按类目名称的字母顺序编写索引,或者按其他有关排序关系编写索引。

其他类别的标准还有很多,限于篇幅,此处不再赘述。只要根据各类标准的固有特点,从标准实施的目的出发,广泛征求有关人员的意见,经过反复的实践,就一定能把标准编写得科学、合理、适用。标准编写的规范化是国内外标准化组织的共同要求,也是保证标准制定质量的一个重要环节,只有熟练掌握各类标准的编写方法,才能编写出好标准。

14.2 林业信息领域标准体系

为深入贯彻《中华人民共和国标准化法》和《国家标准化发展纲要》,按照国家林业和草原局相关要求,以一流科学标准引领林业草原信息事业高质量发展,对林业草原信息领域现有标准进行整合优化,形成了《林业草原信息领域标准体系》,包括基础通用、数据信息、应用服务、基础设施与安全管理 4 个大类,具体结构如图 14-1 所示。在标准体系的制定及实施过程中,根据形势发展和履职需要,不断调整、充实和完善。

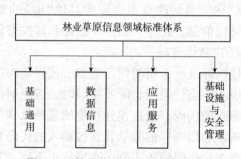

图 14-1 林业草原信息领域标准体系

(1) 基础通用

主要规定林草信息领域基础性和通用性要求，主要包括术语、分类编码准则、信息服务及质量评价、数据共享交换等标准。具体内容见表 14-2。

表 14-2　基础通用标准目录

序号	标准名称	序号	标准名称
1	林业草原信息术语	3	林业草原信息服务及质量评价技术要求
2	林业草原信息分类编码准则	4	林业草原数据共享交换技术要求

(2) 数据信息

主要定义各类林业草原信息编码，主要包括森林、湿地、草原、荒漠、自然保护地等信息编码标准。具体内容见表 14-3。

表 14-3　数据信息标准目录

序号	标准名称	序号	标准名称
1	林业草原信息编码　总则	7	林业草原信息编码　国家公园
2	林业草原信息编码　森林	8	林业草原信息编码　野生动植物
3	林业草原信息编码　草原	9	林业草原信息编码　有害生物
4	林业草原信息编码　湿地	10	林业草原信息编码　古树名木
5	林业草原信息编码　荒漠	11	林业草原信息编码　种苗
6	林业草原信息编码　自然保护地	12	林业草原信息编码　其他信息编码

(3) 应用服务

主要规范各类林业草原应用系统的建设和管理，包括生态网络感知系统信息采集及接入、林业草原"一张图"信息系统、自然保护地信息系统、生态大数据管理与服务等标准。具体内容见表 14-4。

表 14-4　应用服务标准目录

序号	标准名称	序号	标准名称
1	林草生态网络感知系统　数据采集技术要求	9	林业草原防火信息系统技术要求
2	林草生态网络感知系统　信息系统接入技术要求	10	国有林场信息系统技术要求
3	林业草原"一张图"信息系统技术要求	11	国家储备林信息系统技术要求
4	自然保护地信息系统技术要求	12	古树名木信息系统技术要求
5	国家公园信息系统技术要求	13	林业草原无人机应用技术要求
6	生物多样性信息系统技术要求	14	林草电子公文处理流程及系统建设规范
7	林业草原生态大数据管理及服务技术要求	15	林草植物检疫信息化管理与服务平台建设技术要求
8	生态护林员信息系统技术要求	16	其他信息系统技术要求

(4) 基础设施与安全管理

主要规范林业草原信息化基础设施与安全管理，包括信息基础设施、物联网、网络安全、无线通信系统等标准。具体内容见表 14-5。

表 14-5　基础设施与安全管理标准目录

序号	标准名称	序号	标准名称
1	林业草原信息基础设施技术要求	3	林业草原网络安全技术要求
2	林业草原物联网技术要求	4	林业草原无线通信系统技术要求

(5) 智慧林业相关标准

目前，已发布的智慧林业相关国家标准和行业标准详见表 14-6。

表 14-6　已发布的智慧林业相关国家标准和行业标准

序号	标准名称	标准编号	序号	标准名称	标准编号
1	林业物联网 第4部分：手持式智能终端通用规范	GB/T 33776.4—2017	13	林业信息基础数据元 第3部分：命名和标识原则	LY/T 2671.3—2016
2	林业物联网 第602部分：传感器数据接口规范	GB/T 33776.602—2017	14	林业信息数据库数据字典规范	LY/T 2672—2016
3	林业物联网 第603部分：无线传感器网络组网设备通用规范	GB/T 33776.603—2017	15	林业信息服务接口规范	LY/T 2177—2013
			16	林业信息服务集成规范	LY/T 2927—2017
			17	林业信息术语	LY/T 2265—2014
4	林业信息 Web 服务应用规范	LY/T 2176—2013	18	林业信息系统安全评估准则	LY/T 2170—2013
5	林业信息交换体系技术规范	LY/T 2171—2013	19	林业信息系统质量规范	LY/T 2925—2017
6	林业信息交换格式	LY/T 2920—2017	20	林业信息系统运行维护管理指南	LY/T 2928—2017
7	林业信息产品分类规则	LY/T 2931—2017	21	林业信息资源交换体系框架	LY/T 2268—2014
8	林业信息元数据	LY/T 2266—2014			
9	林业信息化网络系统建设规范	LY/T 2172—2013	22	林业信息资源目录体系技术规范	LY/T 2173—2013
10	林业信息图示表达规则和方法	LY/T 2175—2013	23	林业信息资源目录体系框架	LY/T 2269—2014
11	林业信息基础数据元 第1部分：分类	LY/T 2671.1—2016	24	林业基础信息代码编制规范	LY/T 2267—2014
12	林业信息基础数据元 第2部分：基本属性	LY/T 2671.2—2017	25	林业应用软件质量控制规程	LY/T 2926—2017

(续)

序号	标准名称	标准编号	序号	标准名称	标准编号
26	林业数据库更新技术规范	LY/T 2174—2013	42	森林资源数据库分类和命名规范	LY/T 2184—2013
27	林业数据库设计总体规范	LY/T 2169—2013	43	森林资源数据库术语定义	LY/T 2183—2013
28	林业数据整合改造指南	LY/T 2493—2015	44	森林资源数据编码类技术规范	LY/T 2186—2013
29	林业数据质量 基本要素	LY/T 2921—2017			
30	林业数据质量 数据一致性测试	LY/T 2923—2017	45	森林资源数据采集技术规范 第1部分	LY/T 2188.1—2013
31	林业数据质量 数据成果检查验收	LY/T 2924—2017	46	森林资源数据采集技术规范 第2部分	LY/T 2188.2—2013
32	林业数据质量 评价方法	LY/T 2922—2017	47	森林资源数据采集技术规范 第3部分	LY/T 2188.3—2013
33	林业数据采集规范	LY/T 2930—2017			
34	林业物联网 第1部分：体系结构	LY/T 2413.1—2015	48	森林资源核心元数据	LY/T 2187—2013
35	林业物联网 第2部分：术语	LY/T 2413.2—2015	49	森林资源管理信息系统建设导则	LY/T 2185—2013
36	林业物联网 第3部分：信息安全通用技术要求	LY/T 2413.3—2015	50	湿地信息分类与代码	LY/T 2181—2013
37	林业生态工程信息分类与代码	LY/T 2178—2013	51	荒漠化信息分类与代码	LY/T 2182—2013
38	林业网络安全等级保护定级指南	LY/T 2929—2017	52	造林树种与造林模式数据库结构规范	LY/T 2271—2014
39	林木良种数据库建设规范	LY/T 2270—2014	53	野生动植物保护信息分类与代码	LY/T 2179—2013
40	森林火灾信息分类与代码	LY/T 2180—2013	54	野生植物资源调查数据库结构	LY/T 2674—2016
41	森林资源数据处理导则	LY/T 2189—2013			

14.3 标准化相关组织

(1)国际标准化组织(ISO)

ISO 是一个全球性的非政府组织，是国际标准化领域中一个十分重要的组织，是联合国经济及社会理事会甲级咨询组织，也是贸易和发展理事会综合级(最高级)咨询机构，吸引了越来越多的国家参与其活动。ISO 的任务是促进全球范围内的标准化及其有关活动，以利于国际间产品与服务的交流，以及在知识、科学、技术和经济活动中发展国际间的相互合作。

国际标准化活动最早始于电子领域，于 1906 年成立了世界上最早的国际标准化机构——国际电工委员会(IEC)。其他技术领域的工作由成立于1926年的国家标准化协会的国际联盟(ISA)承担，重点在机械工程方面。ISA的工作由于第二次世界大战而在1942年终止。1946年，来自25个国家的代表在伦敦召开会议，决定成立一个新的国际组织，促进国际间的合作和工业标准的统一。1947年2月23日，ISO正式成立，总部设在瑞士日内瓦，1951年发布了第一个标准——《工业长度测量用标准参考温度》。

ISO的组织机构包括全体成员大会、主要官员、成员团体、通信成员、捐助成员、政策发展委员会、理事会、ISO中央秘书处、特别咨询组、技术管理局、技术咨询组、技术委员会等，如图14-2所示。全体成员大会是ISO的最高权力机构，每三年召开一次。理事会为其常务领导机构，理事会下设执行委员会、计划委员会和专门委员会，ISO的日常行政事务由中央秘书处担任。

ISO技术工作由2700多个技术委员会(Technical Committee，TC)、分技术委员会(Sub-technical Committee，SC)和工作组(Work Group，WG)承担。在这些委员会中，世界范围内的工业界代表、研究机构、政府权威、消费团体和国际组织都作为对等合作者，共同讨论全球的标准化问题。管理技术委员会的主要责任由一个ISO成员团体承担，如由法国标准化协会(AFNOR)、美国国家标准协会(ANSI)、英国标准协会(BSI)等担任，该成员团体负责日常秘书工作。与ISO有联系的国际组织、政府或非政府组织都可参与工作。中国也加入了ISO，并由国内有关单位组建了中国的相应组织。

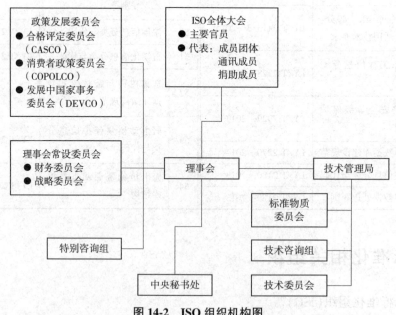

图14-2　ISO组织机构图

(2)国际电工委员会(IEC)

IEC成立于1906年，是世界上成立最早的国际性电工标准化机构，负责有关电气工程和电子工程领域中的国际标准化工作。国际电工委员会的总部最初位于伦敦，1948年搬到位于日内瓦的现ISO总部处。

1887—1900年召开的6次国际电工会议上，与会专家一致认为有必要建立一个永久性的国际电工标准化机构,以解决用电安全和电工产品标准化问题。1904年,在美国圣路易斯召开的国际电工会议上通过了关于建立永久性机构的决议。1906年,13个国家的代表会聚伦敦,起草了IEC章程和议事规则,正式成立了国际电工委员会。

1947年,IEC作为一个电工部门并入ISO,1976年又从ISO中分离出来。IEC的目标是有效满足全球市场需求,保证在全球范围内优先并最大限度地使用其标准和合格评定计划,评定并提高其标准所涉及的产品质量和服务质量,为共同使用复杂系统创造条件,有效提高工业化进程,提高人类健康和安全水平,保护环境。

IEC的宗旨是促进电气、电子工程领域中标准化及有关问题的国际合作,增进国际间的相互了解。为实现这一目的,IEC出版了包括国际标准在内的各种出版物,并希望各成员国在本国条件允许的情况下,在本国的标准化工作中使用这些标准。IEC标准的权威性是世界公认的。IEC每年要在世界各地召开100多次国际标准会议,世界各国的近10万名专家参与了IEC的标准制定、修订工作。目前,IEC的工作领域已由单纯研究电气设备、电机的名词术语和功率等问题,扩展到电子、电力、微电子及其应用、通讯、视听、机器人、信息技术、新型医疗器械和核仪表等电工技术的各个方面。

我国于1957年加入IEC,1988年起改为以国家技术监督局的名义参加IEC的工作,现在是以中国国家标准化管理委员会的名义参加IEC的工作。中国是IEC的技术委员会和分技术委员会成员,也是IEC理事局、执委会和合格评定局成员。1990年和2002年,我国在北京分别承办了IEC第54届和第66届年会。2011年10月28日,在澳大利亚召开的第75届IEC理事大会上,正式通过了中国成为IEC常任理事国的决议。目前,IEC常任理事国为中国、法国、德国、日本、英国、美国。

IEC与ISO最大的区别是工作模式的不同。ISO的工作模式是分散型的,技术工作主要由各成员国(或其团体)相应的技术委员会承担,ISO中央秘书处负责协调,只有到了国际标准草案(DIS)阶段ISO才予以介入。而IEC则采取集中管理模式,即所有的文件从一开始就由IEC中央办公室负责管理。

IEC与ISO的共同之处是,它们使用共同的技术工作导则,遵循共同的工作程序。在信息技术方面,ISO与IEC成立了联合技术委员会(Joint Technical Committee,JTC1)负责制定信息技术领域中的国际标准,秘书处由美国国家标准学会(ANSI)担任。JTC1是ISO、IEC最大的技术委员会,其工作量几乎是ISO、IEC的1/3,发布的国际标准也是1/3,且更新很快。该委员会经ISO、IEC理事会授权使用特殊的标准制定程序,因此标准制定周期短,标准发布快,但标准的寿命也短。JTC1下设20多个分支委员会,其制定的最有名的开放系统互联标准(Open System Interconnection Standards,OSI),成为各计算机网络之间进行接口的权威技术标准,为信息技术的发展奠定了基础。IEC与ISO使用共同的情报中心,为各国及国际组织提供标准化信息服务,相互之间的关系越来越密切。

(3)中国国家标准化管理委员会

中国国家标准化管理委员会是国务院授权的履行行政管理职能,统一管理全国标准化工作的主管机构。中国国家标准化管理委员会的主要职责是,以国家标准化管理委员会名义,下达国家标准计划,批准发布国家标准,审议并发布标准化政策、管理制度、规划、公告等重要文件;开展强制性国家标准对外通报;协调、指导和监督行业、地方、团体、企业标准工作;代表国家参加国际标准化组织、国际电工委员会和其他国际或区域性标准化组织;承担有关国际合作协议签署工作;承担国务院标准化协调机制的日常工作。

国家标准技术审评中心是国家市场监督管理总局、国家标准化管理委员会直属的事业单位,是从事国家标准技术审评的国家级专业评估与咨询机构,主要职责为:负责国家标准的立项评估、国家标准报批材料审核、标准实施效果评价、全国标准化专业技术委员会考核、行地标备案审查、国际标准化合作与交流等工作。

由国家市场监督管理总局和中国国家标准化管理委员会、国家标准技术审评中心共同组建的"全国标准信息公共服务信息平台"是国家科技基础条件信息平台。平台将国内外标准信息资源进行优化整合,建立了涵盖国家标准化资源、国际标准化资源、WTO TBT/SPS资源、标准文献题录及标准全文资源的数据库群以及功能丰富的服务系统。平台采用协同服务的方式,构建了涵盖全国的标准化信息服务网络,重点为国家自主创新能力建设和科技发展提供公益性服务。平台还面向社会各界提供全方位、一站式服务,为政府部门、科研院所、企业、社会各界提供高效的标准化专业信息服务。具体可提供如下服务:电子阅览室、标准查新、标准跟踪、标准有效性确认、标准翻译、标准体系建设、市场准入技术性贸易措施咨询报告等。

(4)中国标准化研究院

中国标准化研究院隶属于国家市场监督管理总局,是开展基础性、通用性、综合性标准化科研和服务的社会公益性科研机构。围绕支撑国家经济社会高质量发展,重点开展标准化发展战略、基础理论、原理方法和标准体系研究。开展相关领域的标准制修订和宣传贯彻工作。承担相关领域的标准化科学实验研究、验证、测试评价、开发及其科研成果推广应用。承担相关领域的全国专业标准化技术委员会秘书处工作。承担标准文献资源建设与社会化服务工作。支撑国家市场监督管理总局以及国家标准化管理委员会的相关管理职能,包括我国缺陷产品召回管理、国家标准评估、工业品质量安全监管、产品质量国家监督抽查等工作。

(5)中国标准化协会

中国标准化协会(以下简称中国标协)成立于1978年,经民政部登记注册,是从事标准化工作的组织和个人自愿组成的全国性法人社会团体。接受国家市场监督管理总局和国家标准化管理委员会业务指导,是中国科学技术协会团体会员。中国标协是联系政府部门、科技工作者、企业和广大消费者之间的桥梁和纽带,现已形成一定规模,是多方位从事标准化学术研究、标准制修订、标准化培训、科学宣传、技术交流、编辑出版、在线网站、咨询服务、国际交流与合作等业务的综合性社会团体,同许多国际、地区和国家的标准化团体建立了友好合作关系,开展技术交流活动,在国际上有广泛的影响力。

(6)中国电子技术标准化研究院

中国电子技术标准化研究院(工业和信息化部电子工业标准化研究院,工业和信息化部电子第四研究院,简称电子标准院、电子四院),创建于1963年,是工业和信息化部直属的事业单位,是国家从事电子信息技术领域标准化的基础性、公益性、综合性研究机构。电子标准院以电子信息技术标准化工作为核心工作,通过开展标准科研、检测、计量、认证、信息服务等业务,面向政府提供政策研究、行业管理和战略决策的专业支撑,面向社会提供标准化技术服务。电子标准院承担55个IEC、ISO/IEC JTC1的TC/SC国内技术归口和17个全国标准化技术委员会秘书处的工作,与多个国际标准化组织及国外著名机构建立了合作关系,为标准的应用推广、产业推动和国际交流合作发挥了重要的促进作用。

(7) 中国计量科学研究院

中国计量科学研究院(以下简称"中国计量院")成立于1955年,隶属国家市场监督管理总局,是国家最高的计量科学研究中心和国家级法定计量技术机构,属社会公益型科研单位。中国计量院作为国家最高计量科学研究中心和国家级法定计量技术机构,担负着确保国家量值统一和国际一致、保持国家最高测量能力、支撑国家发展质量提升、应对新技术革命挑战等重要而光荣的使命。自1955年成立以来,中国计量院在推动我国科技创新、经济社会发展和满足国家战略需求方面做出了重要贡献。食品安全、三峡工程、航空航天、卫星导航、西气东输、高速铁路等重要领域都离不开中国计量院的支持。

(8) 中国特种设备检测研究院

中国特种设备检测研究院(简称中国特检院,英文缩写CSEI),于1979年10月经国务院批准成立,隶属于国家劳动总局,1998年划转至国家质量技术监督局,2001年划转至国家质量监督检验检疫总局,现隶属国家市场监督管理总局,是公益二类事业单位。主要承担3方面职责:一是组织科研攻关,承担基础科学研究、重大仪器设备研发,解决行业共性关键和重大疑难技术问题,承担法律法规、政策理论、发展规划等研究工作;二是支撑安全监察,承担安全技术规范和相关标准研制工作,为行政许可、监督检查、事故调查、风险监测等工作提供支持和保障;三是提供公益服务,开展监督检验、定期检验、风险评估、安全评价等服务,参与重大活动、重大工程安全保障工作,为欠发达地区提供援助性检验。

(9) 林业标准化技术委员会

我国自1952年开始实施林业标准化,几十年来,围绕国民经济的发展制定了木材、种苗、林化机械、造林机械、造林营林、林业管理、林业信息等方面的多项行业标准。这些标准覆盖了林业生产的主要技术环节和内容,在林业生产中发挥了积极有效的作用。负责我国智慧林业领域的标准化技术委员会是全国林业和草原信息标准化技术委员会(SAC/TC386),简称全国林草信息标委会。除全国林草信息标委会以外,其他的全国性林业专业标准化技术委员会包括全国木材标准化技术委员会(SAC/TC41)、全国林业机械标准化技术委员会(SAC/TC61)、全国人造板机械标准化技术委员会(SAC/TC66)、全国林草种子标准化技术委员会(SAC/TC115)、全国人造板标准化技术委员会(SAC/TC198)、全国竹藤标准化技术委员会(SAC/TC263)、全国花卉标准化技术委员会(SAC/TC282)、全国森林可持续经营与森林认证标准化技术委员会(SAC/TC360)、全国荒漠化防治标准化技术委员会(SAC/TC365)、全国野生动物保护管理与经营利用标准化技术委员会(SAC/TC369)、全国森林资源标准化技术委员会(SAC/TC370)、全国营造林标准化技术委员会(SAC/TC385)、全国林业生物质材料标准化技术委员会(SAC/TC416)、全国湿地保护标准化技术委员会(SAC/TC468)、全国林业有害生物防治标准化技术委员会(SAC/TC522)、全国森林草原防火标准化技术委员会(SAC/TC523)、全国经济林产品标准化技术委员会(SAC/TC557)、全国林化产品标准化技术委员会(SAC/TC558)等。

国家林业和草原局主动加强与国际标准化组织以及各成员国的沟通合作,积极实施"引进来、走出去"战略,加快国际标准本土化进程,使国际标准化组织林业标准基本转化为中国林业标准,强化国内标准的制修订和实施应用,截至2023年,成立了全国性的林业专业标准化技术委员会27个,发布林业国家标准425项、行业标准1295项、地方标准3000余项,形成了国家标准、行业标准、地方标准相互配套、协调发展的林业标准体系。

复习思考题

1. 国际标准、国家标准、行业标准有何区别与联系?
2. 国家标准制定的一般程序包括哪几个阶段?
3. 林业信息领域标准体系包括哪几个部分?
4. 相关标准化国际和地区组织有哪些?

推荐阅读书目

1. 李世东, 2014. 中国林业信息化标准规范[M]. 北京:中国林业出版社.
2. 李世东, 2017. 信息标准合作[M]. 北京:中国林业出版社.
3. 李学京, 2010. 标准与标准化教程[M]. 北京:中国标准出版社.
4. 王忠敏, 2010. 标准化基础知识实用教程[M]. 北京:中国标准出版社.
5. 张延华, 2004. 国际标准化教程[M]. 北京:中国标准出版社.

第4编

实施管理

第 15 章

顶层设计

【本章提要】 顶层设计是指在处理复杂问题时提供一个清晰的框架和指导方针，确保各项工作相互配合、协调有序，最终达成整体目标。本章首先介绍智慧林业顶层设计的方法；其次介绍智慧林业顶层设计的目的意义及阶段划分；最后以中国智慧林业发展指导意见和"互联网+"林业行动计划为例进行了顶层设计案例分析。通过学习本章内容，能够明确顶层设计的方法和流程。

15.1 顶层设计方法

顶层设计进行全局规划和设计，能为智慧林业的发展提供清晰的方向和目标，从而使各项工作相互协调、有序进行。紧密结合全球信息化发展大势、国家信息化战略部署和林业智慧化发展实际，需要及时制定和优化顶层设计，以不断适应新形势、迎接新挑战、解决新问题，为智慧林业发展把准脉、掌准舵，明确目标和方向。智慧林业顶层设计一般包括以下阶段：

(1) 启动编制工作

召开专题会议，深入研究智慧林业相关工作。对智慧林业的发展战略、目标任务做深入的分析，启动智慧林业建设纲要编制工作。制定统一的规划，统领智慧林业建设，明确总体工作思路和目标任务，提高智慧林业建设水平，整合现有的信息化资源，成立专门的工作小组，开展编制工作。

(2) 开展调查研究

深入了解世界先进信息技术现状及其发展趋势、林业先进国家智慧化建设及其发展趋势、我国国家和地方林业智慧化建设现状和需求，学习其他行业智慧化建设的经验，理清我国林业智慧化建设已有的基础和具备的条件，为智慧林业建设纲要的编制提供科学、可靠的依据。成立专门的调研小组，分国外、部委、地方和司局等多个层次全面细致地开展调研工作。

确定调研对象、调研方式、调研内容和调研重点。设立统筹组和若干个工作小组。统筹组负责协调各调研单位的组织保障，并对调研报告进行审核，同时参加各组调研；各工作小组负责具体调研，根据调研情况形成专题分报告，并以此为基础，进行汇总分析，形成调研总报告，主要包括四大部分：

①国内外智慧化现状。对国外发达国家的林业智慧化发展状况和产生的广泛影响做全面阐述和分析，对我国政策方针以及先进部委和省份的建设状况和成功经验做深入研究分析，对林业智慧化建设状况做全面摸底和深入分析。

②特点和经验。从智慧化行业管理、基础性工作和智慧化工程建设3个方面，对国内外和有关行业的成功做法与经验进行全面深入的分析和总结。

③问题和不足。从智慧化行业管理、基础性工作和智慧化工程建设3个方面，对有关行业和林业智慧化建设中存在的问题进行系统分析。

④工作建议。借鉴先进行业的成功经验，结合林业智慧化发展中存在的问题和建设需求，提出合理化建议。

(3) 撰写正文

在全面总结分析林业智慧化建设调研成果的基础上，依据国家文件要求，开展林业智慧化建设顶层设计工作，主要包括3部分：

①提出编写的总体思路及提纲。对林业智慧化建设的各个方面、各个层次、各种因素进行综合分析和统筹考虑，撰写提纲。召开专家会议，广泛征求各有关单位的意见。

②方案组全体成员集中研究起草文件。按照统一方案、统一规划、统一内容、统一标准的要求，结合林业智慧化实际情况，起草文件初稿。

③依据初稿，经内部讨论修改形成征求意见稿，广泛征求各地各单位的意见后形成送审稿。

(4) 召开专家评审会

召开专家评审会，邀请国家信息化专家咨询委员会和有关部门的知名专家出席。通过评审，听取专家意见，再进一步修改完善后形成审议稿。

(5) 审议并印发

审议稿提交国家林草局办公会议审议，经会议研究讨论同意后正式印发。

总之，顶层设计应严格遵循国家有关法律法规和政策规定，满足现代林业建设需求，其内容包括林业智慧化建设的指导思想、基本原则、建设目标、总体框架、建设内容、行动计划和保障措施，构建林业智慧化建设总体蓝图。顶层设计需要实现科学性、可行性和前瞻性的有机统一，明确工作思路，厘清建设重点，形成发展合力。

15.2　顶层设计目的意义和阶段划分

(1) 顶层设计目的意义

智慧林业顶层设计是为了推动林业现代化建设，利用信息技术和人工智能等智能化手段，提升林业生产、保护和管理的效率和质量，促进林业可持续发展。

①进行战略规划。制定智慧林业的长远发展规划，明确目标、任务和重点，确定智慧林业建设的路线图和时间表。根据不同地区的实际情况和发展需求，制定相应的战略规划。

②推进信息化建设。加快林业信息化建设，包括林区基础设施、信息平台等方面建设，为智慧林业提供支撑。建立健全林业信息资源管理体系，促进数据共享和集成，提升信息化水平。

③引入先进技术。积极引进物联网、云计算、大数据、人工智能等技术，在林业生产、保护和管理中应用。例如，利用无人机和遥感技术进行森林资源调查和监测，利用人工智能技术进行病虫害预警和精准施药，提高工作效率。

④建立智慧林业生态系统。构建智慧林业生态系统，有利于实现各级林业管理部门、科研机构、企事业单位之间的信息互通和协同作业。通过数智化手段优化林业资源配置、提升决策水平，推进林业现代化管理。

⑤人才培养与培训。加强人才培养与培训，培养具备智慧林业知识和技能的专业人才。通过课程培训、技术交流和经验分享等方式，不断提升从业人员的智能化素养和应用能力。

⑥加强政策支持。制定相应的政策法规，加强对智慧林业的支持和引导。包括在财政资金支持、税收优惠政策、创新创业扶持等方面，为智慧林业的发展提供良好的政策环境。

(2) 顶层设计阶段划分

智慧林业建设是一项长期、系统的工作，需分步骤、分阶段扎实推进。依据各工程项目的紧迫性、基础性、复杂性、关联性等需求，智慧林业建设分为基础建设、开展实施、深化应用3个阶段，如图15-1所示。

①基础建设阶段。编写智慧林业规划，出台智慧林业建设的相关政策，安排扶持资金等，并开展智慧林业局部的探索实践工作。在现有林业信息化成果基础上，选择基础性较强的林业大数据工程、林业云创新工程、林业办公网升级工程、林业应急感知系统、林业环境物联网和林区无线网等优先建设，为后续的智慧林业全面建设奠定良好的基础。

②展开实施阶段。智慧林业建设全面展开，汇聚各方力量，加大人、财、物等方面的投入，鼓励企业、公众积极参与智慧林业建设。本阶段以智慧林业基础设施为基础，完成智慧林业营造林管理系统升级、智慧林业两化融合、林业"天网"系统提升、林业智慧商务拓展、智慧林业资源监管系统建设、智慧林业野生动植物保护、智慧林业文化建设和中国林业网站群建设等工程建设。智慧林业建设的步伐明显加快，智慧林业框架体系基本形成。

③深化应用阶段。经过实施阶段，智慧林业建设有了量的积累，需要各个部分相互衔接、相互融合，实现质的飞跃。本阶段主要建设智慧林政管理平台、智慧林地信息服务平台、智慧林业决策平台、林业智慧社区、智慧林业产业、智慧生态旅游和智慧林业重点工程监管工程等。智慧林业的应用效果和价值逐步显现，其竞争力、集聚力、辐射力明显增强。

当前，智慧林业虽然已经具备良好的发展基础，但总体来看还处于夯实基础、全面起航的阶段，与全球信息化大潮、国家创新发展要求和林业现代化建设需求还存在不小差距。需要采取有力措施，确保智慧林业各项任务圆满完成。

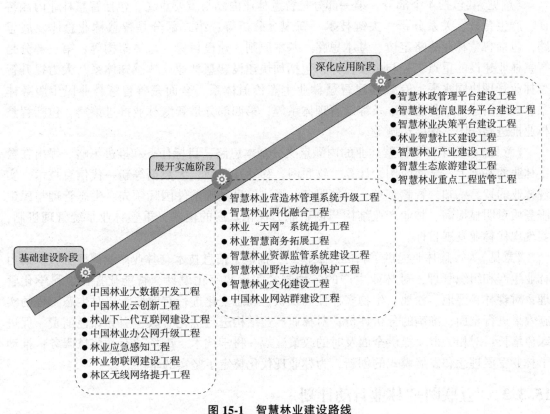

图 15-1　智慧林业建设路线

15.3　顶层设计案例分析

15.3.1　中国智慧林业发展指导意见案例

　　智慧化发展理念在全球范围内逐渐兴起，许多国家将智慧城市建设作为国家战略。然而，在林业领域，目前的信息化规划还停留在数字化层面，未能适应智慧化发展的需求。因此，需要对林业信息化进行进一步的探索和实践，以适应智慧化浪潮的冲击。

　　2012 年，面对全球智慧化浪潮和数字林业发展的种种挑战，国家林业局信息化管理办公室开展了智慧林业前期调研，10 月形成研究报告上报领导。在第三次信息技术革命的时代背景下，提出了以信息技术应用为基础的智慧林业建设。12 月，为尽快将智慧林业理念形成文字，经全办集体研究，决定启动"中国智慧林业发展规划研究"，研究结果将作为全国林业信息化一项中长期发展规划实施。

　　2013 年 5 月，历经数次修改完善，完成《智慧林业　美丽中国——中国智慧林业发展规划研究（初稿）》，经国家林业局信息化管理办公室内部讨论修改后，7 月以全国林业信息化工作领导小组名义下发，征求各地各单位意见。8 月，在充分吸收各方面意见的基础上，形成报审稿，上报局领导同意后，以《中国智慧林业发展指导意见》（以下简称《意见》）的形式向全国印发。

《意见》共包括4个部分，第一部分是智慧林业内涵与重要意义，包括智慧林业内涵特征、产生背景、关系分析、关键技术、新观念分析等；第二部分是智慧林业总体发展思路，包括智慧林业战略定位、基本思路、基本原则、建设目标、总体架构等；第三部分是智慧林业建设的重点工程与主要任务，包括加快建设智慧林业立体感知体系、大力提升智慧林业管理协同水平、有效构建智慧林业生态价值体系、全面完善智慧林业民生服务体系、大力构建智慧林业标准及综合管理体系等；第四部分是智慧林业推进策略，包括智慧林业推进路线图、保障措施等。

《意见》系统诠释了智慧林业的内涵意义、基本思路、目标任务和推进策略。提出在数字林业的基础上，全面应用云计算、物联网、移动互联网、大数据等新一代信息技术，实现林业的智慧感知、智慧管理、智慧服务。形成信息基础条件国际领先、生态管理与民生服务质量明显提高、林业产业结构与创新能力优化发展的模式，重塑林业系统管理机制，实现现代林业发展目标。

《意见》为智慧林业提供了新的发展模式，推进了信息技术与林业产业深度融合，助力林业生产和组织管理，对林业生产的各种要素实行数字化设计、智能化控制、科学化管理；对森林、湿地、沙地、生物多样性的现状、动态变化进行有效监管；对生态工程的实施效果进行全面、准确的分析评价；对林业产业结构进行优化升级、引导绿色消费、促进绿色增长；对相关群众提供全面及时的政策法规、科学技术、市场动态等信息服务；推动了林业发展理念和发展模式的创新，为林业现代化奠定了坚实的基础。

15.3.2 "互联网+"林业行动计划

2015年是"十二五"总结和"十三五"规划的关键时期。国家林业局信息化管理办公室成立了专门的工作小组，研究起草《全国林业信息化"十三五"发展规划》，以明确智慧林业建设内容和目标。

2015年3月，十二届全国人大三次会议政府工作报告中提出："制定'互联网+'行动计划，推动移动互联网、云计算、大数据、物联网等与现代制造业结合，促进电子商务、工业互联网和互联网金融健康发展，引导互联网企业拓展国际市场"。"互联网+"引发了全国范围的关注和讨论。这一概念蕴含着新的互联网发展形态和业态，被认为是社会创新的推动力量。发展规划起草小组研究认为，"互联网+"代表了信息时代从数字化向智慧化的发展，将互联网与现代信息技术融合应用于传统产业，能有效提高效率，促进产业发展，并将研究成果——《"互联网+"林业若干问题思考》在第三届全国林业信息化学术研讨会上做了展示和交流。2015年9月，正式起草完成《全国林业信息化"十三五"发展规划》（以下简称《规划》）初稿。创新性地提出了"互联网+林业"的战略领域，并将其纳入了《规划》，明确了"十三五"时期林业信息化建设的指导思想和总体目标。

第四届全国林业信息化工作会议后，各地各单位对信息化工作的思想认识和建设积极性进一步提高，对《规划》提出了许多建设性意见。2016年3月，根据各地各单位意见反馈再次修改完善，《"互联网+"林业行动计划——全国林业信息化"十三五"发展规划》由全国林业信息化工作领导小组会议审议通过后正式印发。

《规划》以提升林业现代化水平为目标，实现互联网思维、立体化感知、大数据决策、智能型生产、协同化办公、云信息服务，支撑引领林业改革发展。《规划》提出，到2020年，全国林业信息化率达到80%，实现政务管理智能协同、业务支撑精准高效、公共服务便捷惠民、基础保障坚实有力。"十三五"时期林业信息化发展全面融入林业工作全局，"互联网+"林业建设将紧贴林业改革发展需求，通过8个领域、48项重点工程建设，有力提升林业治理的现代化水平，全面支撑引领"十三五"期间林业产业各项建设。

复习思考题

1. 如何进行智慧林业的顶层设计？
2. 智慧林业顶层设计的目的意义有哪些？
3. 简述推进智慧林业的不同阶段。

推荐阅读书目

1. 李世东，2012. 中国林业信息化顶层设计[M]. 北京：中国林业出版社.
2. 李世东，2018. 智慧林业顶层设计[M]. 北京：中国林业出版社.
3. 李世东，2015. 中国智慧林业：顶层设计与地方实践[M]. 北京：中国林业出版社.
4. 《林信十年》编委会，2019. 林信十年：中国林业信息化十年足迹[M]. 北京：中国林业出版社.

第 16 章

决策部署

【**本章提要**】决策部署将顶层设计从理论层面转化为实际行动。本章介绍智慧林业决策部署的全过程,从决策启动到执行和调整,涵盖了决策的组织、审议、专家论证、风险评估等环节。最后,通过典型的林业决策案例,介绍决策部署的具体过程。通过学习本章内容,能够明确决策部署的流程和方法。

16.1 决策部署方法

在智慧林业的发展过程中,决策部署扮演着至关重要的角色。顶层设计绘制了智慧林业发展的总蓝图,决策部署全面推动总蓝图变为现实。通过定期召开工作会议以及举办座谈会等措施,不断推动重要精神的贯彻落实,促进规划的落地生根以及重点工作的部署安排,确保林业智慧化工作在正确的发展方向上持续高效推进。

(1) 决策启动

在决策启动过程中,国家林业和草原局负责制定全国范围内的智慧林业政策和规划,指导各省林业和草原局在政策执行方面的实施,确保各地政策的一致性和整体性。2009年1月,国家林业局印发了《全国林业信息化建设纲要(2008—2020年)》(后文简称《纲要》)和《全国林业信息化建设技术指南(2008—2020年)》(后文简称《指南》),为林业信息化描绘了一幅宏伟蓝图。《纲要》和《指南》的出台,拉开了林业信息化全面快速推进的序幕,成为全国林业信息化发展的一个重要的里程碑和崭新的起点。

《纲要》和《指南》发布后,国家林业局印发通知,要求在推进信息化建设中,各地区和单位需遵循相关指导原则。各省局办公室负责智慧林业决策的组织协调和监督工作,法规部门负责合法性审查。各相关部门和直属单位根据职责分工,负责决策的执行和管理,其他相关机构需根据职责参与工作。局办公室在每年年底收集下一年度的重大决策建议,这些建议可能来自上级机关、领导、内部单位、人大代表、政协委员,以及通过公开渠道征集的意见。目标是建立一个全面、共享、高效、稳定的信息化体系,以提高决策的科学性、办公的规范性、监督的透明度和服务的便捷性,为该领域的发展提供有力支持。

征集到的智慧林业决策建议，由相关处室、单位进行必要性和可行性的初步论证，其认为可以作为智慧林业决策事项的，报分管局领导审核，经局党组同意后，列入重大智慧林业决策目录清单，于每年第一季度向社会公布。目录清单应当包括事项名称、承办处室和单位、计划完成时间等内容，涉及多个处室、单位的，应当明确牵头处室、单位。对列入年度重大智慧林业决策目录的事项，由承办处室、单位适时启动决策程序。承办处室、单位应当全面梳理与决策事项有关的法律、法规、规章和政策，并在深入调查研究、充分协商协调论证的基础上，起草决策草案。决策事项涉及多个部门职能的，承办处室、单位在起草过程中应当征求相关部门的意见。相关部门应当认真研究，提出明确的意见和建议，并及时向承办处室、单位反馈。

（2）专家论证

专业性、技术性较强的智慧林业决策事项，承办处室、单位应当组织相关专家、专业机构对其必要性、可行性、科学性等进行论证，并提供必要保障。专家论证可以采取论证会、书面咨询、委托咨询论证等方式。选择专家、专业机构应当坚持专业性、代表性和中立性原则，不得选择与决策事项有直接利害关系的专家、专业机构。承办处室、单位应当向提出论证意见的专家学者或专业机构反馈意见建议采纳情况，并将专家论证情况进行公开，依法不予公开的除外。专家应当从省决策咨询论证专家库或有关市县建立的专家库中邀请。

（3）风险评估

风险评估结果是智慧林业决策的重要依据。评估结果认为风险可控的，决策可以实施；评估结果认为风险不可控的，在采取调整决策草案措施、确保风险可控后可以实施。

实施的智慧林业决策可能对社会稳定、生态环境、公共安全等方面造成不利影响的，承办处室、单位应当组织开展风险评估。可以委托具有专业资质的机构或社会组织等第三方机构进行评估。风险评估可以结合公众参与、专家论证等工作同步进行。

开展风险评估，可以通过舆情跟踪、重点走访、会商分析等方式，运用定性分析与定量分析等方法，对决策实施的风险进行科学预测、综合研判。充分听取有关部门的意见，形成风险评估报告，明确风险点，提出风险防范措施和处置预案。

（4）集体讨论和决定

智慧林业决策草案应当经党组会议或其他机构会议集体审议决定。承办处室、单位应当自收到法规处合法性审查意见及决策草案相关资料后，报分管局领导审核。审核认为可以提交领导集体审议的，应当提请主要领导批准后，提交党组会议或其他机构会议审议；认为暂不能提交审议的，应当退回至决策起草处室、单位，进一步修改完善。

集体讨论决定前，应提前将有关审议草案资料分别提交给集体讨论的会议组成人员。参加会议人员要熟悉情况，充分了解决策依据、专家意见以及风险评估情况。进行集体决策讨论，必须有2/3以上领导班子成员到会方能举行。其中，该决策事项的分管领导必须到会，如分管领导因故无法到会，除特别紧急事项须立即进行决策外，该事项应留待下次会议决定。

集体讨论应由主要领导或由主要领导委托的领导主持，按照以下程序进行：主持人宣布讨论智慧林业决策事项；承办处室、单位对决策事项进行说明，包括专家论证意见和风险评估情况等；法规处作法核说明；与会人员发表意见；与会人员之前对征求意见稿已发表意见的，只发表补充意见；主持人作小结，并对决策草案做出通过、不予通过、修改后再次讨论或者搁置的决定，也可以做出原则性通过后修改印发的决定。

决策草案不予通过或搁置期间，承办处室、单位可根据实际情况的变化提请再次审议，是否再次审议由主要领导决定。决策形成后，应当形成会议纪要，会议纪要应当记录决策方案的讨论情况及最后决定，如有反对意见应当说明形成决定的依据和理由，明确落实决定的责任及实施监督的办法。承办处室、单位应当依照《中华人民共和国档案法》等有关规定，将决策过程中形成的有关材料，及时报局档案室整理归档。

承办处室、单位按照局信息发布审查审批流程，通过局门户网站及时公布智慧林业决策。对社会公众普遍关心或者专业性、技术性较强的智慧林业决策，应当说明公众意见、专家论证意见的采纳情况，通过新闻发布会、接受访谈等方式进行宣传解读。依法不予公开的除外。

(5) 决策执行和调整

决策执行处室、单位应当密切关注智慧林业决策执行效果和情况，决策执行过程中出现问题的、客观情况发生重大变化的，或者因不可抗力等严重影响决策目标实现的，应及时主动向领导报告。公民、法人或者其他组织认为智慧林业决策及其实施存在问题的，可以通过信件、电话、电子邮件等方式向林草局提出意见和建议。

智慧林业决策在执行过程中因不可抗力或者客观情况发生重大变化而可能导致决策目标全部或者部分不能实现的，决策起草单位应当及时组织采取临时补救措施，并依照相关规定组织决策后评估。决策后评估报告建议停止执行或者暂缓执行决策的，经党组会议或者其他机构讨论同意后，决策应当停止执行或者暂缓执行。相关办公室和法规处应当组织开展对决策起草、执行和评估的检查与督办等工作，保障决策按照规定程序制定和执行。

16.2 决策部署实践案例

本节以第五届全国林业信息化工作会议为例，介绍决策部署的典型过程。会议于2017年11月在广西南宁召开。这次会议不仅是对过去林业信息化建设成果的总结，更是为谋划新时代林业信息化工作、推动林业现代化建设提出战略性部署，为实现全面建成小康社会、建设生态文明和美丽中国的目标做出重大贡献。

会议筹办期间，国家林业局信息化管理办公室成立了会议筹备小组，安排综合处梳理中央林业和信息化政策，制定调研方案；安排技术处了解最新信息技术在林业中的应用，责成各处牵头不同工作。随后，组织7个调研小组，深入14个省份进行专题调研。调研着重了解各地的建设情况和存在的问题，对林业信息化建设的亮点、成功经验和出现的问题进行了深入剖析和总结，并针对"互联网+"林业战略部署给出了建议。

为谋划新发展，文件材料组前往深山密林，与来自各地林业信息化负责人和专家共同展开为期一周的闭门研讨，仅仅一周时间里，新时期林业信息化建设的思路逐渐清晰。众人一致认为，当前社会矛盾已由物质层面不充裕转向发展不平衡、不充分，信息化已成为解决林业问题的迫切需求。针对新时期的林业信息化建设思路，大家认为前几年致力于加速信息化发展，如今则应以"工程带动、智慧引领、共治共享、信息惠林"四大战略为引导，迈向高质量发展。在中国特色社会主义新时代，林业信息化将以习近平新时代中国特色社会主义思想为指引，以提升林业现代化建设水平为目标，推动四大战略落地实施，开启林业信息化新时代。特别强调信息化是全面提升林业管理水平和实现林业现代化的关键手段。实施工程带动战略，通过重大工程建设，推动林业信息化应用向更高水平迈进。此外，结合当前全球信息化发展趋势，人工智能已成为林业发展的关键。在信息化的推动下，林业将迈向智慧化发展，解决资源分配和生态问题，助力乡村振兴战略。这次闭门研讨为林业信息化建设未来的决策部署提供了有力支持，以高质量发展为目标，构建了一系列具有前瞻性和实践性的战略。

会议强调，党的十八大以来林业信息化建设取得了显著成绩，全国林业信息化工作深入贯彻落实党中央、国务院系列决策部署，紧紧围绕林业改革发展大局，全力推进智慧林业建设，取得了一系列突出成绩，显著提升了林业现代化水平，成功探索出中国特色林业信息化发展之路。五年来，中国林业部门通过大量细致的顶层指导、示范引导和交流督导，全方位拓展业务应用，信息技术已经融合到林业行业的各级部门、各个领域、各项业务，形成全系统、全方位、全流程支撑林业改革发展的新局面。资源监管实现"一张图"，森林防火实现一体化联动，营造林管理实现精确化，林业行政执法实现全程"留痕"。

会议强调，在当前全球加速进入信息社会的背景下，解决林业发展不平衡、不充分的问题迫切需要信息化来保障。林业部门要充分运用现代信息技术手段和理念，提高资源监管、生态修复和应急管理的效率，保护好宝贵的自然资源，筑牢筑强国家生态安全屏障；要充分发展电子商务、智慧生产、智慧旅游等产业，做强林业产业；提供更多优质生态产品，满足人民日益增长的美好生活需要；要充分发挥信息化创新驱动作用，加快林业改革发展、林区小康建设，逐步消除林业发展不平衡、林区发展不充分的矛盾；要充分利用信息化手段，提高林业发展的效率，实现由量的增长到质的飞跃。

另外，会议也明确了2020年、2035年和2050年林业信息化率的重要目标，并提出了构建智慧林业的战略性举措。为达成以上目标，会议强调中国林业部门要扎实推进智慧引领战略。一是迅速开展人工智能在全行业的研究应用。着力加强智慧林业新技术创新应用，全面加强林业云计算应用，逐步建立覆盖国家、省、市、县四级服务体系的"中国林业云"。二是全面建立智慧化应用体系，建设"大平台"、融通"大数据"、构建"大系统"，彻底打破"各自为政"的不利局面。建立集森林、湿地、荒漠和野生动植物等于一体的智慧林业平台，实现造林绿化、资源管理、野生动植物保护、湿地保护、荒漠化治理、应急管理、林业产业等林业核心业务一体化协同发展，实现林业业务的归集共享共用。

会后，各地各单位纷纷展开行动，快速传达并贯彻会议精神。广大干部职工自觉将认识和行动与领导讲话精神和部署要求统一起来，开展贯彻落实工作。各地通过召开信息化专题会议，研究制定贯彻落实方案，掀起了一轮新的林业信息化建设热潮。例如，广西壮族自治区重点推进基础设施、信息资源、应用系统等5个方面的建设，湖北省加速推进大数据工程建设，福建省着力加强信息共享平台建设，河南省提出了近期和长远发展的工作措施和思路，湖南省制定了七项举措，吉林省则着重提升林业灾害预警和数据采集能力，江西省积极推进智慧林业建设，内蒙古自治区重点推进林业政务服务，山东省深化智能办公平台等方面的建设。为更好地指导和督导各地工作,国家林业局信息化管理办公室主要负责同志赴四川省都江堰市出席了四川省林业信息化工作会议,并就如何推动林业信息化再上新台阶做了专题报告。该次会议针对中国林业未来发展方向展开了广泛的讨论,提出了很多专业性建议,成为中国林业决策部署的重要节点,为林业智慧化的持续推进提供了科学而系统的指导。

复习思考题

1. 简述智慧林业决策部署的方法步骤。
2. 如何评估智慧林业决策部署成效?
3. 决策部署中可能遇到的挑战和应对措施是什么?

推荐阅读书目

1. 李世东,2014. 中国林业信息化政策解读[M]. 北京:中国林业出版社.
2. 李世东,2012. 中国林业信息化决策部署[M]. 北京:中国林业出版社.
3. 李世东,2018. 智慧林业决策部署[M]. 北京:中国林业出版社.

第 17 章

项目实施

【本章提要】本章介绍了智慧林业项目的实施流程和实施保障措施。首先介绍了项目实施流程,包含项目建议书、可行性研究报告、初步设计、项目实施、测试、试运行、验收、运行维护和后评估九个阶段。其次介绍了实施保障措施,包括加强宏观引导、鼓励科技创新、建立标准体系、强化信息安全、深化交流合作和做好试点示范。最后结合两个典型案例,介绍了项目实施的具体过程。通过学习本章内容,可了解智慧林业项目的具体实施方法和过程。

17.1 项目实施基本流程

项目实施通常分为九个阶段,分别是项目建议书、可行性研究报告、初步设计、项目实施、测试、试运行、验收、运行维护、后评估等阶段。

(1) 项目建议书

建设单位根据项目建设需要编制项目建议书。项目建议书应当对项目建设的必要性、拟建地点、建设条件、建设规模、投资估算、资金筹措以及经济效益、生态效益和社会效益等方面进行初步分析,并按照要求提供有关文件。项目建议书一般由项目建设单位编制,也可以委托有相应工程资质的单位编制。

①何时撰写项目建议书。项目建议书应在项目启动前撰写,明确项目的愿景、目标和关键要素,为整个项目提供清晰的方向。此时,需要召集项目团队,确定项目的初步框架,并明确项目的可行性。在项目启动前,决策者需要了解项目的关键信息,包括投资成本、预期收益、技术可行性等,在决策时项目建议书为决策者提供全面的背景信息,以便其做出明智的决策。

②为何撰写项目建议书。明确项目的合理性与必要性,项目建议书应清晰阐述智慧林业项目的合理性和必要性。通过搜集相关信息,了解当前面临的问题,以及智慧林业项目将如何解决这些问题。此外,写清项目对于环境保护、经济可持续发展等方面的贡献,提升项目的社会价值。了解投资回报与效益,明确项目的投资回报与效益是项目建议书的关键部分。在项目建议书中,应详细列出项目的成本结构、预期效益、回收期等信息,以帮

助决策者全面了解项目的可行性，降低决策者对投资的风险感知。确定技术可行性，技术可行性是项目建议书的另一要点。通过提供项目所采用的先进技术、系统架构和数据管理方法等内容，向决策者展示项目的技术优势，并确保其在实施中的可行性。

③应包含的主要内容。项目背景与愿景，清晰地介绍项目的背景，说明为何需要开展此项目；同时，阐述项目的愿景，展示项目对于林业发展有何贡献。问题陈述与解决方案，明确当前林业管理所面临的突出问题，并提出采用此项目作为解决方案的原因和优势；详细说明项目将如何解决问题，突出项目的创新性和实用性。项目目标与计划，阐述项目的具体目标，包括技术目标、经济目标、社会目标等；同时，概述项目的实施计划，包括项目的各个阶段、时间表和里程碑。投资与预算，明确项目的总体投资和预算分配，包括硬件、软件、人力等各方面的成本；提供详细的财务分析，包括投资回报率等信息，以帮助决策者评估投资风险。技术架构与方法，介绍项目的技术架构，包括使用的传感器、数据处理方法、智能算法等；突出技术上的创新，以及如何确保项目在实际应用中的可行性。风险评估与管理计划，对项目可能面临的风险进行评估，并提供相应的风险管理计划，帮助决策者了解项目的潜在风险，并使其做好充分准备。

（2）可行性研究报告

为项目审批立项提供决策参考。建设项目可行性研究报告（简称：可研报告）应根据相关法律法规、建设方针政策、发展建设规划、已批复的项目建议书、技术标准规范，以及当地自然条件、社会经济发展状况、行业发展现状和潜力、项目需求等编制。其主要内容应达到《林业和草原建设项目可行性研究报告编制实施细则》的要求。

可研报告应在充分调查、研究和分析的基础上，从生态、经济、社会、政策、技术、管理、环保、风险、安全等方面，研究分析项目建设背景和必要性、紧迫性、技术先进性、建设条件可行性、经济合理性、环境安全性、风险可控性、组织实施的科学性、保障措施的可靠性等，提出项目建设可行性研究结论和建议。

可研报告应充分反映项目可行性研究成果，做到内容完整齐全、数据准确、论据充分、结论明确，相关附表、附件和附图完备。深度应能满足审批项目方案、确定项目和据此开展项目初步设计的要求。主要设备规格、技术参数应能满足项目预订货要求。正文部分主要内容依次为概述、项目建设背景和必要性、项目需求分析与产出方案、项目选址与要素保障、项目建设方案、项目运营方案、项目投融资与财务方案、项目风险管控方案、项目影响效果评价、研究结论及建议等。

可研报告编制单位开展的相应咨询业务，应与全国投资项目在线审批监管平台备案的工程咨询专业和服务范围一致，并按照《工程咨询行业管理办法》的相关要求，坚持独立、公正、科学的原则，并对咨询成果质量负总责。

可研报告应加盖编制单位公章和咨询工程师（投资）执业专用章。可研报告项目负责人对可研报告成果质量负主要责任，项目参加人员对其编写的章节内容负责，咨询工程师（投资）对可研报告成果质量负审核责任。

（3）初步设计

建设单位根据批准的项目可行性研究报告，组织编制项目建设初步设计（简称：初步设计)。编制初步设计时,应贯彻国家的方针政策,明确工程规模、设计依据、设计原则、设计标准,深化建设方案,提出设计中存在的问题、注意事项及有关建议,解决各专业的技术要求,协调与相关专业之间的关系,其深度应能控制工程投资,满足土地征(占)用要求,满足编制施工图设计、主要设备预订货、招标及施工准备的要求,满足环保、劳动安全卫生等"三同时"的要求,做到文字简明扼要,图纸齐全准确。

初步设计应有分析、论证,并有明确的结论和意见。当工程项目中有本实施细则未列入的内容时,可参照本实施细则深度要求编制设计文件。具体项目名称应与可研报告的名称一致。由前引部分(包括封面、扉页、编制单位资质证书等)和设计内容(包括设计说明书、设计图纸、设计概算书和工程主要设备材料表等)组成。文件内容不多时,可将前引部分与设计内容合并装订成一册;当文件内容较多时,可将文件前引部分与设计说明书、设计图纸、设计概算书、工程主要设备材料表分别组卷装订成册。根据具体情况,主要设备材料表可以与概算书合并,但设备材料表应置于相应子项的概算书后。涉及专业(单项)工程内容较多时,可增加设计总说明书,并将专业(单项)工程分别组卷装订成册,前引部分可只体现在总说明书中。

初步设计编制单位应具有相应的资质、资格和能力水平,项目负责人及相关专业的编制人员应具有相应的执业资格或技术职称等。初步设计编制单位和编制人员应严格遵守国家有关法规、标准和本实施细则的要求,坚持独立、公正、科学、适用的原则,对初步设计文件的真实性、有效性和合法性负责,并承担相应的法律责任。

(4)项目实施

在项目的实施过程中,初步设计、代码实现以及具体的编码工作都是不可或缺的环节。通过清晰的需求分析、合理的架构设计和高质量的编码实践,可以确保项目按照预期的目标顺利推进。同时,良好的测试和持续集成也是保证项目质量的重要手段。在整个实施过程中,团队协作和沟通是确保项目成功的关键。

①项目基本框架。需求分析,在项目实施过程中,需要进行全面的需求分析。这包括确定系统的功能需求、性能需求、安全需求等;了解利益相关方的期望和需求,确保系统能够满足各方的期望。架构设计,基于需求分析的结果,进行系统的架构设计。确定系统的组件、模块以及它们之间的关系;选择合适的技术栈和平台,确保系统的可扩展性和可维护性。数据模型设计,设计系统的数据模型,确定需要存储和处理的数据。考虑数据的结构、关系以及数据库设计的要求,确保数据的一致性和完整性。用户界面设计,设计用户界面,确保其对用户友好性和易用性。考虑用户的工作流程,设计符合用户习惯的界面,提高用户体验。

②代码实现。编码规范,在实施代码之前,制定并遵循一套严格的编码规范。这有助于保持代码的一致性,提高代码的可读性和可维护性。模块化开发,按照架构设计将系统拆分成独立的模块。采用模块化开发的方式,可以提高团队协作效率,方便并行开发。单元测试,在编写代码的同时,编写相应的单元测试。通过单元测试验证每个模块的功能是否正常,确保代码的质量和稳定性。集成测试,将各个模块集成起来进行测试,确保模块之间的协作正常,系统整体功能达到预期。

(5) 项目测试

①制定测试计划。在项目实施的初期,制定详细的测试计划是至关重要的。测试计划包括测试范围、测试目标、测试资源、测试进度、测试环境等方面的规划。确定测试的策略和方法,确保整个测试过程有条不紊。

②需求分析和测试用例设计。制定测试计划后,还应进行需求分析,确保对项目需求的理解与开发团队一致。基于需求编写详细的测试用例,包括正面和负面测试情况,确保每个功能点和场景都能够得到有效测试。

③单元测试。单元测试在开发阶段进行,开发人员针对每个模块编写测试用例,验证模块的功能是否正常。通过单元测试,可以及早发现并解决代码层面的问题,确保每个模块的质量。

④集成测试。集成测试是将各个模块组装起来,验证模块之间的协同工作是否正常。通过集成测试,发现并修复模块集成过程中可能产生的问题,确保整个系统的一致性和稳定性。

⑤系统测试。系统测试是对整个系统进行全面测试,确保系统满足需求规格中定义的所有功能和性能要求。系统测试包括功能测试、性能测试、安全性测试等多个方面,是确保项目整体质量的最后一道防线。

⑥用户验收测试。用户验收测试是最终用户对项目的确认测试。在系统测试通过后,邀请最终用户进行验收测试,确保项目符合用户期望。用户验收测试是判断项目最终是否成功的一个关键指标。

⑦回归测试。在项目的不同阶段,尤其是在修改、新增功能或系统升级后,需要进行回归测试。回归测试确保修改和新增的功能不会影响已有功能的正常运行,防止引入新的问题。

⑧性能测试。性能测试是评估系统在特定负载条件下的性能表现。包括负载测试、并发测试、稳定性测试等。通过性能测试,可以发现系统在高负载情况下可能存在的性能问题,为系统的优化提供依据。

⑨安全性测试。安全性测试是对系统的安全性进行评估。包括漏洞扫描、渗透测试等。确保系统不易受到攻击,用户的数据和隐私得到有效保护。

⑩自动化测试。在项目测试过程中,采用自动化测试手段有助于提高测试效率。自动化测试可以快速执行大量的测试用例,减少人为错误,缩短测试周期。特别是对于回归测试,自动化测试更是一种有效的手段。

⑪测试报告和总结。在测试完成后,生成详细的测试报告,包括测试覆盖率、测试通过率、缺陷统计等信息。进行测试总结,回顾测试过程,总结经验教训,为后续项目提供经验积累。

(6) 项目试运行

只有当项目建设单位确认测试通过之后,方能进入项目试运行。试运行期间,设计、施工单位应配合项目建设单位,共同做好系统的运行、操作和维护管理工作。系统试运行期间根据不同系统的特性及有关规定,由建设单位做好系统试运行记录。并依据试运行记录,写出系统试运行报告,其内容包括:系统试运行起讫日期、试运行状态,如有故障出现，应记录故障产生的次数、原因和排除故障的日期，系统功能是否符合设计要求以及综合评述。项目开发单位须密切监视系统的运行状况，对于系统出现的异常情况及时做出响应和处理。

(7) 项目验收

为加强林业建设项目管理，全面检查和总结项目建设和资金使用情况，规范建设项目竣工验收，促进建设项目及时投产或交付使用，发挥投资效果，应严格遵照执行《林业建设项目竣工验收实施细则》。竣工验收的主要依据包括：经批准的项目可行性研究报告，总体设计或初步设计，施工图设计，投资计划文件，设备技术说明书，工程建设施工技术验收规范，竣工财务决算及审计报告，主管部门有关审批、修改、调整等文件。

林业建设项目竣工验收的主要内容：项目建设总体完成情况，包括建设地点、建设内容、建设规模、建设标准、建设质量、建设工期等是否按批准的可行性研究报告和初步设计文件建设完成。项目资金到位及使用情况，包括中央基本建设资金投资计划下达情况、地方配套资金及自筹资金到位情况，资金管理及会计核算情况，是否严格执行我国《会计法》《基本建设财务管理规定》和《国有建设单位会计制度》，是否按项目独立做账，单独核算。项目变更情况，包括项目在建设过程中是否发生设计或施工变更，是否按规定程序办理报批手续，施工和设备到位情况。各单位工程和单项工程验收合格记录，包括建筑施工合格率和优良率，仪器、设备安装及调试情况，生产性项目是否经过试生产运行，有无试运转及试生产的考核、记录，是否编制各专业竣工图。法律、法规执行情况，包括环保、劳动安全卫生、消防等设施是否按批准的设计文件建成，是否合格，建筑抗震设计是否符合规定等。投产或者投入使用准备情况，包括组织机构、岗位人员培训、物资准备、外部协作条件是否落实。竣工财务决算情况，包括是否按要求编制了竣工财务决算，并通过了审核。档案资料情况，包括建设项目批准文件、设计文件、竣工文件、监理、质检文件及各项技术文件是否齐全、准确，是否按规定立卷。项目管理情况及其他需要验收的内容。

(8) 项目运行维护

项目运行维护的目的是利用各种技术手段，检测、监控各级林业信息系统的运行情况、分析、优化系统性能，及时发现故障、处理故障，保证各级林业信息化系统的持续、稳定运行。异常情况下尽快恢复各级林业信息化系统的正常服务；最小化整个系统运行中各类发生事件对林业信息化业务的影响；确保统一处理各类问题，不会有任何遗漏；定向组织到位最需要的支持资源；持续改进支持流程，减少事件数量和执行管理计划的信息；持续提高各林业信息化系统的稳定性和运行能力，确保各林业信息化业务系统的正常、稳定运行；执行预先定义的措施，防止意外事件对林业信息系统的正常运行造成破坏和干扰，降低风险事件对系统的影响。

参考和执行《中国林业网管理办法》《国家林业局办公网管理办法》《全国林业专网管理办法》《国家林业局网络信息安全应急预案》《国家林业机房管理办法》《国家林业中心机房管理细则》《国家林业局信息网络和计算机安全管理办法》《中国林业网运行维护管理制度》等一系列管理办法和制度，制定统一的运维管理制度，规范运维工作，提升运维能力，保障运维管理工作安全有序地开展。

运维人员建立流程化的运维工作方式，运维工作覆盖工作的各个领域，通过实时监控和维护，提高业务连续性和系统可用性，建立运维规范，规定日常检查内容、月度巡检、应急预案处置等受理和处理流程。强化日常维护管理，充分利用各种技术手段，保障网络、设备、业务系统的高效安全运行，做好平台的实时监控，减少故障发生次数和修复历时，提高运维效率。

(9) 项目后评估

在项目竣工验收并投入使用或运营一定时间后，运用规范、科学、系统的评价方法与指标，将项目建成后所达到的实际效果与项目的可行性研究报告、初步设计(含概算)文件及其审批文件的主要内容进行对比分析，找出差距及原因，总结经验教训、提出相应对策建议，并反馈到项目参与各方，形成项目决策良性机制。

根据需要，可以针对项目建设(或运行)的某一问题进行专题评价，也可以对多个同类项目进行综合性、政策性、规划性评价。项目单位应在项目竣工验收并投入使用或运营一年后、两年内提交自我总结评价报告。

项目自我总结评价报告应包括以下主要内容：项目概况，包括项目目标、建设内容、投资估算、前期审批情况、资金来源及到位情况、实施进度、批准概算及执行情况等。项目实施过程总结，包括前期准备、建设实施、项目运行等。项目效果评价，包括技术水平、财务及经济效益、社会效益、资源利用效率、环境影响、可持续能力等。项目目标评价，包括目标实现程度、差距及原因等。项目总结，包括评价结论、主要经验教训和相关建议。项目自我总结评价报告可参照项目后评价报告编制大纲进行编制。

项目单位在提交自我总结评价报告时，应同时提供开展项目后评价所需要的以下文件及相关资料清单。项目审批文件，主要包括项目建议书、可行性研究报告、初步设计和概算、特殊情况下的开工报告、规划选址和土地预审报告、环境影响评价报告、安全预评价报告、节能评估报告、重大项目社会稳定风险评估报告、洪水影响评价报告、水资源论证报告、水土保持报告、金融机构出具的融资承诺文件等相关的资料，以及相关批复文件。项目实施文件，主要包括项目招投标文件、主要合同文本、年度投资计划、概算调整报告、施工图设计会审及变更资料、监理报告、竣工验收报告等相关资料，以及相关的批复文件。其他资料，主要包括项目结算和竣工财务决算报告及资料，项目运行和生产经营情况，财务报表以及其他相关资料，与项目有关的审计报告、稽查报告和统计资料等。

17.2　项目实施保障措施

为保障智慧林业项目顺利实施，需要落实以下具体举措：

(1) 加强宏观引导

认真贯彻落实国务院办公厅印发的《关于推进重大建设项目批准和实施领域政府信息公开的意见》等政策文件，加强智慧林业应用的引导和指导。明确不同区域、不同领域的总体功能定位和重点发展方向，避免盲目发展和重复建设。加强对国内外智慧林业发展形势的研究，结合林业实际，做好政策预研工作。针对发展中出现的热点、难点问题，及时制定出台指导意见，在全国和各省林业信息化工作领导小组的指导下，引导智慧林业科学发展。

(2) 鼓励科技创新

坚持改革创新，深入推进理念创新、内容创新、手段创新和机制创新，鼓励、委托或联合国内相关企业、高等院校、科研机构以及其他社会组织，围绕智慧林业产业技术创新链，按照市场经济规则，开展智慧林业产业技术创新，不断提升智慧林业产业技术创新能力和新产品开发能力，有效促进智慧林业建设与应用。

(3) 建立标准体系

结合智慧林业关键技术、设备研发和工程建设，按照"急用先立、共性先立"的原则，制定一批智慧林业发展所急需的基础性共性标准、关键技术标准和重点应用标准。初步形成以国家标准和行业标准为主体、地方标准和企业标准为补充的智慧林业标准规范体系，满足智慧林业规模应用和产业化需求，同时也推动项目高质量的执行。

(4) 强化信息安全

根据智慧林业工程建设和应用中的安全性、可靠性要求，加强安全管理体系建设。高度重视智慧林业的信息安全工作，使信息安全建设与工程建设同步设计、同步实施、同步验收。强化工程建设与安全保密措施的有机结合，做到安全保密措施先行。严格依据国家关于涉密信息系统分级保护和非涉密信息系统信息安全等级保护的有关规定，制定实施技术上自主可控的信息安全和保密方案，促进智慧林业安全、健康、有序地发展。

(5) 深化交流合作

进一步加强与国内外相关企业、高校、科研单位等机构的交流与合作，及时引进先进的智慧林业技术和理念。不断创新合作机制，拓宽合作渠道，多层次、多方位、多形式地推进国际国内交流与合作。加强智慧林业创新型、应用型和复合型人才培养，为智慧林业建设提供强有力的人才保障。

(6) 做好试点示范

试点不仅是项目实施的重要环节，更是项目实施的重要方法。试点示范既为大范围项目的实施投石问路，也为局部的先行先试开辟空间。鼓励不同区域进行差别化试点。各地区发展不平衡，实施条件差异较大，鼓励不同区域进行差别化探索，尊重基层实践，避免一刀切。通过试点先行的思路，能够在保证项目质量的同时，更好地适应不同区域的实际情况和需求。差别化探索就是要根据试点地方自身特点，因地制宜地探索实现项目实施的具体路径。关照全局就是要突出试点地区探索项目实施路径在全局意义上的创新性，为顶层设计探路，提供可参考的经验。在项目实施试点的总结评估阶段，重点评估项目实施试点的执行情况、实施效果和社会影响，客观地总结经验、反映问题，提出改进建议。对项目实施试点绩效评价结果加强分类指导。

17.3 智慧林业项目实施典型案例

本节结合两个案例，介绍智慧林业项目的典型实施过程。

17.3.1 "互联网+测土配方"项目案例

湖南省是我国首批林业信息化示范省，长期以来湖南省林业局高度重视林业信息化工作，将其作为"一把手工程"，在信息化方面取得了多项建设成果，为引领全国林业信息化发展起到了带头示范作用，为林业现代化建设做出了重要贡献。

湖南省林地测土配方信息系统(后文简称"测土配方系统")由湖南省林业局自2008年起开展建设，依托湖南林业基础地理数据库系统，整合湖南省林业已取得的千余项科技成果和全省土壤普查结果，通过全面系统地研究湖南林地立地条件、土壤养分与肥力，摸清全省1.949亿亩林地的立地条件和土壤肥力，将全省1400多万个林地小班数据与森林资源数据、林权数据等融合，采集、编制和录入立地因子、土壤肥力和气象气候因子8000多万个，集成了用"最通俗易懂的语言，最简单易行的技术"撰写的湖南85个主要造林适生树种栽培技术。主要举措如下：

(1) 夯实基础，建立测土配方系统

着力抓好测土建库、配方建档和网络延伸三项基础性工作。测土建库，综合运用"3S"、大数据、云平台、移动互联网等技术，完成了硬件平台搭建和软件开发工作。配方建档，利用湖南省林业发展取得的1000多项科技成果，组织林业专家及管理人员，根据湖南八大土类，确立适宜种植的主要造林树种、优材更替树种、无节良材树种和经济效益好的树种。网络延伸，通过互联网、移动互联网、云计算等技术，林农只要通过电脑、手机输入身份证号或林权证号，就可查询相关测土配方和林权的信息。

(2) 注重质量，技术体系日趋完善

湖南省林业局共组织1328个数据核查组、调动6000多名技术人员，核查了1400多万个小班、8000多万个立地因子和土壤肥力因子，重新进行土壤采样，分析小班15万余个。依托中央财政林业科技推广示范资金项目，在汨罗、南县建立了1000亩湿地松、国外松配方施肥示范林，研制和生产了200吨配方肥，进行了林地施肥和林木生产量调研，取得了较好的示范效果。

(3) 深化服务，富民效益逐步显现

系统投入运行以后，深刻地改变了林农植树造林模式，展示出强大的适用性和生命力。据统计，实行测土配方后，同样的土壤，同样的树木可提前3至5年成材，生长率提高了10%以上，林木生长更快。项目实施前，湖南省每亩山林的年经营收入仅为228元，通过测土配方系统有效指导林农科学种植，让广大林农的林地收入逐年上升，林农收入更多。依托测土配方系统，大规模造林迅速完成土质分析、树种选择。林业作业设计和方案实施更加科学，造林质量更有保障。

(4) 强化保障，运行机制更加健全

研发主要造林树种测土配方定量施肥技术及配套专家咨询子系统。结合已有研究基础，组织专家团队持续开展了油茶、毛竹、杉木、杨树、光皮树、闽楠、板栗、枣树等9个树种测土配方定量施肥技术研究，有效地推动了林业测土配方精准施肥。开展了林地土壤测试中心(站)建设，为确保系统数据的准确性、时效性，有序推进林地土样采集分析化验工作，及时更新系统林地小班土壤肥力因子数据，利用准确的实时数据科学指导造林。

加强系统维护，湖南省林业局每年根据工作需要开展技术培训，各级林业部门也逐级组织培训。

测土配方系统被广大林农称为"民本工程""德政工程"，得到了国家林业和草原局和湖南省省委、省政府的高度肯定，中央组织部称赞此项工作是真正把"创先争优"落实到了工作实际中，使林农看到了"创先争优"活动的实效。中央电视台、《人民日报》、新华社、中国林业网、中国绿色时报、湖南卫视等媒体均对此作了相关报道。境内外媒体评价"林地测土配方系统是林农身边的专家""湖南林农种植进入了 E 时代""湖南林业把科学发展观落实到了山头地块"，其影响远远超出了单纯的技术范畴。

17.3.2 "互联网+林权一卡通"项目案例

浙江省龙泉市林业局作为全国首批林业信息化示范县之一，以"林权一卡通"启动了益民服务模式。自 2006 年起，龙泉市林业局组织开展"林权一卡通"建设，经充分调研和多次专家论证，开发和升级林权管理信息系统、林木采伐管理信息系统、林地征占用管理信息系统等十四个应用系统，整合山林权属、林木资源、古树名木、生态林、野生动物、野生植物、林副产品、林木采伐、营造林、林地管理、森林消防、行政处罚、加工运输等业务，利用 4 张底图和 71 个图层叠加，生成"龙泉市林业信息集成系统"，即"林权一卡通"系统，为全国林业信息化发展贡献了生动的实践案例。主要举措如下：

(1) 切实加强组织领导，精心部署实施

成立组织机构，龙泉市政府成立了以市长为组长、分管市长为副组长、各相关部门负责人为成员的工作领导小组和办事机构，确保此项工作落到实处。开展动员部署，组织召开各乡镇（街道）主要领导和分管领导、林业工作站长和地籍勘界技术人员动员培训会和"乡、村、组"三级动员会，全面部署林权地籍勘界、林权一卡通发放等工作。组建专业队伍，全面开展林权地籍勘界、技术培训等工作，确保"林权一卡通"工作顺利实施。实行督导机制，组织专门人员收集汇整工作进度报告，分阶段开展专题会议，对发现的问题及时协调解决，总结成功经验，下发给各个单位、工作组，确保项目整体稳步推进。

(2) 积极搭建服务平台，完善体制机制

建立信息平台，建立了集林权登记、林权档案、信息发布等六大版块和林权初始登记与变更登记、林权证生成与打印、林权档案管理与信息查询等十多种功能为一体的"市、乡、村"三级林权管理信息系统平台。构建交易平台，依托林权管理信息平台，建立了"市、乡、村"三级林权流转交易服务平台和跨区域网上林权交易平台。创新服务平台，会同金融机构推出林农小额循环、林权直接抵押、流转证抵押、公益林信托、公益林补偿金质押等多种贷款业务，为林业发展注入金融"活水"。完善体制平台，制定出台了林权流转奖励、林权抵押小额贷款贴息等政策，保障"林权一卡通"模式安全、有序、协调发展。

(3) 广泛深入地开展调查，确保信息准确

①勘界调查。以山林延包工作的林权证数据资料为依据，分步开展林权所有权实地勘界、农户承包权实地勘界、森林资源资产调查与记录等工作，确保了"林权一卡通"信息的精准度。

②核对建档。由乡镇（街道）林业工作站将山场地块的林权证号、地名、权属、四至等

林权因子，与村和户主底卡资料进行三方核对，确保信息准确。

③评估建库。将勘界调查获得的森林资源资产资料、权属资料和经营资料以及所处市场行情、政策等因素进行综合考虑，统一建立农户森林资源资产信息数据库。

④制卡授信。依托林权信息、森林资源资产信息数据库，建立农户林权及森林资源资产电子档案，会同金融部门向农户提供资金支持或信用保证。

（4）扎实开展林权宣传，培育用卡环境

制作宣传标语、宣传片、传单等宣传资料，借助林业杂志、林业网站、农民信箱、电视、广播等多种媒介形式开展广泛宣传，传递林业改革正能量。制作了便携、美观、通俗易懂的产品政策宣传手册，方便林农领取阅读。随时接受政策咨询，深入细致地向广大群众解答"林权一卡通"的有关政策和规定。宣传小组组织专业人员深入基层一线，确保相关人员了解政策、熟悉业务流程，为林权信息化工作全面推广打下了良好基础。

（5）推进"三权分置"机制，促进林权流转提质增效

"林权一卡通"的实施，"互联网+农村金融"机制的形成，促进了林权向林业专业合作社、家庭林场、股份制公司及经营大户流转，并推进林权"三权分置"，将林地所有权、承包权和经营权分离，有效激活了林权价值，提高了林地经营水平。

（6）简化资产评估手续，推进林权抵押贷款增量扩面

依托"互联网+数据平台"，搭建了林权综合管理、林权交易、林权社会化服务等信息平台，建立了"在线评估、一户一卡、随用随贷"的运行机制，实现了林贷办理时间从"十天半月"缩短到"当天来回"，降低了银行、金融机构的金融风险，形成了"管理在中心，服务在基层"的高效运转模式。

（7）保障林农合法权益，维护林区社会和谐稳定

利用林权信息"数据库"和"一卡通"，建立了木材采伐、林地征占用、森林防火、病虫害防治、行政处罚等14个管理系统，明确山林产权，减少山林纠纷、森林火灾等事件的发生，全市实现了398.5万亩林地林木火灾保险全覆盖，提高了森林资源管理效率，有效地保障了林农权益，维护了林区和谐稳定。

（8）规范林权档案管理，创新现代化林业管理新模式

基于云服务模式，依托信息化基础设施、电子政务建设，建立了"图、表、册"一致的林权地籍信息管理系统，实现了"技术标准统一、信息平台统一、资源评估统一"，实现了林业资源管理和林权价值评估的数字化、可视化、精准化管理新模式，降低了行政管理成本，提高了工作效率。

复习思考题

1. 概述智慧林业项目实施的九个关键阶段。
2. 编制智慧林业项目可行性研究报告的目的是什么？
3. 智慧林业项目实施有哪些典型的保障措施？
4. "互联网+测土配方"项目的主要经验是什么？

推荐阅读书目

1. 李世东，2015. 中国智慧林业：顶层设计与地方实践[M]. 北京：中国林业出版社.
2. 李世东，2017. 信息项目建设[M]. 北京：中国林业出版社.
3. 张洪舟，2015. 智慧林业：理论与应用[M]. 北京：中国农业出版社.

第 18 章

风险分析

【本章提要】风险分析是智慧林业项目建设成功的重要手段。本章重点介绍智慧林业项目的风险分析方法。首先，介绍政策、市场和技术3方面的风险类型。其次，介绍风险综合评价法、蒙特卡罗模拟法、专家调查法等风险评估方法及风险应对策略。最后，结合两个实际案例，介绍风险分析的具体实施过程。通过学习本章内容，可了解常见的风险类型、风险评估方法及应对策略。

18.1 风险种类

中国作为全球重要的林业国家，正积极推动智慧林业发展，提升林业生产效率、保护生态环境和促进可持续发展。同时，在智慧林业实施过程中，也存在一系列风险和挑战。

(1) 政策风险

政策风险是指由于政府政策变化或政治因素所引起的不确定性和潜在的负面影响。可能涉及法律、监管、税收等方面的政策变化，从而对企业、投资者或市场产生影响。主要包括以下几方面：

①资金和补贴风险。政府提供的资金和补贴可能存在变动或减少的风险，会导致项目融资困难，影响智慧林业的推广和应用。

②竞争和市场准入风险。新的政策会吸引更多的竞争者进入智慧林业市场，增加市场的竞争压力。政府可能会采取措施限制或调整市场准入标准，对行业内企业的运营产生影响。

③知识产权保护风险。智慧林业涉及许多技术创新和知识产权，政策风险可能涉及知识产权保护的法律法规变化，如专利权和商业秘密保护等。知识产权保护不力可能导致技术被盗用或滥用，降低企业的核心竞争力。

④法律与法规风险。在智慧林业建设中，涉及数据采集、隐私保护、环境影响等方面的法律和法规，需要满足复杂的法律条款和规定，否则可能面临罚款、停工或法律诉讼等风险。

⑤地方政策差异风险。智慧林业建设涉及各种先进技术，包括传感器技术、无人机技

术、人工智能技术等。受限于地方政策差异，这些技术在实际应用中可能存在问题，如飞行管控等，可能导致部分地区项目无法顺利实施。

⑥文化和社区以及政策变动风险。智慧林业建设会涉及当地社区的文化、习俗和利益。如果政策未能充分考虑当地社区的需求和意愿，可能会引发社会不满，影响项目的可持续性运行。政策法规可能在不同时期发生变化，进而影响智慧林业项目的方向和资金支持，也可能导致项目计划受挫。

⑦环境保护和可持续发展政策风险。政府对环境保护和可持续发展的政策变化可能会对智慧林业的发展产生影响。例如，政府加强对森林保护、生态环境修复等方面的要求，可能会需要智慧林业技术的调整和升级。

⑧土地使用和权属政策风险。部分智慧林业项目涉及土地资源的管理和使用，包括林地所有权、土地使用权等，政府对土地使用和权属的政策变动会对智慧林业项目的规划、建设和运营产生影响。

(2) 市场风险

市场风险是指由于市场供求关系、投资者情绪、经济周期等因素变化引起的投资风险和市场波动性。投资者面临的潜在损失风险，主要源于市场价格的波动和不确定性。

①技术成熟度不足。智慧林业是一个相对新兴的领域，其涉及的技术和解决方案仍处于发展阶段，有些尚未得到广泛应用和验证。在市场上，企业和机构可能会对这些新技术的成熟度和可靠性持怀疑态度。投资者可能会犹豫，是否投入资金支持尚未成熟的技术和项目。市场对智慧林业产品和服务的需求不足，可能导致智慧林业相关企业难以获得足够的投资和资金支持。

②产业转型困难。传统林业行业在技术应用方面相对保守，将智慧林业技术引入现有林业体系可能面临困难。企业需要进行转型和重构，以适应智慧林业的发展，但是转型和重构需要大量资金和时间投入，存在一定的市场风险。

③需求不确定性。智慧林业的应用范围广泛，涵盖了森林资源监测、火灾预警、有害生物监测、森林经营规划等方面。市场对这些应用的需求可能会受到多种因素的影响，如政策环境、经济情况等，这种需求不确定性可能使智慧林业相关企业难以预测市场走向，增加市场风险。

④地区差异。不同地区的林业资源和管理需求存在差异，智慧林业的市场需求也存在地区差异。一些地区可能对智慧林业的应用需求较高，一些地区可能对此并不敏感。这种地区差异使智慧林业相关企业需要根据实际情况制定不同的市场推广策略，部分地区可能存在市场风险。

⑤成本压力。智慧林业应用涉及多种先进技术和设备，如遥感、传感器、无人机、人工智能等。受国际贸易摩擦等因素影响，用于生产无人机、传感器等各类设备所需的原材料、芯片等价格可能大幅上升，导致相关的智慧林业产品和服务成本上升，加大企业的成本和利润压力。

(3) 技术风险

技术风险是指在科技领域中，由于技术变革、技术实施、技术失误等方面引起的不确定性和潜在损失，主要源于技术的复杂性、不确定性以及技术应用过程中的各种风险。

①数据准确性和可靠性风险。智慧林业的应用依赖于大量的数据，包括遥感数据、传感器数据等。数据准确性和可靠性可能受到多种因素的影响，如传感器的精度、数据采集过程中的干扰、数据传输中引入的噪声等。此外，某些地区可能由于通信基础设施不完善或地理环境、天气状况复杂，导致数据传输和访问困难，限制了智慧林业的应用范围。

②技术集成难题。智慧林业的应用通常涉及多个技术领域的集成，包括传感器技术、大数据处理技术、人工智能技术等。这些技术的集成可能面临兼容性和稳定性问题，如不同设备的数据格式不一致，不同算法的协同工作出现冲突等。技术集成的难题会导致系统运行不稳定，增加系统故障风险。

③数据隐私与安全风险。智慧林业涉及大量数据的收集和处理，包括地理信息、生态信息等敏感数据。数据的隐私和安全问题是重要的技术风险，如果数据在传输和存储过程中未经适当保护，可能导致数据泄露、盗用和滥用，威胁个人隐私和商业机密。

④缺乏标准和规范风险。智慧林业作为一个新兴领域，其标准和规范还不太健全。不同厂商开发的产品可能采用不同的技术标准、解决方案和数据格式，增加了技术集成难度。缺乏标准和规范也可能导致系统之间的不可操作性问题，限制了智慧林业的应用和推广。

⑤技术更新换代风险。信息技术不断更新换代，智慧林业的相关技术也在不断发展，如传感技术、数据处理算法和人工智能等方面的技术都在不断进步，可能使一些原有的智慧林业系统逐渐失去竞争优势。如果企业不能及时更新技术，可能会导致技术过时，失去市场竞争力。

⑥人力资源和技术能力风险。智慧林业应用涉及多个技术领域，需要具备相应的人力资源和技术能力。技术人才短缺和技术能力不足可能成为重要的风险隐患，企业可能面临招聘和培训合适技术人员的难题，影响项目的实施和推进。

⑦依赖第三方技术和服务风险。在智慧林业的应用中，企业可能依赖第三方提供的技术和服务。如果第三方技术提供商出现问题或服务中断，可能影响智慧林业系统的运行和稳定。

18.2 风险评估方法

风险评估是对风险影响和后果进行的评价和估量，包括定性分析和定量分析。其中，定性分析是评估已识别风险的影响和可能性的过程，按风险对项目目标可能的影响进行排序，其作用和目的为：识别具体风险和指导风险应对，根据风险对项目目标的潜在影响对其进行排序，通过比较风险值确定项目总体风险级别。定量分析是量化分析每一风险的概率及其对项目目标造成的后果，并分析项目总体风险的程度，其作用和目的为：测定实现某一特定项目目标的概率，通过量化各个风险对项目目标的影响程度，甄别出最需要关注的风险，确定规避或减少这些风险的成本、进度及范围目标。风险评估的主要方法包括：

(1) 风险综合评价法

风险综合评价的常用方法之一是通过整合专家意见，获取风险因素的权重和发生概率，从而评估项目的整体风险程度。

其步骤包括：建立风险调查表，一般在完成风险识别后，建立投资项目主要风险清单，将可能遇到的所有重要风险列入表中；判断风险权重，确定每个风险的发生概率，通常采用 1~5 标度代表 5 种程度，分别表示可能性很小、较小、中等、较大、很大；计算每个风险因素的等级；最后将风险调查表中所有风险因素的等级相加，得出整个项目的综合风险等级。

(2) 蒙特卡罗模拟

在项目评价中，当涉及的随机变量数量超过 3 个且每个输入变量可能具有 3 个以上甚至无限多种状态时，理论计算可能无法进行有效的风险分析，这时需要采用蒙特卡罗模拟技术。该方法的原理是，通过随机抽样的方式获取一组输入变量的数值，并基于这些数值计算项目评价指标。通过足够多次的抽样计算，可以得到评价指标的概率分布，计算累积概率分布、期望值、方差、标准差，进而评估项目由可行转变为不可行的概率，估计项目投资所承担的风险。

蒙特卡罗模拟的过程包括：①确定风险分析所采用的评价指标，如净现值、内部收益率等；②确认对项目评价指标影响重大的输入变量；③经过调查，确定输入变量的概率分布；④为各输入变量独立抽取随机数；⑤将抽取的随机数转化为各输入变量的抽样值；⑥根据抽样值，形成一组项目评价基础数据；⑦计算基础数据，得出评价指标值；⑧重复进行④到⑦，直至达到预定的模拟次数；⑨整理模拟结果，并绘制累积概率图；⑩最后，计算项目由可行转变为不可行的概率。

(3) 专家调查法

专家调查法是基于专家知识、经验和直觉的分析方法，用于发现项目的潜在风险，适用于风险分析的全过程。在采用专家调查法时，专家团队的规模应该合理，人数一般在 10~20 位左右。专家的数量取决于项目的特点、规模、复杂程度和风险的性质，没有绝对的规定。

专家调查法有多种形式，其中头脑风暴法、德尔菲法、风险识别调查表、风险对照检查表和风险评价表是最常用的几种方法。风险识别调查表主要用于定性描述风险的来源、类型、特征以及对项目目标的影响等方面。风险对照检查表是一种规范化的定性风险分析工具，具有系统、全面、简单、快捷、高效等优点，容易集中专家的智慧和意见，不容易遗漏主要风险，对风险分析人员有启发思路、拓展思路的作用。风险评价表是专家凭借经验对各类风险因素的风险程度进行独立评价，最后将各位专家的意见归集起来的一种评估方法。

18.3 风险应对策略

风险应对策略对项目风险提出处置意见和办法，通过对项目风险识别、估计和分析，把项目风险发生的概率、损失程度以及其他因素综合起来考虑，得出项目发生各种风险的可能性及其危害性，再与公认的安全指标相比较，确定项目的风险等级，从而决定应采取什么样的措施应对。有效应对项目风险有以下 5 种措施。

(1) 规避策略

规避策略是指当项目风险潜在威胁发生的可能性太大，后果严重，又无其他风险管理措施可用时，主动放弃项目或改变项目目标与行动方案，以规避风险或保护项目目标免受影响的策略。虽然不可能消灭所有的风险，但对具体风险来说是可以避免的。某些风险可以通过需求再确认、获取更详细的信息、加强沟通、增派专家等方法得以避免。其他规避风险的例子，如缩小项目工作范围以避免某些高风险的任务活动、采用更成熟的技术方案而非采用先进但尚未成熟的方案等。

(2) 转移策略

转移策略是指将风险转移至其他人或其他组织，其做法是借用合同或协议，在风险事故发生时将一部分损失转移到有能力承受或控制项目风险的个人或组织。转移策略并不消灭风险，采用合同形式，通常要支付第三方费用作为承担风险的报酬。风险转移的例子如保险、业绩奖罚条款、维护保修承诺等。

(3) 减轻策略

减轻策略是通过缓和或预知等手段来减轻风险，降低风险发生的可能性或减缓风险带来的不利后果，以减少风险的策略。这是一种积极的风险处理手段。减轻风险主要是为了降低风险发生的可能性或减少不利的后果影响。减轻策略的例子如采用精简的流程、选择更可靠的供应商、进行更系统化、更彻底的测试、冗余设计、增加资源或时间等。

(4) 接受策略

接受策略是指项目组有意识地选择自己承担风险后果的策略。当采取其他规避风险方法的费用超过风险事件造成的损失时，可采取接受风险的方法。接受风险可以是主动的，即在风险规划阶段已对一些风险有了准备，所以当风险发生时马上执行应急计划；被动接受风险是指项目管理组因为主观或客观原因，对风险的存在性和严重性认识不足，没有对风险进行处理的准备，最终由项目管理组织人员自己承担风险损失。在实施项目时，应尽量避免被动接受风险的情况，只有在风险规划阶段做好准备，才能主动接受风险。

(5) 储备风险

储备风险是指根据项目风险规律，事先制定应急措施，制定一个科学高效的项目风险计划，一旦项目实际进展情况与计划不同，就动用后备应急措施。项目风险应急措施主要有费用、进度和技术3项措施。预算应急费是一笔事先准备好的资金，用于补偿差错、疏漏及其他不确定性对项目费用估计精确性的影响。预算应急费在项目预算中要单独列出，不能分散到具体费用项目下，否则，项目管理组织就会失去对经费的控制。

18.4 风险分析典型案例

本节基于长航时无人机森林大型动物智能检测识别技术项目(简称"无人机动物监测项目")、野生动植物和古树名木鉴定技术及系统研发项目(简称"野生动植物鉴定项目")进行案例分析。

18.4.1 无人机动物监测项目风险分析

以2022年的"十四五"国家重点研发计划项目长航时无人机森林大型动物智能检测识别技术为例进行分析。该项目研究利用长航时无人机平台及飞行控制技术，通过可见光、红外、雷达等传感器载荷，实现森林大型野生动物种群监测和个体识别。项目实施的主要风险点和对策如下：

(1) 技术风险

主要技术风险包括以下4个方面：无人机飞行环境复杂，极端天气、通信链路不可靠会导致无人机偏航、失联；复杂山地森林环境飞控试验过程中与树木等发生碰撞；野生动物种群发生异常跨区域迁徙，无法仅依赖地基监测设备获取数据；由于空域管控等不可抗力因素，短期内难以获取足够样本，导致识别精度不高。采取的对策包括及时开展技术推演，找到导致异常的原因，快速调整技术方案，优化整体结构；完成无人机设计工作，并尽量避免不利的非可控自然因素，比如选择较好的天气条件、相对开阔位置放飞无人机等；做好风险处置预案，完善试验方案，在空旷场地或实验室环境下对控制系统进行全面试验和测试，确保系统安全后再进行复杂森林环境飞行试验；及时与管理单位和动物专家联系，确定动物异常迁移的典型影响因素，制定替代方案，必要时对动物迁移进行人工跟踪和干预；采用数据增强等技术手段增加样本库容量，基于对抗生成网络等技术提升小样本识别算法精度。

(2) 市场风险

主要市场风险点有2个：由于国际形势变化以及新冠疫情影响，用于生产无人机、传感器等各类设备所需的原材料、芯片等市场供应链不畅，无法按时完成设备制造；受原材料价格波动、市场竞争等因素影响，导致设备制造成本大幅上涨，既定预算无法覆盖实际成本。采取的对策是，充分进行市场调研，尽量避免高风险采购，努力开拓原材料、芯片等供应渠道，加强自身技术储备，通过提前采购、关键配件储备冗余供应等多种途径保证供应链安全可靠；参照市场行情和价格趋势，制定尽可能完善的财务预算和支出计划；定期开展市场价格调研和财务审计工作，对未来市场价格进行合理预测和防范。

(3) 政策风险

主要政策风险点有2个：项目实施所需的交流、试验、考察以及示范应用等工作，可能会受到相关政策的影响而推迟，进而导致项目执行延期；部分敏感地区由于安全原因，无人机飞行受限甚至不允许无人机飞行，将影响监测数据采集和示范应用开展。采取的对策是，在遵循相关政策的前提下，及时与各方沟通，采取多种积极措施，尽可能如期完成项目所有研究工作；遵守相关地区法律法规，积极与当地政府部门和有关管理单位取得联系，在政策允许及确保安全的前提下合理开展项目试验和示范应用。

18.4.2 野生动植物鉴定项目风险分析

以2023年国家林业和草原局应急揭榜挂帅项目——野生动植物和古树名木鉴定技术及系统研发为例进行分析。该项目旨在提升一线林草工作人员和野生动植物保护执法人员准确鉴别野生动植物和古树名木的物种及其保护等级的能力，研发具有高效、精准、权威和普适性的野生动植物物种鉴别技术和软件，显著提升野生动植物和古树名木的识别效率和鉴别精度，支撑国家生物多样性保护与管理工作。项目实施面临的主要风险点及对策如下：

(1) 技术风险

该项目主要技术风险包括以下3方面：数据整理和处理不当，导致数据准确性降低；一线人员水平和经验有限，导致误判；大量敏感信息，如物种信息、生态环境信息等，导致数据泄露和滥用。采取的对策是，建立严格的数据审核机制；成立专业团队，提高技术能力，确保建库过程顺利；加强数据安全管理，防范野生动植物样本库和知识库中的敏感信息泄露。

(2) 市场风险

主要风险点有2个：树龄鉴定与存储计算设备价格波动，导致采购成本上涨，既定预算无法覆盖；项目实施时间紧，差旅频繁，可能导致超出预算。采取的对策是，制定完善的财务预算和支出计划，对未来市场价格进行合理预测；多采用线上交流方式，并在制定预算时充分考虑各项风险因素。

(3) 政策风险

主要风险点是数据采集过程中可能受到国家公园等的管控政策影响，不能按时完成采集工作。采取的对策是，密切关注政策变化，及时与国家公园等地进行交流和沟通，按期完成数据采集。

复习思考题

1. 简述智慧林业项目风险种类。
2. 智慧林业项目风险评估的典型方法有哪些？
3. 智慧林业项目风险应对策略有哪些？

推荐阅读书目

李世东，2018. 林业信息化知识读本[M]. 北京：中国林业出版社.

第 19 章

绩效评估

【本章提要】绩效评估是检验智慧林业建设成效的重要手段。本章介绍如何进行智慧林业绩效评估。首先介绍绩效评估的典型方法，其次介绍绩效评估的主要内容和程序，最后结合案例介绍绩效评估的具体实施过程。通过学习本章内容，可掌握智慧林业的绩效评估思路和评估方法。

19.1 绩效评估方法

为了从整体上把握智慧林业发展变化情况，指导智慧林业建设工作，实现以评促建和以评促用，推动现代林业又好又快发展，需要对各地智慧林业发展水平进行综合评测。建立一套全面、科学的智慧林业绩效评估体系，对于指导林业部门改进工作流程、提升服务质量、实现可持续发展目标至关重要。智慧林业绩效评估的方法和流程主要包含以下内容：

(1) 研究准备阶段

明确绩效评估的目的和作用。智慧林业是实现林业资源高效管理和服务公众的关键手段。当前，智慧林业在提高工作效率、促进生态保护和响应气候变化等方面发挥着越来越重要的作用。评估智慧林业的绩效不仅有助于了解现有成效，还可以为未来的策略调整提供参考。

(2) 制定评估标准与方法

根据不同的评估目标和评估目的，建立一套客观、全面的评估体系，确定合适的评估方法。评估方法融合日常监测、用户调查、现场查验等手段，采用定性评估与定量评估相结合的方式，确保评估结果的全面性和准确性。

(3) 征求意见和建议

在制定评估标准和方法的过程中，广泛征求各方面的意见和建议至关重要，需要包括林业部门、信息技术专家、最终用户在内的多个利益相关方通过座谈会、问卷调查等形式收集意见，重点关注用户体验、技术应用的实际效果，以及对改进的具体建议。

(4) 评估实施阶段

组织专业的技术团队和相关领域专家，制定具体的评估时间表，基于系统数据、在线调查、用户访谈等方式，按照既定的流程和方法开展工作。

(5) 报告撰写与反馈

评估结束后，整理和分析数据，撰写详尽的评估报告。报告应包含评估结果的详细分析，以及基于这些结果的建议和改进措施。报告应向各相关部门和单位反馈，以便他们根据评估结果作出相应的改进。

(6) 持续改进与监督

基于评估结果，建立一个持续的改进和监督机制，确保智慧林业系统工作能力和服务质量持续提升。包括定期跟进评估，以及根据实际情况调整评估标准和方法。同时，应强化对评估结果应用的监督，确保各项建议和改进措施得到有效实施。

19.2　绩效评估内容

由于评估对象和评估目的不同，评估内容也不同。以下列举智慧林业发展的典型评估内容，通过量化和评价，为进一步推动智慧林业建设提供参考和指导。

(1) 信息化建设水平评估

评估林业单位在信息化设施建设、信息资源管理、信息技术应用等方面的水平，包括对网络基础设施、数据管理系统、信息化应用软件等方面的评估。

(2) 数据资源开发利用评估

评估林业单位对森林资源、生物多样性、气象数据、林业统计等数据资源的开发和利用情况，包括数据采集、存储、加工分析和共享应用等方面。

(3) 智慧管理能力评估

评估林业单位在智能决策支持、智慧监测预警、智能调度指挥等方面的能力，包括林业生态环境监测与预警、林业资源评估与管理等系统建设和利用情况的评估等。

(4) 网站绩效评估

评估林业单位网站的开设与维护情况，包括网站内容的更新与丰富程度、用户体验度、网站安全性等指标的评估。

(5) 地方绩效评估

评估地方林业局、林场、林业企业等单位在智慧林业建设中的贡献和实际效果，包括信息化建设投入、科技创新、生态环境保护、资源利用效率等方面的评估。

(6) 技术创新与应用评估

评估林业单位在大数据分析、机器学习、物联网等领域中的创新能力和应用程度。评估智慧林业技术在林业生产、资源管理、环境监测等方面的运用情况。评估林业单位是否积极参与技术研发，并将科研成果转化为实际应用。

(7) 数据安全与隐私保护评估

考察林业单位是否对采集的数据进行充分的保护，包括数据的存储安全、传输安全及访问控制等方面。评估林业单位是否建立完善的隐私保护机制，是否紧密结合法律法规和相关标准要求，确保个人隐私信息得到妥善处理和保护。

(8) 利益相关方参与评估

评估林业单位与利益相关方的互动和合作情况，可以从多个角度进行考察。评估与政府部门的合作情况，包括政策引导、资源支持以及与政府之间的合作项目数量和质量等方面。评估林业单位与企事业单位的合作情况，关注合作项目的创新性和效益，考察双方在技术研发、信息共享、数据交换等方面的合作程度。还可以考察林业单位与社会组织以及居民之间的互动情况，评估林业单位在引导居民参与林业管理、引导公众参与林业保护等方面的努力和效果。

(9) 绿色发展评估

评估智慧林业对绿色发展和生态文明建设的贡献时，可以从多个方面考虑。评估林业单位在森林、草原等资源保护与恢复方面的工作成果，包括生态修复项目的开展情况、植被恢复效果等。评估林业单位在生态保护方面的实践，如空气质量监测、水质监测、生物多样性保护等。考察林业单位减少碳排放工作，评估其在减少温室气体排放方面的贡献。

(10) 社会效益评估

评估智慧林业的社会效益时，可以考虑以下几个方面：评估所创造的就业机会和带动的产业发展情况，评价对林业产业转型升级的推动作用，评价对贫困地区的扶贫作用，评价对可持续发展的推动作用等。

19.3　绩效评估结果分析

评估结果分析，需要根据拟定的评估标准和评估方法开展绩效评估结果分析。典型的智慧林业项目可从以下几个方面进行绩效评估结果分析：

(1) 基础设施建设评估

评估智慧林业基础设施的完善程度，包括林业信息资源库、数据采集传输网络、信息化平台和数据管理系统等。分析其稳定性、可扩展性和互联互通程度，以及是否能够满足当前和未来的发展需求。

(2) 数据标准与共享评估

评估智慧林业数据的标准规范程度和数据共享情况。分析数据的一致性、可互操作性，以及数据的共享程度和交换机制，评价其是否能够支持数据的有效利用和价值挖掘。

(3) 监测与预警能力评估

评估智慧林业系统的监测与预警的能力。分析监测手段的覆盖范围和有效性，预警机制的响应速度和准确性，以及系统的可靠性和可持续性。

(4) 生产管理水平评估

评估智慧林业对生产管理的支持程度。分析其在林木生长预测、病虫害监测、资源配置优化等方面的应用情况，以及对林业生产效益和可持续发展的贡献。

(5) 科技创新与应用评估

评估智慧林业体系在科技创新和应用推广方面的成效。分析关键技术的研发和应用情况，科技创新人才的培养和团队建设，以及科研机构与产业的合作情况。

(6) 信息服务平台评估

评估智慧林业信息服务平台的建设和运营情况。分析平台的功能完备性、服务质量和用户满意度，以及平台对政策法规查询、技术咨询、市场信息发布等方面的支持程度。

评估结果的分析应该结合评估指标和实际情况进行综合考量，找出存在的问题与不足，并提出相应的改进措施和优化建议。同时，评估结果的分析也需要考虑智慧林业的发展目标，评估其对目标的贡献程度，为智慧林业的进一步发展提供指导和决策支持。

19.4 绩效评估典型案例

本节结合全国林业网站绩效评估，介绍典型智慧林业项目的绩效评估方法和评估过程。

(1) 评估思路

全国林业网站绩效评估重点围绕《国务院办公厅关于开展第一次全国政府网站普查的通知》《国务院办公厅关于加强政府网站信息内容建设的意见》等文件精神，以消除政府网站"僵尸""睡眠"等消极现象为基础，进一步推进行政权力清单及财政资金等信息公开工作。同时，按照全国林业信息化工作会议、国家林草局信息化领导小组会议精神，理清全国林业网站建设现状和水平，进一步查找不足、总结经验、树立典型，加快推进全国林业网站建设健康良性发展。

(2) 评估范围

全国林业网站绩效评估范围包括国家林业和草原局政府网，国家、省级、市级、县级林业站群网站，国有林区、国有林场、种苗基地、森林公园、湿地公园、沙漠公园、自然保护区站群网站。初评依照政府网站普查要求，对上述林业网站进行普查打分，评出合格网站，并从中选取优秀网站复评，进行综合评估。

(3) 评估方法

评估方法包括人工测评法、用户体验法、调查法和自动监测法。其中，人工测评法是根据专家制定的指标体系，评估人员模拟网站用户登录，根据网站内容采集相关数据；采用分组交叉评估模式，按功能模块对网站同一时段采样；同一指标平行测试，每项指标由同一个人负责，并在同一个时间段内完成数据的采集工作，确保每项指标的评估标准和评分尺度、数据采集时间一致。用户体验法由评估人员登录网站，对相关功能进行实际体验。调查法通过设计调查问卷，获取组织领导、人员保障、网站访问量、安全管理等方面的数据。自动监测法主要考察网站的稳定性、访问速度、PR（PageRank）值等技术指标。

(4) 评估程序

整个评估工作历时两个月，采用阶梯式评估，分为两个阶段：普查摸底初评阶段和综合评估阶段。普查摸底初评，依据国务院办公厅关于政府网站普查的相关要求，采用国家政府网站普查指标体系的要求和打分标准，对全国林业各网站进行初次评测，评出合格达标网站。综合评估，在合格达标网站中选取优秀网站进入绩效综合评估阶段，以确保评测更加客观、真实、公正，保证评估结果更具权威性。具体流程包括：综合评估指标设计，参照往年评估结果和普查合格网站的建设情况，制订综合评估指标体系并征求意见，修订指标体系并发布；问卷调研，对进行综合评估的各单位下发调查问卷，并做好各单位调查问卷的回收和数据统计分析工作；综合评估打分，依据指标体系，对综合评估名单中各单位评估打分，依据调研统计结果，添加相应指标数据，形成得分明细表；综合评估报告撰写，对得分明细表进行汇总分析，撰写评估总报告。

(5) 评估指标

评估指标包括普查摸底初评指标体系和综合评估指标体系。其中，普查摸底初评指标体系包括单项否决、网站可用性、信息更新情况、互动回应情况、服务使用情况等，见表19-1所列。综合评估指标体系借鉴国内外评估经验，结合当前政府网站发展要求和信息内容建设工作重点，依据《国务院办公厅关于开展第一次全国政府网站普查的通知》《国务院办公厅关于加强政府网站信息内容建设的意见》等重要文件，对全国林业网站绩效评估现有指标体系进行进一步完善和改进，形成全国林业网站综合评估标准。

表 19-1 普查摸底初评指标体系

一级指标	二级指标	考察点	扣分细则
单项否决	站点无法访问	首页打不开的次数占全部监测次数的比例	监测1周，每天间隔性访问20次以上，超过(含)15秒网站仍打不开的次数比例累计超过(含)5%，即单项否决
	网站不更新	1. 首页栏目信息更新情况； 2. 若首页仅为网站栏目导航入口，则检查所有二级页面栏目信息的更新情况。	监测2周，首页栏目无信息更新的，即单项否决。 注：未注明信息发布时间的视为不更新，下同
	栏目不更新	1. 动态、要闻、通知公告和政策文件等信息长期未更新的栏目数量； 2. 网站中应更新但长期未更新的栏目数量； 3. 网站中的空白栏目(有栏目无内容)数量	1. 监测时间点前2周内的动态、要闻类栏目，以及监测时间点前6个月内的通知公告、政策文件类栏目，累计超过(含)5个月未更新； 2. 网站中应更新但长期未更新的栏目数超过(含)10个； 3. 空白栏目数量超过(含)5个。 上述情况出现任意一种，即单项否决
	严重错误	1. 网站存在严重错别字； 2. 网站存在虚假或伪造内容； 3. 网站存在反动、暴力、淫秽等内容	网站出现严重错别字(例如，将党和国家领导人姓名写错)、虚假或伪造内容(例如，严重不符合实际情况的文字、图片、视频)以及反动、暴力、色情等内容的，即单项否决
	互动回应差	互动回应类栏目长期未回应的情况	监测时间点前1年内，要求对公众信件、留言及时答复处理的政务咨询类栏目(在线访谈、调查征集、举报投诉类栏目除外)中存在超过3个月未回应的现象，即单项否决

（续）

一级指标	二级指标	考察点	扣分细则
网站可用性	首页可用性	首页打不开的次数占全部监测次数的比例	监测1周，每天间隔性访问20次以上，累计超过(含)15秒网站仍打不开的次数比例每1%扣5分，累计超过(含)5%的，直接列入单项否决
网站可用性	链接可用性	首页及其他页面不能正常访问的链接数量	1. 首页上的链接(包括图片、附件、外部链接等)，每发现一个打不开或错误的，扣1分；如首页仅为网站栏目导航入口，则检查所有二级页面上的链接； 2. 其他页面的链接(包括图片、附件、外部链接等)，每发现一个打不开或错误的，扣0.1分
信息更新情况	首页栏目	1. 首页栏目信息更新数量； 2. 若首页仅为网站栏目导航入口，则检查所有二级页面栏目信息更新情况	监测2周，首页栏目信息更新总量少于10条的，扣5分(2周内首页栏目信息更新总量为0的，直接列入单项否决)
信息更新情况	基本信息	1. 基本信息更新是否及时； 2. 基本信息内容是否准确	1. 监测时间点前2周内，动态、要闻类信息，每发现1个栏目未更新的，扣3分； 2. 监测时间点前6个月内，通知公告、政策文件类信息，每发现1个栏目未更新的，扣4分； 3. 监测时间点前1年内，人事、规划计划类信息，每发现1个栏目未更新的，扣5分； 4. 机构设置及职能、动态、要闻、通知公告、政策文件、规划计划、人事等信息不准确的，每发现1次扣1分
互动回应情况	政务咨询类栏目	1. 渠道建设情况； 2. 栏目使用情况	1. 未开设栏目的，扣5分； 2. 开设了栏目，但监测时间点前1年内栏目中无任何有效信件、留言的，扣5分
互动回应情况	调查征集类栏目	渠道建设情况； 调查征集活动开展情况	1. 未开设栏目的，扣5分； 2. 开设了栏目，但栏目不可用或监测时间点前1年内未开展调查征集活动的，扣5分； 3. 开设了栏目且监测时间点前1年内开展了调查征集活动，但开展次数较少的(地方政府及国务院各部门门户网站少于6次，其他政府网站少于3次)，扣3分
互动回应情况	互动访谈类栏目	互动访谈开展情况	1. 开设了栏目，但栏目不可用或监测时间点前1年内未开展互动访谈活动的，扣5分； 2. 开设了栏目且监测时间点前1年内开展了互动访谈活动，但开展次数较少的(地方政府及国务院各部门门户网站少于6次，其他政府网站少于3次)，扣3分

(续)

一级指标	二级指标	考察点	扣分细则
服务使用情况	办事指南	办事指南要素的完整性、准确性	1. 办事指南要素类别缺失的(要素类别包括事项名称、设定依据、申请条件、办理材料、办理地点、办理时间、联系电话、办理流程等),每发现一类扣2分; 2. 办事指南要素内容不准确的,每发现一项扣1分
	附件下载	所需的办事表格、文件附件等资料能否正常下载	1. 办事指南中提及的表格和附件未提供下载的,每发现一次扣1分; 2. 办事表格、文件附件等无法下载的,每发现一次扣1分
	在线系统	在线申报和查询系统能否正常访问	在线申报或查询系统不能访问的,每发现一个扣3分

复习思考题

1. 简述常用的智慧林业绩效评估方法和流程。
2. 简述绩效评估主要包括哪些方面的内容。
3. 简述如何开展绩效评估结果分析。

推荐阅读书目

1. 李世东,2014. 中国林业信息化绩效评估[M]. 北京:中国林业出版社.
2. 李世东,2012. 中国林业信息化建设成果[M]. 北京:中国林业出版社.
3. 严志业,2008. 区域数字林业绩效评价研究[M]. 北京:中国农业出版社.

第 20 章

规章制度

【本章提要】 规章制度是智慧林业建设的基本保障。本章介绍智慧林业规章制度的种类与制定方法。首先介绍智慧林业相关的国家政策、行业政策等规章制度,其次介绍规章制度的制定方法,最后结合两个案例,讲述规章制度的制定过程。通过学习本章内容,可了解规章制度的制定策略、制定方法和实施流程。

20.1 规章制度概述

(1) 国家政策

近年来,国家先后出台了一系列智慧林业的相关政策文件,典型领域包括电子政务、政府网站、信息安全、云计算、大数据、物联网、人工智能、数字中国等方面,有力地推动了智慧化进程。表 20-1 给出了国家的部分政策文件。

表 20-1 2000 年以来国家的部分政策文件

序号	文件名	发布年份	序号	文件名	发布年份
1	国家信息化领导小组关于我国电子政务建设指导意见	2002	8	促进大数据发展行动纲要	2015
2	关于加强信息资源开发利用工作的若干意见	2004	9	中华人民共和国网络安全法	2016
3	关于加强政府网站建设和管理工作的意见	2006	10	新一代人工智能发展规划	2017
4	2006—2020 年国家信息化发展战略	2006	11	"十四五"国家信息化规划	2021
5	关于大力推进信息化发展和切实保障信息安全的若干意见	2012	12	"十四五"推进国家政务信息化规划	2021
6	中国云科技发展"十二五"专项规划	2012	13	关于加强数字政府建设的指导意见	2022
7	关于推进物联网有序健康发展的指导意见	2013	14	数字中国建设整体布局规划	2023

近年来，我国电子政务得到迅猛发展，各级林业主管部门的信息化水平快速提升。2002年，《国家信息化领导小组关于我国电子政务建设的指导意见》的发布揭开了我国电子政务规范化发展的序幕。此后，一系列重要文件如《2006—2020年国家信息化发展战略》《关于加强政府网站建设和管理工作的意见》《"十四五"推进国家政务信息化规划》《关于加强数字政府建设的指导意见》等相继问世，为各级林业主管部门的电子政务建设提供了战略引导，深化了数字化治理理念，推动了政务信息化向数字化、智能化升级，为政府决策、服务和治理提供了更加高效、精准的手段。

在新一代信息技术方面，国家先后出台了《中国云科技发展"十二五"专项规划》《关于推进物联网有序健康发展的指导意见》《促进大数据发展行动纲要》《新一代人工智能发展规划》等政策文件，以及《中华人民共和国网络安全法》等政策法规，有力地促进了新一代信息技术的健康有序发展。

随着"数字中国"概念的提出，《数字中国建设整体布局规划》成为新时期智慧林业发展的重要支撑。政府通过不断完善政策体系，为我国智慧林业的发展指明了方向。

（2）行业政策

近年来，国家林业和草原局制定了一系列与智慧林业相关的行业政策，表20-2列出了其中一部分规章制度及行业政策。

表20-2 2000年以来部分行业政策文件

序号	文件名	发布年份	序号	文件名	发布年份
1	关于建设全国林业视频会议系统的通知	2003	10	全国林业信息化建设技术指南	2009
2	关于建设林业综合办公电子传输系统的通知	2004	11	全国林业信息化建设纲要（2008-2020年）	2009
3	关于进一步加强林业综合办公电子传输系统建设的通知	2005	12	关于开通运行中国林业网和国家林业局办公网有关事宜的通知	2010
4	关于成立国家林业局信息化管理办公室的通知	2009	13	关于成立国家林业局信息中心的通知	2010
5	关于印发《全国林业信息化建设纲要》和《全国林业信息化建设技术指南》的通知	2009	14	关于印发《中国林业网管理办法》等五项信息管理制度的通知	2010
6	关于成立全国林业信息化工作领导小组的通知	2009	15	关于印发《全国林业信息化工作管理办法》的通知	2010
7	关于开展林业信息化示范省（区、市）建设工作的通知	2009	16	关于印发《办公计算机安全管理办法》等八项信息安全管理办法的通知	2010
8	关于组织开展首批林业信息化示范省建设工作的通知	2009	17	关于印发《全国林业网站绩效评估标准（试行）》和《全国林业网站绩效评估办法（试行）》的通知	2010
9	关于推荐使用林业信息化相关标准规范的通知	2009	18	关于印发《国家林业局移动办公管理办法（试行）》的通知	2011

（续）

序号	文件名	发布年份	序号	文件名	发布年份
19	关于印发《全国林业信息化发展"十二五"规划（2011—2015年）》的通知	2011	31	关于加强网站建设和管理工作的通知	2014
20	关于启动第二批全国林业信息化示范省建设工作的通知	2011	32	关于建立林业行业信息安全等级保护联络员制度的通知	2014
21	关于成立全国林业信息化专家咨询委员会的通知	2011	33	关于印发"十三五"林业信息化培训方案》的通知	2015
22	关于印发《国家林业局信息办工作规则（试行）》的通知	2011	34	关于印发《全国林业信息化工作管理办法》的通知	2016
23	关于印发《全国林业系统信息办主任协作组会议制度》的通知	2012	35	关于印发《"互联网+"林业行动计划——全国林业信息化"十三五"发展规划》的通知	2016
24	关于印发《中国林业网运行维护管理制度》等10项管理制度的通知	2012	36	关于推进中国林业物联网发展的指导意见	2016
25	关于印发《林业信息网络项目资金管理办法（试行）》的通知	2012	37	关于加快中国林业大数据发展的指导意见	2016
26	关于进一步加快林业信息化发展的指导意见	2013	38	关于促进中国林业移动互联网发展的指导意见	2017
27	关于印发《中国智慧林业发展指导意见》的通知	2013	39	关于促进中国林业云发展的指导意见	2017
28	关于做好《林业数据库设计总体规范》等林业信息化标准宣贯工作的通知	2013	40	关于进一步加强网络安全和信息化工作的意见	2018
29	关于印发《林业信息化标准体系》的通知	2013	41	全国林草信息化示范区创建方案	2022
30	关于全面加强林业信息安全工作的通知	2013			

自2000年起，中国林业信息化发展日益深化，从早期的技术指南到后期的全面发展规划，政策内容逐渐涵盖网络安全、信息化建设和智慧林业发展等多个方面，政府和社会各界对林业信息化的重视程度日益提高。2009年国家林业局信息化管理办公室成立，2010年国家林业局信息中心成立，我国智慧林业建设步伐明显加快。国家林草局发布了一系列的政策文件，主要目标是通过信息化手段提升林业管理的效率和质量，促进林业资源的合理利用和保护，加强对林业资源的监控，增强对森林火灾等自然灾害的预防和应对能力，确保生态环境的可持续发展，推动林业领域的数字化转型，通过技术创新提升林业行业的竞争力。

2013年，国家林业局发布了《中国智慧林业发展指导意见》，正式拉开了我国智慧林业发展的序幕。之后，《关于促进中国林业云发展的指导意见》《关于推进中国林业物联网发展的指导意见》《关于加快中国林业大数据发展的指导意见》《关于促进中国林业移动互联网发展的指导意见》《关于进一步加强网络安全和信息化工作的意见》等智慧林业文件相继出台，我国智慧林业发展步入快车道。《林业信息化标准体系》的印发为我国智慧林业发展奠定了坚实的标准规范支撑。《关于开展林业信息化示范省（区、市）建设工作的通知》《全国林草信息化示范区创建方案》遴选出了一批智慧林业建设的先进区域，通过这些区域的试点示范，将成熟的智慧林业技术进一步推广普及到全国。

总体来看，国家林业和草原局出台的智慧林业政策促进了全国林业领域的数字化转型，提高了资源利用效率和管理效率，推动了林业科技创新，提高了我国林业行业的国际竞争力，这些政策的实施对中国林业的现代化建设和可持续发展起到了关键性的作用。

(3) 地方政策

近年来，很多省份也出台了一系列与智慧林业相关的政策文件。北京、湖南、山东等省（自治区、直辖市）结合本地实际，先后出台了多项支持智慧林业发展的政策，进一步补充和完善了全国智慧林业政策体系。表 20-3 列出了部分地方智慧林业政策文件。

表 20-3　2000 年以来部分地方政策文件

序号	文件名	发布年份	序号	文件名	发布年份
1	关于进一步加强园林绿化行业信息化工作的意见	2011	7	关于进一步规范发展林业信息化的指导意见	2014
2	关于加快林业信息化建设推进现代林业发展的决定	2011	8	湖北林业信息化建设"十三五"规划	2015
3	关于加快林业信息化建设推进现代林业发展的决定	2011	9	园林绿化政务信息工作管理办法（试行）	2018
4	四川省林业信息化工作管理办法	2012	10	福建省"十四五"林业信息化专项规划	2021
5	加快吉林省林业信息化发展的实施意见	2013	11	广西林业草原信息化发展"十四五"规划	2022
6	关于加快吉林省林业信息化发展的实施意见	2013	12	广东省林业政务信息化建设规划（2022—2025 年）	2022

20.2　规章制度制定

智慧林业规章制度的制定一般遵循以下步骤：

(1) 广泛调研

在规划智慧林业规章制度之初，必须进行广泛而深入的调研，不仅包括对问题的深刻了解、对现状的全面掌握，还须贯彻党中央、国务院、国家林草局对信息化发展的要求，积极借鉴吸收其他行业出台的有益政策，以及深入了解基层群众和地方的需求。这一步骤为后续规章制度的制定提供了必要的信息基础，确保规章制度的制定立足于全面、科学、实际的基础之上。

(2) 组织班子起草

当获取了足够的信息和数据后，着手组建专业的工作班子或工作小组来拟定规章制度的初稿。工作人员必须具备相关领域的专业知识和丰富的经验，以确保规章制度的科学性和实用性。

(3) 征求意见

广泛征求各方意见，包括召开会议、举办研讨会，向大学、部门和专家征询建议等方式。各利益相关方的积极参与将确保规章制度的全面性和可行性，同时也为制定过程增添更多的透明度和多元性，以充分考虑各方的声音和期望。

(4) 印发实施

规章制度起草和修订完成后，需要经过内部审批，最终由相关部门或机构印发和实施。规章制度的印发和实施需要制定明确的时间表和实施计划，以确保规章制度得以及时落实，并发挥其应有的作用。

(5) 评估是否达到目标

规章制度实施后，必须建立有效的监测和评估机制，以验证其是否成功实现了既定的目标和达到预期效果。定期的评估将有助于识别问题、改进规章制度，确保其在不断变化的环境中保持适应性，以更好地服务于国家和人民的需求。

20.3 规章制度建设典型案例

(1)《中国林业网管理办法》等 5 项管理制度

2010 年 1 月，中国林业网、国家林业局办公网在全国林业厅局长会议上正式开通，扩建后的全国林业专网和国家林业局中心机房正式投入使用。为确保林业网络的正常运行，规范机房和应急管理，国家林业局信息化管理办公室制定出台《中国林业网管理办法》《国家林业局办公网管理办法》《全国林业专网管理办法》《国家林业局中心机房管理办法》和《国家林业局网络信息安全应急处置预案》等 5 项制度。为此，国家林业局组织相关专家收集与林业网管理相关的信息、数据和案例，明确问题和需求，并开展了全面深入的调研，了解国内外相关管理经验和现状。基于广泛调研的结果，成立专门的管理办法起草班子，制定起草初稿，明确管理办法的主要内容和框架。而后通过专题座谈、征集意见稿、听证会等方式，向相关利益方、专业机构和公众广泛征求意见。根据征求意见的结果，修改和完善管理办法，再经内部审核和批准后，于 2010 年 7 月 8 日，以局文形式印发全国。《中国林业网管理办法》等 5 项制度印发后，国家林业局后续还对管理办法的实施效果和达成目标进行了评估，为管理办法的再修订提供了实践依据。

(2)《国家林业局信息中心项目管理办法》

自国家林业局信息化管理办公室成立、林业信息化全面推进以来，所承担的项目建设任务项目数量一年比一年多，一年比一年重，项目类型越来越丰富，质量要求和实效性要求越来越高。为规范项目管理，进一步提高项目建设质量水平，提高投资效益，国家林业局信息化管理办公室根据全国林业信息化建设发展规划和国家林业局的工作要求，启动《国家林业局信息中心项目管理办法》拟定程序，成立项目管理办法起草小组，对国家林业局信息中心管理的项目现状、问题、需求进行了全面的调研和分析，广泛查阅了国内外相关的法律法规、政策文件和管理办法。依据项目管理的基本理念和方法，结合信息中心的实际情况，制定了项目管理办法的框架和主要条款，形成了项目管理办法的初稿。经国家林业局信息化工作领导小组审议后，向国家林业局各司局、各派出机构、各直属单位等相关部门和单位征求意见，广泛听取各方面的建议和反馈。经国家林业局批准后，于2015年12月24日正式印发实施《国家林业局信息中心项目管理办法》。

国家林业局信息化管理办公室根据项目管理办法的要求，对信息中心的项目管理工作进行了定期监督和检查，评估项目管理办法的执行情况和效果，及时发现和解决项目管理中出现的问题和困难，不断完善和优化项目管理办法的内容和措施。2017年，随着"金林"工程、生态大数据项目等一批国家级重大项目的落地，林业信息化项目建设任务和管理压力进一步增大。为进一步加强项目管理，依据国家有关法律法规和国家林业局相关规定，结合新形势新要求，对《国家林业局信息中心项目管理办法》做了进一步修订和完善，于2017年4月24日正式印发。修订后的项目管理办法在总体框架上没有做大的调整，主要对招标立项、归口管理、实施管理等部分做了进一步的细化和规范，对合同文本等有关重要文件提供了标准范本，对招投标等关键环节做了明确规范，进一步做到了有章可循、有据可依、规范管理、提高效率。

复习思考题

1. 智慧林业相关的国家政策有哪些？
2. 林草行业内对智慧林业的支持和引导政策主要有哪些？
3. 智慧林业规章制度的制定过程一般包含哪几个步骤？

推荐阅读书目

1. 李世东，2012. 中国林业信息化政策制度[M]. 北京：中国林业出版社.
2. 李世东，2014. 中国林业信息化政策研究[M]. 北京：中国林业出版社.
3. 李世东，2018. 智慧林业政策制度[M]. 北京：中国林业出版社.

第 21 章

教育培训

【本章提要】教育培训是智慧林业持续高效发展的重要手段。本章介绍智慧林业教育培训内容。首先，介绍教育培训的目的与意义，其次介绍学历教育、专题培训、网络培训3种教育培训类型，最后给出智慧林业相关的教育培训资源。通过学习本章内容，能够熟悉智慧林业教育培训相关内容及相关资源。

21.1 教育培训目的意义

通过教育培训，人们可以获取知识和技能，提升对世界的理解和认识，更好地应对生活和职业发展中的挑战。同时，也有助于人才培养，提升社会整体素质，推动社会进步和经济发展。教育培训在智慧林业的发展中起着重要作用，包含以下3个方面。

(1) 推动智慧林业可持续创新发展

智慧林业是指运用先进技术和信息化手段，提升林业生产、管理和保护效率的一种发展模式。教育培训为智慧林业的发展提供具有专业知识和技能、较高林业管理水平和能力以及较强科学研究和技术创新能力的优秀人才，可提高智慧林业人才队伍的整体素质，为我国生态文明建设和美丽中国建设贡献力量，提升我国在智慧林业领域的综合国力和国际竞争力。

(2) 为智慧林业发展培养高素质专业人才

智慧林业的发展和人才密切相关，智慧林业发展依赖大量的林业数据，包括遥感数据、气象数据、生物数据等，需要利用人工智能、大数据分析、遥感等技术对这些数据进行处理分析。因此，需要具备相关技术背景、能够对这些数据进行处理和分析的人才，不断推动智慧林业的技术进步和创新。

(3) 提升地方智慧林业从业人员的管理水平和专业技能

地方智慧林业的发展需要管理人员和技术人员具有较高的管理技能和专业技能，举办专题培训显得尤为重要，如地方智慧林业人才专题培训、智慧林业系统使用培训等。通过专题培训，从业人员能够接触到最新的智慧林业技术和理念，并学到相关的操作技巧和管理方法，有助于提升自身的专业素养和技术能力，更好地适应智慧林业发展的需求。

21.2　教育培训类型

教育培训主要包括学历教育、专题培训和网络培训等类型。学历教育可使相关从业人员系统地学习智慧林业知识。地方林业技术人员可通过专题培训提升自身专业技能和管理技能，还可以开展线上网络培训。

(1) 学历教育

学历教育是现代教育体系的重要组成部分，是国家培养人力资源和推动经济社会进步的重要手段之一。旨在培养高素质的人才，满足社会对各类专业人才的需求，并为个人发展和职业成功提供机会。学历教育按照学习阶段的不同，可以分为本科教育和研究生教育两个层次。学历教育具有系统性、连续性、普及性和可量化认证的特点，它通过一系列有组织的教学活动，按照一定的学习进度和评估标准，帮助学生逐步积累知识、发展技能，并最终获得相应的学历或学位证书。学历教育采用一系列教学方法，包括面授课堂教学、实验室实践、实习实训、课程设计和考试评估等。同时，随着信息技术的发展，学历教育也借助网络教育等方式进行远程教学和在线学习，为受教育者提供更加灵活和多样化的学习机会。

林业相关高校以系统化、有组织的教育形式，提升学生的智慧林业专业知识水平和综合能力，并颁发学历或学位证书，为智慧林业发展培养高素质的专业人才。智慧林业相关学历教育涵盖了理论学习、实践训练、思维培养和价值观塑造等多方面的内容。在智慧林业本科学历教育方面，以农林相关高校为主要组织机构，学生在学校内按照一定的学制和课程体系学习智慧林业相关知识培养相关技能，接受教师的指导和辅导。在智慧林业研究生学历教育方面，除了高校参与之外，农林类研究院所也承担着重要的培养任务。

(2) 专题培训

专题培训是一种针对特定主题或领域的培训活动，旨在通过阶段性的学习和实践，提升参与者在该主题或领域的知识水平、技能和能力。专题培训可以按照不同的分类方式进行划分，按照培训内容可分为技术培训、管理培训等；按照培训对象可分为企业内部培训、学校教师培训、专业人士培训等。专题培训的组织形式多种多样，包括课堂教学、实践操作、案例分析、讨论研究、角色扮演、团队合作等方式，具体方式可以根据不同的培训目标和参与者的需求进行选择和设计。

专题培训的特点包括：针对性强，专门针对某个特定主题或领域进行培训，注重解决特定问题或提升特定技能；实用性强，注重培养实际应用能力，强调理论与实践相结合；灵活性高，培训内容和形式可以根据参与者的需求和实际情况进行调整和定制。

林业专题培训的定位是满足特定群体或组织在某个主题或领域上的培训需求，提高林业工作者的综合业务素质。培训要坚持需求主导、强化重点、分级负责、分类培训，注重质量、突出实效的基本原则。培训对象按照分级分类的原则，由国家林业和草原局和省级林业主管部门共同负责，整体推进林业系统内各级领导干部、机关工作人员、业务负责人和专业技术人员等的培训，提高林业系统广大干部职工适应社会发展和工作需要的能力，全面提升林业系统智慧化水平。

根据林业智慧化建设发展情况，制定林业智慧化分类培训大纲，以智慧林业概论、网站建设、网络安全、项目建设、技术标准、基础知识等为重点，根据培训对象设置相关内容。智慧林业专题培训工作流程包括制定方案、下发通知、组织报名、制作培训须知、学员接待、场地布置、培训组织等环节。国家林业和草原局信息化管理办公室自成立以来，就十分重视林业信息化和智慧化人才队伍的培养。近年来，多次开展以"林业首席信息官"研修班为重点的林业智慧化专题培训，对我国林业智慧化的发展起到重要推动作用。

(3) 网络培训

网络培训可以突破地域限制，使信息能够覆盖更广泛的受众群体，无论是城市还是农村、发达地区还是欠发达地区，都可以通过网络获取相关的教育培训信息，降低学习门槛。同时网络培训可以提供多样化的学习方式，包括文字、图片、视频、互动等形式，使更多人可以通过自主学习的方式获取知识和技能。网络培训平台促进了学习者之间以及学习者与专家之间的互动交流，通过评论、问答、直播等方式，加强学习者之间的交流与分享，提高学习效果。网络培训还可以根据学习者的兴趣和需求进行个性化推送，提高信息传递的精准度，从而提升教育培训的效率和针对性。网络培训的形式包括：

①制作专业视频。制作介绍林业基本知识、技术应用、生态保护等内容的专业视频，通过演示、实地操作、案例分析等形式，向广大从业人员和公众普及林业知识。

②开展网络直播讲座。利用网络平台开展林业行业专家直播讲座，介绍林业最新科技成果、管理经验、生态保护等内容，与观众进行互动交流，提高参与者的学习积极性。

③搭建在线学习平台。建立专门的林业行业在线学习平台，推出多样化的教育培训课程，包括林木栽培、森林资源管理、有害生物防治等内容，让学习者可以随时进行系统学习。

④发布科普文章和资讯。在各类媒体平台上发布林业行业的科普文章和资讯，涵盖林业政策法规、技术创新、绿色发展理念等方面，提供权威信息，提升公众对林业行业的了解。

⑤举办网络研讨会。组织林业行业的网络研讨会，邀请专家学者就当前热点问题进行讨论和分享，为从业人员提供学习和交流的机会。

⑥设立在线问答平台。建立林业行业在线问答平台，供从业人员和公众提出问题并获得专业人士的解答，促进知识交流与共享。

通过以上形式，可以充分利用网络培训的优势，将林业行业的教育培训覆盖到更广泛的人群中，提高他们的专业素质，推动林业行业的可持续发展。

21.3 教育培训资源

智慧林业教育培训资源包括学历教育资源、专题培训资源和网络培训资源等。学历教育资源主要包括我国能够开展智慧林业学历教育的高等院校和科研院所。专题培训资源主要包括国家林草局管理干部学院、智慧林业培训相关学会。网络培训资源主要包括智慧林业相关线上课程。

(1) 学历教育资源

学历教育包括本科学历教育和研究生学历教育。在智慧林业领域，林业类高等院校承担智慧林业本科生和研究生培养职能，林业类研究院所仅承担研究生培养职能。我国拥有众多高等院校和研究院所，为开展智慧林业学历教育提供了丰富的学历教育资源。

①北京林业大学。坐落于北京市，是教育部直属院校，教育部、国家林业和草原局、北京市人民政府共建的全国重点大学，国家首批"211工程"重点建设高校和国家"优势学科创新平台"建设项目试点高校，国家"双一流"建设高校。学校以生物学、生态学为基础，以林学、风景园林学、林业工程、水土保持与荒漠化防治、草学和农林经济管理为特色，是农、理、工、管、经、文、法、哲、教、艺等多门类协调发展的高校。

北京林业大学信息学院（人工智能学院）起源于1984年成立的北京林业大学计算中心和1985年成立的国内第一个林业信息管理专业，具有丰富的林业领域信息化人才培养经验。学院现有计算机软件教研室、网络与物联网技术教研室、信息教研室、数字媒体教研室、大数据技术教研室、计算机基础教研室6个教研室和1个计算机实验教学中心。拥有"信息管理与信息系统""计算机科学与技术""数字媒体技术""网络工程""物联网工程""数据科学与大数据技术"6个本科专业和"数据科学与大数据技术"第二学士学位专业，拥有"计算机科学与技术"等3个国家级一流本科专业；拥有"信息管理与信息系统""计算机科学与技术""数字媒体技术"3个辅修本科学位。具有"计算机科学与技术"（学术型）一级学科硕士学位授权点（国家林草局重点培育学科），"电子信息"（含软件工程、软件工程国际联合培养、计算机技术、人工智能、大数据技术与工程等方向）"农业工程与信息技术"2个专业硕士学位授权点（专业学位）；具有"林业信息工程"博士学位授权点。截至2023年，学院有学生1858人，其中本科生1357人，研究生501人。

②东北林业大学。坐落于哈尔滨市，学校前身是东北林学院，创建于1952年，以浙江大学农学院森林系和东北农学院森林系为基础建立，1985年，更名为东北林业大学。东北林业大学是一所以林科为优势、林业工程为特色的多学科协调发展的高等院校，是国家"211工程"和国家"优势学科创新平台"重点建设高校。

东北林业大学计算机与控制工程学院始建于1999年6月。2023年4月，在原信息与计算机工程学院、机电工程学院的部分学科专业基础上，新组建成立计算机与控制工程学院。学院现有国家双一流学科"林业工程"下的二级博士点"林业装备与信息化"以及一级学科"生物学"下的二级博士点"生物信息学"。拥有"信息与通信工程""控制科学与工程""计算机科学与技术"3个一级硕士点学科，电子信息类专业学位点下含4个专业领域方向："新一代电子信息技术""计算机技术""软件工程""控制工程"；农业硕士专业学位点下含"农业工程与信息技术"专业领域方向。截至2023年，学院有博士研究生导师23人，硕士研究生导师98人，在校研究生（含博士研究生）共884人。

③南京林业大学。坐落于南京市，是一所以林科为优势，以服务国家生态文明建设为引领，理、工、农、文、管、经、法、艺多学科协调发展的高水平研究型大学。学校是中央与地方共建江苏省属重点高校，国家"双一流"建设高校，江苏省高水平大学建设高峰计划A类建设高校。

南京林业大学信息科学技术学院、人工智能学院的前身可以追溯到1952年创办的南京林学院化学、物理、数学教研组。在1961年设立的基础课部的基础上，于1999年成立了信息科学技术学院。2023年，学校批准成立"人工智能学院"，与"信息科学技术学院"合署运行。学院现有"计算机科学与技术""电子信息工程""电气工程及其自动化""软件工程""物联网工程""人工智能"等6个本科专业。拥有"电子科学与技术""计算机科学与技术""控制科学与工程"（与机电院共建）3个一级硕士点及1个电子信息专业学位硕士点，其中"电子科学与技术"入选"十四五"江苏省重点学科。

④中南林业科技大学。坐落于长沙市，是湖南省人民政府、国家林业和草原局共建高校，国家"中西部高校基础能力建设工程"高校，湖南省"国内一流大学"建设高校，拥有占地7万多亩的实验林场（湖南北罗霄国家森林公园）。

中南林业科技大学计算机与信息工程学院现拥有"电子信息工程""计算机科学与技术""自动化""软件工程""通信工程""电子科学与技术"和"人工智能"7个本科专业，其中"计算机科学与技术"专业入选国家一流专业建设点，"软件工程"专业入选湖南省一流专业建设点。拥有"信息与通信工程""软件工程"2个一级学科硕士点，电子信息类专业硕士和"农业工程与信息技术"农业硕士学位授权点。截至2023年，学院有在校本科学生2600余人，硕士研究生415人，教职工133人。

⑤西南林业大学。坐落于昆明市，是我国西部地区唯一独立设置的林业本科高校，经过多年发展，构建了从本科生教育、硕士研究生教育到博士研究生教育以及博士后研究的人才培养体系，形成了以林学、林业工程、风景园林等涉林学科为特色，林理融合、林工融合、林文融合，多学科协调发展的学科与专业格局，是国家卓越农林人才教育培养计划、卓越工程师教育培养计划高校、中西部高校基础能力建设工程支持院校。

西南林业大学大数据与智能工程学院（原计算机与信息学院）成立于1999年，致力于大数据与智能工程相关的科学研究、人才培养和产业创新。学院下设计算机科学与工程系、信息与智能工程系和数据科学与工程系，拥有"系统分析与集成"联合博士点，"系统科学"一级学科硕士点，"林业信息工程""森林生态信息技术""虚拟地理环境"和"农业信息化"4个联合硕士点；设有"数据科学与大数据技术""计算机科学与技术""电子信息工程""信息工程""电子科学与技术"5个本科重点专业，其中"计算机科学与技术"专业在2013年被列入云南省卓越工程师培养项目。截至2023年，学院有在校本科生1300余名，硕士研究生30余名，博士研究生5名，国际留学生50余名。

⑥西北农林科技大学。西北农林科技大学地处中华农耕文明发祥地、国家级农业高新技术产业示范区——陕西杨凌，是教育部直属、国家"985工程"和"211工程"重点建设高校，入选首批国家"世界一流大学和一流学科建设"高校，2022年入选国家第二轮"双一流"建设高校，2个学科入选"双一流"建设学科。目前，已发展成为全国农林水学科最为齐备的高等农业院校之一。

西北农林科技大学信息工程学院拥有"计算机科学与技术""软件工程""数据科学与大数据技术""信息管理与信息系统""电子商务"5个本科专业，其中"软件工程"专业为国家级一流本科专业建设点。拥有"农业信息工程"二级学科博士学位授权点，"计算机科学与技术"一级学科硕士学位授权点，电子信息（下设"计算机技术"与"人工智能"两个领域）、"农业工程与信息技术"两个全日制专业硕士学位授权点，其中"计算机科学"学科进入ESI

全球前1%。截至2023年,学院有博士研究生导师14人,硕士研究生导师42人,在校研究生约350名,在校本科生1300余人。

⑦中国林业科学研究院。坐落于北京市,是国家林业和草原局直属的综合性、多学科、社会公益型国家级科研机构,主要从事林业应用基础研究、战略高技术研究、社会重大公益性研究、技术开发研究和软科学研究。中国林业科学研究院坚持人才发展战略,不断吸引、凝聚和培养优秀林业及草原科技人才,造就了一支学科门类齐全、高层次人才集中、人才结构优化、人员素质优良的科技人才队伍。研究生教育开始于1979年,是国家首批硕士、博士学位授予单位之一。中国林业科学研究院林业科技信息研究所,1964年3月建所,原名中国林业科学研究院科技情报研究所,1993年改为现名,是专职从事林业软科学研究和科技信息服务的国家级科研事业单位。1986年7月,经国务院学位委员会批准,中国林科院获得"林业经济管理"学科硕士学位授权专业,2006年,该学科被列为国家林草局重点学科。2010年,中国林科院获批"农林经济管理"一级学科硕士学位授权专业。中国林科院在"农林经济管理"一级学科下,设置了"林业经济管理""林业与区域发展"两个招生专业。"农林经济管理"一级学科主要依托科信所进行管理,包括研究生的招生、培养等。截至2023年,共招收硕士研究生134人,博士研究生53人,博士后研究人员26人。

中国林业科学研究院资源信息研究所,1984年12月建所,由林业研究所原森林经理室与院计算中心合并而成,原名中国林科院森林调查及计算技术研究开发中心,1988年改为现名。主要从事林草资源与环境可持续管理和信息技术应用研究,涉及"森林经理""地图学与地理信息系统""摄影测量与遥感""计算机应用技术"等4个学科。截至2023年,现有职工80人,在读博士、硕士研究生60余名。

(2)专题培训资源

智慧林业专题培训可由专业的培训基地、行业学会等承担。

①国家林业和草原局管理干部学院。国家林业和草原局直属的行业培训基地,承担着国家林草局机关公务员及局直属单位干部培训,林业重点工程县县级领导干部培训,重点国有林区及地方林业高中级管理干部和专业技术人员培训,大中型林业企业领导干部工商管理培训,林业国际合作培训和自然保护区管理局局长、森林公园主任、国有林场场长、林业工作站站长等关键岗位的培训任务。院内设有中央党校国家林业和草原局分校、国家林业和草原局成人教育研究中心、国家林业和草原局教育培训信息中心、中国林业教育培训网站等机构。截至2023年,国家林业和草原局管理干部学院共开展行业培训115场,其中面向国家级机关干部培训20余场,面向省部级机关、组织和各级干部培训50余场,专题培训班20余场。培训内容包括森林城市建设暨古树名木保护管理业务研修班、野生动植物保护专业技术能力提升培训班、数字经济与智慧林草创新发展研讨班、国家公园管理培训班等。

②中国林学会。是在中国共产党领导下,由林草科技工作者及相关单位自愿组成的、依法登记成立的全国性、学术性、科普性、公益性法人社会团体。中国林学会的前身是创建于1917年2月12日的中华森林会,1928年更名为中华林学会,新中国成立后定名为中国林学会。1951年经中央人民政府内务部(民政部前身)审批登记,1958年加入中国科协,1984年加入国际杨树委员会,2010年加入世界自然保护联盟,迄今已有100余年的历史,

是中国科协所属全国性学会中成立较早,具有一定社会影响的学会之一。学会挂靠在国家林业和草原局,学会秘书处设在中国林业科学研究院。学会坚持实事求是的科学态度和优良学风,弘扬"尊重劳动、尊重知识、尊重人才、尊重创造"的风尚,积极倡导"献身、创新、求实、协作"的精神,促进林草科学技术的繁荣和发展,促进林业草原科学技术的普及和推广,促进人才的成长,促进科学技术与经济的结合,积极为创新驱动发展服务,为提高全民科学素质服务,为党和政府科学决策服务,为林草科技工作者服务。

③中国林业教育学会。是国家一级学会,是具有独立法人资格的学术性、科普性、公益性、全国性社会团体。学会由教育部主管,业务挂靠国家林业和草原局,秘书处设在北京林业大学。主要业务范围包括开展林业教育教学研究和学术交流,推动学科建设,活跃学术思想,促进林业教育教学改革;疏通毕业生就业渠道,搭建创业平台;开展林业人才培养和使用的调查研究,为各级林业教育、建设管理部门当好参谋和助手;经政府有关部门批准,组织林业教育科研成果的评奖活动及成果推广工作,开展与林业教育内容相关的评估、评选活动;开展林业教育咨询、培训等服务活动。

(3) 网络培训资源

智慧林业网络培训资源由智慧林业相关线上课程和网络站群组成。智慧林业相关网络站群主要包括中国大学慕课网站、中国林业信息网、林业专业知识服务系统及国家林业和草原科学数据中心。

①中国大学慕课网站。由网易与高等教育出版社携手推出的在线教育平台,承接教育部国家精品开放课程任务,向大众提供中国知名高校的优质课程资源。多所知名林业高校均在该网站上提供了智慧林业相关课程资源,任何人员均可通过该网站进行智慧林业课程在线学习,完成学习后可以获得讲师在线签名证书。例如,北京林业大学在慕课网站开设了树木学、森林培育学、林业生态工程、森林经理学、数据库原理与应用、Web前端开发等课程,浙江农林大学开设了走进现代林业课程,南京林业大学开设了林业物联网技术课程等。

②中国林业信息网。由中国林业科学研究院林业科技信息所建设和管理,于1996年开通服务,经过多年建设已成为国内林业行业中信息量最大、涵盖面最广的权威性行业网站。网站数据资源以林学、林业工程及相关学科的科学数据和文献资源为主,拥有142个具有自主知识产权的林业科技信息数据库群,包括国内外林业科技文献、图书、科技报告、硕博士论文、政策法规、林业科技成果、林业专利、标准、实用技术和科技动态等信息资源,累计数据量达1500多万条,数据每日更新。中国林业信息网提供了智慧林业发展过程中的各种专业的数据信息,方便相关人士查阅使用。

③林业专业知识服务系统。是中国工程科技知识中心的林业分中心,是由中国林业科学研究院林业科技信息研究所承建的林业科技大数据平台,于2017年正式开通运行。林业专业知识服务系统围绕国家林业科技创新和科技发展战略需求,充分利用大数据技术、虚拟化、云计算、数据挖掘和可视化技术,开展林业信息资源组织、知识挖掘、关联打通和数据可视化等关键技术研究,以林业元数据知识仓储为基础,整合林业行业丰富的科学数据和信息资源,建成林业科技大数据平台,提供全面、便捷、智能的多维度林业知识服务。

④国家林业和草原科学数据中心。是科技部、财政部批准的20家国家级科学数据中心之一。建立了多学科领域、多空间尺度、广空间覆盖、长时间序列的系统、全面、及时更新的林业和草原科学数据体系，是国内最全面、最庞大的林草科学数据库，为智慧林业的发展提供了权威且全面的数据基础。

复习思考题

1. 学历教育和专题培训在智慧林业人才培养中的角色和定位是什么？
2. 与线下培训相比，智慧林业网络培训具有哪些特点和优势？
3. 简述智慧林业领域有哪些教育培训资源。

推荐阅读书目

1. 方怀龙，2016. 林业基础知识精选[M]. 北京：中国林业出版社.
2. 李世东，2018. 林业信息化知识读本[M]. 北京：中国林业出版社.
3. 铁铮，2020. 林业科技知识读本[M]. 北京：中国林业出版社.
4. 魏华，2017. 林业政策法规知识读本[M]. 北京：中国林业出版社.

第 22 章

科学研究

【本章提要】 科学研究对于推动智慧林业发展至关重要。本章首先分析智慧林业中的基础研究，其次介绍当前智慧林业工程技术研究中亟须重点解决的问题，然后探讨前沿科学研究在智慧林业中的重要应用，最后对智慧林业研究中可能涉及的科学研究方法及注意事项做了阐述。通过学习本章内容，能够了解智慧林业科学研究的主要内容和方法。

智慧林业的发展面临着技术、数据、应用等多方面的困难和挑战，需要通过加强科学研究来解决。科学研究为智慧林业提供理论创新、技术创新和应用创新的基础支撑，最终为高质量建设生态文明和美丽中国做出重要的贡献。

22.1 基础研究

基础研究分为理论基础研究和应用基础研究。理论基础研究是通过实验性和理论性工作，获得关于现象和可观察事实的基本原理及新知识的过程，其目的并非限定于应用或产品创造，而是追求知识本身。在研究范围上，理论基础研究适用于各种概念和领域。在研究方法上，理论基础研究采用探索性的手段，运用归纳、演绎推理等方法来支持研究假设。理论基础研究以理论性为主，有助于科学理论的发展和未来现象的预测，其价值体现在扩展已有知识，为应用基础研究提供坚实的基础，推动科学技术不断进步和社会全面发展。

应用基础研究是为了解决某一具体领域或行业的重大问题或需求而进行的基础研究，它既保持基础研究的特征，又具有明确的应用导向。应用基础研究的目的是解决具体问题或创造特定产品，而非追求知识本身。应用基础研究的范围是具体的，专注于某个特定的主题或领域。应用基础研究的方法是创新性的，运用实验等经验性方法来收集数据和验证假设。应用基础研究的结果是实用性的，有助于提供解决方案、开发新技术和改进现有系统。应用基础研究的优势在于能够满足社会和经济发展的需求，推动技术转化和产业发展，提高国家竞争力和创新能力。

为推动智慧林业发展，理论基础研究和应用基础研究是相辅相成的。理论基础研究为智慧林业的发展提供理论基础和科学指导，能够帮助林业从业人员深入理解林业的自然规律和社会规律。应用基础研究为智慧林业的实施提供技术支撑和创新动力，能够帮助林业从业人员解决发展林业的重大应用问题和需求。在智慧林业研究中，森林遗传育种、森林精准培育、森林资源监测与经营决策、林火监测预测及病虫害防治、野生动植物保护等领域均涉及基础研究。

智慧林业基础研究，需要主管部门的统筹规划和协调推进。制定和完善智慧林业的发展战略、规划和政策，明确智慧林业的目标、任务、路径和机制，加强智慧林业的基础设施建设、顶层设计和总体布局，建立覆盖全国的智慧林业基础研究体系，提高林业数据的获取能力和数据质量，完善林业数据的处理、分析、应用和服务平台，加强智慧林业的技术创新和人才培养，支持和鼓励跨学科、跨领域、跨机构的合作研究，推动新一代信息技术与林业科学的深度融合，培养和引进一批高水平的智慧林业专业人才。

国家自然科学基金委员会主要支持基础研究，主要的基金项目类别包括：青年基金项目、优秀青年项目、杰出青年项目、面上项目、重点项目、重大项目、国际合作项目等，覆盖了不同层次、不同方向、不同阶段的研究需求。近年来，国家自然科学基金委员会持续加强对智慧林业基础研究的支持，根据国家和林业的发展战略和重大需求，重点支持具有原创性、前瞻性、战略性的智慧林业相关课题研究，促进学科交叉和创新。

22.2 工程技术研究

工程技术研究指的是在工程和技术领域中对新的理论、工具、过程、材料或技术的探索和创新，涉及设计、开发、测试和应用全流程，主要任务是改善系统、设施、机械与工具，致力于将理论科学与工程技术转化为实际应用。这种转化不仅包括物理设备和构造的创新，而且包括为了满足人类需求和解决具体问题而制定的工艺流程与操作方法。工程技术专注于具体的应用实践和技术细节，以功能性和效率为核心，确保技术创新能够成功投入产品设计、生产自动化、维护和管理等领域中。

智慧林业工程技术利用信息技术、自动化控制、大数据分析和人工智能等现代科技手段，旨在提高林业资源管理的智能化水平。比如，树木生长状况实时监控、森林火灾预防、病虫害防治、木材采伐的精准管理等。智慧林业工程技术充分运用现代信息技术，优化林业产业链，提升林产品的经济价值，同时保护和改善森林生态环境，实现林业生产与生态保护的和谐共进。智慧林场、智慧景区、智慧林区、智慧办公、智慧防火、智慧病虫害防治、智慧生态管护、智慧森林资源监测等方面都包含工程技术研究的内容。

①智慧林场。林场是造林绿化建设的重要支撑和中坚力量。林场管理业务繁多，包括造林管理、营林管理、森林资源征占用管理、林木病虫害防治管理、保护区管理、森林公园管理等。为了更好地发挥林场生态、社会和经济效益，构建智慧林场势在必行。做好林场各项业务的信息化工作，对提升整个林场造林绿化工作的实效至关重要。

②智慧景区。智慧景区是指利用现代信息技术，对旅游景区进行主动感知和可视化管理，结合创新的服务理念和管理理念，实现景区管理、服务和营销的智慧化，最终实现景区与社会经济的全面、协调、可持续发展。目前林业智慧景区存在信息更新不及时、用户需求多样化等问题，亟须完善配套服务设施，以提供更加便捷和个性化的服务，满足用户多元化的需求。

③智慧林区。智慧林区能够对林业生态环境、资源管理、生产经营、社会服务等方面进行智能化的感知、分析、决策和优化,从而全面提升林区的服务水平。智慧林区需要以良好的网络覆盖为支撑,因此,需加强林区的通信能力建设,形成高速接入、安全稳定、立体式无缝化的网络覆盖,为林区管理服务部门及公众提供无线网络服务,为物联网和智能设施在林区的应用提供网络支持。

④智慧办公。依托云计算技术、大数据挖掘技术等,建设多级办公管理平台,包括林业经营管理、林权管理、林木采伐流通管理和林业行政执法等,整合林权、经营、执法等数据,建立智慧林政管理平台,满足林业部门的办公需求,实时、科学、全面地管理林政信息,为林农、企业提供高效、高质、全天候的服务。

⑤智慧防火。森林火灾长期危害着森林资源安全,每年给国家和人民生命财产安全以及生态环境造成无法估量的损失。森林防火不但涉及多个学科,而且由于气象、地理、遥感等各种数据的复杂性和多变性,需要付出大量的人力和物力。为适应新形势下森林防火的需求,促进森林防火事业的发展,有必要加快森林防火信息化管理进程,建立完善的智慧森林防火系统。

⑥智慧病虫害防治。病虫害防治研究利用人工智能、大数据、互联网等技术,实现对林业重大病虫害的精准监测、预警、诊断、防控和评估。研究林业重大病虫害与外来入侵物种之间的关系,分析外来入侵物种对我国本土重大病虫害造成或可能造成的威胁,并提供相应的技术方法,有效预防和控制外来入侵物种带来的危害,防止其携带或传播可能引起的我国本土重大病虫害危险性增加或出现新型危险性变异型的风险。

⑦智慧生态管护。智慧生态管护通过物联网技术,在野外重点林区安装固定监测设备,如传感器、野外移动终端、监控等设备,完成森林资源监测、火险因子采集、公益林管护、野生动植物保护、森林病虫害监测等工作。为了充分发挥监测设备的价值,实现森林资源的综合监控,保证各种终端设备所需的良好移动网络环境,需要构建和开发林业物联网综合应用平台,利用人工智能、GIS、GPS等技术实现对远程设备的综合监管,获取实时数据,为林业业务应用系统提供基础支撑。

⑧智慧森林资源监测。森林资源管理是林业建设的基础工作,是各级林业主管部门的日常性工作,涉及面广、工作量大,同时还需要确保森林资源统计的准确性和时效性。在林业建设高速发展的新形势下,传统的监测和管理模式已经无法满足现代管理的需求。应用信息技术建立科学、规范、高效、灵活、符合实际情况的森林资源业务管理系统,进一步提高森林资源监测和管理水平,为其他林业业务管理提供优质服务,已成为各级林业主管部门的共识。

随着生态文明建设的推进,国家高度重视智慧林业工程技术的发展,积极设立相关项目,加大对工程技术研究的支持。近年来,国家林业和草原局通过多种机制和措施,为智慧林业的创新和应用提供有力的支持。国家林业和草原局于2020年开始启动实施了一批周期为2年的揭榜挂帅项目,围绕林草行业生产应急科技需求,向全社会公开张榜。坚持对揭榜者不论出身,不受地区、职称、年龄、单位类型等限制,"谁能干就让谁干"等原则。项目实施灵活,揭榜者享有技术路线、人员聘用和经费使用等决策自主权。项目坚持以解决实际问题为导向,注重结果,边研究边应用。揭榜制不仅发掘并汇集了众多领域内的优秀企业和研究机构，还促进了尖端技术在林业具体问题中的研究与实践。

智慧林业的揭榜挂帅项目通常涉及一系列的工程技术挑战，期望通过大数据分析、卫星遥感、物联网、人工智能等现代信息技术解决这些问题。为了提高项目的效率和成果转化率，由国家林草局提供资金支持、政策倾斜及研发成果市场化推广等多方面的帮助。此外，揭榜挂帅项目团队应严格执行国家林业和草原局规定，要坚持创新，把科技创新摆在各项任务的首位；要注重时效性，集中精力投入研究，倒排工期，确保任务如期完成；要坚持问题导向，聚焦技术难题，抓住问题关键，集中力量解决核心问题；要加强协作沟通，建立项目研究与实际运用定期交流机制，协同攻关，做好科技与产业的无缝对接。

22.3 前沿科学研究

本节探讨智慧林业中的前沿科学研究，主要介绍前沿技术在智慧林业中的应用，包括人工智能、元宇宙、第六代移动通信(6G)、大语言模型等技术。

(1)智慧林业与人工智能

就目前人工智能的研究和发展来看，主要有两个重点研究问题：一是深入研究人类解决、分析、思考问题的技巧、策略等，建立切实可行的智慧林业人工智能体系结构；二是研究适应林业工作的智能控制系统的信号处理器、传感器和智能开发工具软件等，使人工智能在林业生产领域得以广泛应用。

专家系统是人工智能的一个分支，主要目的是使计算机在各个领域中起人类专家的作用。专家系统以知识库(知识集合)、数据库以及推理判断程序(规定选用知识的策略与方式)等为核心，一般由知识库、数据库、推理机、解释部分、知识获取五部分组成。专家系统的工作方式可简单地归结为运用知识和进行推理。

林业专家系统地运用人工智能知识工程中的知识表示、推理、知识获取等技术，总结和汇集林业领域的知识和技术，融合林业专家长期积累的大量宝贵经验、试验获得的各种资料数据及数学模型等，开发各种林业"电脑专家"计算机软件系统。由于其具有智能分析推理能力，便于独立的知识库增加和修改知识，开发工具使用户无须了解计算机程序语言，同时具有解释说明功能等优势，其功能是通常的计算机程序系统难以比拟的。

(2)智慧林业与元宇宙

元宇宙是一个由虚拟技术增强的物理和数字现实融合而成的集体虚拟共享空间，具有物理持久性，可提供增强的沉浸式体验。元宇宙技术是一种能对战略性业务创新产生推动影响的新兴技术，需要多种技术协同运作，如增强现实、云计算、物联网、人工智能和空间技术等的协作。

元宇宙与可视化技术在未来可能成为智慧林业发展的关键技术，为解决林业资源信息同步更新、实时反馈和智能决策等问题提供新的技术手段，对提升林业信息化服务能力至关重要。林草行业具有数据复杂繁多、三维建模难度大等特点，存在设备成本高、技术落地难等现实问题。结合元宇宙技术，聚焦基于林学知识的三维建模、基于自然交互的动态模拟和多端协同的林草在线可视化服务等领域，突破大规模林草资源多样性高效建模、虚实互动的智能反馈和自然交互、虚实融合的林草智能监管决策等关键技术，将推动林业信息化逐步向虚实融合、智能交互和可视决策等方向发展。

元宇宙与智慧林业的结合，将极大地推动林业产业的信息化和智能化发展，为林业智能化转型升级提供新动能。智慧林业可以利用元宇宙技术，实现林业信息决策管理定量化和精细化，为政府监管部门提供智能化分析，助力其科学决策。利用无人机和人工智能技术，可以对林业场景进行精细化航拍作业，快速识别并处理林地内的各种违规现象，如林地空秃、林下套种、违章建筑等。利用数字孪生技术，可以构建林业场景的数字模型，实现实体——数字模型交互的平行管理与分析决策。利用增强现实技术，林业从业人员可以通过相关设备精准查看各片林地情况，发现问题并解决问题。利用区块链和数字货币技术，可以建立元宇宙内的经济体系，实现林业资源的数字化交易和价值流通。利用元宇宙技术，可以打造虚拟的林业文化展示系统，展示林业的历史、文化、艺术等方面的内容，增强公众对林业的认知和参与度。

(3) 智慧林业与 6G 技术

6G 是第六代移动通信标准。6G 的数据传输速率可能达到 5G 的 50 倍，时延缩短到 5G 的十分之一，在峰值速率、时延、流量密度、连接数密度、移动性、频谱效率、定位能力等方面远优于 5G。6G 是更先进的下一代移动通信系统，其内涵将远超通信范畴，如同一个巨大的分布式神经网络，集通信、感知、计算等能力于一身，深度融合物理世界、生物世界和数字世界，真正开启"万物智联"的新时代。

利用 6G 的高带宽、低时延、高可靠、高安全的特点，可以与智慧林业相结合，构建立体感知、管理协同、服务高效、有效支撑林业现代化发展的林业信息化新模式，促进林业资源的保护、利用和管理，提高林业的生态效益、经济效益和社会效益。

在林业资源监测方面，利用 6G 的高速传输和低时延特性，与卫星遥感、无人机、物联网传感器等技术结合，可以实现对林业资源的实时、精准、全面地监测，获取林业资源的数量、分布、结构、质量、动态变化等信息，为林业的规划、经营、保护、灾害防控等工作提供数据支撑。在林业生态保护方面，利用 6G 的高可靠和高安全特性，为林业生态系统的智能识别、评估、预警和治理提供安全可靠的网络服务，提高林业生态保护的效率和效果，促进林业生态文明建设。在林业产业发展方面，利用 6G 的高带宽和低时延，能够实现对林业产业链的进一步优化，提高林业产业的效益和竞争力，促进林业产业转型升级。在林业公共服务方面，利用 6G 网络的泛在接入能力，实现林业公共服务的网联化和智能化，提高林业公共服务水平和质量，促进林业公共服务满意度的提升。

(4) 智慧林业与大语言模型

随着大数据与深度学习的发展，大语言模型逐步应用到多个领域，以 DeepSeek 为例，它是一种基于人工智能的自然语言处理模型，使用大量的预训练数据，能够理解人类的自然语言输入，并以符合语法规则和逻辑规律的方式生成有意义的回答，甚至还能生成图像、声音、视频和代码等内容。

DeepSeek 与智慧林业的结合，使林业从业人员能够利用其强大语言能力和创新能力，为林业的管理、服务、保护和发展提供智能化支持。

在生态监测、预警和评估方面，DeepSeek 可以对各种来源的数据进行分析和解释，从而实现对林业生态系统的动态监测、预警和评估。根据卫星影像、无人机航拍、地面监测探头等数据，对森林、草原、湿地、荒漠等生态系统的覆盖率、生物多样性、碳储量、水文循环、土壤质量、火灾风险等指标进行计算和展示，为林业生态保护和治理提供科学的依据。根据数据的变化趋势和阈值，对生态系统的健康状况和风险等级进行评估和预警，为林业生态应急和恢复提供及时的指导。根据数据的空间分布和时间序列，对生态系统的演变过程和影响因素进行分析和解释，为林业生态规划和建设提供参考意见。

在森林资源保护等方面，DeepSeek 通过综合分析来自多种不同采集渠道的数据，对森林资源的变化进行全面精准评估，为生态保护和治理提供科学的决策依据。通过接收用户的语音或文字输入，对森林资源保护相关问题进行智能回答，如相关政策法规、森林病虫害防治知识等。通过生成图像、声音、代码等内容，为森林资源保护领域的创新和发展提供灵感和方案，如设计森林资源保护相关的标识、海报、宣传片、网站、应用程序等，为森林资源保护的宣传、教育、培训和推广提供有用的内容和有趣的形式。

在林业信息查询和交流方面，DeepSeek 利用其丰富的预训练数据和深度学习技术，对用户的语音或文字输入进行智能理解和回答，从而实现对林业的各种问题的信息查询和咨询。根据用户的输入，从林业的政策、法规、技术、市场、种苗、病虫害、有害生物、野生动植物等方面，为其提供相关的信息和答案，为林业的生产、经营、管理和服务提供便捷的信息支持。

22.4 科学研究方法

科技创新可以分为原始创新、集成创新、引进吸收再创新。原始创新指在某一领域内的全新发现或研究，通常是对现有知识的颠覆性突破。智慧林业研究中原始创新包括开发全新的传感技术、研究全新的林业管理模型或推动林业科技前沿研究等。集成创新是将已有的知识、技术或方法进行整合，形成新的组合，以解决问题或实现目标。智慧林业的集成创新涉及整合不同的传感器数据、地理信息系统和人工智能技术，以提高林业管理的效率。引进吸收再创新是指引进其他领域的知识、技术或方法，通过学习和吸收，进行本学科再创新。智慧林业中引进吸收再创新涉及引进其他领域的先进技术，如物联网、大数据分析等技术，然后在林业领域进行针对性的定制和创新。

科学研究方法是指在科学探究过程中，为了获得可靠的知识或解决实际问题而采用的系统的、规范的、逻辑的操作步骤和技术手段。科学研究方法有多种类型，根据研究对象、目的、范围、深度等不同，分为实验研究法、问卷调查法、实地观察法、文献研究法等类型。每一种科学研究方法都有其适用的领域和条件，也有其优点和局限性。因此，在选择和使用科学研究方法时，要根据具体的研究主题和问题，综合考虑方法的可行性、有效性、科学性和创新性，避免盲目地套用或拘泥于某一种方法。智慧林业涉及多个学科和领域，需要运用多种科学研究方法，获取更全面、更深入、更准确的数据和信息，为林业决策和管理提供科学依据。

(1) 实验研究法

实验研究法是指通过人为地控制和改变研究对象的某些条件，观察和测量其变化的结果，从而探究因果关系的一种科学研究方法。实验研究法具有较高的内部效率，可以排除或控制干扰因素的影响，使研究结果更具有说服力和可信度。在智慧林业建设中，实验研究法主要用于林木遗传育种、森林培育、森林保护等方面。例如，利用大数据和人工智能技术，加速新品种培育；通过基因编辑技术对林木进行基因改造；利用智能化的温室或田间试验平台，模拟不同的环境条件，研究林木的生理生态响应和适应机制；利用智能化的病虫害监测和防治系统，实施不同的防治措施，评估其效果和影响等。

采用实验研究法的注意事项包括：确定清晰的研究目标和问题，明确研究假设和变量，设计合理的实验方案和步骤，选择适当的实验材料和方法，保证实验的可重复性和可验证性；严格控制实验条件，尽量消除或隔离干扰因素，设置必要的对照组，保证实验的有效性和准确性；采用科学的数据采集和分析方法，运用统计学原理和工具，检验假设成立与否，得出可靠的实验结论；客观地评价实验结果的意义和局限性，指出实验中存在的问题和不足，提出改进的建议和对未来前景的展望。

（2）问卷调查法

问卷调查法是指通过设计和发放一系列有关研究问题的提问或陈述，收集被调查者的回答或反馈，从而获取研究所需的数据和信息的一种科学研究方法。问卷调查法具有较高的外部效率，能够覆盖较广泛的人群和地区，使研究结果更具有代表性和普遍性。在智慧林业建设中，问卷调查法主要用于林业社会经济、林业政策法规、林业公共服务等方面的研究。例如，利用网络或纸质问卷，调查林业从业者、利益相关者或公众的林业知识、态度、行为、满意度等；利用专家或群众咨询问卷，评估林业政策法规的实施效果和影响；利用满意度或需求调查问卷，了解林业公共服务的供需状况和改进方向等。

采用问卷调查法的注意事项包括：明确研究的目的和对象，确定调查的内容和范围，设计合理的调查方案和方法，选择合适的调查样本和方式，保证调查的针对性和可操作性；编制科学的调查问卷，注意问题的表述和排序，避免模糊、引导、重复或问题过多，设置必要的选项和空白，保证问卷的有效性和易用性；采取有效的数据收集和处理方法，运用质量控制和数据清洗技术，提高数据的完整性和准确性；采用合理的数据分析和解释方法，运用描述性和推断性统计分析，揭示数据的规律和特征，得出合理的调查结论和建议。

（3）实地观察法

实地观察法是指通过直接或间接地观察研究对象在自然或人为环境中的行为或现象，记录和分析其特征和规律的一种科学研究方法。实地观察法具有较高的生动性和真实性，可以捕捉研究对象的自然状态和原始数据，使研究结果更具有可信度和说服力。在智慧林业建设中，实地观察法主要用于森林资源监测、森林生态系统研究、野生动植物保护等方面。利用卫星遥感、无人机航拍、地面巡查等手段，观察和测量森林资源的数量、分布、结构、动态等；利用生态位、样方、样线等方法，观察和记录森林的物种多样性。

采用实地观察法的注意事项包括：明确研究目的和对象，确定观察的内容和范围，设计合理的观察方案和方法，选择合适的观察工具和技术，保证观察的系统性和科学性；严格遵守观察的原则和规范，注意观察的时机和频率，避免主观的偏见和干预，保持观察的客观性和中立性；采用有效的数据记录和存储方法，运用图像、声音、视频等多媒体手段，提高数据的完整性和真实性；采用合理的数据分析和解释方法，运用定性分析和定量分析技术，揭示数据的内涵和关联，得出合理的观察结论并提出建议。

(4) 文献研究法

文献研究法是指通过查阅和分析与研究问题相关的各种文献资料, 获取研究所需的数据和信息的一种科学研究方法。文献研究法具有较高的经济性和便捷性, 可以利用已有的知识和经验, 为研究提供理论和实践的参考和支持。在智慧林业中, 文献研究法主要用于林业理论创新、林业技术评估、林业案例分析等方面。利用网络或图书馆等资源, 查阅和分析国内外的林业理论和模型, 探讨智慧林业的概念、特征、框架等; 利用文献综述或元分析等方法, 查阅和分析国内外的林业技术的发展和应用, 评估智慧林业的技术水平和效益; 利用案例研究或比较研究等方法, 查阅和分析国内外的林业实践和经验, 总结智慧林业的成功因素和存在的问题。

采用文献研究法的注意事项包括: 明确研究的主题和问题, 确定文献的类型和范围, 设计合理的文献检索和方案筛选的方法, 选择合适的文献来源和渠道, 保证文献的相关性和权威性; 采用科学的文献阅读和分析方法, 注意文献的内容和形式, 避免片面或错误的理解和引用, 保证文献的有效性和准确性; 采用合理的文献整理和归纳方法, 运用分类、比较、归纳、演绎等逻辑思维, 提炼文献的主要观点和结论, 归结文献的共性和差异, 形成文献的综述和评价; 客观地评价文献的意义和局限性, 指出文献中存在的问题和不足, 提出改进的建议和未来前景的展望。

复习思考题

1. 智慧林业科学研究包括哪些类型?
2. 智慧林业前沿科学研究有哪些方向?
3. 简述常用的科学研究方法。

推荐阅读书目

1. 童文, 朱佩英, 2021. 6G 无线通信新征程: 跨越人联、物联, 迈向万物智联[M]. 北京: 机械工业出版社.
2. 张镭, 2023. 深度学习在自然语言处理中的应用: 从词表证到 ChatGPT[M]. 北京: 人民邮电出版社.
3. 席升阳, 2018. 科学研究方法论[M]. 北京: 人民出版社.
4. Peter N, Stuart R, 2022. Artificial Intelligence: A Modern Approach[M]. 4th ed. London: Pearson.
5. Ball M, 2022. The Metaverse: And How It Will Revolutionize Everything[M]. New York: Liveright.

参考文献

《林信十年》编委会，2019. 林信十年：中国林业信息化十年足迹[M]. 北京：中国林业出版社.
《中国林业信息化发展报告》编纂委员会，2010. 2010 中国林业信息化发展报告[M]. 北京：中国林业出版社.
《中国林业信息化发展报告》编纂委员会，2011. 2011 中国林业信息化发展报告[M]. 北京：中国林业出版社.
《中国林业信息化发展报告》编纂委员会，2012. 2012 中国林业信息化发展报告[M]. 北京：中国林业出版社.
《中国林业信息化发展报告》编纂委员会，2013. 2013 中国林业信息化发展报告[M]. 北京：中国林业出版社.
《中国林业信息化发展报告》编纂委员会，2014. 2014 中国林业信息化发展报告[M]. 北京：中国林业出版社.
《中国林业信息化发展报告》编纂委员会，2015. 2015 中国林业信息化发展报告[M]. 北京：中国林业出版社.
《中国林业信息化发展报告》编纂委员会，2016. 2016 中国林业信息化发展报告[M]. 北京：中国林业出版社.
《中国林业信息化发展报告》编纂委员会，2017. 2017 中国林业信息化发展报告[M]. 北京：中国林业出版社.
《中国林业信息化发展报告》编纂委员会，2018. 2018 中国林业信息化发展报告[M]. 北京：中国林业出版社.
《中国林业信息化发展报告》编纂委员会，2019. 2019 中国林业信息化发展报告[M]. 北京：中国林业出版社.
MBA 智库百科. 风险分析[Z].（2020-02-22）[2023-11-30]. https：//wiki. mbalib. com/wiki/%E9%A3%8E%E9%99%A9%E5%88%86%E6%9E%90.
百度."互联网+林业"在浦东照进现实！人工智能赋能林业管护[Z].（2022-07-13）[2023-07-27]. https：//baijiahao. baidu. com/s？id=1738163803432909269.
百度. 美国联邦政府重大云计算策略改变：从云优先到云敏捷[Z].（2019-04-13）[2023-11-12]. https：//baijiahao. baidu. com/s？id=1630700312620126508.
陈国良，明仲，2021. 云计算工程[M]. 北京：人民邮电出版社.
承继成，郭华东，薛勇，2007. 数字地球导论[M]. 2 版. 北京：科学出版社.
方怀龙，2016. 林业基础知识精选[M]. 北京：中国林业出版社.
傅洛伊，王新兵，2022. 移动互联网导论[M]. 4 版. 北京：清华大学出版社.
共研网. 2022 年中国政务新媒体发展状况分析：经过新浪平台认证的政务机构微博为 14. 5 万个[Z].（2023-04-01）[2023-10-12]. https：//www. gonyn. com/industry/1392460. html.
光明网. 韩国建设"数据大坝"[Z].（2021-09-22）[2023-07-13]. https：//m. gmw. cn/baijia/2021/09/22/1302592633. html.
国际电子商情. 日本物联网市场分析：2021 支出 474 亿美元，未来五年年复合增长率超过 9%[Z].（2022-04-10）[2023-06-21]. https：//www. esmchina. com/trends/38135. html.
国家林业和草原局. 国家林业和草原局关于促进林业和草原人工智能发展的指导意见[Z].（2019-11-21）[2023-07-25]. https：//www. forestry. gov. cn/search/272575.
国家林业和草原局. 中国智慧林业发展指导意见[Z].（2013-08-23）[2023-10-10]. https：//www. forestry. gov. cn/uploadfile/main/2013-8/file/2013-8-23-5eb225df08f4464089502e8e116b7899. pdf？eqid=c91d6bf50004c203000000036445d1e9.
国家统计局. 第四届联合国世界数据论坛专题新闻发布会实录[Z].（2023-04-13）[2023-09-21]. https：//www. stats. gov. cn/xw/tjxw/tjdt/202304/t20230413_1938611. html.
海南省林业局. 海南省林业局关于印发《海南省林业局重大行政决策程序暂行规定》的通知[Z].（2023-11-21）[2023-11-30]. https：//lyj. hainan. gov. cn/xxgk/0500/xzgfxwj/202311/t20231122_3532489. html.

湖南省林业局. 第四届全国林业信息化工作会议在长沙召开[Z]. (2015-09-28)[2023-11-30]. https://lyj.hunan.gov.cn/xxgk_71167/gzdt/tpxw/201509/t20150928_2678675.html.

华经情报网. 互联网流量及数据高速增长, 2021年全球及中国移动互联网现状[Z]. (2021-10-04)[2023-07-02]. https://www.huaon.com/channel/trend/752854.html.

华制智能. 美国、欧盟关于物联网的战略举措及2023年物联网领域的四大趋势分析[Z]. (2022-11-30)[2023-06-20]. https://it.sohu.com/a/611888120_478183.

姜付仁, 2019. 地理学导论[M]. 14版. 北京: 电子工业出版社.

经济日报. 日本推进政府云服务本土化[Z]. (2022-07-25)[2023-07-25]. https://baijiahao.baidu.com/s?id=1739274291389672529.

靖远县人民政府. 国家林业和草原局办公室关于印发《林业和草原建设项目可行性研究报告编制实施细则》《林业和草原建设项目初步设计编制实施细则》[Z]. (2023-12-08)[2023-12-10]. https://www.jingyuan.gov.cn/zfxxgk/bmhxzxxgk/bmdw/lyhcyj/fdzdgknr/lzyj/zcfg/art/2023/art_1312511435a24119b0968a81d0d03031.html.

科技日报. 英国The UK 打造科技大国 数字创新优先——2022年世界科技发展回顾·科技政策篇[Z]. (2023-01-03)[2023-07-09]. https://digitalpaper.stdaily.com/http_www.kjrb.com/kjrb/html/2023-01/03/content_546954.htm.

李刚, 周鸣乐, 戚元华, 2019. 政府网站建设与绩效评估——以山东省为例[M]. 北京: 中国社会科学出版社.

李世东, 2012. 中国林业信息化顶层设计[M]. 北京: 中国林业出版社.

李世东, 2012. 中国林业信息化发展战略[M]. 北京: 中国林业出版社.

李世东, 2012. 中国林业信息化建设成果[M]. 北京: 中国林业出版社.

李世东, 2012. 中国林业信息化决策部署[M]. 北京: 中国林业出版社.

李世东, 2012. 中国林业信息化政策制度[M]. 北京: 中国林业出版社.

李世东, 2014. 中国林业信息化标准规范[M]. 北京: 中国林业出版社.

李世东, 2014. 中国林业信息化绩效评估[M]. 北京: 中国林业出版社.

李世东, 2014. 中国林业信息化政策解读[M]. 北京: 中国林业出版社.

李世东, 2014. 中国林业信息化政策研究[M]. 北京: 中国林业出版社.

李世东, 2015. 中国智慧林业: 顶层设计与地方实践[M]. 北京: 中国林业出版社.

李世东, 2016. 中国林业大数据发展战略研究报告[M]. 北京: 中国林业出版社.

李世东, 2017. 网络安全运维[M]. 北京: 中国林业出版社.

李世东, 2017. 信息标准合作[M]. 北京: 中国林业出版社.

李世东, 2017. 信息基础知识[M]. 北京: 中国林业出版社.

李世东, 2017. 信息项目建设[M]. 北京: 中国林业出版社.

李世东, 2017. 政府网站建设[M]. 北京: 中国林业出版社.

李世东, 2017. 智慧林业概论[M]. 北京: 中国林业出版社.

李世东, 2017. 中国林业物联网: 思路设计与实践探索[M]. 北京: 中国林业出版社.

李世东, 2018. 林业信息化知识读本[M]. 北京: 中国林业出版社.

李世东, 2018. 智慧林业顶层设计[M]. 北京: 中国林业出版社.

李世东, 2018. 智慧林业决策部署[M]. 北京: 中国林业出版社.

李世东, 2018. 智慧林业政策制度[M]. 北京: 中国林业出版社.

李世东, 2018. 中国林业一张图: 思路探索与建设示范[M]. 北京: 中国林业出版社.

李世东, 2019. AI生态——人工智能+生态发展战略[M]. 北京: 清华大学出版社.

李世东,顾红波,梁宇,2018.中国林业移动互联网发展战略研究报告[M].北京:中国林业出版社.

李学京,2010.标准与标准化教程[M].北京:中国标准出版社.

刘云飞,2021.林业物联网技术及应用[M].北京:中国林业出版社.

吕云翔,柏燕峥,2023.云计算导论[M].北京:清华大学出版社.

马履一,彭祚登,2020.林学概论[M].北京:中国林业出版社.

莫宏伟,徐立芳,2020.人工智能导论[M].北京:人民邮电出版社.

前瞻产业研究院.2023—2028年全球及中国物联网行业发展分析[Z].(2023-05-05)[2023-06-22]. https://baijiahao.baidu.com/s? id=1765046107344971262.

前瞻产业研究院.2022年全球移动应用行业市场现状及竞争格局分析移动应用市场稳步增长[Z].(2022-08-12)[2023-07-02].https://new.qq.com/rain/a/20220812A04VOO00.

乔标,2021.2020—2021年中国人工智能产业发展蓝皮书[M].北京:电子工业出版社.

人民邮电报.2026年中国物联网市场规模接近3000亿美元[Z].(2022-06-17)[2023-09-10].http://www.xinhuanet.com/tech/20220617/08fd6c724c124269b0f0dc882ea79a9c/c.html.

搜狐网."互联网+"林业行动计划发布 引领林业现代化建设[Z].(2016-03-28)[2023-10-10]. https://www.sohu.com/a/66337415_399551.

孙永林,曾德生,2019.云计算技术与应用[M].北京:电子工业出版社.

唐维红,2023.移动互联网蓝皮书:中国移动互联网发展报告(2023)[M].北京:社会科学文献出版社.

腾讯网.人工智能如何进行"鸟口普查"?[Z].(2023-01-29)[2023-08-01].https://new.qq.com/rain/a/20230129A033GV00.

铁铮,2020.林业科技知识读本[M].北京:中国林业出版社.

童文,朱佩英,2021.6G无线通信新征程:跨越人联、物联,迈向万物智联[M].北京:机械工业出版社.

涂子沛,2013.大数据[M].广西:广西师范大学出版社.

涂子沛,2018.数文明[M].北京:中信出版社.

涂子沛,2019.数据之巅[M].北京:中信出版社.

王珊,杜小勇,陈红,2023.数据库系统概论[M].6版.北京:高等教育出版社.

王雪峰,2011.林业物联网技术导论[M].北京:中国林业出版社.

王忠敏,2010.标准化基础知识实用教程[M].北京:中国标准出版社.

网经社.中国通信院:《大数据白皮书(2022年)》[Z].(2023-01-05)[2023-09-22].https://www.100ec.cn/index.php/detail--6622614.html.

魏华,2017.林业政策法规知识读本[M].北京:中国林业出版社.

吴保国,苏晓慧,2021.现代林业信息技术与应用[M].北京:科学出版社.

吴达胜,唐丽华,方陆明,2012.森林资源信息管理理论与应用[M].北京:中国水利水电出版社.

吴英,2017.林业遥感与地理信息系统实验教程[M].湖北:华中科技大学出版社.

物联卡之家.引进优秀人才,建立物联网科研共享平台[Z].(2018-01-30)[2023-06-20].https://www.sohu.com/a/219824935_100019573.

席升阳,2018.科学研究方法论[M].北京:人民出版社.

谢希仁,2021.计算机网络[M].8版.北京:电子工业出版社.

新华网.欧盟批准12亿欧元援助计划支持云计算及边缘计算[Z].(2023-12-06)[2023-12-11].http://www.news.cn/world/2023-12/06/c_1130011475.htm.

新华网.中华人民共和国国民经济和社会发展第十四个五年规划和2035年远景目标纲要[Z].(2021-03-13)[2023-08-09].http://www.xinhuanet.com/2021-03/13/c_1127205564.htm.

新浪财经.构建"数据单一市场"的野望,欧盟理事会通过《数据治理法》[Z].(2022-05-19)[2023-09-

21]. https：//baijiahao. baidu. com/s？ id=1733262366206861468.

新浪科技. GSMA：2023年移动互联网报告[Z]. (2023-10-20)[2023-11-10]. https：//finance. sina. com. cn/tech/roll/2023-10-20/doc-imzrsywt1229083. shtml.

严志业，2008. 区域数字林业绩效评价研究[M]. 北京：中国农业出版社.

研精毕智. 2023年全球及中国智能终端行业现状及前景分析[Z]. (2023-04-14)[2023-07-01]. http：//news. sohu. com/a/666661113_120700738.

杨持，2023. 生态学[M]. 4版. 北京：高等教育出版社.

杨美霞，2022. 人工智能技术应用[M]. 北京：机械工业出版社.

杨学山，2018. 智能原理[M]. 北京：电子工业出版社.

杨学山，2020. 智能工程[M]. 北京：电子工业出版社.

余明，艾廷华，2021. 地理信息系统导论(第3版)[M]. 北京：清华大学出版社.

张春霞，张瑞春，2011. 网络建设与管理[M]. 北京：电子工业出版社.

张洪舟，2015. 智慧林业：理论与应用[M]. 北京：中国农业出版社.

张凯，2023. 物联网导论[M]. 2版. 北京：清华大学出版社.

张镭，2023. 深度学习在自然语言处理中的应用：从词表征到ChatGPT[M]. 北京：人民邮电出版社.

张向宏，张少彤，2010. 服务型政府与政府网站建设[M]. 北京：清华大学出版社.

张延华，2004. 国际标准化教程[M]. 北京：中国标准出版社.

赵进东，2023. 陈阅增普通生物学[M]. 5版. 北京：高等教育出版社.

郑凤，杨旭，胡一闻，等，2015. 移动互联网技术架构及其发展[M]. 北京：人民邮电出版社.

智研咨询. 2020年全球及中国物联网产业发展现状及未来发展趋势分析[Z]. (2021-07-08)[2023-06-22]. https：//www. chyxx. com/industry/202107/961996. html.

中国产业经济信息网. Canalys：2023年智能手机出货量将达到11.3亿部，复苏曙光显现[Z]. (2023-11-29)[2023-12-01]. http：//www. cinic. org. cn/hy/tx/1495972. html？from=singlemessage.

中国互联网络信息中心. 第52次《中国互联网络发展状况统计报告》[Z]. (2023-08-28)[2023-09-25]. https：//www. cnnic. net. cn/n4/2023/0828/c199-10830. html.

中国信息通信研究院. 云计算白皮书(2023年)[Z]. (2023-07-25)[2023-10-10]. http：//www. caict. ac. cn/kxyj/qwfb/bps/202307/t20230725_458185. htm.

中国政府网. 2017年全国林业信息化十件大事[Z]. (2018-01-19)[2023-11-30]. https：//www. gov. cn/xinwen/2018-01/19/content_5258350. htm.

中国政府网. 我国林业信息化由"数字林业"步入"智慧林业"[Z]. (2013-08-24)[2023-11-30]. https：//www. gov. cn/jrzg/2013-08/24/content_2473311. htm.

中国政府网. 中共中央 国务院印发《扩大内需战略规划纲要(2022-2035年)》[Z]. (2022-12-14)[2023-11-30]. https：//www. gov. cn/zhengce/2022-12/14/content_5732067. htm.

中华人民共和国工业和信息化部. "十四五"大数据产业发展规划[Z]. (2022-07-06)[2023-07-13]. https：//wap. miit. gov. cn/jgsj/ghs/zlygh/art/2022/art_5051b9be5d4740daad48e3b1ad8f728b. html.

中华人民共和国工业和信息化部. 工业和信息化部办公厅关于印发物联网基础安全标准体系建设指南(2021版)的通知[Z]. (2021-10-25)[2023-08-09]. https：//www. miit. gov. cn/zwgk/zcwj/wjfb/tz/art/2021/art_d78e9d282eb44709998705d3214b668c. html.

中华人民共和国工业和信息化部. 工业和信息化部关于印发《推动企业上云实施指南(2018-2020年)》的通知[Z]. (2018-08-10)[2023-09-10]. https：//www. miit. gov. cn/jgsj/xxjsfzs/wjfb/art/2020/art_06a6a6a924ba46adb39735d90f61765d. html.

中华人民共和国国家互联网信息办公室. 全球大数据发展的新动向与新趋势[Z]. (2018-05-28)[2023-

09-12]. http：//www.cac.gov.cn/2018-05/28/c_1122897150.htm.

周延刚，2022. 遥感原理与应用[M]. 2版. 北京：科学出版社.

ANDREW S T, NICK F, DAVID J W, 2021. Computer networks[M]. 6th ed. London：Person.

BALL M, 2022. The Metaverse：And how it will revolutionize everything[M]. New York：Liveright.

BEAIRD J, WALKER A, GEORGE J, 2020. The principles of beautiful web design[M]. 4th ed. Melbourne：SitePoint Pty. Ltd.

BOŽANIĆ M, SINHA S, 2021. Mobile communication networks：5G and a vision of 6G (2021 Edition)[M]. Berlin：Springer.

DE D, MUKHERJEE A, BUYYA R, 2022. Green mobile cloud computing[M]. Berlin：Springer.

DIAN F J, 2022. Fundamentals of internet of things：For students and professionals[M]. Hoboken：Wiley-IEEE Press.

GUPTA B B, PEREZ G M, AGRAWAL D P, et al., 2020. Handbook of computer networks and cyber security[M]. Berlin：Springer.

JAMSA K, 2022. Cloud Computing (2nd Edition)[M]. Burlington：Jones & Bartlett Learning.

LAUDON K C, LAUDON J P, 2016. Management information system[M]. London：Pearson.

MALTAMO M, NÆSSET E, VAUHKONEN J, 2014. Forestry applications of airborne laser scanning：Concepts and case studies[M]. London：Springer Science & Business Media.

MELANIE M, 2020. Artificial intelligence：A guide for thinking humans[M]. New Orleans：Pelican.

NORVIG P, RUSSELL S, 2021. Artificial intelligence：A modern approach[M]. 4th ed. London：Pearson.

PETER N, STUART R, 2022. Artificial intelligence：A modern approach[M]. 4th ed. London：Pearson.

RAM S K, TYAGI R D, 2020. Artificial intelligence and computational sustainability[M]. New York：John Wiley & Sons.

Rao G V K, 2022. Design of internet of things[M]. Boca Raton：CRC Press.

Silberschatz A, Korth H F, Sundarshan S, 2019. Datam nbase system concepts[M]. 7th ed. New York：McGraw-Hill.

ÜMIT D, GAGANGEET S A, ANISH J, et al., 2024. Big data analytics：Theory, techniques, platforms, and applications[M]. Berlin：Springer.